实战Android应用开发

13.8小时多媒体教学视频

李鸥 等编著

清华大学出版社

北京

内 容 简 介

本书通过开发实例和项目案例，详细地介绍了 Android 应用开发的主要技术。书中的每一个知识点都通过常用示例进行通俗易懂的讲解，便于读者快速掌握 Android 应用开发的知识，并能够快速地开发出 Android 应用程序。本书配带 1 张光盘，收录了本书重点内容的教学视频和本书涉及的所有源代码。

本书分为 11 章，从 Android 的基本知识讲起，通过实例逐步深入讲解了 Android 的界面布局、程序特性、数据存储、网络通信、多媒体、手机短信通话、传感器和 GPS 等应用开发的基本知识，然后介绍了 Android NDK 开发等拓展知识，最后介绍了文件管理器、微博客户端综合案例，使读者综合应用所学知识，提高实战开发水平。

本书适合有一定 Java 基础的 Android 新手和移动开发新入行的人员阅读。对于有一定基础的读者，可通过本书进一步理解 Android 应用开发的各个重点知识和概念；对于大、中专院校的学生和培训班的学员，本书不失为一本好教材。

本书封面贴有清华大学出版社防伪标签，无标签者不得销售。
版权所有，侵权必究。侵权举报电话：010-62782989　13701121933

图书在版编目（CIP）数据

实战 Android 应用开发 / 李鸥等编著. —北京：清华大学出版社，2012.8
ISBN 978-7-302-28864-0

Ⅰ. ①实… Ⅱ. ①李… Ⅲ. ①移动终端—应用程序—程序设计 Ⅳ. ①TN929.53

中国版本图书馆 CIP 数据核字（2012）第 104754 号

责任编辑：夏兆彦
封面设计：欧振旭
责任校对：徐俊伟
责任印制：何　芊

出版发行：清华大学出版社
　　　　网　　址：http://www.tup.com.cn, http://www.wqbook.com
　　　　地　　址：北京清华大学学研大厦 A 座　　邮　　编：100084
　　　　社 总 机：010-62770175　　　　　　　　邮　　购：010-62786544
　　　　投稿与读者服务：010-62776969, c-service@tup.tsinghua.edu.cn
　　　　质 量 反 馈：010-62772015, zhiliang@tup.tsinghua.edu.cn

印　刷　者：北京鑫丰华彩印有限公司
装　订　者：三河市兴旺装订有限公司
经　　　销：全国新华书店
开　　　本：185mm×260mm　　印　张：29.75　　字　数：743 千字
　　　　　　附光盘 1 张
版　　　次：2012 年 8 月第 1 版　　　　　　　　印　次：2012 年 8 月第 1 次印刷
印　　　数：1～4000
定　　　价：59.80 元

产品编号：047507-01

前　　言

　　Android 是一种以 Linux 为基础的开放源码的操作系统，主要用于手机、平板电脑等便携设备的开发。它由谷歌公司组建、开放手持设备联盟开发和领导。自从谷歌公司推出 Android 系统后，便一直受到全球用户及开发者的关注。截止 2011 年 8 月，Android 操作系统在全球智能手机操作系统的市场份额已达 48%，成为全球第一大智能手机操作系统。

　　截止 2011 年 10 月，Android 官方电子市场上拥有超过 30 万个认证的应用程序，其下载量也在 2011 年 12 月达到 100 亿次。目前，国内外软件行业已经出现了 Android 人才荒，未来人才需求缺口将达数以百万。作为一名软件开发人员一定要把握这一机会，加入 Android 应用程序的开发，成为炙手可热的 Android 开发工程师。

　　对于 Android 应用开发，其支持使用 Java 作为编程语言来开发应用程序。在 Android 平台上进行开发，对 Java 语言提供了如下的支持和自身特性：

- ❑ 对 JDK 的高级特性均支持，其中包括了 Java 的反射机制、JNI 等。相对而言，对于 OpenGL 和 SQLite 的支持比较强大，但对 AWT 和 JDBC 这些东西都不支持。
- ❑ 在 XML 解析上，兼容 DOM、XmlPull 和 SAX。
- ❑ 对于 HTTP 处理方面，提供了轻量级的 Http 处理类，以及更完善的 Apache 库支持。
- ❑ 音视频方面，Android 使用了 OpenCore 库实现比较强大的功能。

　　要进行 Android 应用程序开发，除了了解 Android 对 Java 语言的支持情况外，还需要掌握 Android 应用程序具有的特性组件 Activity、Intent、Service、Receiver，及其 SDK 中提供的丰富的类与方法。

　　本书通过展现丰富的 Android 应用开发实例，让 Android 入门新手能在较短的时间内了解并掌握 Android 应用程序开发的基本思维和基础知识。本书讲解时从实际出发，从实际的 Android 应用开发中进行讲解。语言上力求幽默直白、轻松活泼，避免云山雾罩、晦涩难懂。讲解形式上图文并茂、由浅入深、抽丝剥茧。通过阅读本书，读者会少走很多弯路，快速进入 Android 应用开发的大门。

本书特色

1. 提供配套的多媒体教学视频

　　本书中的重点内容都录制了配套的多媒体教学视频，以帮助读者更加直观而高效地学习，从而达到事半功倍的效果。

2. 内容丰富、全面

　　本书涵盖了 Android 开发从界面布局、程序特性、数据存储、网络通信、多媒体及手机短信通话及传感器等技术，还介绍了 Android NDK 开发等拓展知识，涉及 Android 开发的方方面面。

3．紧跟技术趋势

本书针对目前手机普遍使用的 Android 2.2 及 2.3 版本进行讲解，并涉及最新的 4.0 版本的变化，摒弃了以前版本中不再使用的知识，适应了技术的发展趋势。

4．实例丰富，案例典型，实用性强

本书对每一个知识点都以实际应用的形式进行讲解，帮助读者理解和掌握相关的开发技术。本书最后还提供了两个典型的综合案例，帮助读者提高实战开发水平。

5．举一反三

授人以鱼不如授人以渔。本书写作由浅入深、从易到难，并注意知识之间的联系，让读者学会一个知识点后，能触类旁通、举一反三，编写出相应的代码。

本书内容

第 1 章 Android 开发基础，简单介绍 Android 系统的发展历程及其架构特性，还重点介绍了开发环境的搭建和工程目录结构。

第 2 章 Android 界面设计，介绍 Android 基本的界面布局方式、常见的界面设计及 UI 特性。学习完本章，可以实现 Android 应用开发中常见界面的设计。

第 3 章 Android 应用程序特性，介绍 Android 应用程序中特有的组件。掌握这些组件是进行 Android 应用开发的基础。

第 4 章 Android 数据存储，介绍 Android 开发中的数据存储方式。掌握本章内容，对 Android 的数据处理将会游刃有余。

第 5 章 Android 网络通信，介绍 Android 开发中的网络通信技术。作为移动互联网的重要组成部分，Android 的网络通信功能必不可少，是丰富 Android 应用的基础。

第 6 章 Android 多媒体开发，介绍 Android 开发中的音频、视频等与多媒体相关的技术。掌握本章内容，可以让开发出来的 Android 应用程序更有趣味性。

第 7 章手机通信功能开发，介绍 Android 系统针对手机实现的短信、语音通话功能。掌握本章内容，可以开发出基本的手机通信应用。

第 8 章传感器、GPS 应用开发，介绍 Android 系统中使用的传感器的开发过程和 GPS 的应用开发。掌握了本章内容，就可以对相关的硬件设备进行开发。

第 9 章 Android NDK 开发，介绍 Android 系统中的 NDK 开发环境的搭建及常用实例。

第 10 章文件管理器，介绍 Android 应用开发中常用文件管理器的开发过程。

第 11 章微博客户端，介绍了 Android 应用开发中微博客户端的开发过程。

本书读者对象

❑ Android 应用开发初学者

- ❏ 想从事移动开发的人员
- ❏ Android 开发爱好者和研究者
- ❏ 大中专院校的学生
- ❏ 相关培训班的学员

本书作者

本书由李鸥主笔编写,其他参与编写的人员有段弘、李宏鸢、陈厅、毕梦飞、蔡成立、陈涛、陈晓莉、陈燕、崔栋栋、冯国良、高岱明、黄成、黄会、纪奎秀、江莹、靳华、李凌、李胜君、李雅娟、刘大林、刘惠萍、刘水珍、马月桂、闵智和、秦兰、汪文君、文龙。特别是段弘、李宏鸢、陈厅在成稿的过程中,不仅直接完成了部分章节的编写,更是对书稿的完整性、系统性提出了宝贵的意见,对本书的成稿起了很大的作用,特别表示感谢!

阅读本书的过程中若有疑问,请和我们联系,E-mail:bookservice2008@163.com。

编著者

目 录

第1章 Android 基础（教学视频：38分钟） ········· 1
- 1.1 Android 介绍 ········· 1
  - 1.1.1 Android 发展史 ········· 1
  - 1.1.2 平台架构及特性 ········· 2
- 1.2 开发环境的搭建 ········· 5
  - 1.2.1 Java 下载安装 ········· 5
  - 1.2.2 Android SDK 下载 ········· 7
  - 1.2.3 Eclipse 下载安装 ········· 8
  - 1.2.4 Eclipse 配置 ········· 8
- 1.3 第一个 Android 应用 ········· 13
  - 1.3.1 创建 Android 项目 ········· 13
  - 1.3.2 运行调试 Android 项目 ········· 17
- 1.4 工程目录结构及作用 ········· 22
- 1.5 本章总结 ········· 25
- 1.6 习题 ········· 26

第2章 Android 界面设计（教学视频：49分钟） ········· 27
- 2.1 界面设计原则和流程 ········· 27
  - 2.1.1 界面设计原则 ········· 27
  - 2.1.2 界面设计基本流程 ········· 28
- 2.2 界面开发利器 DroidDraw ········· 28
  - 2.2.1 安装 DroidDraw ········· 28
  - 2.2.2 简单使用 DroidDraw ········· 29
- 2.3 Android 中的基本布局 Layout ········· 31
  - 2.3.1 永不改变——帧布局（FrameLayout） ········· 31
  - 2.3.2 糖葫芦——线性布局（LinearLayout） ········· 33
  - 2.3.3 阡陌纵横——表格布局（TableLayout） ········· 34
  - 2.3.4 我说在哪就在哪——绝对布局（AbsoluteLayout） ········· 36
  - 2.3.5 我的邻桌——相对布局（RelativeLayout） ········· 38
  - 2.3.6 分而治之——切换卡（TabWidget） ········· 39
  - 2.3.7 犹抱琵琶半遮面——滚动视图（ScrollView） ········· 41
  - 2.3.8 列表（ListView） ········· 44
- 2.4 Android 中综合界面实例 ········· 47
  - 2.4.1 登录界面 ········· 47
  - 2.4.2 体重计算器 ········· 52
  - 2.4.3 相簿 ········· 56
  - 2.4.4 四宫格 ········· 59

- 2.5 Android 中的常用特效 63
  - 2.5.1 滚动文字 63
  - 2.5.2 震动效果 64
  - 2.5.3 镜像特效 65
- 2.6 Android 的主题和风格 69
- 2.7 本章总结 73
- 2.8 习题 73

第 3 章 Android 应用程序特性（教学视频：129 分钟）............ 75
- 3.1 Activity——活动 75
  - 3.1.1 横竖屏切换 75
  - 3.1.2 拨打电话 79
  - 3.1.3 活动总结 84
- 3.2 Service——服务 85
  - 3.2.1 创建服务 85
  - 3.2.2 开始服务方式 88
  - 3.2.3 绑定服务方式 90
  - 3.2.4 服务总结 92
- 3.3 BroadcastReceiver——广播 92
  - 3.3.1 自定义广播 92
  - 3.3.2 系统广播——短信广播 96
  - 3.3.3 广播接收器总结 99
- 3.4 消息处理 99
  - 3.4.1 进度条更新 100
  - 3.4.2 搜索 SD 卡文件 103
  - 3.4.3 异步处理总结 106
- 3.5 本章总结 107
- 3.6 习题 107

第 4 章 Android 数据存储（教学视频：137 分钟）............ 109
- 4.1 数据存储的方式 109
- 4.2 SharedPreference 109
  - 4.2.1 自动保存登录信息 109
  - 4.2.2 多应用程序共享用户信息 113
- 4.3 文件存储 114
  - 4.3.1 文件的保存和读取 115
  - 4.3.2 SD 卡文件的保存和读取 118
  - 4.3.3 文件存储总结 121
  - 4.3.4 文件复制到 SD 卡 122
- 4.4 数据库存储 127
  - 4.4.1 学生信息数据库的创建和删除 128
  - 4.4.2 学生信息表的创建和删除 133
  - 4.4.3 学生信息的增删改查 136
- 4.5 日记本 142
  - 4.5.1 写日记 142
  - 4.5.2 主界面 148
  - 4.5.3 读取修改日记 152

4.5.4　日记本小结 ·· 157
4.6　网络存储 ·· 157
　　4.6.1　系统邮件设置 ·· 157
　　4.6.2　发送邮件 ·· 158
　　4.6.3　运行分析总结 ·· 159
4.7　数据共享 ·· 160
　　4.7.1　共享的图书信息 ·· 160
　　4.7.2　内容提供者（ContentProvider） ·· 161
　　4.7.3　内容解析器（ContentResolver） ·· 167
　　4.7.4　运行分析总结 ·· 168
4.8　系统通讯录 ·· 169
　　4.8.1　系统通讯录的保存 ·· 170
　　4.8.2　获取通讯录联系人信息 ·· 172
　　4.8.3　显示通讯录联系人 ·· 177
4.9　本章总结 ·· 180
4.10　习题 ··· 180

第5章　Android 网络通信（教学视频：116 分钟） ································ 183

5.1　网络通信方式 ·· 183
5.2　Android 控制 PC 关机 ·· 184
　　5.2.1　PC 服务器端 ·· 184
　　5.2.2　Android 控制端 ··· 187
　　5.2.3　运行分析总结 ·· 188
5.3　Android 即时聊天 ·· 189
　　5.3.1　Android 接收端 ··· 190
　　5.3.2　Android 发送端 ··· 192
　　5.3.3　运行分析总结 ·· 193
5.4　查询手机归属地 ··· 195
　　5.4.1　GET 请求 ··· 195
　　5.4.2　POST 请求 ·· 197
　　5.4.3　显示结果 ·· 200
　　5.4.4　总结 ·· 203
5.5　天气预报 ·· 204
　　5.5.1　天气获取 ·· 204
　　5.5.2　XML 文件解析 ·· 206
　　5.5.3　结果显示 ·· 212
　　5.5.4　总结 ·· 213
5.6　在线翻译 ·· 213
　　5.6.1　Web Service 环境 ··· 214
　　5.6.2　Web Service 服务调用 ··· 215
　　5.6.3　总结 ·· 219
5.7　简易浏览器 ·· 219
　　5.7.1　浏览网页 ·· 219
　　5.7.2　网页事件处理 ·· 222
　　5.7.3　网页拍照 ·· 224
　　5.7.4　分析总结 ·· 226

5.8 WiFi 管理 227
5.9 蓝牙聊天 231
　　5.9.1 蓝牙搜索 231
　　5.9.2 聊天通信 235
　　5.9.3 总结 239
5.10 本章总结 240
5.11 习题 240

第 6 章　Android 多媒体（教学视频：79 分钟）.. 242

6.1 音乐播放器 242
　　6.1.1 播放列表 243
　　6.1.2 音乐播放 244
　　6.1.3 运行分析总结 249
6.2 学话机器人 249
　　6.2.1 语音录制 250
　　6.2.2 机器人学话 254
　　6.2.3 运行分析总结 255
6.3 视频播放器 255
　　6.3.1 多媒体播放类 256
　　6.3.2 视频视图 VideoView 260
　　6.3.3 视频播放总结 261
6.4 照相机 262
　　6.4.1 系统照相机 262
　　6.4.2 简易相机 265
　　6.4.3 照相总结 274
6.5 条纹码识别器 274
　　6.5.1 条纹码识别库 274
　　6.5.2 条纹码获取 278
　　6.5.3 条纹码总结 284
6.6 本章总结 284
6.7 习题 284

第 7 章　手机通信功能开发（教学视频：100 分钟）.. 286

7.1 短信导出 286
　　7.1.1 系统短信的保存 286
　　7.1.2 导出短信 288
　　7.1.3 分析总结 294
7.2 短信收发软件 294
　　7.2.1 短信防火墙 294
　　7.2.2 系统发送短信 297
　　7.2.3 直接发送短信 299
7.3 语音通话 303
　　7.3.1 呼出电话 303
　　7.3.2 来电防火墙 305
7.4 桌面备忘录 310
　　7.4.1 桌面实现 311
　　7.4.2 内容添加 314

		7.4.3 Widget 运行	315
7.5	本章总结		317
7.6	习题		317

第 8 章 传感器、GPS 应用开发（教学视频：24 分钟） 319

8.1	访问传感器		319
	8.1.1	世界坐标系	320
	8.1.2	旋转坐标系	320
	8.1.3	获取传感器清单（需要真机）	321
	8.1.4	指南针应用（真机版）	322
	8.1.5	指南针应用（模拟器版）	326
	8.1.6	计步器应用	331
8.2	GPS 应用		336
	8.2.1	GPS 位置获取	337
	8.2.2	GPS 标记显示	345
	8.2.3	测 MapView 上两点间距离	353
8.3	在 MapView 上绘制轨迹		361
	8.3.1	轨迹绘制说明	362
	8.3.2	使用 Google Earth 生成 kml 文件	362
8.4	基站应用		370
	8.4.1	基站信号强度获取	370
	8.4.2	基站定位	373
8.5	本章总结		376
8.6	习题		377

第 9 章 Android NDK 开发（教学视频：46 分钟） 378

9.1	Windows 下 NDK 开发环境搭建		378
	9.1.1	下载 Android NDK	378
	9.1.2	下载安装 Cygwin	380
	9.1.3	验证 NDK 环境	384
	9.1.4	安装 Eclipse 下 C/C++开发工具	387
	9.1.5	安装 Eclipse 下 Sequoyah 插件	389
9.2	计算器		391
	9.2.1	界面开发	392
	9.2.2	NDK 本地支持	392
	9.2.3	调用实现	397
	9.2.4	总结	400
9.3	等离子图像效果		400
	9.3.1	NDK 示例	401
	9.3.2	建立等离子效果项目	401
	9.3.3	Java 实现	403
	9.3.4	本地方法实现	403
	9.3.5	运行总结	408
9.4	水波纹效果		409
	9.4.1	交互实现	409
	9.4.2	NDK 实现	412
	9.4.3	运行分析	417

9.5	本章总结	418
9.6	习题	418

第10章 文件管理器（教学视频：54分钟） ································ 419

10.1	界面资源布局	419
10.2	视图类	420
	10.2.1 项视图	420
	10.2.2 文件配置	421
	10.2.3 适配器	422
	10.2.4 显示视图	423
10.3	文件管理	424
	10.3.1 遍历根目录	424
	10.3.2 上层目录	425
	10.3.3 当前目录	425
	10.3.4 单击选择	427
10.4	本章总结	428

第11章 微博客户端（教学视频：56分钟） ································ 429

11.1	开放平台的使用	429
	11.1.1 应用注册	429
	11.1.2 SDK 使用	430
11.2	用户管理	433
	11.2.1 用户授权请求	433
	11.2.2 认证网页	434
	11.2.3 认证返回数据存储	435
	11.2.4 认证信息的存储	436
	11.2.5 删除用户	437
11.3	微博主界面	439
	11.3.1 认证用户登录	439
	11.3.2 主界面设计	440
11.4	用户资料	442
	11.4.1 用户信息获取	443
	11.4.2 用户头像获取	444
	11.4.3 关注详情	446
	11.4.4 粉丝详情	449
11.5	用户消息	450
	11.5.1 获取信息	451
	11.5.2 显示评论	451
	11.5.3 匹配高亮显示	452
	11.5.4 评论处理	453
11.6	微博首页	454
	11.6.1 未读消息	455
	11.6.2 微博获取显示	456
	11.6.3 微博详情	457
	11.6.4 发布微博	459
11.7	本章总结	462

第 1 章　Android 基础

随着移动网络速度的提升、移动设备性能的提升以及人们对移动设备功能要求的提高，Android 这一开放、快速、友好的手机操作系统应运而生并已成燎原之势。

在 2012 年初，三星、摩托罗拉、HTC 等众多手机巨头都拥有了具有自身特色的 Android 手机系列，Android 系统手机也已稳居智能手机发货量的第一位。软件开发方面，大家也纷纷加入 Android 开发行列，Google 官方市场应用数量和下载量急速上升，国内各大 Android 应用市场，也开始拥有越来越丰富的应用和越来越高的下载量。面对如此火热且具有无线潜力的市场，我们当然不能错过这样的机会。接下来，我们就开始我们的 Android 应用开发之旅。

1.1　Android 介绍

早在 2005 年 7 月，Google 公司收购了由 Andy Rubin（Android 之父）等人创立的一家小公司。他们当时做的就是基于 Linux 内核的手机操作系统，也就是 Android 系统的雏形。Google 公司经过多年打磨，终于在 2007 年 11 月，正式向外界展示 Android 操作系统并与 34 家手机制造商、软件开发商、电信运营商和芯片制造商共同创建开放手持设备联盟，致力于 Android 操作系统的开发与推广。这样，Android 手机操作系统得到了快速发展和推广，Android 手机设备开始大批量的生产。

1.1.1　Android 发展史

Android 系统是一种以 Linux 为基础的开放源码的操作系统，主要使用于便携设备。主要发行了如下几个版本：

❑ Android 1.1

在 2008 年 9 月发布的 Android 第一版。

❑ Android 1.5

在 2009 年 4 月 30 日发布，命名为 Cupcake（纸杯蛋糕）。该版本是较稳定的第一个版本，也是第一部 Android 手机 G1 使用的操作系统。

❑ Android 1.6

在 2009 年 9 月 15 日发布，命名为 Donut（甜甜圈）。该版本主要对 OpenCore2 媒体引擎进行了支持。

❑ Android 2.0/2.0.1/2.1

在 2009 年 10 月 26 日发布，命名为 Éclair（松饼）。该版本主要针对新的浏览器的用户接口，支持 HTML5、内置相机闪光灯、数码变焦、蓝牙 2.1 等。

❑ Android 2.2/2.2.1

在 2010 年 5 月 20 日发布，命名为 Froyo（冻酸奶）。该版本对整体性能进行了大幅度的提升，支持 Flash 并提高了更多的 Web 应用 API 接口的开发，是当前 Android 手机中最常见的版本。

❑ Android 2.3

在 2010 年 12 月 7 日发布，命名为 Gingerbread（姜饼）。该版本主要简化了界面、提升了速度，有更良好的用户体验，也是目前主流的 Android 手机操作系统版本。

❑ Android 3.0

在 2011 年 2 月 2 日发布，命名为 Honeycomb（蜂巢）。该版本主要针对平板进行优化，全新设计出了 UI，增强网页浏览功能等。该版本用于平板电脑，一般不用于手机设备。

❑ Android 4.0

在 2011 年 10 月 19 日发布，命名为 Ice Cream Sandwich（冰激凌三明治）。该版本使用了全新的 UI 界面、更强大的图片编辑功能、人脸识别功能等，对系统进一步优化，速度更快，UI 更美观，用户体验更友好。目前，能够使用该版本的 Android 手机比较少，但它是未来 Android 手机版本的新要求和趋势。

1.1.2 平台架构及特性

虽然，Android 系统版本不断地进行着更新，但是其平台架构是没有改变的。其思想是以 Linux 为基础，对不同功能需求进行分层处理，各层之间统一接口，不关心接口在其他功能分层中的具体实现，来达到集中各自的关注层次，更好的提升 Android 操作系统的可适用性，其整体架构如图 1.1 所示。

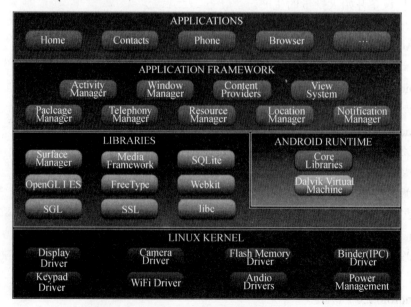

图 1.1 Android 架构图

从图中可以很明显地看出 Android 操作系统分为 4 层，由上而下依次是应用程序层、应用程序框架层、运行库层和 Linux 内核层。

1. 应用程序层

该层是 Android 操作系统的最上层，所有用户能直观看到的程序都是属于应用程序层。其中，包括了 Android 的一系列核心应用程序包，如 SMS 短消息程序、日历、浏览器、联系人管理程序等，也包括了其他第三方的丰富应用。本书将针对该层的应用程序的开发进行实例讲解。

一般来说，Android 的应用开发都是在其 SDK 的基础上，使用 Java 语言来进行编写。在绝大时候也确实是这样的，但自从 Android 提供了 NDK 后，可以通过 JNI 接口来调用自行开发的 C/C++库来进行处理。但是，纯 C++应用依然是不能运行在应用层的。

2. 应用程序框架层

该层是 Android 系统提供给应用程序层所使用的 API 框架，进行应用程序开发就需要使用这些框架来实现，并且必须遵守其开发原则。这些 API 框架包含了所有开发所用的 SDK 类库，同时也还有一些未公开接口的类库和实现。正是这些未公开的类库和接口，使得第三方的应用程序可能无法实现系统应用程序的部分功能。

从系统架构图中可以看出，应用程序框架层主要提供了九大服务来管理应用程序，主要包括：

（1）活动管理器（Activity Manager）

该管理器用于管理应用程序生命周期并提供常用的导航回退功能。

（2）窗口管理器（Window Manager）

该管理器用于管理所有的窗口程序。

（3）内容提供器（Content Providers）

该组件用于一个应用程序提供给其他应用程序访问其数据。这是 Android 四大组件之一，最常用的应用情形是系统中的联系人数据库以及短信数据库等，当然第三方应用程序也可以通过它来实现共享它们自己的数据。

（4）视图系统（View System）

其中包括了基本的按钮（Buttons）、文本框（Text boxes）、列表（Lists）等视图，这些都是在界面设计中经常使用到的。除了这些系统已经定义的视图外，还提供了接口用于实现开发人员自定义的视图。

（5）通知管理器（Notification Manager）

该管理器用于应用程序可以在状态栏中显示自定义的提示信息。

（6）包管理器（Package Manager）

该管理器用于 Android 系统内的程序管理。

（7）电话管理器（Telephony Manager）

该管理器用于 Android 系统中与手机通话相关的管理，如电话的呼入呼出、手机网络状态的获取等。

（8）资源管理器（Resource Manager）

该管理器主要提供非代码资源的访问，如本地字符串、图形、和布局文件（layout files）等。

（9）位置管理器（Location Manager）

该管理器主要用于对位置信息的管理。主要包括了非精确位置定位的手机基站信息、无线热点信息，以及精确位置定位的 GPS 信息等。

3．运行库层

在运行库层中包括了两部分，一部分是开源的第三方 C/C++ 库，一部分是 Android 系统运行库。第三方的 C/C++ 库主要用于支持我们使用各个组件，主要的库包括了：

（1）Bionic 系统 C 库（Libc）

该库是一个从 BSD 继承来的标准 C 系统函数库，它是专门为基于 Linux 系统的设备定制的。

（2）Surface Manager

该库用于对显示子系统的管理，并且为多个应用程序提供了 2D 和 3D 图层的无缝融合。

（3）多媒体库（Media Framework）

该库基于 PacketVideo OpenCORE，使用该库使得 Android 系统支持多种常用的音频、视频格式的回放和录制，同时支持静态图像文件等。

（4）SQLite 库

该库是一个功能强劲的轻型关系型数据库引擎。在 Android 系统的数据存储中，数据库存储是非常重要的一种存储方式，例如系统的短信、联系人信息等都使用数据库来存储。

（5）WebKit 库

该库是一个开源的浏览器引擎。WebKit 所包含的 WebCore 排版引擎和 JSCore 引擎，其高效稳定、兼容性好。

Android 的系统运行库包括了一个 Andorid 核心库和 Dalvik 虚拟机。

核心库提供了 Java 编程语言核心库的大多数功能。Dalvik 虚拟机是 Android 的 Java 虚拟机，解释执行 Java 的应用程序。

每一个 Android 应用程序都拥有自己的进程，并且都拥有一个独立的 Dalvik 虚拟机实例。Dalvik 虚拟机被设计成同一个设备可以同时高效地运行多个虚拟系统。Dalvik 虚拟机执行 .dex 的可执行文件，该格式文件针对小内存使用做了优化，在手机等移动设备中运行更高效。

4．Linux内核层

Android 的核心系统服务依赖于 Linux 2.6 内核，并在其基础上针对手机这样的移动设备进行了优化，用于提供安全机制、内存管理、电源管理、进程管理、网络协议栈和驱动模型等。

除了提供这些底层管理之外，Linux 内核层也提供了硬件设备的驱动，可以看作是硬件和上层软件之间的抽象层，为上层提供相对统一的接口。

这样的层次划分，使得 Android 各层之间分离，当我们进行应用开发时，不需要过多地关心 Linux 内核、第三方库以及 Dalvik 虚拟机等是如何完成具体实现的，绝大部分时候只需要关注在应用程序框架层提供的 API，即使底层的实现细节发生改变，也不需要重写上层的应用程序，实现应用程序开发适宜性、可重用性以及快捷性。

通过这样的平台架构设计，也可以看出 Android 系统可以完成数据存储、网络通信访问、音视频等多媒体的应用、手机短信通话等应用，以及在硬件设备支持的基础上的照相、蓝牙、无线、GPS 定位、重力感应等丰富的应用。接下来，我们一步一步通过实例在 Android 系统中实现这些应用开发。

1.2　开发环境的搭建

我们已经了解了 Android 操作系统的发展与其架构，对于这么优秀的操作系统，我们当然要赶紧搭建开发环境来进行应用程序的开发。

Android 的开发可以在 Windows 平台上进行，也可以在 Linux 平台中进行，在这两大平台中进行 Android 应用程序开发的环境搭建步骤是大同小异的。在这里，我们以 Windows 平台为例进行开发环境的搭建。

Android 的开发环境并不是唯一的，但是使用 Eclipse 来进行 Android 应用开发是目前最快速便捷、最常见的开发方式，也是官方推荐的方式。在这里，我们一步一步来实现在 Eclipse 下 Android 应用开发环境的搭建。

1.2.1　Java 下载安装

Android 的应用程序都是使用 Java 语言来进行编写，要编译 Java 语言自然少不了 JDK 的支持。有 Java 开发经验的读者，对于 JDK 的安装与配置应该不会陌生，步骤如下：

1. JDK下载

在进行 Android 开发时，需要选择 JDK 1.5 及以上版本。在 Java 官网下载最新的 JDK 版本，其地址为 http://www.oracle.com/technetwork/java/javase/downloads/index.html。选择最新的 JDK 版本进行下载。在下载时，需要注意自己使用的操作系统平台，选择对应的 JDK 进行下载，如图 1.2 所示。

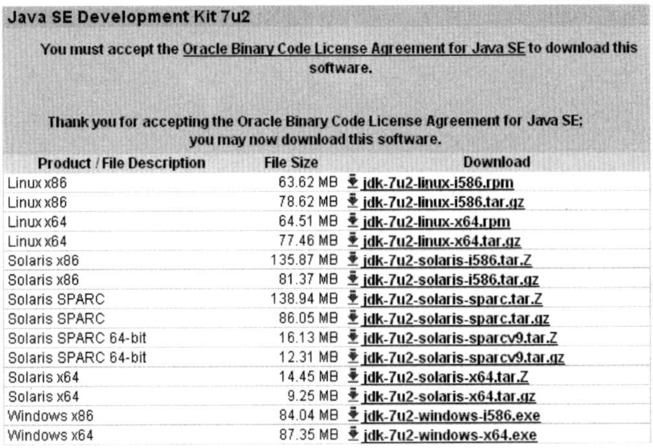
Java SE Development Kit 7u2

You must accept the Oracle Binary Code License Agreement for Java SE to download this software.

Thank you for accepting the Oracle Binary Code License Agreement for Java SE; you may now download this software.

Product / File Description	File Size	Download
Linux x86	63.62 MB	jdk-7u2-linux-i586.rpm
Linux x86	78.62 MB	jdk-7u2-linux-i586.tar.gz
Linux x64	64.51 MB	jdk-7u2-linux-x64.rpm
Linux x64	77.46 MB	jdk-7u2-linux-x64.tar.gz
Solaris x86	135.87 MB	jdk-7u2-solaris-i586.tar.Z
Solaris x86	81.37 MB	jdk-7u2-solaris-i586.tar.gz
Solaris SPARC	138.94 MB	jdk-7u2-solaris-sparc.tar.Z
Solaris SPARC	86.05 MB	jdk-7u2-solaris-sparc.tar.gz
Solaris SPARC 64-bit	16.13 MB	jdk-7u2-solaris-sparcv9.tar.Z
Solaris SPARC 64-bit	12.31 MB	jdk-7u2-solaris-sparcv9.tar.gz
Solaris x64	14.45 MB	jdk-7u2-solaris-x64.tar.Z
Solaris x64	9.25 MB	jdk-7u2-solaris-x64.tar.gz
Windows x86	84.04 MB	jdk-7u2-windows-i586.exe
Windows x64	87.35 MB	jdk-7u2-windows-x64.exe

图 1.2　JDK 下载

2. JDK安装

下载完成的 JDK 是一个安装包程序,在 Windows 平台上双击执行即可,不再赘述。

3. Java环境配置

在使用 Java 工具对 Java 语言进行编译、运行时,必须配置 Java 的环境,主要是配置 Java 的路径、Path 和 Classpath 这三个环境变量。

在 Windows 桌面上右键单击"我的电脑",在菜单中选择"属性"命令。在弹出的"系统属性"界面中,选择"高级"选项卡,在其中选择"环境变量",如图 1.3 所示。

在弹出的"环境变量"对话框中,选择"系统变量"下的"新建"按钮。在"新建环境变量"弹出框中,新建变量名为"JAVA_HOME",变量值为安装的 JDK 路径,如"C:\Program Files\Java\jdk1.6.0_10",如图 1.4 所示。

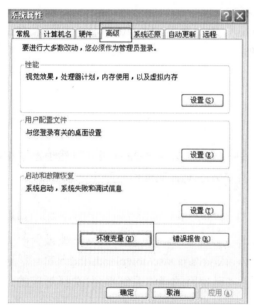

图 1.3　环境变量

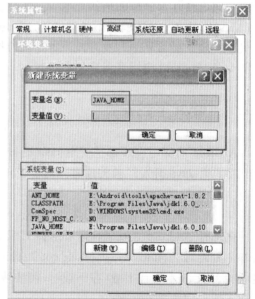

图 1.4　新建 Java Home

此外,还需要新建一个变量名为"JAVA"、变量值为安装的 JDK 的 dt.jar 和 tools.jar 的路径,如"E:\Program Files\Java\jdk1.6.0_10\lib\dt.jar;E:\Program Files\Java\jdk1.6.0_10\lib\tools.jar;.;"。

除了新建这两个环境变量外,还需要添加一个环境变量。找到变量名为 Path 的变量,在其变量值后添加 JDK 的 bin 路径。例如,添加";C:\Program Files\Java\jdk1.6.0_10\bin",如图 1.5 所示。

添加这两个环境变量完成后,在 CMD 命令控制台中输入 java -version,查看 JDK 的版本信息,安装成功,则会输出安装的版本。输入如下:

```
C:\Documents and Settings\Owner>java -version
java version "1.6.0_29"
Java(TM) SE Runtime Environment (build 1.6.0_29-b11)
Java HotSpot(TM) Client VM (build 20.4-b02, mixed mode, sharing)
```

图 1.5　添加 Path

1.2.2　Android SDK 下载

在 Android 开发官网下载 SDK，其下载地址为 http://developer.android.com/sdk/index.html，如图 1.6 所示。

图 1.6　Android SDK 下载

对于各个操作系统平台下载其对应的 Android SDK 版本。在 Windows 平台中，下载完成并解压后，SDK 目录中并没有 Android 的开发版本。其目录中主要包括了如下几个子目录：

（1）add-ons

该目录为空，用于保存 Google 的插件工具。

（2）platforms

该目录为空，用于保存不同版本的 SDK 开发包。

（3）tools

SDK 工具。主要有模拟硬件设备的 Emulator（模拟器）、Dalvik 调试监视服务（Dalvik Debug Monitor Service DDMS）、Android 调试桥（Android Debug Bridge ADB）等开发 Android 应用程序必需的调试打包工具。

（4）samples

Google 官方示例代码。不同版本的 SDK，Google 官方会提供其应用程序的示例代码，这些代码是进行 Android 应用程序入门的良好源码资料。

1.2.3　Eclipse 下载安装

在 Eclipse 官网下载 Eclipse，其下载地址为 http://www.eclipse.org/downloads/，如图 1.7 所示。

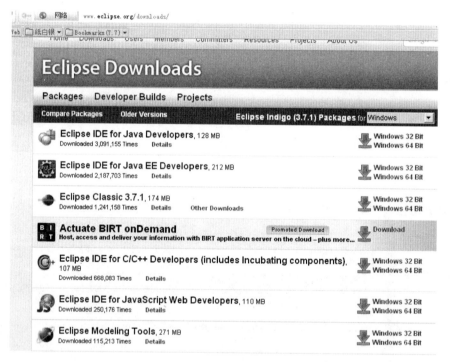

图 1.7　Eclipse 下载

由于 Eclipse 是一个开发的框架，对于各种语言的开发直接安装插件即可。各个版本的主要差异在于预先安装的插件。在这里，我们下载 Eclipse Classic，即第三个版本。

下载 Eclipse 完成后是一个压缩包，直接解压该包即可。

1.2.4　Eclipse 配置

完成了 JDK、Android SDK 以及 Eclipse 的下载后，需要将这三者关联起来进行快捷的

第1章 Android 基础

开发。Google 公司针对 Eclipse 的开发环境提供了其开发插件 Android Development Tools（ADT）。

1．安装ADT插件

在 Eclipse 中安装 ADT 插件，步骤如下：

（1）添加 ADT 插件源

打开 Eclipse，在菜单栏中选择 Help|Install New SoftWare，出现对话框如图 1.8 所示。

单击对话框中的 Add 按钮，添加新的插件。我们使用在线安装更新 ADT 插件，在 Location 框中输入网址：http://dl-ssl.google.com/android/eclipse/。

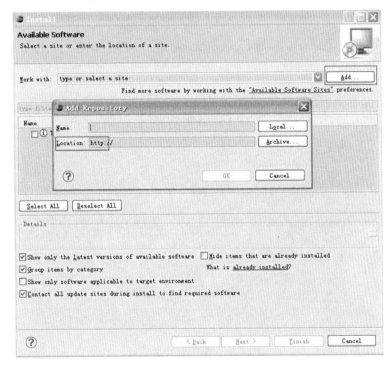

图 1.8 添加 ADT 源

（2）在线安装插件

输入网址后，单击 OK 按钮，Eclipse 会自动到地址源查找需要安装的工具包。开发工具包获取完成后如图 1.9 所示。

按照给出的提示，一步一步进行选择安装。一般情况下，单击 Next 按钮即可。安装时如图 1.10 所示。

当 ADT 插件安装完成后，会提示重新启动 Eclipse 程序。

2．配置安装SDK

（1）配置 SDK 路径

ADT 插件安装完成后，需要配置 Android SDK 路径。在 Eclipse 的菜单中单击 Window|Preferences 命令，出现对话框如图 1.11 所示。

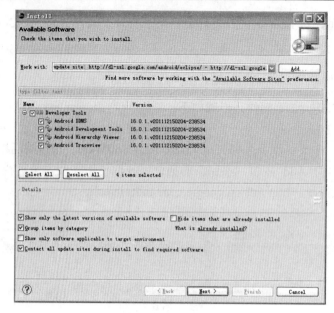

图 1.9　获取安装包

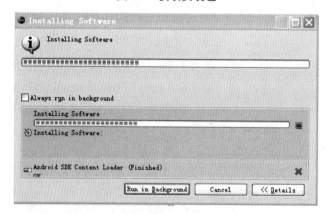

图 1.10　ADT 插件安装

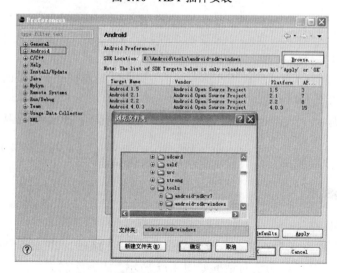

图 1.11　配置 SDK

在左边栏中选择 Android，在右边单击 Browse 按钮选择下载的 SDK 的路径。如果选错了就会报错，并显示该目录下已有的 SDK 版本信息。如果没有 SDK 则显示"No target available"。

（2）下载更新 SDK

当配置了 Android 的 SDK 路径后，在 Eclipse 的菜单栏中可以看到一个小机器人和手机的图标，如图 1.12 所示。

图 1.12　Android 开发管理图标

其中，左边的机器人图标按钮用于开启 SDK 版本的管理插件；右边的手机图标按钮用于开启 Android 模拟器管理插件。

当需要下载或者更新 Android 的 SDK 版本时，单击手机图标按钮，出现对话框如图 1.13 所示。

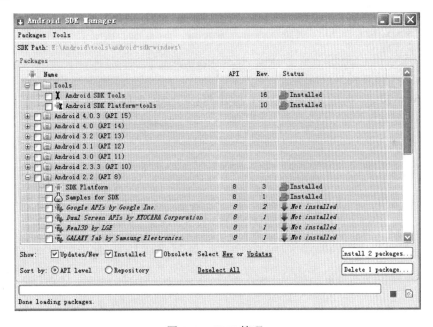

图 1.13　SDK 管理

如图 1.13 所示，在 SDK 管理界面中，将会罗列出最新的 Android 开发工具版本以及所有的 Android SDK 版本。读者可以根据自己的需要下载对应的版本。由于目前手机使用的 Android 版本主要为 2.2 和 2.3，所以需要下载 2.2 或 2.3 版本。本书的实例也是在这两个版本上进行开发的。

勾选了需要下载的版本之后，单击右下角的 Install packages 按钮，根据后续提示进行下载安装。安装完成后，关闭该对话框。

（3）创建模拟器

选择 Eclipse 菜单栏中的手机图标按钮，出现管理 Android 模拟器的对话框，如图 1.14

所示。在图中会列出当前已经创建的 Android 模拟器信息，可以对这个模拟器进行修改编辑。也可以通过单击 New 按钮来创建新的模拟器。

图 1.14 管理模拟器

单击 New 按钮，创建新的模拟器，弹出对话框如图 1.15 所示。

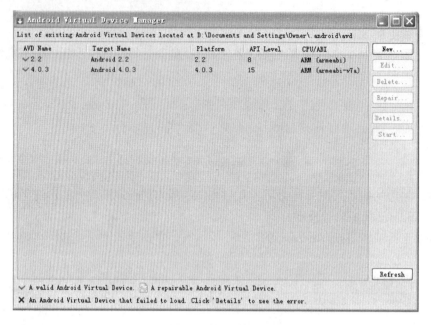

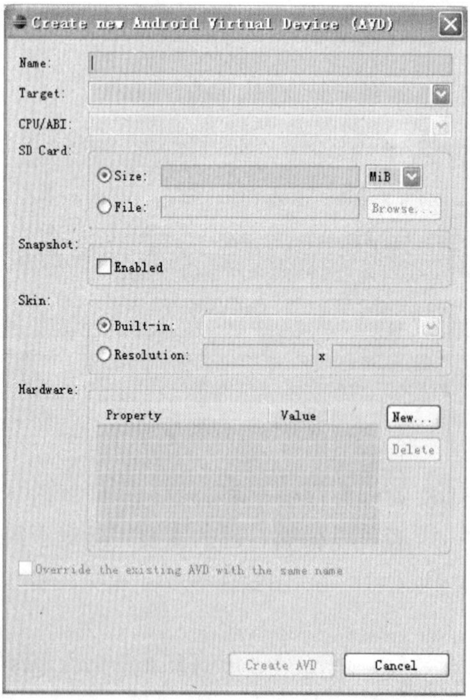

图 1.15 新建模拟器

图 1.15 中，在 Name 框中输入新建的模拟器的名称，该名称没有特别要求，可以根据

个人习惯进行命名。在 Target 框中选择 Android SDK 的版本。当下载安装了多个 SDK 版本后，可以根据不同 SDK 创建不同的模拟器，但是在代码测试时需要选择对应的模拟器。在 SD Card 中，填写模拟器中使用的 SD Card 大小，一般使用 512MB。在 Skin 的 Build-in 选择屏幕大小，一般为系统默认设置。在 Hardware 中，选择需要模拟的硬件设备，在没有特别的需求时，不需要修改模拟的硬件。完成了以上的模拟器参数设置后，单击 Create AVD 按钮完成模拟器的创建。

创建了模拟器后，返回模拟器管理界面，如图 1.14 所示。选中创建的模拟器，单击 Start 按钮，在弹出窗口中单击 Launch 按钮启动模拟器。第一次启动 AVD（Android 模拟器）时加载较慢，会显示如图 1.16 所示的界面等待一段时间。当模拟器启动完成时，就可以看到 Android 清爽的界面，如图 1.17 所示。

图 1.16　AVD 加载　　　　　　　图 1.17　AVD 启动完成

通过以上步骤，我们就成功地在 Windows 平台上搭建了 Android 的开发环境。需要下载安装 JDK、Android SDK 以及 Eclipse，然后就最重要的是 ADT 插件的安装以及 SDK 和 Android 模拟器的下载、更新与管理。完成了开发环境的搭建，我们就来创建一个最基本的 Android 工程。

1.3　第一个 Android 应用

在 Eclipse 中，我们可以非常便捷地创建、调试 Android 的应用程序。接下来，我们就创建一个最基本的 Android 项目。

1.3.1　创建 Android 项目

在 Eclipse 创建 Android 项目，过程比较简单直观：

（1）在 Eclipse 菜单栏中单击 File|New 命令，在子菜单中选择 Android Project，如果没有该选项，则选择 Other，如图 1.18 所示。

图 1.18　新建项目

（2）在弹出对话框中选择 Android，出现多个 Android 项目类型，如图 1.19 所示。在 Android 选项中，Android Project 是 Android 的一般应用程序工程，也是我们最常使用的项目类型；Android Sample Project 是 Android 的示例工程，Google 官方发布的示例代码即是使用的该项目类型，一般我们都不会使用；Android Test Project 是 Android 的测试项目，当进行较大的商业项目工程时，我们需要创建该类型的项目，以测试 Android 应用程序的性能。

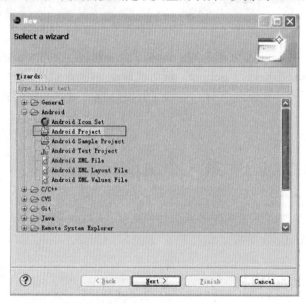

图 1.19　选择项目类型

（3）选择 Android Project，单击 Next 按钮。在弹出的对话框中进行该项目的具体配置，如图 1.20 所示。

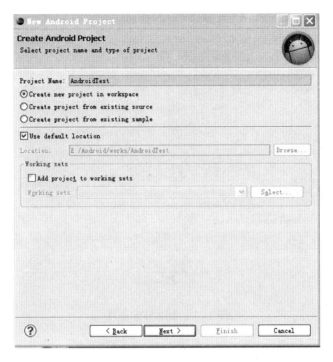

图 1.20　创建 Android 项目

在创建 Android 工程中，需要填写如下几点：
（1）ProjectName

项目的名称。创建项目后，该项目的所有文件都将保存在以该名称命名的文件夹中。
（2）选择工程类型

其中，第一项 Create new project in workspace 表示在工作目录中创建一个新的项目。当我们新建一个项目时一般使用该选项；第二项 Create project from existing source 表示从已有代码中创建项目。当我们使用没有配置文件的单纯的源码时，会使用到该选项。例如，查看 Google 官方的示例代码时；第三项 Create project from existing sample 表示从外部引入一个实例项目。

当我们自己新建项目时，都使用第一个选项创建一个新项目。
（3）保存路径

在 Location 中选择项目保存的路径，一般都使用 Workplace 的默认路径。如果需要指定其他路径，不勾选 Use default location，然后指定保存路径即可。

填写好基本的项目类型后，单击 Next 按钮，将会出现选择 SDK 版本的对话框，如图 1.21 所示。

在该对话框中将会列出本地已有的所有 SDK 版本。由于我们创建的模拟器使用的是 2.2 版本，在这里我们选择 Android 2.2。单击 Next 按钮，进入应用程序基本信息界面，如图 1.22 所示。

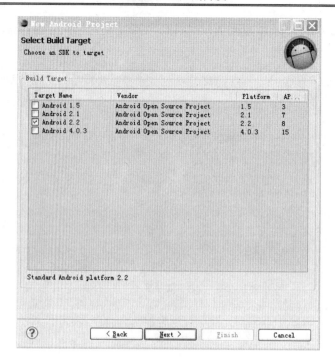

图 1.21　选择 SDK 版本

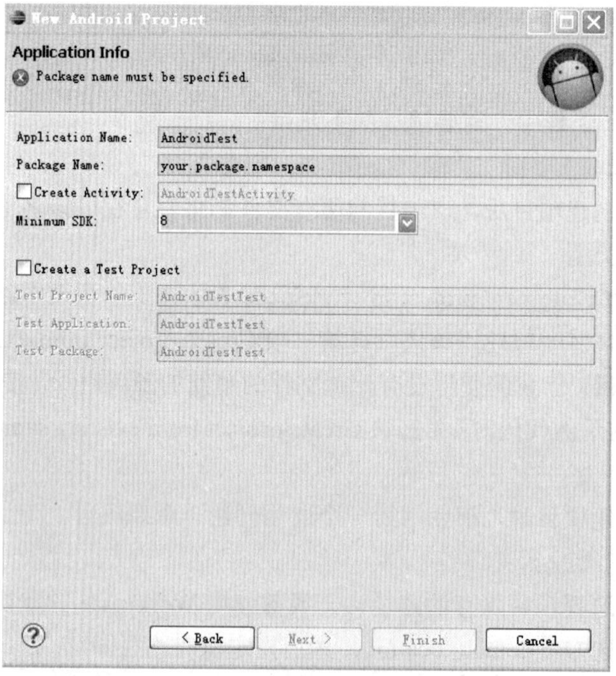

图 1.22　应用信息

在该对话框中，我们需要填写基本的应用程序信息，Eclipse 将根据这些基本信息生成基本的代码。需要注意的是：

（1）Application Name

填写应用程序的名称。默认情况下，会将前面填写的项目名称填写在这里，也可以进行修改。该名称将作为应用程序的名称出现在手机应用的列名中。

（2）Package Name

Java 源文件的包名，Eclipse 会自动在 src 下创建该包名。

（3）Create Activity

该栏为多选框，提示创建的类后面是否加上 Activity。例如，我们要创建的 AndroidTest 类，如果勾选，那么系统自动生成类名为 AndroidTestActivity 的源文件，作为该应用程序的启动界面；如果不勾选，则只会生成包，不会生成源文件。

（4）Minimun SDK

指定开发环境使用的最低 SDK 版本。

完成了应用程序信息的设置后，单击 Finish 按钮，这样我们就完成了自己的第一个 Android 应用程序。在 Eclipse 中，会出现新建项目的工程目录，如图 1.23 所示。该目录中的每一个文件夹中分类存放不同的文件，在下一节中我们将详细介绍这些文件分类。

图 1.23　新建工程目录

1.3.2　运行调试 Android 项目

对于 Eclipse 新建的项目，我们不需要做任何修改就是可以直接运行。在项目名称上单击鼠标右键，在菜单中单击 Run as|Android Application 命令。如果当前没有开启创建的 Android 模拟器，则会自动启动模拟器；如果当前有两个及以上的 Android 设备（包括 Android 真机和模拟器），则会提示选择测试使用的 Android 设备。选择完成后，系统自动为我们运行显示出该应用程序。在该应用程序中，只是在屏幕中显示"Hello World, AndroidTestActivity!"。

1．Android模拟器的使用

Android 模拟器运行如图 1.24 所示。模拟器左边是显示屏幕，右边是输入键盘和常用的其他按钮。在模拟器中进行测试和真机测试基本是一致的，但是 Android 模拟器和真机有如下几个主要的不同：

（1）不支持实际的呼叫和接听来电与短信，但可以通过控制台模拟电话和短信的呼入和呼出。

（2）不支持音频、视频、相机的输入和捕捉，但是支持输出。
（3）不能确定电池电量水平和交流充电状态。
（4）不能确定 SD 卡的插入、弹出。
（5）不支持蓝牙、重力感应器等硬件支持设备，但可以使用控制台模拟位置信息。

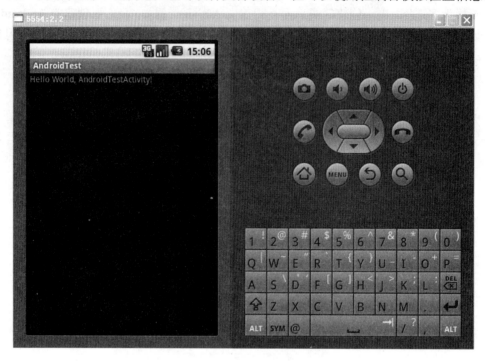

图 1.24　AndroidTest 模拟器运行

2. DDMS的使用

在 Android SDK 工具中，提供了 DDMS（Dalvik Debug Monitor Service）来用于对 Android 的应用程序进行调试和模拟服务，主要提供了对特定的进程查看正在运行的线程以及堆信息、输入日志（Logcat）、广播状态信息、模拟电话呼叫、接收 SMS、虚拟地理坐标、为测试设备截屏等等。

DDMS 会搭建 Eclipse 本地与测试终端（Emulator 或者真实设备）的连接，它们应用各自独立的端口监听调试器的信息，DDMS 可以实时监测到测试终端的连接情况。当有新的测试终端连接后，DDMS 将捕捉到终端的 ID，并通过 adb 工具建立调试器，从而实现发送指令到测试终端的目的。

（1）开启 DDMS 视图

在 Eclipse 的右上角有个选择切换卡，选择 DDMS，如图 1.25 所示。如果没有找到 DDMS 视图，则在 Eclipse 的菜单栏中单击 Window|Open Perspective 命令，选择 Other，将会出现 Eclipse 中所有的视图界面，如图 1.26 所示。选择 DDMS，切换到 DDMS 视图。

（2）DDMS 功能

在 DDMS 视图界面中，有调试 Android 设备经常使用到的工具，主要包括了设备（Devices）、模拟器控制台（Emulator Control）、日志输出（LogCat）、文件目录（File Explorer）

以及线程、堆栈等。这些功能都显示在 DDMS 界面中。如果在 DDMS 界面中没有找到这些功能选项，在 Eclipse 的菜单栏中单击 Window|Show View 命令，选择 Other 选项，将会出现 Eclipse 中所有的功能视图，如图 1.27 所示，选择需要的功能视图进行添加。

图 1.25　DDMS 视图

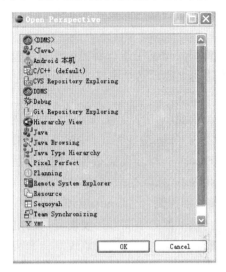

图 1.26　Open Perspective

在 DDMS 提供的功能中，我们最常用的主要有 4 个，分别是：

❑ 设备（Devices）

设备功能视图一般在 DDMS 的左上角，其标签为 Devices，如图 1.28 所示。在该视图中显示所有连接的 Android 设备并且详细列出该 Android 设备中可连接调试的应用程序进程。从图中可以看出列表中从左到右分别是应用程序名、Linux 的经常 ID、与调试器链接的端口号。在进行调试时，我们一般只需要关心应用程序名。

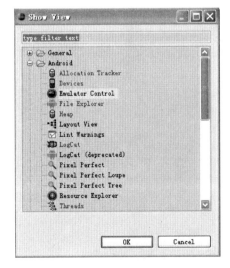

图 1.27　功能视图

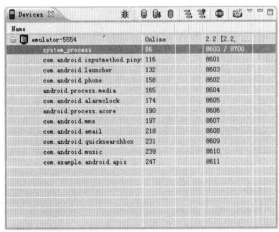

图 1.28　设备列表

当选择了列表中的某一个应用程序时，在视图的右上角有一排功能按钮就可以使用。它们主要用于调试某个应用，主要的功能有调试选项（Debug the selected process）、线程查看（Update Threads）、堆栈查看（Update Heap）、停止进程（Stop Process）和截屏（ScreenShot）。

Debug Selected Process：用于显示被选择进程与调试器的连接状态。如果进程前带有绿色标识表示该进程的源文件在 Eclipse 中处于打开状态，并已经开启了调试器监听进程的运行情况。

Update Threads：用于查看当前进程所包含的线程。当选中任意进程后，单击该按钮后，被选中的进程名称后边会出现显示线程信息标识并且可以在 Threads 功能界面中看到详细的线程运行情况。

Update Heap：用于查看当前进程堆栈内存的使用情况。当选中任意进程后，单击该按钮后，可以在 Heap 功能界面中看到详细的堆栈使用情况，与 Update Threads 类似。

Stop Process：终止当前进程。选择进程后，单击该按钮便强制终止了该进程。

ScreenShot：截取当前测试终端桌面。

❑ 模拟器控制台（Emulator Control）

由于在模拟器中不能直接使用真机的电话、短信、GPS 位置等功能，当使用模拟器测试这些功能时，我们可以通过该控制台来实现对这些交互功能的模拟。

模拟器控制台视图一般在设备视图的下方，如图 1.29 所示。

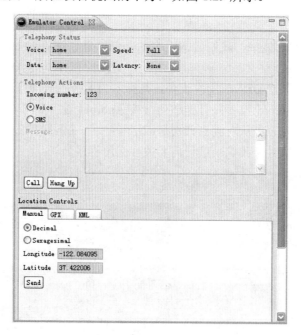

图 1.29　控制台

各选项如下：

Telephony Status：选择模拟语音质量以及信号连接模式。

Telephony Actions：模拟电话呼入和发送短信到测试的模拟器。其中，Incoming number 是设置本地呼入模拟器的号码；Voice 选项表示模拟电话呼入模拟器；SMS 选项表示模拟短信发送到模拟器中。

Location Control：模拟地理坐标或者模拟动态的路线坐标变化，并显示预设的地理标识。其中，有 3 个选项卡表示可以使用不同的 3 种方式，分别：

Manually 方式：手动为终端发送二维经纬坐标。

GPX 方式：通过 GPX 文件导入序列动态变化地理坐标，从而模拟行进中 GPS 变化的数值。

KML 方式：通过 KML 文件导入独特的地理标识，并以动态形式根据变化的地理坐标显示在测试终端。

❑ 文件目录（File Explorer）

在 DDMS 界面的右边，占用较大一块区域的便是模拟器运行的详细信息，有多个选项卡，其中 File Explorer 便是文件目录，如图 1.30 所示。

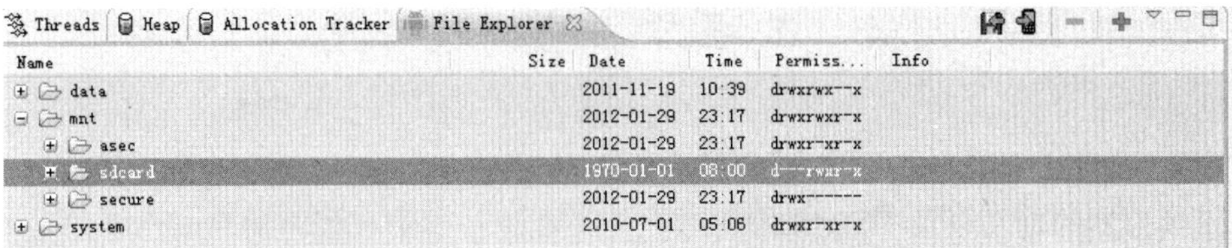

图 1.30　文件目录

在文件目录中显示了 Android 设备的文件系统信息。一般情况下，File Explorer 会有如下 3 个目录：data、mnt 和 system。

在 data 目录中对应手机的 RAM，存放 Android 系统运行时的 Cache 等临时数据。如果没有 root 权限则 apk 程序安装在/data/app 中（只是存放 apk 文件本身）；在/data/data 中存放着所有程序（系统应用程序和第三方应用程序）的详细数据目录信息。

在 mnt 目录中最重要的是其目录下的 sdcard 目录，该目录中的文件即对应 SD 卡的目录文件。

在 system 目录中对应手机的 ROM，存放着 Android 系统本身以及系统自带的应用程序等。

除了可以查看到这 3 个目录之外，还可以使用 File Explorer 来对文件进行操作。选项卡右上角的操作按钮从左到右分别是从 Android 设备保存到本地、上传到 Android 设备、删除文件、添加文件夹。当然，在使用这 4 个功能时，需要对 Android 设备的文件系统具有相应的操作权限。

❑ 日志输出（LogCat）

在模拟器中的所有输出信息都显示在日志信息（LogCat）中，该视图一般在最下方，如图 1.31 所示。

图 1.31　日志信息

在 LogCat 中显示所有测试终端操作的日志记录，通过不同颜色的显示可以很明显地区分警告信息和错误信息。并且可以使用右边的下拉菜单进行不同类型信息的筛选。

3. Debug调试

由于 Android 应用程序使用 Java 语言编写，对 Android 应用程序的 Debug 调试和对标准 Java 语言的调试是相同的。

当在工程文件中标记了断点之后，可以使用两种方式开启调试：一是右击项目，选择 Debug as 从应用程序开始运行就开启调试；二是在应用程序运行后，在 DDMS 界面中的设备（Devices）选项卡中，使用"调试"按钮开启调试。

1.4 工程目录结构及作用

我们已经成功使用 Eclipse 来自动创建了一个基本的 Android 应用程序，并详细讲解了 Android 模拟器的使用以及 DDMS 的各项功能，在这一节中我们将对 Android 的工程目录以及各个目录中的文件作用进行详细讲解。

通过 Eclipse 自动创建的 Android 应用程序的工程目录如前图 1.23 所示，在 AndroidTest 工程项目下包含的文件以及目录有：src、gen、Android2.1、assets、bin、res 这 6 个文件目录以及 AndroidManifest.xml、proguard.cfg 和 project.properties 这 3 个文件。下面，我们对这几个目录进行分析。

1. src

在该目录中存放着源文件。对有 Java 使用经验的开发者，应该对该目录不陌生。在 Java 中我们也使用这样的目录来存放 Java 代码。在这个目录下的子目录（包）com.ouling.AndroidTest，是我们新建项目时自定义的包名，其下是我们创建的源文件 AndroidTestActivity.java。

2. gen

该目录用来存放由 Android 开发工具所生成的目录，不用我们开发者进行维护。该目录下的所有文件都不是我们创建的，而是由 ADT 自动生成的。在其中有一个与我们创建的包名同名的二级目录，目录中有一个 R.java 文件。该文件非常重要，里面的代码都是自动生成，程序的运行离不开这个文件的配置，如下所示：

```
public final class R {
   public static final class attr {
   }
   public static final class drawable {
      public static final int ic_launcher=0x7f020000;
   }
   public static final class layout {
      public static final int main=0x7f030000;
   }
   public static final class string {
      public static final int app_name=0x7f040001;
      public static final int hello=0x7f040000;
   }
}
```

该 R.java 文件中，维护着一个 public final class R 类，用于对资源文件进行全局的定义和标识。在 R.java 文件中一般有 attr、drawable、id、raw、layout、string 以及 xml 等分别用来标识在工程中使用到的不同类型的资源。如果没有该文件，应用程序将无法运行。当该文件丢失时，可以在 Eclipse 菜单栏中单击 Project|clean 命令，来对项目重新构建维护。

3. Android 2.2

这个目录是用来存放 Android 自身的所有 class 文件。当工程使用不同的 Android 版本时，该文件夹名和版本名相同。在目录中有一个 android.jar 的文件，该文件中包括了 Android 系统所有编译后的 class 文件包，在这些包较为重要的有：

- android.app：提供高层的程序模型及基本的运行环境。
- android.content：包含各种对设备上的数据进行访问和发布的类。
- android.database：通过内容提供者浏览和操作数据库。
- android.graphics：底层的图形库，包含画布、颜色过滤、点、矩形，可以将它们直接绘制到屏幕上。
- android.location：定位和相关服务的类。
- android.media：提供一些类管理多种音频、视频的媒体接口。
- android.net：提供网络访问的类。
- android.os：提供 Android 的系统服务、消息传输、IPC 机制等。
- android.opengl：提供 OpenGL 的工具、3D 加速。
- android.provider：提供类访问 Android 的内容提供者。
- android.telephony：提供与拨打电话相关的处理类。
- android.view：提供基础的用户界面接口框架。
- android.util：涉及工具性的方法，例如时间、日期等操作。
- android.webkit：默认浏览器操作接口。
- android.widget：包含各种 UI 元素，在应用程序的屏幕中使用。

这些包提供的类，在后续的 Android 开发中是会经常使用到的。在实例开发的过程中，我们将依赖这些包完成我们的开发。

4. Assets

该目录用来存放资源文件，而且此目录中存放的资源文件都是不进行编译的原生文件，如应用中使用到的类似于视频文件、MP3 等的媒体文件。

5. Bin

在该目录下存放生成的可执行文件。如果工程项目没有执行，则该目录为空。当执行后，目录下存放该执行文件。在这里，我们介绍以下 Android 应用开发中基本的文件类型：

- Java 文件：是应用程序源文件；
- Class 文件：是 Java 编译后的目标文件。不过与标准 Java 不同，在 Android 平台上的 Class 文件不能直接在 Android 设备上运行。由于 Google 使用了自己的 Dalvik 来运行应用，所以 Android 的 Class 文件实际上只是编译过程中的中间文件。

- ❑ Dex 文件：是 Android 平台上的可执行文件。Android 虚拟机 Dalvik 支持的字节码文件格式并非标准 Java 字节码，而是 Dex 格式的字节码。
- ❑ Apk 文件：是 Android 设备上的安装文件。该文件将 AndroidManifest.xml 文件、应用程序代码（.dex 文件）、资源文件和其他文件打成一个压缩包。一个工程就打包到一个 Apk 文件中。

6. res

该目录用于存放资源文件，这些资源文件都是图标等较小的文件。

其中有 3 个以 drawable 开头的子文件夹，分别用来存放高分辨率、中等分辨率、低分辨率的图标文件，不同的分辨率照片适应不同的屏幕和运行环境。

layout 文件夹下保存用于界面布局的 XML 文件。Android 系统中的界面布局使用 XML 来进行配置布局。在 Java 代码文件中，使用 setContentView(R.layout.main)方法来指定使用的布局文件。

value 子目录，其下有一个 string.xml 文件，这个文件是用来存放使用的各种类型的数据，一般是文本信息和数值等。最常用的几种定义如下：

- ❑ strings.xml 用于定义字符串和数值；
- ❑ arrays.xml 用于定义数组；
- ❑ colors.xml 用于定义颜色和颜色字串数值；
- ❑ dimens.xml 用于定义尺寸数据；
- ❑ styles.xml 用于定义样式。

7. AndroidManifest.xml

该文件提供了该应用程序的基本信息，相对于该应用程序的功能清单，当系统运行该程序之前必须知道这些信息。

在该文件中必须声明在应用程序中的活动（Activities）、服务（Services）、内容提供者（Content Providers）以及进行数据操作时需要的权限（permissions）。在 Eclipse 中创建的项目中的 AndroidManifest.xml 文件如下：

```
01  <?xml version="1.0" encoding="utf-8"?>
02  <manifest xmlns:android="http://schemas.android.com/apk/res/android"
03      package="com.quling.AndroidTest"
04      android:versionCode="1"
05      android:versionName="1.0" >
06
07      <uses-sdk android:minSdkVersion="8" />
08
09      <application
10          android:icon="@drawable/ic_launcher"
11          android:label="@string/app_name" >
12          <activity
13              android:name=".AndroidTestActivity"
14              android:label="@string/app_name" >
15              <intent-filter>
16                  <action android:name="android.intent.action.MAIN" />
17
18                  <category android:name="android.intent.category.LAUNCHER" />
```

```
19              </intent-filter>
20          </activity>
21      </application>
22
23  </manifest>
```

其中：02 行，标记命名空间。在绝大部分的 AndroidManifest.xml 的第一个元素都是包含了命名空间的声明 xmlns:android="http://schemas.android.com/apk/res/android"。这样使得 Android 中各种标准属性能在文件中使用，提供了大部分元素中的数据；

03 行，package 属性指定 Android 应用所在的包；

04 行，Android:versionCode 指定应用的版本号；

05 行，Android:versionName 是版本名称；

07 行，定义使用 Android SDK 的最低版本；

09 行，定义该应用的元素、组件和属性等。在该应用程序下使用到的组件都必须在该元素中定义；

10 行，icon 属性是用来设定应用的图标。其中，属性值"@drawable/ic_launcher"表示 R.java 文件中的 drawable 静态内部类中的 ic_launcher 指向的资源；

11 行，label 属性用来设定应用的名称。其中，属性值"@string/app_name"表示 R.java 文件中的 string 中的 app_name 指向的资源；

12～14 行，使用<activity>来注册一个 Activity 信息。所有在应用程序中使用到的 Activity 都必须在该文件中进行注册；

15～19 行，使用<intent-filter>来声明了指定的一组组件支持的 Intent 值，从而形成了 IntentFilter。一般在其中都会使用 action 来标记组件支持的意图动作（Intent action）。使用 category 组件支持的意图类型（Intent Category）。如果应用程序会被用户看作顶层应用程序来使用，其中至少需要一个 Activity 组件来支持 MAIN 操作和 LAUNCHER 类型。

除了上述的标记类似之外，还有一个非常重要的权限申请必须在该文件中完成。

其中，uses-permission 用于请求你的 package 正常运作所需的安全许可。当使用应用出现安全限制时，需要进行注册申请。

8. proguard.cfg和project.properties

这两个文件都是配置文件，一般都不需要我们对其进行修改维护，只有当我们导入已有的 Android 源工程时可能会使用到。如果该 Android 源工程使用的 Android SDK 版本我们没有下载，可以通过更改 project.properties 中 target 进行修改，例如：

```
target=android-8
```

该语句表示使用 Android SDK 版本 8，即 Android 2.2。如果我们没有版本 8 但是有版本 9，则修改该值为 9，并 clean（清理）该项目即可。

1.5 本章总结

在本章中，我们介绍了 Android 的基础知识，并且在 Windows 平台下搭建了 Android

的便捷开发环境。成功搭建开发环境后，使用 Eclipse 编写了基本的 Android 应用程序项目。通过对该 Android 项目的运行调试以及工程目录结构的介绍分析，我们已经了解了 Android 项目的运行调试方式和文件的作用。

这些都是我们进行 Android 应用开发的基础知识和基本工具，了解并掌握了这些工具之后，我们就可以使用这些工具和方法来进行 Android 应用程序的开发。

1.6 习　　题

【习题 1】了解 Android 操作系统的 4 层架构及各层主要功能。
【习题 2】说明搭建 Windows 平台上的 Android 开发环境使用的工具和步骤。
【习题 3】创建和调试 Android 应用程序的方法是什么？
【习题 4】说明 Android 工程主要目录存放文件的作用。

第 2 章 Android 界面设计

Android 框架在设计之初就为增强用户体验，预留了比较丰富而友善的接口。一个手机应用程序的好坏，主要是由 3 个因素决定的：交互性良好的界面、完整周全的功能，以及低能耗。一个风格友善，易于操作的界面，可以给用户良好的第一印象。本章将为大家详细讲解界面开发的基础知识。

2.1 界面设计原则和流程

毫无疑问，一个程序的界面是至关重要的。一般来说，用户倾向于选择界面简洁大方、拥有适当特效的应用程序。但在现在的手机应用程序开发中，由于软件市场的激烈竞争，程序开发人员以及美工人员经常陷入以下两个误区：第一，开发人员过分强调程序的功能，导致界面的实现十分复杂；第二，开发人员过分强调界面的特效，寄希望于用特效来吸引用户眼球。对于界面开发人员来说，如何处理功能和界面的矛盾，显得尤为重要。

那么怎么样设计界面才能在吸引用户和完善功能中取得一个平衡呢？如何体现一个界面设计的趣味性呢？一个完整的开发过程中，界面设计的大概流程又是怎样的呢？下面就来介绍手机应用程序的界面设计原则。

2.1.1 界面设计原则

界面的设计原则一般有下面几个点：
- 临近性（Proximity）：功能相关的项目应当靠近，可以归类成为一组。
- 对齐（Alignment）：每个元素布置在界面当中时，都要考虑到和其他元素的视觉对齐关系，如横向和纵向对齐。
- 重复（Repetition）：设计中一些基本的经典的元素可以适当地重复出现，既可增强条理性，还可以加强统一，代码也符合重用原则。
- 反差（Contrast）：应当避免界面所有的基本元素过于相似，对比能使界面更加吸引人的注意。

在遵循手机应用程序设计的基本原则的同时，为了使你的应用程序更加吸引用户，还应兼顾手机应用程序的趣味性，设计人员在设计时应根据不同种类手机特有的物理属性，例如，手机所支持的最多的色彩数量、手机支持的图像格式，还有软件的应用特性进行合理的设计，从而最大限度地利用手机现有资源。

应用程序的视觉效果应遵循以下设计原则：

- 适当增强界面的体积感和质感，使用透明、半透明、光滑等不同效果。
- 图形的制作应避免在边缘使用色差大的颜色，推荐使用渐变、羽化等效果。
- 考虑界面的整体色调，推荐使用同色调、弱对比的颜色，不易使用户产生视觉疲劳。
- 风格统一、简洁、直观、大方。使用尽量少的颜色种类来表现色彩丰富的图形图像，使图形资源在系统中占用的数据量尽量少，提高程序效率。

2.1.2 界面设计基本流程

根据积累的开发经验，手机应用程序在界面设计上一般有以下流程：
- 根据手机应用类型，确立整体风格。例如，轻快的游戏，建议使用较为鲜艳的颜色，而工具类的小应用，则宜选择较为清新的颜色。
- 根据手机 GUI 特性设计主要界面板式，包括标题区、功能操作区、公共导航区。
  - 标题区主要考虑本软件的 Logo、软件版本信息以及相关的图文信息应该如何呈现。一般推荐单独使用一个页面来说明软件版本等信息。
  - 功能操作区是指软件的主要操作区域，此区域可操作的、可控制的范围较大，拥有的控件可能较多，是整个程序的关键。
  - 公共导航区是对软件进行宏观控制的区域，是所有界面都可以看见的区域。此区域可能有导航按键（用来切换到不同界面），"保存"、"退出"等按键，用以灵活控制软件。
- 根据每个单独的界面，可能需要使用不同的界面布局，添加不同的控件，用以完成基本功能，并添加基本的页面跳转按键。
- 为每个按键和可能需要的控件设计图标造型，按键功能最好能和相应图标有一定的关联，给用户比较直观的提示。

最后，对界面和界面的中的元素，进行总体的美化。遵循手机界面设计原则的同时，还要使程序符合多数用户的操作习惯，图标和按键等应保持新意。

2.2 界面开发利器 DroidDraw

DroidDraw 是一个可视化的界面原型开发工具，它基于 Java swing 组件，可以通过它来生成复杂的 Android 程序界面，同时它使得 Android 的 Layout 和 Java swing 中的 Layout 有很好的对应，能够使代码写起来比较容易。由于 DroidDraw 比较轻量级，这里推荐大家使用它来进行原型设计，下载地址为 http://www.droiddraw.org。

2.2.1 安装 DroidDraw

目前 DroidDraw 可以在 Mac、Windows 和 Linux 上运行。下载完毕后解压缩得到的文件如图 2.1 所示。

安装 DroidDraw 的步骤如下：

（1）直接运行 droiddraw.exe 就可以了，图 2.2 是 DroidDraw 的程序主界面。

图 2.1　下载完成后得到的文件

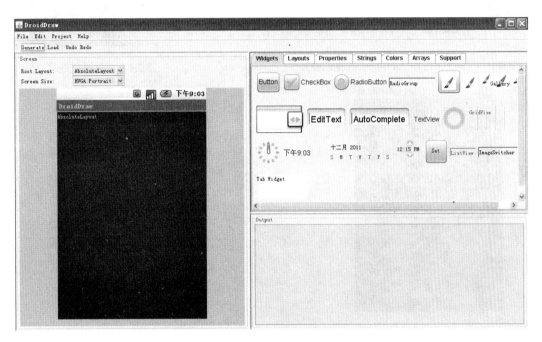

图 2.2　DroidDraw 的程序主界面

（2）在整个界面的左边是即见即得的，可以很方便地显示所画的界面效果。这个部分可以选择根布局和屏幕尺寸，如图 2.3 所示。

（3）在界面的右上部分可以选择各类控件、子布局、颜色资源和 String 类型的值，控件和子布局都可以直接拖放到左边的屏幕上，然后更改各类控件的属性，如图 2.4 所示。

（4）在右下角的部分是输出部分，它显示了当前界面相对应的 xml 文件，并可以通过左上角的 File 菜单保存，甚至还可以导出到 APK 或者设备上，如图 2.5 所示。

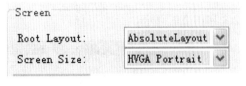

图 2.3　左上角的界面选项

2.2.2　简单使用 DroidDraw

下面我们来简单使用一下 DroidDraw，首先我们在 Widgets 中选中 Button 控件，将它直接拖放至左边的屏幕中，如图 2.6 所示。

再双击屏幕中的 Button，可以在右上角更改它的属性，如图 2.7 所示。

图 2.4 可供选择的控件　　　　　　图 2.5 文件操作选项

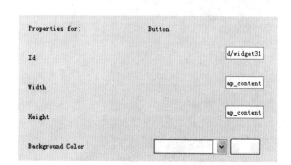

图 2.6 添加一个 Button　　　　　　图 2.7 Button 的属性

可以看到有控件的 ID、宽度、长度、背景色、布局方式、是否可见等属性可供选择和更改。我们将 Text 属性中的 Button 重新写成 OK，在 Font size 属性填上 17sp，在 Text color 中选择颜色，选择"#ffff3333"红色。然后单击 Apply 应用，可以看到按钮的变化，如图 2.8 和图 2.9 所示。

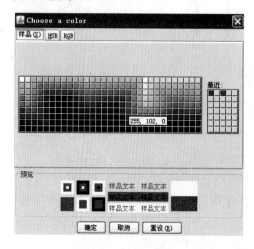

图 2.8 可自定义的颜色　　　　　　图 2.9 修改好的 Button

最后在左上角单击 Generate 按钮生成所需的 xml 文件，如图 2.10 所示。
生成的 xml 文件如图 2.11 所示。

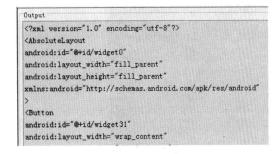

图 2.10　生成 xml　　　　　　　　　　图 2.11　Output 的输出

xml 文件可以在原型设计好之后，直接复制到工程中使用。通过以上可以看到，轻量级的工具 DroidDraw 进行界面原型设计还是很方便的。

2.3　Android 中的基本布局 Layout

手机应用程序相对于一般 PC 应用程序来说，有自己独特之处，一般的手机分辨率为 320×240 或者 480×320，这使得界面控件相对有限，要想实现丰富的功能，就必须在开发中灵活使用各种 Layout，并在 Layout 中布置合适的控件去完成程序的功能。

Android 的程序通常都由几个页面组成，每个页面通常对应一个 xml 文件，而在界面中放置控件之前，要确定这个页面是用什么样的 Layout（布局），Layout 定义了控件之间的视觉关系，它们是采用什么样的方式对齐的。

当然可以在一个 Layout 中再嵌套其他 Layout，控件的对齐方式是以包裹它们的 Layout 为准，Android 中有以下一些基本的 Layout：帧布局（FrameLayout）、线性布局（LinearLayout）、相对布局（RelativeLayout）、绝对布局（AbsoluteLayout）、表格布局（TableLayout）。除了以上基本布局外还有两种可以被当成是背景布局的控件：切换卡（Tabwidget）和滚动视图（ScrollView）。

2.3.1　永不改变——帧布局（FrameLayout）

帧布局是最简单的布局，它具有以下特点：所有子元素都被钉在屏幕的左上角，不能为子元素指定位置。下面我们就用 DroidDraw 来验证 FrameLayout 以上的特性。

（1）首先运行 DroidDraw，在界面右上角的控件区的 Layouts 中选择 FrameLayout，并拖放至界面左边的"屏幕"上，并使得 FrameLayout 布满整个屏幕，如图 2.12 所示。

（2）在控件区的 Widgets 中选择 Button，并将 Button 拖曳至刚刚的 FrameLayout 中，这时会提示你选择将 Button 放到哪个 Layouts 中，如图 2.13 所示。

我们选择 FrameLayout，单击它即可。可以看到按钮控件已经被加入到帧的布局中，如图 2.14 所示。

图 2.12　帧布局充满了整个界面

图 2.13　选择在哪个布局中安放你的控件

（3）重复刚刚的动作，再往 FrameLayout 帧布局中添加一个 Button，即现在在这个帧布局中有两个 Button 控件，这时可以看到两个 Button 重叠在了一起，如图 2.15 所示。

图 2.14　添加第一个 Button

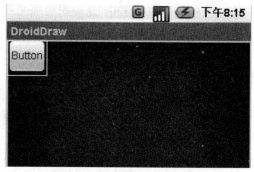
图 2.15　继续添加第二个 Button

（4）单击 Generate 按钮，在 Output 检查输出的 xml 文件，xml 文件的代码如下所示：

```xml
01  <?xml version="1.0" encoding="utf-8"?>
02  <AbsoluteLayout
03  android:id="@+id/widget0"                      //定义控件在资源文件中的 ID
04  android:layout_width="fill_parent"             //定义控件宽度，充满父类容器
05  android:layout_height="fill_parent"            //定义控件的高度，充满父类容器
06  xmlns:android="http://schemas.android.com/apk/res/android"
                                                   //定义命名空间
07  >
08  <FrameLayout
09  android:id="@+id/widget29"                     //定义控件在资源文件中的 ID
10  android:layout_width="318px"                   //定义宽度
11  android:layout_height="431px"                  //定义高度
12  android:layout_x="1px"                         //定义控件的位置距离左边的距离
13  android:layout_y="1px"                         //定义控件的位置距离上边的距离
14  >
```

```
15  <Button
16      android:id="@+id/widget32"              //定义控件在资源文件中的 ID
17      android:layout_width="wrap_content"     //定义控件的宽度，包裹内容
18      android:layout_height="wrap_content"    //定义控件的高度，包裹内容
19      android:text="Button"                   //定义控件初始显示的内容
20      >
21  </Button>
22  <Button
23      android:id="@+id/widget33"              //定义控件在资源文件中的 ID
24      android:layout_width="wrap_content"     //定义控件的宽度，包裹内容
25      android:layout_height="wrap_content"    //定义控件的高度，包裹内容
26      android:text="Button"                   //定义控件初始显示的内容
27      >
28  </Button>
29  </FrameLayout>
30  </AbsoluteLayout>
```

其中，02～07 行，定义了一个 AbsoluteLayout 绝对布局；

08～14 行，在绝对布局中定义了一个 FrameLayout 帧布局；

15～28 行，在帧布局中包含了两个 Button 控件，ID 分别是 widget32 和 widget33，而由于帧布局中所有子元素将被钉在屏幕的左上角，不能为子元素指定位置的特点，使得两个 Button 控件重叠了，所以看起来在帧布局中只有一个 Button；

29～30 行，定义帧布局和绝对布局的结束，必须对应定义。

2.3.2 糖葫芦——线性布局（LinearLayout）

线性布局，顾名思义是指在垂直或者水平方向上对齐所有子元素，所有子元素一个接一个排列，如果是在垂直方向上对齐，则一行只有一个元素，而不管子元素的高度，均以子元素的最左边为母线进行对齐；如果是在水平方向上对齐，则一列只有一个元素，而不管子元素的宽度，均以子元素的最上端为母线进行对齐。下面我们就以 DroidDraw 进行验证。

（1）首先运行 DroidDraw，在左上角的 Root Layout 中选择 LinearLayout，如图 2.16 所示。此时默认的是垂直方向上的对齐。

（2）然后拖曳 3 个 Button 控件，放到 LinearLayout 中，调整第二个和第三个 Button 的大小。可以看到不论怎么调整，3 个 Button 始终在最左端对齐，如图 2.17 所示。

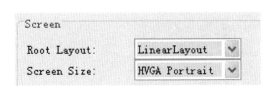

图 2.16 选择好根布局　　　　　　　　图 2.17 垂直的线性布局

（3）重新新建一个文件，仍然将根布局选成 LinearLayout，双击这个布局，在右边 Properties 的选项中找到 Orientation 这个属性，将其选择成 horizontal，如图 2.18 所示。然后单击 Apply 按钮。

（4）同样拖曳 3 个 Button 控件至当前 LinearLayout 布局中，可以看到不论如何改变每个 Button 的大小，控件均以最上端为母线进行对齐，如图 2.19 所示。

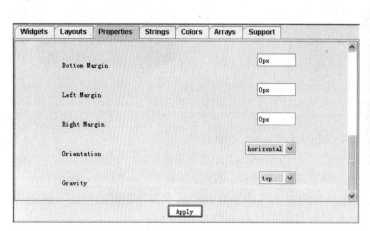
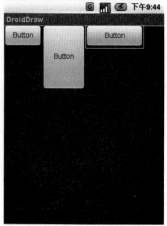

图 2.18　调整根布局的属性　　　　　图 2.19　水平方向上的线性布局

2.3.3　阡陌纵横——表格布局（TableLayout）

表格布局，顾名思义，想象一下整个布局是一个大的表格，有很多行和列、很多的单元格，子元素都被放在一个一个的单元格中，单元格不能跨列，但可以为空，列可以设置为可伸展的，从而适应整个屏幕，但在实际中，并不会显示这些想象中的"行"和"列"的线。一个 TableLayout 会拥有很多的 TableRow（行），每一行中又会有 Column 来定义列。我们来看使用 TableLayout 来实现文件操作列表的例子，我们新建一个如图 2.20 所示的工程 Mytablelayout。

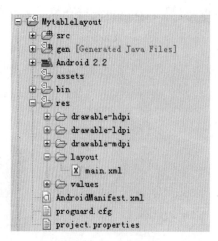

图 2.20　表格布局例子的工程

并在布局文件 main.xml 中重写入以下代码：

```xml
01  <?xml version="1.0" encoding="utf-8"?>
02  <TableLayout xmlns:android=http://schemas.android.com/apk/res/
    android                                  //定义命名空间
03      android:layout_width="fill_parent"   //定义控件宽度，充满父类容器
04      android:layout_height="fill_parent"  //定义控件的高度，充满父类容器
05      android:stretchColumns="1">          //定义列是否可以被拉伸
06      <TableRow>
07          <TextView
08              android:layout_column="0"    //定义控件的位置 此处表示在第一列中
09              android:text="打开..."       //定义控件初始显示的内容
10              android:padding="3dip" />    //定义控件的距离
11          <TextView
12              android:text="Ctrl-O"        //定义控件初始显示的内容
13              android:gravity="right"      //定义控件在父类容器中布局的位置
14              android:padding="3dip" />    //定义控件的距离
15      </TableRow>
16
17      <TableRow>
18          <TextView
19              android:layout_column="0"    //定义控件的位置 此处表示在第一列中
20              android:text="保存..."       //定义控件初始显示的内容
21              android:padding="3dip" />    //定义控件的距离
22          <TextView
23              android:text="Ctrl-S"        //定义控件初始显示的内容
24              android:gravity="right"      //定义控件在父类容器中布局的位置
25              android:padding="3dip" />    //定义控件的距离
26      </TableRow>
27
28      <TableRow>
29          <TextView
30              android:layout_column="0"
31              android:text="另存为..."     //定义控件初始显示的内容
32              android:padding="3dip" />
33          <TextView
34              android:text="Ctrl-Shift-S"
35              android:gravity="right"
36              android:padding="3dip" />
37      </TableRow>
38      <View
39          android:layout_height="2dip"     //定义控件高度
40          android:background="#FF909090" />  //定义背景颜色
41      <TableRow>
42          <TextView
43              android:text="导入..."
44              android:padding="3dip" />
45      </TableRow>
46
47      <TableRow>
48          <TextView
49              android:text="导出..."
50              android:padding="3dip" />
51          <TextView
52              android:text="Ctrl-E"
53              android:gravity="right"
54              android:padding="3dip" />
55      </TableRow>
```

```
56      <View
57          android:layout_height="2dip"
58          android:background="#FF909090" />
59  <TableRow>
60      <TextView
61          android:layout_column="0"
62          android:text="退出"
63          android:padding="3dip" />
64  </TableRow>
65  </TableLayout>
```

其中，02～05 行，定义了一个表单布局 TableLayout；

06～15 行，定义了表单中的一行 TableRow。在该 TableRow 中又包含了两个 TextView 控件，分别是操作和对应的快捷键。需要注意的是 android:layout_column="0"是说明当前控件在第几列；

38～40 行，View 控件的代码定义了一条分割线。其中，android:layout_height="2dip" 这个代码说明分割线的高度为 2 个 dip，android:background="#FF909090"将背景色颜色设为银灰色；

其他代码类似，在本 TableLayout 中包含了 6 个 TableRow（行）。

然后运行这个程序，在 Eclipse 的工程的 Run as 中选择 Android Application 运行程序，可以看到如图 2.21 所示的效果。

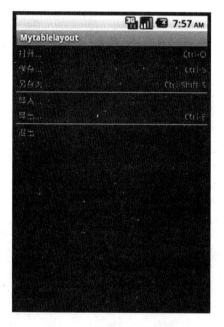

图 2.21　表格布局的效果

2.3.4　我说在哪就在哪——绝对布局（AbsoluteLayout）

绝对布局，意思是用屏幕上的像素来定义控件的位置，一般来说是用子元素的最左上角来指代整个子元素的位置，(0, 0)是指起始位置在屏幕的左上角，当子元素下移或者右移时，子元素的 x 或者 y 坐标也相应增大。不过现在很少使用 AbsoluteLayout 绝对布局，因为实际应用中各种手机的屏幕分辨率并不一样,在这个设备上调好了控件的距离,往往很难在别的种类的移动终端上使用。

我们将以下代码,复制并保存成 testlayout1.xml,并用 DroidDraw 打开:

```
01  <?xml version="1.0" encoding="utf-8"?>
02  <AbsoluteLayout
03      xmlns:android=http://schemas.android.com/apk/res/android
                                                //定义命名空间
04      android:id="@+id/absoluteLayout1"       //定义控件在资源文件中的 ID
05      android:layout_width="fill_parent"      //定义控件宽度,充满父类容器
06      android:layout_height="fill_parent" >   //定义控件的高度,充满父类容器
07
08      <Button
09          android:id="@+id/button1"           //定义控件在资源文件中的 ID
10          android:layout_width="120dp"        //定义控件的宽度
11          android:layout_height="100dp"       //定义控件的高度
12          android:layout_x="20dp"             //定义控件的位置距离左边的距离
13          android:layout_y="30dp"             //定义控件的位置距离上边的距离
14          android:text="Button" />
15
16  </AbsoluteLayout>
```

其中,02~06 行,定义了布局为绝对布局 AbsoluteLayout;

08~14 行,定义了布局中 Button 的位置。其中,android:layout_x="20dp"和 android:layout_y="30dp"标明了 Button 起始的位置;android:layout_width="120dp"和 android:layout_height="100dp"标明了 Button 控件的大小。在 DroidDraw 中的显示效果如图 2.22 所示。

这里顺带提一下 Android 开发中可能使用到的长度单位:

- px:表示屏幕实际的像素。例如,320×480 的屏幕在横向有 320 个像素,在纵向有 480 个像素。
- in:表示英寸,是屏幕的物理尺寸。每英寸等于 2.54 厘米。例如,形容手机屏幕大小,经常说,3.2(英)寸、3.5(英)寸、4(英)寸就是指这个单位。这些尺寸是屏幕的对角线长度。如果手机的屏幕是 3.2 英寸,表示手机的屏幕(可视区域)对角线长度是 3.2×2.54 = 8.128 厘米。
- mm:表示毫米,是屏幕的物理尺寸。
- pt:表示一个点,是屏幕的物理尺寸。1pt 大小为 1 英寸的 1/72。
- dp(与密度无关的像素):逻辑长度单位,在 160 dpi 屏幕上,1dp=1px=1/160 英寸。随着密度变化,对应的像素数量也变化,但并没有直接的变化比例。
- sp(与密度和字体缩放度无关的像素):与 dp 类似,根据用户的字体大小设置进行缩放。

一般来说,尽量使用 dp 作为空间大小的单位,而使用 sp 作为文字大小的单位。

图 2.22 绝对布局的效果

2.3.5 我的邻桌——相对布局（RelativeLayout）

相对布局，顾名思义是指通过相对于其他元素或者父类容器（用控件 ID 来指定）来布置子元素的位置。RelativeLayout 相对布局通常通过一些参数，如 ToLeft、AlignTop 和 Below 等来指定这个子元素相对于其他元素或者父类容器的位置。我们将以下代码复制并保存成 testlayout2.xml，并用 DroidDraw 打开：

```xml
01  <?xml version="1.0" encoding="utf-8"?>
02  <RelativeLayout
03      xmlns:android=http://schemas.android.com/apk/res/android
                                      //定义命名空间
04      android:id="@+id/relativeLayout1"
05      android:layout_width="fill_parent"
06      android:layout_height="fill_parent" >
07
08      <Button
09          android:id="@+id/button1"
10          android:layout_width="wrap_content"
11          android:layout_height="wrap_content"
12          android:layout_alignParentTop="true"
                            //定义控件在父类容器中的位置，此处保持在顶部
13          android:layout_centerHorizontal="true"
                            //定义控件在父类容器中的位置，此处表示保持水平正中
14          android:layout_marginTop="106dp"   //定义控件距离顶部的距离
15          android:text="Button1" />
16
17      <Button
18          android:id="@+id/button2"
19          android:layout_width="wrap_content"
20          android:layout_height="wrap_content"
21          android:layout_below="@id/button1"
22          android:layout_centerHorizontal="true"
23          android:text="Button2" />
24
25  </RelativeLayout>
```

其中，02～06 行，定义了一个相对布局 RelativeLayout；

08～15 行，定义了一个 Button1。其中，android:layout_alignParentTop="true"说明本身是在父类容器的顶部；android:layout_centerHorizontal="true"表明相对其父类容器居中；

17～23 行，定义了一个 Button2。其中，android:layout_below="@id/button1"这句代码来指定 Button2 在 Button1 下面。

通过 DroidDraw 可以看到效果如图 2.23 所示。

这里顺带提下 Android 开发中的布局属性，第一类是相对类型的属性，意思是指相对于父类元素或者当前的布局，比如：android:layout_centerHrizontal 水平居中，android:layout_alignParentBottom 贴紧父元素的下边缘。当然相对类型的属性可以通过指定 ID 来实现，就像上面例子中的代码那样，比如：android:layout_toLeftOf 表示在某元素的左边，android:layout_

图 2.23 相对布局的效果

alignLeft 表示本元素的左边缘和某元素的左边缘对齐；第二类是绝对类型的属性，意思是属性值是具体的像素值，可以用 dp、px 来作为单位，比如：android: layout_marginBottom 表示离某元素底边缘的距离，android:layout_marginTop 表示离某元素上边缘的距离。

除了以上方法外还有很多类似的方法，就不一一列举了，这些方法都可以在相应的 SDK 文档中看到。可以参照 Android Layouts 说明，网址为 http://developer.android.com/guide/topics/ui/declaring-layout.html。

2.3.6 分而治之——切换卡（TabWidget）

切换卡（TabWidget）是一种控件，通过多个标签来切换显示不同的内容，这有点像 C#中的 TabControl 控件，一个 TabWidget 主要是由一个 TabHost 来存放多个 Tab 标签容器，再在 Tab 容器中加入其他控件，通过 addTab 方法可以增加新的 Tab。这些除了在 xml 文件中布置好控件外，当然还需要在 Java 文件中处理好事件的逻辑。TabHost 继承自 FrameLayout，是帧布局的一种，其中可以包含多个布局。下面是一个使用 TabWidget 模仿网上商店的小例子。

（1）首先新建一个名为 myTabwidget 的工程，选择 2.2 版本的 SDK，新建完成后，会得到如图 2.24 所示的工程。

图 2.24 新建工程

（2）在其中的 main.xml 中重新写入以下代码：

```
01  <?xml version="1.0" encoding="utf-8"?>
02  <TabHost android:id="@+id/tabhost"
03      xmlns:android="http://schemas.android.com/apk/res/android"
04      android:orientation="vertical"      //表示布局是垂直的，控件将垂直排列
05      android:layout_width="fill_parent"
06      android:layout_height="fill_parent">
07      <RelativeLayout
08          android:orientation="vertical"      //表示布局是垂直的，控件将垂直排列
09          android:layout_width="fill_parent"
10          android:layout_height="fill_parent">
11          <TabWidget
12              android:id="@android:id/tabs"
```

```
13          android:layout_width="fill_parent"
14          android:layout_height="wrap_content"
15          android:layout_alignParentBottom="true" />
                                                       //表示控件保持在父类容器的底部
16      <FrameLayout
17          android:id="@android:id/tabcontent"
18          android:layout_width="fill_parent"
19          android:layout_height="fill_parent">
20          <LinearLayout android:id="@+id/tab1"
21              android:layout_width="fill_parent"
22              android:layout_height="fill_parent"
23              androidrientation="vertical">//定义布局是垂直的
24              <TextView
25                  android:id="@+id/view1"
26                  android:layout_width="wrap_content"
27                  android:layout_height="wrap_content"
28                  android:text="电影列表: "
29                  />
30          </LinearLayout>
31          <LinearLayout android:id="@+id/tab2"
32              android:layout_width="fill_parent"
33              android:layout_height="fill_parent"
34              androidrientation="vertical">
35              <TextView android:id="@+id/view2"
36                  android:layout_width="wrap_content"
37                  android:layout_height="wrap_content"
38                  android:text="音乐列表: "
39                  />
40          </LinearLayout>
41          <LinearLayout android:id="@+id/tab3"
42              android:layout_width="fill_parent"
43              android:layout_height="fill_parent"
44              androidrientation="vertical">
45              <TextView android:id="@+id/view3"
46                  android:layout_width="wrap_content"
47                  android:layout_height="wrap_content"
48                  android:text="书籍列表: "
49                  />
50          </LinearLayout>
51      </FrameLayout>
52  </RelativeLayout>
53 </TabHost>
```

（3）在自己手动写 TabHost 的代码时，TabHost、TabWidget、FrameLayout 的 ID 必须分别为 @android:id/tabhost、@android:id/tabs、@android:id/tabcontent。并且注意到 LinearLayout 的布局是垂直的 Vertical，以上代码是一个 TabHost 中布局了一个 Tabwidget，在 Tabwidget 中使用的是帧布局（FrameLayout），在 FrameLayout 中布置了 3 个 Tab（标签），每个标签的布局是 LinearLayout（垂直线性的）。

（4）在 2.24 图中 src 文件下的 MyTabWidgetActivity.java 中重新写入以下代码：

```
01  package com.L.mytabwidget;
02
03  import android.app.Activity;    //import 包
04  import android.os.Bundle;
05  import android.widget.TabHost;
```

```
06
07   public class MyTabwidgetActivity extends Activity {
08       public void onCreate(Bundle icicle) {
09           super.onCreate(icicle);
10           setContentView(R.layout.main);    //使用main.xml中的文件作为主要布局
11           TabHost tabs = (TabHost) findViewById(R.id.tabhost);
                                                  //控件与资源ID绑定
12           tabs.setup();
13           TabHost.TabSpec spec = tabs.newTabSpec("this is 1st tab");
                                                  //初始显示
14           spec.setContent(R.id.view1);     //显示内容
15           spec.setIndicator("Movie");      //初始显示的一个Tab名称
16
17           //如果需要带icon图标,则使用setIndicator(CharSequence label, Drawable icon)函数
18
19           tabs.addTab(spec);               //添加第二个Tab
20           spec = tabs.newTabSpec("this is 2nd tab");
21           spec.setContent(R.id.view2);
22           spec.setIndicator("Music");
23           tabs.addTab(spec);
24           spec = tabs.newTabSpec("this is 3rd tab");
25           spec.setContent(R.id.view3);
26           spec.setIndicator("Book");
27           tabs.addTab(spec);
28           setTitle("Online Market");
29
30           //启动时显示第一个标签页
31
32           tabs.setCurrentTab(0);   //选择第一个Tab作为控件初始化时显示的Tab
33       }
34   }
```

其中,11 行,TabHost tabs= (TabHost) findViewById(R.id.tabhost)声明了一个 TabHost;

13 行,声明了一个新的标签,名为"this is 1st tab";

14 行,是将新声明的 Tab 和我们在 xml 文件中写好的 Textview1 进行绑定,这样再单击这个 Tab 的时候,内容就是 Textview1 的内容了;

15 行,是将刚刚设定好的 Tab 显示成"Movie";

19~27 行,类似地添加了另外两个选项卡:Music 和 Book;

28 行,设置标题显示内容;

32 行,设置当该界面创建时显示的标签页,这里显示第一个。

做好以上工作后在模拟器中运行以上代码,可以得到如图 2.25 所示的结果。当然我们可以任意单击底部的标签,可以发现确实可以进行切换,如图 2.26 所示。

2.3.7 犹抱琵琶半遮面——滚动视图(ScrollView)

当一页内容太多,显示不完时,可以利用滚动视图(ScrollView)来实现,最常见的例子就是书籍阅读器,一本书内容太长,我们可以滚动屏幕来显示余下的内容。下面我们通过一个模仿书籍目录的例子来简单看下如何使用滚动视图(ScrollView)。同样地我们新建一个工程,新建方法可以参照之前的例子,在主视图的布局文件 main.xml 中重新写入以下代码:

图 2.25 网上商店的效果

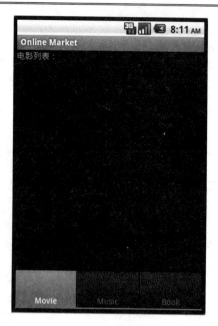

图 2.26 切换标签

```xml
<?xml version="1.0" encoding="utf-8"?>
<ScrollView xmlns:android="http://schemas.android.com/apk/res/android"
    android:layout_width="fill_parent"
    android:layout_height="fill_parent"
    android:scrollbars="vertical" >            //表示视图是垂直的

    <LinearLayout
        android:layout_width="fill_parent"
        android:layout_height="fill_parent"
        android:orientation="vertical" >        //线性布局是垂直的

    <TextView
        android:layout_width="100dp"
        android:layout_height="70dp"
        android:layout_gravity="center_horizontal"
        android:text="第一部分"/>

    <TextView
        android:layout_width="100dp"
        android:layout_height="70dp"
        android:layout_gravity="center_horizontal"
        android:text="第二部分"/>

    <TextView
        android:layout_width="100dp"
        android:layout_height="70dp"
        android:layout_gravity="center_horizontal"
        android:text="第三部分"/>

    <TextView
        android:layout_width="100dp"
        android:layout_height="70dp"
        android:layout_gravity="center_horizontal"
        android:text="第四部分"/>
```

```xml
    <TextView
        android:layout_width="100dp"
        android:layout_height="70dp"
        android:layout_gravity="center_horizontal"
        android:text="第五部分"/>

    <TextView
        android:layout_width="100dp"
        android:layout_height="70dp"
        android:layout_gravity="center_horizontal"
        android:text="第六部分"/>

    <TextView
        android:layout_width="100dp"
        android:layout_height="70dp"
        android:layout_gravity="center_horizontal"
        android:text="第七部分"/>

    <TextView
        android:layout_width="100dp"
        android:layout_height="70dp"
        android:layout_gravity="center_horizontal"
        android:text="第八部分"/>

    <TextView
        android:layout_width="100dp"
        android:layout_height="70dp"
        android:layout_gravity="center_horizontal"
        android:text="第九部分"/>
</LinearLayout>
</ScrollView>
```

之后运行这个程序，可以看到如图 2.27 所示的效果。上下翻动页面，如图 2.28 那样可以显示没有在第一页显示完全的部分。

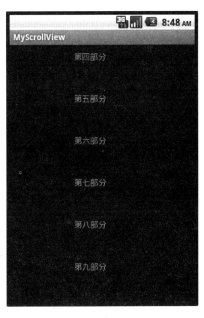

图 2.27　滚动视图　　　　　　　　　　图 2.28　翻动页面

2.3.8 列表（ListView）

列表（ListView）是 Android 界面开发中常用到的组件，它通过列表的形式展现内容，其中的子元素能够自适应长度显示。列表通常有以下两个元素：一是供显示用的 View，二是适配器（Adapter）。适配器是用来将图片、数据或者控件组织起来，形成一个模板，而 ListView 中每个子元素都按照这个模板来生成。

下面我们来实现一个例子，使用 ListView 来模仿手机中的通信录的实现，显示效果如图 2.29 所示。

在实现 ListView 时，我们需要进行如下几步来完成：

（1）ListView 整体布局

图 2.29 ListView 的效果

我们新建一个名为 MyListView 的工程，在 main.xml 文件中，我们加入一个 ListView 控件，代码如下：

```xml
<?xml version="1.0" encoding="utf-8"?>
<LinearLayout xmlns:android="http://schemas.android.com/apk/res/android"
    //定义命名空间
    android:id="@+id/LinearLayout01"
    android:layout_width="fill_parent"
    android:layout_height="fill_parent" >

    <ListView
        android:id="@+id/MyListView"
        android:layout_width="wrap_content"
        android:layout_height="wrap_content" >
    </ListView>

</LinearLayout>
```

这段代码比较简单，就是在一个线性布局中加入一个列表。

（2）显示项布局

然后我们需要设置适配器的布局，这里用到的是 SimpleAdapter，我们在工程中的 layout 这个文件夹下新建一个名为 list_adapter.xml 的文件，如图 2.30 所示。

图 2.30 新建第二个布局文件

我们在这个布局中需要实现的是左边两行分别显示联系人的姓名和电话号码，右边是头像。布局的实现代码如下：

```xml
<?xml version="1.0" encoding="utf-8"?>
<RelativeLayout
xmlns:android="http://schemas.android.com/apk/res/android"//定义命名空间
    android:id="@+id/RelativeLayout01"
    android:layout_width="fill_parent"
    android:layout_height="wrap_content"
    android:paddingBottom="4dip"          //定义控件距离底部的距离
    android:paddingLeft="12dip"           //定义控件距离左边的距离
    android:paddingRight="12dip" >        //定义控件距离右边的距离

    <ImageView
        android:id="@+id/ItemImage"
        android:layout_width="wrap_content"
        android:layout_height="wrap_content"
        android:layout_alignParentRight="true"
        android:paddingTop="12dip" />

    <TextView
        android:id="@+id/ItemName"
        android:layout_width="fill_parent"
        android:layout_height="wrap_content"
        android:text="TextView01"
        android:textSize="20dip" />

    <TextView
        android:id="@+id/ItemNumber"
        android:layout_width="fill_parent"
        android:layout_height="wrap_content"
        android:layout_below="@+id/ItemName"
                             //定义控件在另外一个控件之下，通过id指定
        android:text="TextView02" />

</RelativeLayout>
```

这段代码中使用了相对布局（RelativeLayout），一般适配器中也推荐使用相对布局。在布局中有3个控件，分别是图片（ImageView）和两个文字显示区（TextView）。其中图片（ImageView）通过代码 android:layout_alignParentRight="true"来指定它位于父类容器，即整个布局的右侧。第一个 TextView 的宽度通过 android:layout_width="fill_parent"这句代码来标明，这个子元素的宽度和父类元素的宽度保持一致，在第二个 TextView 中通过代码 android:layout_below="@+ id/ItemName"来指定它是位于第一个 TextView 的正下方。

之后我们在 res/drawable-ldpi 文件中复制一张后缀名为 png 格式的图片，将它命名为 hai.png，图片内容不限，我们用这张图片来模拟用户联系人的图片，如图 2.31 所示。

在其他两个图片文件夹 res/drawable-hdpi 和 res/drawable-mdpi 中加入图片效果也一样，这里只是人为

图 2.31　新加入图片

地按分辨率对图片进行分类，3个文件夹分别对应高、中和低的分辨率。

（3）数据适配

有了显示的界面，然后就需要提供给界面具体的显示数据。在Java文件中实现，代码如下：

```
01  package com.L.mylistview;
02
03  import java.util.ArrayList;
04  import java.util.HashMap;
05
06  import android.app.Activity;
07  import android.os.Bundle;
08  import android.widget.ListView;
09  import android.widget.SimpleAdapter;
10
11  public class MyListViewActivity extends Activity {
12      /** Called when the activity is first created. */
13      public void onCreate(Bundle savedInstanceState) {
14          super.onCreate(savedInstanceState);
15          setContentView(R.layout.main);
16
17          ListView list = (ListView) findViewById(R.id.MyListView);
                                                          //控件与资源绑定
18
19          //往map中填充数据
20          ArrayList<HashMap<String, Object>> listItem = new ArrayList
            <HashMap<String, Object>>();
21          for (int i = 0; i < 10; i++) {
22              HashMap<String, Object> map = new HashMap<String, Object>();
23              map.put("Image", R.drawable.hai);//按照"键"和"值"装入数据
24              map.put("Name", "China Mobile");
25              map.put("Number", "10086");
26              listItem.add(map);              //添加map到list中
27          }
28          //构造适配器
29          SimpleAdapter listItemAdapter = new SimpleAdapter(this, listItem,
30              R.layout.list_adapter,
31              new String[] { "Image", "Name", "Number" },
32              new int[] { R.id.ItemImage, R.id.ItemName, R.id.
                ItemNumber });
33
34          list.setAdapter(listItemAdapter);
35      }
36  }
```

其中，17行，声明一个名为list的ListView控件，并通过ID绑定到刚刚在main.xml文件中所声明的ListView的控件；

20行，声明一个名为listItem的ArrayList数组，数组的每一个元素是一个HashMap键值对，HashMap存储的类型是一个键名（String类型）对应一个键值（Object类型）。

21~27行，通过For循环重复往listItem中存储元素，存储的对象是一个Map，Map中依次是联系人的图片、联系人的名称和联系人的号码。其中，23行，是在Map中存放图片，R.drawable.hai是该图片的资源名。在这里我们为了方便，填充的是自己伪造的数据，并没有真正读取手机中的联系人信息，在Android中读取手机联系人的信息实际上是读取Android自带的ContentProvider中一个URI，本书后面的章节会详细地讲述。

29～32 行，SimpleAdapter listItemAdapter = new SimpleAdapter(this, listItem, R.layout.list_adapter, new String[] { "Image", "Name", "Number" },new int[] { R.id.ItemImage, R.id.ItemName, R.id.ItemNumber })这句代码是使用 SimpleAdapter 适配器将刚刚的 list_adapter.xml 文件的模板绑定，这个函数的第二个参数表示数据来源，这里我们的数据来源是之前的 listItem 数组，第三个参数是 ListView 中子元素的 xml 实现，第四个和第五个参数是将 Map 中的字段与资源文件中的资源名相对应。

Android 中除了简单适配器 SimpleAdapter 之外，还有 ArrayAdapter 和 SimpleCursorAdapter 两种适配器。其中 ArrayAdapter 只能用来显示一行字，而 SimpleCursorAdapter 是为了配合查询 Android 的数据库来使用，可以很方便地把数据库中的内容显示出来。

做完以上工作后，我们运行这个程序，就可以看到如图 2.29 所示的结果。

2.4　Android 中综合界面实例

上一节我们只是对一些常用的布局进行总结和简单应用，接下来的这一节我们会对一些综合性的界面，比如九宫格、popupwindows，举一些例子来使用。

2.4.1　登录界面

我们从最简单的登录界面开始举例，登录界面一般包括用户名和密码输入框，登录按钮和其他一些小的控件。在本示例中，我们将实现的用户登录界面如图 2.32 所示。

图 2.32　简单的登录界面

接下来，我们逐步来实现这个综合的界面布局。

我们先来设计一个原形，运行 Eclipse，新建一个工程，在工程的 res/layout 文件夹中修改 main.xml，一般来说为了更好的兼容性，我们将根布局改为 RelativeLayout，默认情况下新工程根布局为垂直线性布局。布局改好后代码如下：

```xml
<?xml version="1.0" encoding="utf-8"?>
<RelativeLayout
xmlns:android="http://schemas.android.com/apk/res/android"
    android:id="@+id/RelativeLayout1"
    android:layout_width="fill_parent"
    android:layout_height="fill_parent"
    android:orientation="vertical" >
</RelativeLayout>
```

首先我们需要一个 ImageView 来显示软件的图片，一个 TextView 来显示软件名称，我们在 xml 布局中加入这两个控件。在 Eclipse 的开发环境下，可以在 xml 文件的 Graphical Layout 模式下拖动控件到布局中，快速进行开发。本例在 Eclipse Helios 和 ADT 14 版本下开发，如图 2.33 所示。

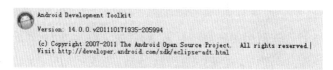

图 2.33　ADT 版本为 14

在 xml 文件编写界面的左下角可以单击 Graphical Layout 按钮实现 xml 文本和即见即得的界面的切换，如图 2.34 所示。

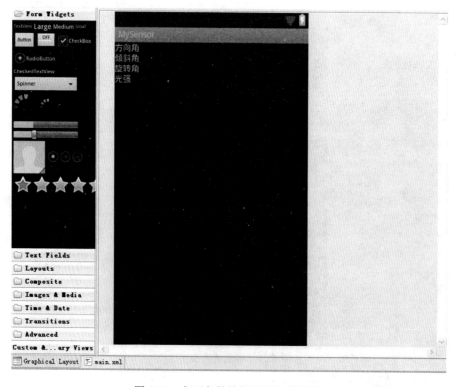

图 2.34　左下角的按钮可以切换视图

在上图中我们还看到，左边是分类好的控件，右边是当前 xml 文件对应的布局界面。我们在左侧 Image&Media 分类下，选择第一个控件 ImageView 拖放到界面中间，修改它的属性，使它在水平方向上居中，并离界面顶端 70dp。再在 Form Widgets 分类下选择第一个控件 TextView 拖放到布局中，修改它的属性使它居于 ImageView 的下端，水平方向上仍然居中，此时代码如下：

```xml
<?xml version="1.0" encoding="utf-8"?>
<RelativeLayout xmlns:android="http://schemas.android.com/apk/res/android"
    android:id="@+id/RelativeLayout1"
    android:layout_width="fill_parent"
    android:layout_height="fill_parent"
    android:orientation="vertical" >

    <TextView
        android:id="@+id/textView1"
        android:layout_width="wrap_content"
        android:layout_height="wrap_content"
        android:layout_below="@+id/imageView1"
        android:layout_centerHorizontal="true"
        android:text="xx 软件" />

    <ImageView
        android:id="@+id/imageView1"
        android:layout_width="wrap_content"
        android:layout_height="wrap_content"
        android:layout_centerHorizontal="true"
        android:layout_marginTop="70dp"       //定义控件距离顶部的距离
        android:src="@drawable/a" />          //定义控件使用图片，通过 id 指定

</RelativeLayout>
```

上面代码中的 android:src="@drawable/a" 将 ImageView 的图片设为图 a，图片我们已经事先放在工程文件夹 res/layout/drawable-hdpi 下，名为 a.png。然后我们需要两个 EditText 可编辑的输入框，来让用户输入账号和密码。它们都在水平方向上居中，并在刚刚的 TextView 控件的下端，并且初始时显示"账户"和"密码"，以提示用户输入。做完以上工作后代码如下：

```xml
<?xml version="1.0" encoding="utf-8"?>
<RelativeLayout
xmlns:android="http://schemas.android.com/apk/res/android"
    android:id="@+id/RelativeLayout1"
    android:layout_width="fill_parent"
    android:layout_height="fill_parent"
    android:orientation="vertical" >

    <TextView
        android:id="@+id/textView1"
        android:layout_width="wrap_content"
        android:layout_height="wrap_content"
        android:layout_below="@+id/imageView1"
        android:layout_centerHorizontal="true"
        android:text="xx 软件" />

    <ImageView
        android:id="@+id/imageView1"
```

```
        android:layout_width="wrap_content"
        android:layout_height="wrap_content"
        android:layout_centerHorizontal="true"
        android:layout_marginTop="70dp"
        android:src="@drawable/a" />

    <EditText
        android:id="@+id/editText1"
        android:layout_width="match_parent"
        android:layout_height="wrap_content"
        android:layout_below="@+id/textView1"
        android:text="账户" />

    <EditText
        android:id="@+id/editText2"
        android:layout_width="match_parent"
        android:layout_height="wrap_content"
        android:layout_below="@+id/editText1"
        android:text="密码" />

</RelativeLayout>
```

最后我们在根布局底部加上两个按钮分别显示"登录"和"返回"。代码如下：

```
<Button
    android:id="@+id/button1"
    android:layout_width="wrap_content"
    android:layout_height="wrap_content"
    android:layout_alignParentBottom="true"
    android:layout_alignParentLeft="true"
    android:text="登录" />


<Button
    android:id="@+id/button2"
    android:layout_width="wrap_content"
    android:layout_height="wrap_content"
    android:layout_alignParentBottom="true"
    android:layout_alignParentRight="true"
    android:text="返回" />
```

有些登录界面，在"密码"输入框的下端，我们经常看到"记住密码"和"自动登录"两个可供勾选的控件，这在 Android 中可以用 CheckBox 控件来实现，最后代码如下：

```
<?xml version="1.0" encoding="utf-8"?>
<RelativeLayout
xmlns:android="http://schemas.android.com/apk/res/android"
    android:id="@+id/RelativeLayout1"
    android:layout_width="fill_parent"
    android:layout_height="fill_parent"
    android:orientation="vertical" >

    <TextView
        android:id="@+id/textView1"
        android:layout_width="wrap_content"
        android:layout_height="wrap_content"
        android:layout_below="@+id/imageView1"
        android:layout_centerHorizontal="true"
        android:text="xx 软件" />
```

```xml
<ImageView
    android:id="@+id/imageView1"
    android:layout_width="wrap_content"
    android:layout_height="wrap_content"
    android:layout_centerHorizontal="true"
    android:layout_marginTop="70dp"
    android:src="@drawable/a" />

<EditText
    android:id="@+id/editText1"
    android:layout_width="match_parent"
    android:layout_height="wrap_content"
    android:layout_below="@+id/textView1"
    android:text="账户" />

<EditText
    android:id="@+id/editText2"
    android:layout_width="match_parent"
    android:layout_height="wrap_content"
    android:layout_below="@+id/editText1"
    android:text="密码" />

<Button
    android:id="@+id/button1"
    android:layout_width="wrap_content"
    android:layout_height="wrap_content"
    android:layout_alignParentBottom="true"
    android:layout_alignParentLeft="true"
    android:text="登录" />


<Button
    android:id="@+id/button2"
    android:layout_width="wrap_content"
    android:layout_height="wrap_content"
    android:layout_alignParentBottom="true"
    android:layout_alignParentRight="true"
    android:text="返回" />

<CheckBox
    android:id="@+id/checkBox1"
    android:layout_width="wrap_content"
    android:layout_height="wrap_content"
    android:layout_below="@+id/editText2"
    android:layout_toLeftOf="@+id/imageView1"
    android:text="记住密码" />

<CheckBox
    android:id="@+id/checkBox2"
    android:layout_width="wrap_content"
    android:layout_height="wrap_content"
    android:layout_below="@+id/editText2"
    android:layout_toRightOf="@+id/textView1"
    android:text="自动登录" />

</RelativeLayout>
```

通过这样的布局，我们就实现了登录界面，其效果如图 2.32 所示。

2.4.2 体重计算器

我们都知道在 Android 中一个 xml 通常对应一个活动的界面，界面之间的跳转和界面内控件的协作都交给对应的 Java 文件来控制。通常在界面跳转时，我们可能需要上一个界面的数据输出来作为下一个界面的输入。下面通过一个简单的例子——体重计算器，来学习通过使用 Bundle 在不同界面间传递简单数据，并且学习一组新的常用控件：RadioButton。体重计算器的界面设计如图 2.35 所示。

图 2.35　体重计算器界面

首先我们了解到，男性的标准体重公式大概是：(身高(cm)–80)×0.7，而女性的标准体重公式大概是：(身高(cm)–70)×0.6。这时的需求是，程序需要用户选择自己的性别，并输入自己的身高，我们肯定需要一个 EditText 可编辑框，让用户来输入。

另外，性别只能选择一种，也就说不能用两个 CheckBox 来完成，这需要在 Java 文件中写好逻辑，即不能同时选中两个 CheckBox，这时最好使用 RadioButton。

（1）主界面布局

新建一个工程，在 main 中重新写入以下代码：

```
<?xml version="1.0" encoding="utf-8"?>
<AbsoluteLayout xmlns:android="http://schemas.android.com/apk/res/
android"
    android:id="@+id/widget0"
    android:layout_width="fill_parent"
    android:layout_height="match_parent">
<TextView
    android:id="@+id/showtext"
    android:textSize="25sp"  //定义控件字体的大小
    android:layout_width="wrap_content"
    android:layout_height="26px"
```

```xml
        android:layout_x="65px"
        android:layout_y="21px"
        android:text="计算你的标准体重"
        />
    <TextView
        android:id="@+id/text_sex"
        android:layout_width="wrap_content"
        android:layout_height="wrap_content"
        android:layout_x="71px"
        android:layout_y="103px"
        android:text="性别:"
        />
    <TextView
        android:id="@+id/text_Height"
        android:layout_width="wrap_content"
        android:layout_height="wrap_content"
        android:layout_x="72px"
        android:layout_y="169px"
        android:text="身高:"
        />
    <RadioGroup
        android:id="@+id/radiogroup"
        android:layout_width="wrap_content"
        android:layout_height="37px"
        android:orientation="horizontal"
        android:layout_x="124px"
        android:layout_y="101px">
        <RadioButton
            android:id="@+id/Sex_Man"
            android:layout_width="wrap_content"
            android:layout_height="wrap_content"
            android:text="男">
        </RadioButton>
        <RadioButton
            android:id="@+id/Sex_Woman"
            android:layout_width="wrap_content"
            android:layout_height="wrap_content"
            android:text="女">
        </RadioButton>
    </RadioGroup>
    <EditText
        android:id="@+id/height_Edit"
        android:layout_width="123px"
        android:layout_height="wrap_content"
        android:text=""
        android:textSize="18sp"
        android:layout_x="124px"
        android:layout_y="160px"
        />
    <Button
        android:id="@+id/button_ok"
        android:layout_width="80px"
        android:layout_height="wrap_content"
        android:text="计算"
        android:layout_x="125px"
        android:layout_y="263px"
        />
</AbsoluteLayout>
```

以上代码中可以看出使用的是绝对布局，在使用 RadioButton 时需要在控件外部加上

RadioGroup，以表明两个 RadioButton 是一组的。

（2）数据获取

在主界面中，我们需要获取性别以及身高，并将数据传递给计算显示界面。具体实现如下：

```java
01  package com.test;
02
03  import android.app.Activity;
04  import android.content.Intent;
05  import android.os.Bundle;
06  import android.view.View;
07  import android.widget.Button;
08  import android.widget.EditText;
09  import android.widget.RadioButton;
10
11  public class Main extends Activity {
12      /** Called when the activity is first created. */
13      @Override
14      public void onCreate(Bundle savedInstanceState) {
15          super.onCreate(savedInstanceState);
16          setContentView(R.layout.main);
17          Button ok=(Button)findViewById(R.id.button_ok);
18          ok.setOnClickListener(new View.OnClickListener() {//添加点击事件
19              public void onClick(View arg0) {
20                  // TODO Auto-generated method stub
21                  EditText et=(EditText)findViewById(R.id.height_Edit);
22                  double height=Double.parseDouble(et.getText().toString());
23                  String sex="";
24
25                  //RadioButton 中的一个，用来判断勾选情况
26                  RadioButton rb1=(RadioButton)findViewById(R.id.Sex_Man);
27                  if(rb1.isChecked())
28                  {
29                      sex="M";
30                  }
31                  else
32                  {
33                      sex="F";
34                  }
35                  Intent intent=new Intent();
36                  intent.setClass(Main.this, BgActivity.class);
37                  //在 Bundle 中放入数据，使用"键"-"值"对的形式存放
38                  Bundle bundle=new Bundle();
39                  bundle.putDouble("height", height);
40                  bundle.putString("sex",sex);
41                  intent.putExtras(bundle);
42                  startActivity(intent);
43              }
44          });
45      }
46  }
```

其中，26～27 行，获取 RadioButton 选择控件，并通过其是否被选择判断性别；

35～40 行，将本界面中获取的性别、身高等信息传递给计算显示界面。其中 36 行是声明一个 Intent 意图，为的是从 Main 跳转到 BgActivity；

38～40 行，声明了一个 Bundle，通过 bundle.putDouble("height", height) 方法向 Buddle

中添加一个 Double 类型的数据，名为 height；通过 bundle.putString("sex",sex)方法向 Buddle 中再放入一个 String 型的数据；在 Buddle 是按照"键"-"值"对的方式来存储的，所以在取出 Buddle 中的数据时，根据"键"名就可以获取数据了；

41～42 行，向意图中添加数据并进行界面间的跳转。其中，41 行表示在 Intent 中加入已经放好数据的 Buddle。42 行使用 startActivity 开启跳转。对于 Activity 之间的跳转，我们将在下一章中进行详细的讲解。

图 2.36　工程结构

（3）计算显示

在工程 src 文件夹下新建一个 Java 文件，用来计算和显示结果，并使用另一个 xml 文件来定义显示界面。工程结构如图 2.36 所示。

在显示结果界面只需要一个 TextView，此处不再讲解，如图 2.37 所示。Java 文件的计算和显示代码如下：

```
01  package com.test;
02
03  import java.text.DecimalFormat;
04  import java.text.NumberFormat;
05  import android.app.Activity;
06  import android.os.Bundle;
07  import android.widget.TextView;
08
09  public class BgActivity extends Activity{
10      public void onCreate(Bundle savedInstanceState){
11          super.onCreate(savedInstanceState);
12          setContentView(R.layout.mylayout);
13
14  //此处通过 Bundle 获得传递过来的数据，以键名来获得值
15
16          Bundle bundle=this.getIntent().getExtras();
17          String sex =bundle.getString("sex");
18          double height=bundle.getDouble("height");
19          String sexText="";
20          if(sex.equals("M"))
21          {
22              sexText="男性";
23          }
24          else {
25              sexText="女性";
26          }
27          String weight=this.getWeight(sex,height);
28          TextView tv1=(TextView)findViewById(R.id.text1);
29          tv1.setText("你是一位"+sexText+"\n 你的身高是"+height+"厘米\n 你的
            标准体重是"+weight+"公斤 30       ");
31      }
32      private String format(double num){
33          NumberFormat formatter=new DecimalFormat("0.00");
34          String s=formatter.format(num);
35          return s;
36      }
37      private String getWeight(String sex,double height) {
```

```
38          String weight="";
39          if(sex.equals("M"))
40          {
41              weight=format((height-80)*0.7);
42          }
43          else
44          {
45              weight=format((height-70)*0.6);
46          }
47          return weight;
48      }
49 }
```

其中，16～18 行，从上一个界面中获取数据。界面 Activity 之间的跳转，我们将在下一章中有详细的讲解；

28～29 行，显示介绍的结果；

37～48 行，根据男女性别的选择，计算出其相应的体重。

运行该工程，当选择男性、输入身高 175 厘米时，可以得到输出结果，如图 2.37 所示。

2.4.3 相簿

在手机应用开发中，我们经常看到一些制作精美的相簿用来显示精美的图片。我们先来想一下要实现一个相簿的需求。

对于一个类似相框的东西，在 Android 已经提供这种控件 Gallery，其中每一张图片需要用 ImageView 来显示，而每一个 ImageView 需要一个 Adapter 适配器来管理。在本节中，我们通过实现相簿来学习如何使用 Gallery 和 Toast 提示。在本例中，我们将实现的相簿效果如图 2.38 所示。

图 2.37 计算结果

图 2.38 显示了 3 张图片的 Gallery

（1）界面布局

首先新建一个工程，在 main.xml 中把根布局去掉，加上控件 Gallery，代码如下：

```
<?xml version="1.0" encoding="utf-8"?>
<Gallery xmlns:android="http://schemas.android.com/apk/res/android"
```

```
           android:id="@+id/gallery1"
           android:layout_width="match_parent"
           android:layout_height="wrap_content" >
</Gallery>
```

（2）显示图片

我们准备 4 张图片，3 张在相簿中显示，1 张作为相框的背景色。本例中，搜集了 4 张 320×480 的大图，放在了 res/drawable-hdpi 文件夹中。

（3）显示适配器

我们再来写自己的适配器，在 src 文件夹中新建一个新的 Java 文件。这样，我们添加好了图片和 Java 文件，其工程目录如图 2.39 所示。

在 Adapter_image.java 中写入代码，需要重新实现 Adapter 中的 4 个接口，代码如下：

图 2.39　工程结构

```
01  package com.L.gallerytest;
02
03  import android.content.Context;
04  import android.view.View;
05  import android.view.ViewGroup;
06  import android.widget.BaseAdapter;
07  import android.widget.Gallery;
08  import android.widget.ImageView;
09
10  public class Adapter_image extends BaseAdapter{
11
12      public Context myContext;
13      public Integer[] imgArray=
14      {
15          R.drawable.photo1,
16          R.drawable.photo2,
17          R.drawable.photo3
18      };
19      public Adapter_image(Context c)
20      {
21          myContext=c;
22      }
23
24  //4 个默认接口，都需要重写
25
26      @Override
27      public int getCount() {
28          // TODO Auto-generated method stub
29          return imgArray.length;
30      }
31
32      @Override
33      public Object getItem(int arg0) {
34          // TODO Auto-generated method stub
35          return imgArray[arg0];
36      }
37
38      @Override
39      public long getItemId(int position) {
40          // TODO Auto-generated method stub
```

```
41              return position;
42          }
43  //getview 函数用来显示接口,定义了一些显示的细节
44      @Override
45      public View getView(int position, View convertView, ViewGroup parent) {
46          // TODO Auto-generated method stub
47          ImageView imView=new ImageView(myContext);
48          imView.setImageResource(imgArray[position]);
49          imView.setLayoutParams(new Gallery.LayoutParams(160,240));
50          imView.setScaleType(ImageView.ScaleType.FIT_CENTER);
51          return imView;
52      }
53
54  }
```

在以上代码中,声明了两个变量,一个是 Context 类型的 myContext,一个是整型数组 imgArray,用来存放图片在资源文件中的序号,并重写了 getCount、getItem、getItemId、getView 4 个函数。

在 getView 函数中,声明了新的 ImageView 控件,并且通过代码 imView.setLayoutParams (new Gallery.LayoutParams(160,240))设置了图片以 160×240 的分辨率来显示,相当于将原图缩小 50%,通过代码 imView.setScaleType(ImageView.ScaleType.FIT_CENTER)在相簿中居中显示。

(4) 显示主界面

完成了适配器的编写后,我们来实现图像显示的主界面逻辑,代码如下:

```
01  package com.L.gallerytest;
02
03  import android.app.Activity;
04  import android.os.Bundle;
05  import android.view.View;
06  import android.widget.AdapterView;
07  import android.widget.Toast;
08  import android.widget.AdapterView.OnItemClickListener;
09  import android.widget.Gallery;
10
11  public class MygallerytestActivity extends Activity {
12      /** Called when the activity is first created. */
13      @Override
14      public void onCreate(Bundle savedInstanceState) {
15          super.onCreate(savedInstanceState);
16          setContentView(R.layout.main);
17
18  //声明 Gallery 并设置 Adapter
19
20          Gallery gallery = (Gallery) findViewById(R.id.gallery1);
21          gallery.setAdapter(new Adapter_image(this));
22          gallery.setBackgroundResource(R.drawable.bg);
23          gallery.setOnItemClickListener(new OnItemClickListener() {
24
25              @Override
26              public void onItemClick(AdapterView<?> arg0, View arg1, int arg2,
27                      long arg3) {
28                  // TODO Auto-generated method stub
29                  Toast.makeText(getApplicationContext(),
30                          "第" + (arg2 + 1) + "号图片", Toast.LENGTH_SHORT).show();
```

```
31              }
32          });
33      }
34  }
```

其中，18~22 行，定义 Gallery 并绑定了界面显示控件，设置了其显示的图像适配器和背景图片；

23~31 行，定义了 Gallery 中加入了捕获单项单击事件的函数，用以捕获单击每一张图片的事件。在单击函数中，我们实现了显示提示的功能。

这里我们使用到了一个新的控件，名为 Toast，在 Android 中 Toast 是一个被频繁使用的"浮动提示器"，我们这里只是简单地用它来提示一些文字信息，其实 Toast 不仅可以显示文字，还能显示图片。

Toast.makeText 函数的第一个参数用来获得当前程序的上下文环境 Context，第二个参数是要显示的文字，第三个参数是显示的时间长短，最后的 show 函数是显示这个 Toast。

图 2.38 中相簿显示了 3 张图片，背景图是渐变色的图案，我们可以左右滑动图片，并单击第三张图片，可以得到结果如图 2.40 所示。

2.4.4 四宫格

在 Android 开发中，我们经常要使用到宫格。例如，在查看 Android 手机所有程序的列表时，就是用宫格来实现的，根据大小，有十二宫格、九宫格、十六宫格等，比较常用的是十二宫格。宫格使得界面看起来简洁、整齐。下面就通过一个简单的宫格来学习宫格的写法，这里的例子是写个四宫格，举一反三，九宫格的方法类似。

通过之前的 ListView、Gallery 等控件的使用，我们先来想想宫格需要怎么实现。单个的宫格肯定需要适配器来统一配置，每个宫格内按实际情况可能需要一个 ImageView 来显示每项的图片和一个 TextView 来显示每项的名称。想好这些，我们来着手写我们的程序，在本例中我们不仅可以学习到如何写四宫格的界面，还能学到新的控件 AlertDialog.Builder 的使用。本例中实现的四宫格，效果如图 2.41 所示。

图 2.40　单击图片触发事件　　　　图 2.41　四宫格

对于这样一个四宫格效果，需要通过如下几步来实现：

（1）宫格总体界面布局

首先找 4 张图片，分别作为四宫格每项的图片显示，然后我们开始重写 main.xml 文件，在其中加入 GridView 控件，这个很简单，代码如下：

```xml
<?xml version="1.0" encoding="utf-8"?>
<LinearLayout xmlns:android="http://schemas.android.com/apk/res/android"
    android:layout_width="wrap_content"
    android:layout_height="wrap_content">
    <GridView android:id="@+id/mygridview" android:numColumns="2"
        android:gravity="center_horizontal" android:layout_width=
        "wrap_content"
        android:layout_height="wrap_content">
    </GridView>
</LinearLayout>
```

其中，android:numColumns="2"用来设置宫格的列数，这里为 2 列，同理若是写九宫格三行三列的那种形式，则需设置成 3。

（2）宫格单个布局

进行了总体宫格行列布局后，我们需要针对每一个宫格进行布局。我们在 layout 文件夹下，新建一个名为 grid_item.xml 的 xml 文件，用来编写适配器需要用到的控件，适配器在之前已经学习到很多，这里就不多讲。每一宫格都是一个图像与其对应的文字说明，具体代码如下：

```xml
<?xml version="1.0" encoding="utf-8"?>
<RelativeLayout android:id="@+id/RelativeLayout01"
    android:layout_width="fill_parent" android:layout_height="fill_
    parent"
    xmlns:android="http://schemas.android.com/apk/res/android" android:
    layout_gravity="center">
    <ImageView android:id="@+id/image_item" android:layout_width="wrap_
    content"
        android:layout_height="wrap_content" android:layout_centerInParent=
        "true">
    </ImageView>
    <TextView android:id="@+id/text_item" android:layout_below="@+id/
    image_item"
        android:layout_height="wrap_content" android:layout_width="wrap_
        content"
        android:layout_centerHorizontal="true">
    </TextView>
</RelativeLayout>
```

（3）数据显示

实现了界面的布局之后，我们需要实现其中的具体显示数据以及逻辑。在主 Java 文件中实现该代码，用来控制 GridView 和适配器 Adapter，其代码如下：

```
01  public class Callinfakeup extends Activity {
02      /** Called when the activity is first created. */
03      private GridView gridview;
04      @Override
05      public void onCreate(Bundle savedInstanceState) {
06          super.onCreate(savedInstanceState);
07          setContentView(R.layout.main);
08
09  //使用 List 来生成数据，此处为自己填写数据，也可以用别的方法获得数据
10
11          List<Map<String, Object>> items = new ArrayList<Map<String,
            Object>>();
```

```
12          for (int i = 0; i < 4; i++) {
13            String xString="";
14              Map<String, Object> item = new HashMap<String, Object>();
15              item.put("imageItem", R.drawable.navi1+i);
16              xString=getString(R.string.navi1+i);
17              item.put("textItem", xString);
18              items.add(item);
19          }
20          SimpleAdapter adapter = new SimpleAdapter(this, items, R.layout.
            grid_item, new 21      String[]{"imageItem", "textItem"}, new int
            []{R.id.image_item, R.id.text_item});
22          gridview = (GridView)findViewById(R.id.mygridview);
23          gridview.setAdapter(adapter);
```

其中，09~19 行，实现了需要显示的数据的保存；

20~23 行，显示数据与显示界面的匹配。该过程和 ListView 的数据适配类似，不再赘述。

（4）单击事件

通过上述步骤，我们实现了四宫格的显示。但是，除了宫格显示之外，最重要的是选择功能后的界面跳转。在宫格中需要进行单击事件处理。

```
01          gridview.setOnItemClickListener(new AdapterView.OnItemClickListener(){
02              @Override
03              public void onItemClick(AdapterView<?> arg0, View arg1, int
                arg2,
04                      long arg3) {
05 // 此处 switch 是选择单击事件，判断单击的是哪一项
06
07              switch (arg2) {
08              case 0:
09                  Intent intent = new Intent();
10                  intent.setClass(Callinfakeup.this, CallinDisguise.
                    class);
11                  Callinfakeup.this.startActivity(intent);
                                          //跳转到不同的 activity
12                  break;
13              case 1:
14                  Intent i = new Intent();
15                  i.setClass(Callinfakeup.this, smsfakeup.class);
16                  startActivity(i);
17                  break;
18              case 2:
19
20 // AlertDialog.Builder 的用法
21
22                  new AlertDialog.Builder(Callinfakeup.this)
23                      .setTitle("使用帮助")
24                      .setMessage(
25                          "1、来电伪装：\n\r 来电号码处填入电话号码,时间处
                            填上您期望在多少分钟之后来电.\n\r2、短信伪装：
                            \n\r 短信号码填入手机号码,短信内容处填上将要接收
                            到的短信的内容,在时间处填上您期望在多少分钟之后接
                            收到该短信.")
26                      .setPositiveButton("OK",
27                          new DialogInterface.OnClickListener() {
28                              public void onClick(DialogInterface dialog,
29                                  int whichButton) {
30                              }
31                          }).show();
```

```
32                    break;
33                case 3:
34                    new AlertDialog.Builder(Callinfakeup.this)
35                    .setTitle("关于")
36                    .setMessage("软件版本：1.1.0\n\r 开发者：xxx \n\r")
37                    .setPositiveButton("OK",
38                            new DialogInterface.OnClickListener() {
39                                public void onClick(DialogInterface
                                    dialog,
40                                        int whichButton) {
41                                }
42                    }).show();    //show 方法和 Toast 控件类似
43                    break;
44                default:
45                    break;
46                }
47            }
48        });
49    }
50 }
```

01～03 行，添加了宫格中每一项的单击处理事件。需要注意的是函数 onItemClick()，这个函数的参数 arg2 是表示单击的次序。在宫格中，每项的序号是从上往下、从左至右依次从 0 开始递增；

07 行，判断单击的是宫格中的哪一项；

08～17 行，进行功能的界面跳转；

20～32 行，实现了一个可操作的提示警告界面 AlertDialog。

AlertDialog 与之前我们使用的提示用户的 Toast 有所不同，运行了用户对提示的操作。其中，方法 setTitle()是设置当前的控件标题；方法 setMessage()是设置提示的主题信息；方法 setPossitiveButton()是设置提示框的左按钮 RESULT_OK，一般是 OK、"确定"之类的，相应的也有 setNegativeButton，setNegativeButton 是用来设置"取消"、Cancel 等按钮。最后使用 show()函数来显示该提示框 AlertDialog.Builder。

这样，实现了整个四宫格效果。运行该代码，单击四宫格的第一项和第三项，可以看到如图 2.42 和图 2.43 所示结果，其中第三项是 AlertDialog.Builder 显示的提示。

图 2.42　第一个宫跳转的界面

图 2.43　第三个宫格弹出的提示

2.5 Android 中的常用特效

Android 中不仅提供多种控件来实现程序功能，还能有多种的特效，这节我们主要学习 Android 中经常使用的一些特效。

2.5.1 滚动文字

我们经常可以在一些应用中，看到一些文字信息是一直在滚动，这种效果俗称飞行字，或者跑马灯效果。下面我们通过一段简单的代码来学习如何做出滚动字效果。

比如我们将 TextView 控件中的文字做成跑马灯效果，代码如下：

```xml
<TextView android:layout_width="100px"
    android:layout_height="wrap_content"
    android:textColor="@android:color/white"
    android:ellipsize="marquee"
    android:focusable="true"
    android:marqueeRepeatLimit="marquee_forever"
    android:focusableInTouchMode="true"
    android:scrollHorizontally="true"
    android:text="飞行文字跑马灯滚动文字效果"
/>
```

代码很简单，我们挑几句来看看，android:ellipsize="marquee"这句代码是创建滚动效果，android:marqueeRepeatLimit="marquee_forever"是设置滚动时间，此处设置的是一直滚动，android:scrollHorizontally="true"是设置水平滚动，其他的代码比较好懂。我们新建一个工程，并运行这个程序，可以看到如图 2.44 和图 2.45 的效果。

图 2.44　滚动文字效果

图 2.45　文字从左往右滚动

2.5.2 震动效果

在一些游戏中，我们经常看到游戏结束时，假如失败的话，会有感觉到震动，那么在 Android 中震动效果是如何实现的呢？其实在 Android 已经提供了震动的接口，Vibrator 用来统一管理震动效果，只需要调用代码 Vibrator vibrator=(Vibrator) getSystemService (VIBRATOR_SERVICE) 就能使用震动效果了，具体还是看以下代码：

```java
package com.L.Mytest;

import android.app.Activity;
import android.os.Bundle;
import android.os.Vibrator;
import android.view.MotionEvent;

public class MytestActivity extends Activity {
    /** Called when the activity is first created. */
    public Vibrator mVibrator;

    @Override
    public void onCreate(Bundle savedInstanceState) {
        super.onCreate(savedInstanceState);
        setContentView(R.layout.main);

    }

//重写接口
    @Override
    public void onStop() {
        if (mVibrator != null) {
            mVibrator.cancel();
        }
        super.onStop();
    }

    @Override
    public boolean onTouchEvent(MotionEvent event) {
        if (event.getAction() == MotionEvent.ACTION_DOWN) {
            mVibrator = (Vibrator) getSystemService(VIBRATOR_SERVICE);
            long[] pattern = { 400, 50, 400, 50 };
            mVibrator.vibrate(pattern, 2);
        }
        return super.onTouchEvent(event);
    }
}
```

在以上代码中，我们重写了 Activity 中的 onStop 这个接口，代码的意思是如果程序停止时，Vibrator 存在的话，则停止它。而在 onTouchEvent 中，我们重写了事件，意思是如果屏幕上有单击事件的话，就会开始震动。vibrate 函数的第一个参数是一个长整型的数组，用来指定震动的强弱，而第二个参数是指从数组中对应下标的元素开始重复震动，若是–1就不震动。

以上代码在模拟器中无法测试，需要用真机进行调试。

2.5.3 镜像特效

之前我们学习 Gallery 时，可以看到 Gallery 中保存了一系列图片，图片在容器中可以是横向排列或者是垂直排列，而在现在一些手机应用中，经常可以看到一些非常立体的图片在类似 Gallery 的容器中显示，这就需要用到我们的镜像特效，来使得图片显得更加立体。

镜像特效，顾名思义，在图片下方加上本身图片的倒影，同时生成的倒影经过模糊和适当的压缩等处理，使得原来的图片像是放在一面镜子上，从而使本身看起来更加立体，这就是镜像特效。为了完成镜像特效，我们结合之前的学习，会想到可能需要重写 Gallery 类、ImageView 类和适配器 Adapter 类。首先，找 5 张 320×480 的图片放在 Drawable-hdpi 文件夹中，以供显示。实现的效果如图 2.46 所示。

要实现这样的镜像特效，需要进行如下几步：

（1）相簿显示

在相簿显示中，我们实现的图像不再是同一水平线上的显示，对于两侧的图片进行了一定角度的旋转以及远小近大的处理。具体实现如下：

图 2.46　镜像特效

```
public class MyMirrorGallery extends Gallery {

    private Camera mCamera = new Camera();
    private int mMaxRotationAngle = 60;            //绕 y 轴角度
    private int mMaxZoom = -380;                   //图片在 z 轴平移的距离
    private int mCoveflowCenter;
    private boolean mAlphaMode = true;
    private boolean mCircleMode = false;
    ...
    ...

    public int getMaxRotationAngle() {
        return mMaxRotationAngle;
    }
    public void setMaxRotationAngle(int maxRotationAngle) {
        mMaxRotationAngle = maxRotationAngle;
    }
    public boolean getCircleMode() {
        return mCircleMode;
    }
    public void setCircleMode(boolean isCircle) {
        mCircleMode = isCircle;
    }
    public boolean getAlphaMode() {
        return mAlphaMode;
    }
    public void setAlphaMode(boolean isAlpha) {
        mAlphaMode = isAlpha;
```

```java
}
public int getMaxZoom() {
    return mMaxZoom;
}
public void setMaxZoom(int maxZoom) {
    mMaxZoom = maxZoom;
}

private int getCenterOfCoverflow() {
    return (getWidth() - getPaddingLeft() - getPaddingRight()) / 2
            + getPaddingLeft();
}
//得到子对象的中线
private static int getCenterOfView(View view) {
    return view.getLeft() + view.getWidth() / 2;
}

protected boolean getChildStaticTransformation(View child, Transformation t) {
    final int childCenter = getCenterOfView(child);
    final int childWidth = child.getWidth();
    int rotationAngle = 0;
    t.clear();
    t.setTransformationType(Transformation.TYPE_MATRIX);
    if (childCenter == mCoveflowCenter) {
        transformImageBitmap((ImageView) child, t, 0);
    } else {
        rotationAngle = (int) (((float) (mCoveflowCenter - childCenter)
                / childWidth) * mMaxRotationAngle);
        if (Math.abs(rotationAngle) > mMaxRotationAngle) {
            rotationAngle = (rotationAngle < 0) ? -mMaxRotationAngle
                    : mMaxRotationAngle;
        }
        transformImageBitmap((ImageView) child, t, rotationAngle);
    }
    return true;
}

protected void onSizeChanged(int w, int h, int oldw, int oldh) {
    mCoveflowCenter = getCenterOfCoverflow();
    super.onSizeChanged(w, h, oldw, oldh);
}

private void transformImageBitmap(ImageView child, Transformation t,
        int rotationAngle) {
    mCamera.save();
    final Matrix imageMatrix = t.getMatrix();
    final int imageHeight = child.getLayoutParams().height;
    final int imageWidth = child.getLayoutParams().width;
    final int rotation = Math.abs(rotationAngle);
    mCamera.translate(0.0f, 0.0f, 100.0f);

    //远小近大的视觉效果

    if (rotation <= mMaxRotationAngle) {
        float zoomAmount = (float) (mMaxZoom + (rotation * 1.5));
        mCamera.translate(0.0f, 0.0f, zoomAmount);
        if (mCircleMode) {
            if (rotation < 40)
                mCamera.translate(0.0f, 155, 0.0f);
            else
```

第 2 章 Android 界面设计

```
            mCamera.translate(0.0f, (255 - rotation * 2.5f), 0.0f);
        }
        if (mAlphaMode) {
            ((ImageView) (child)).setAlpha((int) (255 - rotation *
            2.5));
        }
    }
    mCamera.rotateY(rotationAngle);
    mCamera.getMatrix(imageMatrix);
    imageMatrix.preTranslate(-(imageWidth / 2), -(imageHeight / 2));
    imageMatrix.postTranslate((imageWidth / 2), (imageHeight / 2));
    mCamera.restore();
}
}
```

其中，Camera 是声明的 android.graphics 包中的 Camera 类，用来做图像 3D 效果处理，比如 z 轴方向上的平移、绕 y 轴的旋转等。构造函数有 3 个，以上省略，都比较简单，详细的代码可以在光盘源码中看到，经常使用的是用 Context 来初始化我们的 Gallery。

mMaxRotationAngle 这个变量用来记录一个旋转的角度，我们都知道 Gallery 中一般很少只显示一个图片，那么除了正中央的图片外，还有两侧的图片，为了能让中央图片更加立体化，我们让两侧图片适当向内侧倾斜一个角度，即以屏幕垂直线为 y 轴的话，这个角度是绕 y 轴旋转的角度。

mMaxZoom 这个变量是让两侧图片的高度向内逐步缩小，视觉上给人一种远小近大的感觉。Android 中 z 轴是垂直屏幕向外的，所以这里的值是负值。

transformImageBitmap 函数完成的工作主要是让两侧的图片向内旋转，左侧的图片和右侧图片角度一样只是正负不同。

（2）镜像效果

我们已经实现了基本的正向显示，并且在正向显示中具有了立体效果。接下来，我们实现其镜面的效果。具体的显示实现代码如下：

```
public class MyImage extends ImageView {
    private boolean mReflectionMode = true;

    public void setReflectionMode(boolean isRef) {
        mReflectionMode = isRef;
    }

    public boolean getReflectionMode() {
        return mReflectionMode;
    }
    @Override
    public void setImageResource(int resId) {
        Bitmap originalImage = BitmapFactory.decodeResource
        (getResources(),
            resId);
        DoReflection(originalImage);
    }

    private void DoReflection(Bitmap originalImage) {
        final int reflectionGap = 4;                //原始图片和反射图片中间的间距
        int width = originalImage.getWidth();
        int height = originalImage.getHeight();

        //反转原始图片
```

```java
Matrix matrix = new Matrix();
matrix.preScale(1, -1);
Bitmap reflectionImage = Bitmap.createBitmap(originalImage, 0, 0,
        width, (height/4)*3, matrix, false);

//创建一个新的 bitmap,高度为原来的两倍,其中填充原图和倒影
Bitmap bitmapWithReflection = Bitmap.createBitmap(width,
        (height + height), Config.ARGB_8888);
Canvas canvasRef = new Canvas(bitmapWithReflection);

//先画原始的图片
canvasRef.drawBitmap(originalImage, 0, 0, null);

//画间距
Paint deafaultPaint = new Paint();
canvasRef.drawRect(0, height, width, height + reflectionGap,
        deafaultPaint);

//画被反转以后的图片
canvasRef.drawBitmap(reflectionImage, 0, height + reflectionGap,
null);
Paint paint = new Paint();
LinearGradient shader = new LinearGradient(0,
        originalImage.getHeight(), 0, bitmapWithReflection.
        getHeight()
            + reflectionGap, 0x80ffffff, 0x00ffffff, TileMode.
            CLAMP);
paint.setShader(shader);
paint.setXfermode(new PorterDuffXfermode(Mode.DST_IN));
canvasRef.drawRect(0, height, width, bitmapWithReflection.
getHeight()
        + reflectionGap, paint);
    this.setImageBitmap(bitmapWithReflection);
}
}
```

其中,在 DoReflection 函数中,reflectionImage 用来创建一个新图片,就是倒影。为了更加逼真,高度设置成了原来图片高度的 3/4,这是为了模仿水和空气不同的折射率,造成人视觉上对水中物体感觉比空气中原始物体更短。

bitmapWithReflection 用来画出原始图片和倒影。shader 是线性蒙化方法,为倒影加上阴影,使得倒影更加真实。

(3) 显示图片

我们再来看 Adapter 适配器该如何写,适配器我们之前学习到很多了,此处我们只学习其中 getView 函数的写法,详细代码见光盘源码,代码如下:

```java
public View getView(int position, View convertView, ViewGroup parent) {
    MyImage i = new MyImage(mContext);

    i.setImageResource(Imgid[position]);
    i.setLayoutParams(new MyMirrorGallery.LayoutParams(160, 240));
                                            //设置图像大小
    i.setScaleType(ImageView.ScaleType.CENTER_INSIDE);
                                            //设置图片显示的模式
    BitmapDrawable drawable = (BitmapDrawable) i.getDrawable();
    drawable.setAntiAlias(true);            //设置抗锯齿
```

```
        return i;
    }
```

以上代码中，setLayoutParams 函数使用了我们新的 Gallery 类，并且将图片设置成 160×240 大小，我们找的图片是 320×480 大小的，也就是说图片是原图的一半。drawable.setAntiAlias(true)用于设置抗锯齿。

（4）自定义控件布局

由于此处需要用到新的自定义的 MyMirrorGallery 控件，和以往有些不同，在 main.xml 布局文件，具体代码实现如下：

```xml
<?xml version="1.0" encoding="utf-8"?>
<LinearLayout xmlns:android="http://schemas.android.com/apk/res/android"
    android:layout_width="fill_parent"
    android:layout_height="fill_parent"
    android:orientation="vertical"
    android:gravity="center">

    <com.L.Mytest.MyMirrorGallery              //自己定义的控件
        xmlns:android="http://schemas.android.com/apk/res/android"
                                               //命名空间
        android:id="@+id/Mygallery"
        android:layout_width="fill_parent"
        android:layout_height="fill_parent" />

</LinearLayout>
```

其中，整体是一个 LinearLayout 线性布局，显示了一个自定义的控件。对于自定义控件使用该控件定义类的全路径来标识，本例中的使用 com.L.Mytest.MyMirrorGallery 来指定使用我们程序所在包中的新自定义控件。

运行该实例，实现的效果如图 2.46 所示。当然对于这样的镜像特效，还有可改进之处，可以使用复杂的算法来将图片倒影进一步虚化，将边角模糊，使得倒影更真实，有兴趣的读者可以自己进行尝试。

2.6　Android 的主题和风格

在 Web 开发中，通常是 HTML 负责内容部分，CSS 负责具体表现，而在 Android 的开发中，我们也可以类似地使用 Theme、Style+UI 组件的方式，实现内容和形式的分离，做到界面的自定义。

风格 Style 是一个包含一种或多种格式化属性的集合，你可以把它应用到一系列的 UI 组件上，这几种组件风格类似。

主题 Theme 也是一个包含一种或多种格式化属性的集合，和风格的不同在于，主题可以应用在整个应用程序（Application）中或者某个窗口（Activity）中。

定义一个 Style 或者 Theme 的方法是一样的。在 res/values/目录下建立 style.xml 或者 theme.xml 文件，在官方文档中有如下的简单的代码：

```xml
<?xml version="1.0" encoding="utf-8"?>
<resources>
```

```xml
<style name="CodeFont" parent="@android:style/TextAppearance.Medium">
                                                                //定义风格
        <item name="android:layout_width">fill_parent</item>
        <item name="android:layout_height">wrap_content</item>
        <item name="android:textColor">#00ff00</item>     //定义颜色
        <item name="android:typeface">monospace</item>
</style>
</resources>
```

上面代码中定义了宽度、高度、颜色等风格属性。下面我们通过一个例子来学习如何使用风格和主题。

（1）风格图像资源定义

首先，我们寻找几张能作为按钮背景色的 9-patch 图片，9-patch 图片能在不失真的情况下进行缩放。我们找了如图 2.47 所示的图片资源。

图 2.47 9-patch 图片

然后，我们将图片放到 Drawable 文件夹下，然后在 Drawable 文件夹中新建一个 mystyle.xml 文件用来确定按钮风格，代码如下：

```xml
<?xml version="1.0" encoding="utf-8"?>
<selector xmlns:android="http://schemas.android.com/apk/res/android">
    <item android:drawable="@drawable/btn_red" android:state_enabled="false">
        <item android:drawable="@drawable/btn_orange"
            android:state_enabled="true" android:state_pressed="true">
            <item android:drawable="@drawable/btn_orange"
                android:state_enabled="true" android:state_focused="true">
                <item android:drawable="@drawable/btn_black"
                    android:state_enabled="true">
                </item>
            </item>
        </item>
    </item>
</selector>
```

其中，使用了背景选择器 selector，让按钮在不同状态下呈现不同的颜色。

（2）风格值定义

在 res/values 中需要定义 style 内容，代码如下：

```xml
<?xml version="1.0" encoding="utf-8"?>
<resources>
    <style name="BasicButtonStyle" parent="@android:style/Widget.Button">
        //定义按钮风格
        <item name="android:gravity">center_vertical|center_horizontal
        </item>
        <item name="android:textColor">#ffffffff</item>
        <item name="android:shadowColor">#ff000000</item>
        <item name="android:shadowDx">0</item>
        <item name="android:shadowDy">-1</item>
        <item name="android:shadowRadius">0.2</item>
        <item name="android:textSize">16dip</item>
        <item name="android:textStyle">bold</item>
        <item name="android:background">@drawable/mystyle</item>
```

```xml
        <item name="android:focusable">true</item>
        <item name="android:clickable">true</item>
    </style>
    <style name="BigTextStyle">                    //定义字体风格
        <item name="android:layout_margin">5dp</item>
        <item name="android:textColor">#ff9900</item>
        <item name="android:textSize">25sp</item>
    </style>
    <style name="BasicButtonStyle.BigTextStyle">
        <item name="android:textSize">25sp</item>
    </style>
</resources>
```

以上代码细致定义了按钮中的颜色、字体、布局等属性，有 3 种不同的风格。

完成了不同风格的具体定义后，我们需要在 res/values 目录中定义 Theme 文件，代码如下：

```xml
<?xml version="1.0" encoding="utf-8"?>
<resources>
<style name="BasicButtonTheme">
        <item name="android:buttonStyle">@style/BasicButtonStyle</item>
        <item name="android:windowBackground">@android:color/transparent
        </item>
        <item name="android:windowIsTranslucent">true</item>
  </style>
</resources>
```

以上代码定义了整个程序的主题，背景色是透明的，Button 的风格采用了刚定义好的风格，在刚写好的 Style.xml 中。

（3）布局 XML 文件实现

完成了风格的具体定义后，在布局文件中我们就可以使用这些定义了风格的按钮。其代码实现如下：

```xml
<?xml version="1.0" encoding="utf-8"?>
<LinearLayout xmlns:android="http://schemas.android.com/apk/res/android"
    android:layout_height="fill_parent" android:layout_width="fill_parent"
    android:orientation="vertical">
    <TextView android:layout_height="wrap_content"
        android:layout_width="fill_parent" android:text="Paramore"/>
        <Button android:layout_height="wrap_content"
            android:layout_width="wrap_content" android:text="Hello cold
            world"
            android:id="@+id/Button01">
        </Button>
        <Button android:layout_height="wrap_content"
            android:layout_width="wrap_content" android:text="Playing
            god"
            android:id="@+id/Button02">
        </Button>
        <Button android:layout_height="wrap_content"
            android:layout_width="wrap_content" android:text="When it
            rains"
            android:id="@+id/Button03">
        </Button>
        <Button android:layout_height="wrap_content"
            android:layout_width="wrap_content" android:text="Misguided
            ghosts"
```

```xml
        android:id="@+id/Button04">
    </Button>
    <Button android:layout_height="wrap_content"
        android:layout_width="wrap_content" android:text="Where the
        lines overlap"
        android:id="@+id/Button05">
    </Button>
    <Button android:layout_height="wrap_content"
        android:layout_width="wrap_content" android:text="Star"
        android:id="@+id/Button06">
    </Button>
</LinearLayout>
```

（4）风格的使用

最后我们在 AndroidManifest.xml 中给整个应用程序设置主题，我们在 Application 中设置，如图 2.48 所示。

图 2.48　设置主题

也可以直接在 AndroidManifest.xml 文件里的 Application 节点处加上以下代码：android:theme="@style/BasicButtonTheme"，效果和在上图的可视化界面上操作是一样的。运行程序，可以看到如图 2.49 所示的，大小不一但风格一样的按钮，以及整个程序的主题。

对于该风格的实现，我们添加了多个资源文件，整个工程目录如图 2.50 所示。

图 2.49　主题和风格　　　　　　　　　图 2.50　工程结构

2.7 本章总结

本章首先介绍了 Android 界面开发中的一些原则，然后介绍了界面工具 DroidDraw 的使用，接着从最简单的布局和控件讲起，而后综合一些实例，展现了控件是如何组合在一起工作的。最后讲述了一些常用特效和在 Android 中如何使用自定义控件，以及风格和主题的使用，基本上覆盖了界面开发中常用的所有细节。基本布局和控件是实现应用程序的基础，是必须熟练掌握的技能；而自定义控件和一些特效相对较难，在后面的实际应用中会深入介绍。

在后面的章节中，我们依然会使用到这些界面设计，在掌握了基本设计的基础上，结合其他知识来灵活地使用这些界面布局与控件。

2.8 习　　题

【习题 1】掌握五大基本布局方式和另两种常用布局方式及各布局的显示效果。

【习题 2】使用线性布局（LinearLayout）实现 2.4.1 的登录界面。

> 提示：线性布局不能和相对布局一样直接指定控件的相对位置，可以在纵向线性布局中添加一个横向线性布局来实现左右排列的效果。

关键代码如下：

```xml
<?xml version="1.0" encoding="utf-8"?>
<LinearLayout xmlns:android="http://schemas.android.com/apk/res/android"
    android:layout_width="fill_parent"
    android:layout_height="fill_parent" >
<LinearLayout
    android:layout_width="fill_parent"
    android:layout_height="fill_parent"
    android:orientation="horizontal>
    <Button
    android:id="@+id/button1"
    android:layout_width="wrap_content"
    android:layout_height="wrap_content"
    android:layout_weight="1"
    android:text="登录" />
    <Button
    android:id="@+id/button2"
    android:layout_width="wrap_content"
    android:layout_height="wrap_content"
    android:layout_weight="1"
    android:text="返回" />
</LinearLayout>
</LinearLayout>
```

【习题 3】参照 2.4.1 登录界面的内容，实现掐秒表的功能。

> 提示：掐秒表的功能即是判断两次单击同一按钮的时间差。通过实现按钮的单击事件来完成。关键代码如下：

```java
boolean first=true;//未开始计时为true
long start=0;
long end=0;
btn.setOnClickListener(new OnClickListener() {
    @Override
    public void onClick(View v) {
        // TODO Auto-generated method stub
        if (first) {
            start=System.currentTimeMillis();
            first=false;
        }else {
            end=System.currentTimeMillis();
            first=true;
        }
    }
});
```

【习题4】参照 2.4.2 体重计算器的内容，实现心理测试的界面。

🔔提示：心理测试类型的应用，都是通过单选问题的答案来达到测试的目的。使用单选控件 RadioGroup 来实现。关键代码如下：

```xml
<?xml version="1.0" encoding="utf-8"?>
<LinearLayout xmlns:android="http://schemas.android.com/apk/res/android"
    android:id="@+id/widget0"
    android:orientation="vertical"
    android:layout_width="fill_parent"
    android:layout_height="fill_parent">
<TextView
    android:id="@+id/showtext"
    android:textSize="25sp"
    android:layout_width="wrap_content"
    android:layout_height="wrap_content"
    android:text="心理测试"
    />
<RadioGroup
    android:id="@+id/radiogroup"
    android:layout_width="wrap_content"
    android:layout_height="wrap_content"
    android:orientation="vertical"
    >
    <RadioButton
        android:id="@+id/a"
        android:layout_width="wrap_content"
        android:layout_height="wrap_content"
        android:text="A">
    </RadioButton>
    <RadioButton
        android:id="@+id/b"
        android:layout_width="wrap_content"
        android:layout_height="wrap_content"
        android:text="B">
    </RadioButton>
</RadioGroup>
</LinearLayout>
```

【习题5】参照 2.4.4 四宫格的内容，实现九宫格的效果。

🔔提示：九宫格和四宫格在实现上没有本质的区别，可以仔细参考四宫格的实现步骤。

第 3 章　Android 应用程序特性

Android 应用程序使用 Java 语言编写，在支持标准 Java 语言的同时，也根据自身结构设计了特有组件和机制。Android 中有 4 大组件，分别是 Activity、Service、BroadcastReceiver 和 Content Provider，而在组件和程序之间进行消息传递则使用 Intent。同时，针对线程之间的信息传递也提出了自己特有的通信机制。本章主要围绕 Android 应用程序的 Activity、Service 和 BroadcastReceiver 3 个组件和线程间的通信来进行实例讲解。

3.1　Activity——活动

Android 应用程序由四大组件构成最基本的框架。其中，Activity 是最重要也是使用频率最高的组件。一个 Activity 通常是一个单独的全屏显示界面，在其中有若干视图控件以及对应的事件处理。大部分应用程序都包含了多个 Activity，当多个 Activity 相互跳转切换时，就形成了一个 Activity 栈，以及 Activity 之间的数据交换。在本节中，我们将通过实例来对 Activity 的创建、生命周期以及相互跳转切换等进行讲解。

3.1.1　横竖屏切换

由于 Android 设备一般都带有重力感应系统，当我们改变设备的摆放位置时，系统会根据当前设备的位置来实现 Activity 的横竖屏的转换。但是，在切换之后，我们已经输入的数据都会消失，在这个切换过程中，Activity 到底做了哪些操作？下面，我们通过 Activity 的生命周期来了解这个过程。

1. Activity生命周期

在 Android 系统中，Activity 在 Activity 栈中被管理，当前活动的 Activity 处于栈顶，其他的 Activity 被压入栈中处于非活动的状态。所以，Activity 有 4 种基本的状态，分别是：
- 活动（Running）：此时 Activity 位于屏幕的最前端，为可见状态并且可与用户交互。
- 暂停（Paused）：此时 Activity 被另一个透明的或者非全屏的 Activity 覆盖，虽然可见但是不可与用户交互。
- 停止（Stop）：此时 Activity 被另一个 Activity 覆盖，界面不可见。
- 销毁（Killed）：此时 Activity 被系统结束或者被进程结束。

（1）状态改变

系统通过调用 Activity 中的方法来改变当前 Activity 的状态，这些方法一共有 7 个，分别是：

```
public class Activity extends ApplicationContext {
    //创建时调用
    protected void onCreate(Bundle savedInstanceState);
    //启动时调用
    protected void onStart();
    //重新启动时调用
    protected void onRestart();
    //恢复时调用
    protected void onResume();
    //暂停时调用
    protected void onPause();
    //停止时调用
    protected void onStop();
    //销毁时调用
    protected void onDestroy();
}
```

我们在上面每一个调用函数中，打印出此时的状态，用于观察在横竖屏切换时 Activity 的状态变化。例如，onCreate()实现如下：

```
public void onCreate(Bundle savedInstanceState) {
    super.onCreate(savedInstanceState);
    setContentView(R.layout.main);
    Log.i(TAG, "this is onCreate");
}
```

（2）结果分析

实现了这样的代码后，使用模拟器运行，此时默认是竖屏。使用 Ctrl+F11 组合键来将屏幕方向进行切换。我们在日志信息中，查看结果如图 3.1 所示。

L...	Time	PID	Application	Tag	Text
I	11-13 23:59:38.226	282	com.oulng.ex_acti...	Ex_activityActivity	this is onCreate
I	11-13 23:59:38.267	282	com.oulng.ex_acti...	Ex_activityActivity	this is onStart
I	11-13 23:59:38.267	282	com.oulng.ex_acti...	Ex_activityActivity	this is onResume
I	11-14 00:00:49.305	282	com.oulng.ex_acti...	Ex_activityActivity	this is onPause
I	11-14 00:00:49.305	282	com.oulng.ex_acti...	Ex_activityActivity	this is onStop
I	11-14 00:00:49.305	282	com.oulng.ex_acti...	Ex_activityActivity	this is onDestroy
I	11-14 00:00:49.526	282	com.oulng.ex_acti...	Ex_activityActivity	this is onCreate
I	11-14 00:00:49.526	282	com.oulng.ex_acti...	Ex_activityActivity	this is onStart
I	11-14 00:00:49.545	282	com.oulng.ex_acti...	Ex_activityActivity	this is onResume

图 3.1　生命周期

其中，横线以上的部分是 Activity 在切换之前的打印结果，可以看出 Activity 通过创建（onCreate）、启动（onStart）、恢复（onResume）之后才进入活动状态（Running）。这个时候，可以对其进行操作。在切换屏幕方向时，该 Activity 分别经过了暂停（onPause）、停止（onStop）、销毁（onDestroy）后，又重新创建了一个新的 Activity，整个过程如图 3.2 所示。这样也很好理解，当横竖屏切换时，之前输入的数据由于没有保存，再次创建 Activity 时数据丢失。

2. 实现横竖屏切换

在上面的横竖屏切换时，当前的 Activity 会被销毁，然后重新创建一个新的 Activity，这样会导致输入的数据丢失，为了避免这样的情况，下面我们实现横竖屏切换时，不销毁当前 Activity。

第 3 章 Android 应用程序特性

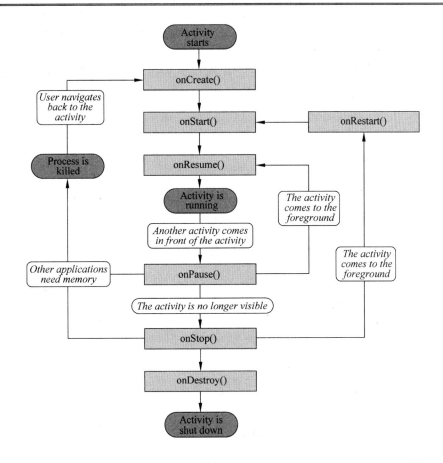

图 3.2 生命周期流程图

（1）添加 Activity 属性

在 Mainifest.xml 中的 Activity 声明中加入 android:configChanges="orientation|keyboardHidden" 属性，这样应用程序就可以在屏幕方向或者键盘状态改变时作出相应的处理。本实例中，实现如下：

```
<activity
android:configChanges="orientation|keyboardHidden"
    android:label="@string/app_name"
    android:name=".Ex_activityActivity" >
```

（2）变化处理

添加了处理属性后，当屏幕方向改变或键盘状态改变时，系统会自己回调 Activity 中的函数进行处理，函数如下：

```
void onConfigurationChanged(Configuration newConfig)
```

其中，参数 newConfig 是改变后的状态信息。需要注意的是，在 onConfigurationChanged 中只会监测应用程序在 AnroidMainifest.xml 中通过 android:configChanges="xxxx" 指定的配置类型的改动，对未指定的配置改变后，不会调用该函数进行处理而使用系统默认处理，即调用 onDestroy()销毁当前 Activity，然后重启一个新的 Activity 实例。

在本实例中，我们先不对其作任何操作，只打印改变信息，具体实现如下：

```
01  public void onConfigurationChanged(Configuration newConfig) {
02      super.onConfigurationChanged(newConfig);
03      Log.i(TAG, "this is onConfigurationChanged");
04      if (newConfig.orientation == Configuration.ORIENTATION_LANDSCAPE)
        {
05          //横屏时
06          Log.i(TAG, "this is ORIENTATION_LANDSCAPE");    //输出横屏提示
07      } else if (newConfig.orientation == Configuration.ORIENTATION_
        PORTRAIT) {
08          //竖屏时
09          Log.i(TAG, "this is ORIENTATION_PORTRAIT");    //输出竖屏提示
10      }
11
12      //检测实体键盘的状态：推出或者合上
13      if (newConfig.hardKeyboardHidden == Configuration.
        HARDKEYBOARDHIDDEN_NO) {
14          //实体键盘处于推出状态，在此处添加额外的处理代码
15          Log.i(TAG, "this is HARDKEYBOARDHIDDEN_NO");    //输出有键盘提示
16      } else if (newConfig.hardKeyboardHidden == Configuration.
        HARDKEYBOARDHIDDEN_YES) {
17          //实体键盘处于合上状态，在此处添加额外的处理代码
18          Log.i(TAG, "this is HARDKEYBOARDHIDDEN_YES");   //输出无键盘提示
19      }
20  }
```

其中，01 行，重写 onConfigurationChanged 函数，对指定的变化进行自定义处理；

04～10 行，当屏幕方向改变时，进行相应处理，这里只打印信息；

12～19 行，当键盘状态改变时，进行相应处理，这里只打印信息。

（3）运行分析

使用上面的方法进行处理后，我们在模拟器中使用 Ctrl+F11 组合键来将屏幕方向进行切换测试。在开始的竖屏，我们在输入框中输入文字，如图 3.3 所示。切换屏幕方向后，显示如图 3.4 所示。显然，输入框中的内容没有改变，数据保存完好。再看看，打印的调试信息，Activity 是否被销毁。

图 3.3　竖屏显示　　　　　　　　图 3.4　横屏显示

调试的日志信息打印如图 3.5 所示，可以看出 Activity 创建运行后，没有被再次销毁。而当屏幕方向改变时，调用了我们实现的 onConfigurationChanged()函数进行处理。

PID	Application	Tag	Text
956	1646	com.oulnq.ex_acti...	Ex_activityActivity	this is onCreate
956	1646	com.oulnq.ex_acti...	Ex_activityActivity	this is onStart
978	1646	com.oulnq.ex_acti...	Ex_activityActivity	this is onResume
395	1646	com.oulnq.ex_acti...	Ex_activityActivity	this is onConfigurationChanged
417	1646	com.oulnq.ex_acti...	Ex_activityActivity	this is ORIENTATION_LANDSCAPE
426	1646	com.oulnq.ex_acti...	Ex_activityActivity	this is HARDKEYBOARDHIDDEN_NO
465	1646	com.oulnq.ex_acti...	Ex_activityActivity	this is onConfigurationChanged
465	1646	com.oulnq.ex_acti...	Ex_activityActivity	this is ORIENTATION_LANDSCAPE
465	1646	com.oulnq.ex_acti...	Ex_activityActivity	this is HARDKEYBOARDHIDDEN_YES
996	1646	com.oulnq.ex_acti...	Ex_activityActivity	this is onConfigurationChanged
996	1646	com.oulnq.ex_acti...	Ex_activityActivity	this is ORIENTATION_PORTRAIT
016	1646	com.oulnq.ex_acti...	Ex_activityActivity	this is HARDKEYBOARDHIDDEN_YES

图 3.5 横竖屏切换不销毁

3.1.2 拨打电话

在应用程序中，一般不会只有一个 Activity，在多个 Activity 之间进行跳转的时候，大部分时候也会携带相关数据。在这一小节中，我们通过调用系统电话拨号界面，来讲解不同情况下 Activity 间跳转的处理。

1. 界面设计

在本实例中，实现了拨打电话和发送邮件两个功能，在主界面中给出功能选择按钮，如图 3.6 所示。当选择不同的功能时，跳转到对应的详细界面。例如，选择"拨打电话"功能，则跳转到新界面中输入需拨打电话的号码，并且有返回主界面和跳转到系统拨号界面进行电话播出两个功能选项，如图 3.7 所示。

图 3.6 功能选择 Activity

图 3.7 输入号码 Activity

2. 跳转拨号

从界面设计中，可以看出我们将使用自定义的两个以上的界面 Activity，并且进行了多次不同 Activity 的跳转。在这里，我们首先实现从自定义的界面跳转到系统拨号界面。

（1）创建新 Activity

在我们使用 Eclipse 创建一个新的 Android 项目时，系统会为我们生成很多必需的文件来生成初始化的第一个 Activity。当我们需要创建一个新的 Activity 时，需要手动创建、修改 3 个文件来实现，这 3 个文件分别是：

- 新建布局文件：在 res 目录中的 layout 子目录中，新建 XML 文件，如图 3.8 所示。该文件作为新建的 Activity 的界面布局文件，在其中编写该 Activity 的布局，编写的方法与规范和 Eclipse 默认建立的 main.xml 文件是一致的。本实例在 layout 目录中，新建布局文件 call_phone.xml，内容如下：

```
01  <?xml version="1.0" encoding="utf-8"?>
02  <LinearLayout xmlns:android="http://schemas.android.com/apk/res/
    android"
03      android:layout_width="fill_parent"
04      android:layout_height="fill_parent"
05      android:orientation="vertical" >
06
07      <TextView
08      />
09      ......
10  </LinearLayout>
```

- 新建源文件：在 src 目录中新建一个类继承至 Activity 类，在 Java 文件中实现布局以及按键的处理等，与创建的第一个 Activity 是一致的。本实例中，创建了 Input_numActivity 类来实现对输入号码拨打电话的处理，如图 3.8 所示。
- 注册声明：最后需要在 AndroidManifest.xml 文件中注册声明我们新建的 Activity，只需要在 Application 标签内，添加该 Activity 即可。在本实例中，新建 Activity 的类名为 Input_numActivity，声明如下：

```
<application
    android:icon="@drawable/ic_launcher"
    android:label="@string/app_name" >
        <activity android:name=".Input_numActivity"/>
</application>
```

（2）拨号跳转

现在我们已经新建了如图 3.7 的界面。在其中，我们输入需拨打的电话号码，然后通过"拨打电话"按钮来实现跳转到系统拨号界面，如图 3.9 所示。Android 提供了 Intent 来实现这样的跳转。

Intent 中文译成目标、意图，用于对执行某个操作的一个抽象描述，包括动作、操作数据以及附加数据的描述。在 Android 系统中，Intent 负责提供组件之间相互调用的相关信息传递，实现组件之间的调用耦合。Intent 的常用构造函数有如下几种，分别定义不同的意图：

```
Intent()
Intent(String action)
```

```
Intent(String action, Uri uri)
Intent(Context packageContext, Class<?> cls)
```

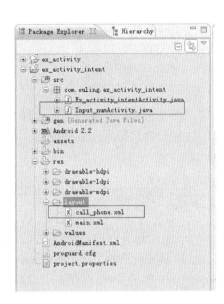

图 3.8 新建文件

图 3.9 系统拨号

其中,参数 action 是定义的动作,该动作可以是系统定义的也可以是自定义的。在本实例中,跳转到系统拨号界面使用系统定义的动作 ACTION_DIAL。系统还有很多其他的动作定义,我们在后面的章节中会逐步涉及。参数 uri 是操作数据的标识符;参数 packageContext 是跳转的上下文 context;参数 cls 是跳转到的组件的 Class 名。因此,拨打 10086 的 Intent 实现如下:

```
Intent(Intent.ACTION_DIAL, Uri.parse("tel:10086"))
```

在跳转的时候,Activity 提供了常用的两种跳转方法:

```
void    startActivity(Intent intent)
void    startActivityForResult(Intent intent, int requestCode)
```

其中,第一种方法实现一个活动(Activity)A 到另一个活动 B 的跳转,之间不会从 B 传递结果到 A。第二个方法实现 A 跳转到 B,当 B 处理完成后,将数据结果返回到 A。在这里,只需要跳转到系统拨号界面,使用第一种方法。

掌握了整个实现的方法,具体实现代码如下:

```
01      String phoneString = edt_num.getText().toString();
                                                          //获取输入的电话号码
02      Pattern pattern = Pattern.compile("[0-9]*");     //数字的正则表达式
03      if (pattern.matcher(phoneString).matches()) {    //判断号码是否都是数字
04          //调用系统拨打电话
05          Uri uri = Uri.parse("tel:" + phoneString);   //拨号的URI
06          Intent sys_call_Intent = new Intent(Intent.ACTION_DIAL, uri);
                                                          //拨号意图
```

```
07                 startActivity(sys_call_Intent);                  //实现跳转
08          }
```

其中，01～03 行，获取在输入框中的号码，并判断该输入是否由 0～9 的数字组成；

04～07 行，实现从输入界面到系统拨号界面的跳转；05 行，定义拨打的号码；06 行，定义了拨号的 Intent；07 行，实现跳转；

跳转的结果如图 3.9 所示，可以很明显地看出跳转到系统的拨号界面并且拨打的号码为 10086，只需要单击通话按钮就可以播出电话。

3. 功能跳转

我们已经实现了从输入号码界面到系统拨号的跳转，接下来我们实现从功能选择界面到详细功能界面的实现。直接从功能选择界面到详细功能界面的跳转实现非常简单，只需要定义 Intent，然后调用 startActivity()即可实现，具体如下：

```
01   Intent call_intent=new Intent(Ex_activity_intentActivity.this,Input_
     numActivity.class);
02   startActivity(call_intent);
```

其中，01 行，定义跳转的 Intent。参数 Ex_activity_intentActivity.this 表示跳转前的上下文；参数 Input_numActivity.class 表示跳转到的组件。即从功能选择界面（Ex_activity_intentActivity）跳转到电话输入界面（Input_numActivity）；

02 行，直接启动跳转。

这样直接的跳转很简单，我们需要实现的是从详细功能界面返回功能选择界面时，显示拨打的电话号码，实现效果如图 3.10 所示。

图 3.10　返回拨打号码

（1）功能 Activity 跳转

由于有数据返回，我们使用另一个跳转方法 startActivityForResult(Intent intent, int requestCode)。其中，intent 是跳转的操作描述，requestCode 是自定义的请求标识。在功能选择 Ex_activity_intentActivity 中，单击拨打电话，实现如下：

```
01    static final int CALL_REQUEST=0;                    //定义返回的标识
02    btn_call.setOnClickListener(new OnClickListener(){   //实现按钮单击监听
03        @Override
04        public void onClick(View v) {                    //单击事件处理
05            Intent call_intent=new Intent(Ex_activity_intentActivity.
                this,Input_numActivity.class);
06            //有返回结果的跳转
07            startActivityForResult(call_intent, CALL_REQUEST);
08        }
09    });
```

其中，01 行，定义请求标识；

02~04 行，定义单击"拨打电话"按钮的事件监听。在单击事件 onClick()实现处理；

05 行，定义跳转 Intent；

06~07 行，实现有返回结果的跳转。

（2）返回数据

在电话输入界面（Input_numActivity）拨打完电话之后，将拨打的号码返回给功能选择主界面。这样的跳转同样使用 Intent 来进行描述。在 Intent 中使用 Bundle 类型来对附加数据进行描述。

Bundle 是类似于哈希表 HashMap 的类型，保存一个键值对。使用如下方法来获取和添加数据：

```
Object   get(String key)
void     putString(String key, String value)
```

其中，参数 key 是键名；参数 value 是键值。在 Intent 中，对附加数据 Bundle 的获取和添加，使用如下方法：

```
Bundle   getExtras()
Intent   putExtras(Bundle extras)
```

其中，get 方法返回 Bundle 类型数据；参数 extras 为添加的 Bundle，返回为 Intent。获得数据后，返回上一个 Activity，使用方法：

```
void     setResult(int resultCode)
void     setResult(int resultCode, Intent data)
```

其中，参数 resultCode 是结果标识，常用系统定义的 RESULT_CANCELED 或者 RESULT_OK。参数 data 是返回的数据。

最后，需要特别注意的是在 setResult 后，要调用 finish()销毁当前的 Activity，否则无法返回到原来的 Activity，就无法执行原来 Activity 的 onActivityResult 函数，从而停留在当前 Activity，没有反应。

掌握了返回数据的方法，在本实例中具体实现如下：

```
01    void on_Previous(){
02        Bundle bundle = new Bundle();                    //实例化 bundle
03        String phoneString = edt_num.getText().toString();
```

```
04              bundle.putString("PHONE_NUM", phoneString);  //号码保存到bundle中
05              Input_numActivity.this.setResult(RESULT_CANCELED,
06                  Input_numActivity.this.getIntent().putExtras
                    (bundle));                              //设置返回的结果数据
07              Input_numActivity.this.finish();            //结束当前界面
08          }
```

其中，02～04 行，将拨打的号码保存到 bundle 中；

05～06 行，调用 setResult 方法返回到之前的 Activity。其中，标识为 RESULT_CANCELED，数据 Intent 中添加了保存了号码的 bundle；07 行，调用 finish()销毁当前 Activity。

（3）返回数据处理

从电话输入界面（Input_numActivity）返回到功能选择界面（Ex_activity_intentActivity）后，接下来实现功能界面中对返回数据的处理。重写 Activity 中的函数：

```
onActivityResult(int requestCode, int resultCode, Intent data)
```

其中，参数 requestCode 就是跳转时，函数 startActivityForResult()中的请求标识 requestCode；参数 resultCode 就是返回时，函数 setResult()中的结果标识 resultCode；参数 data 是具体的返回数据结果。

本实例中，请求标识为 CALL_REQUEST，返回结果标识为 RESULT_CANCELED，返回的数据只有拨打的电话号码。具体实现如下：

```
01  @Override                                                //实现界面返回处理方法
02  protected void onActivityResult(int requestCode, int resultCode,
    Intent data) {
03      super.onActivityResult(requestCode, resultCode, data);
04      if (requestCode == CALL_REQUEST) {       //判断请求标识是否为电话
05          if (resultCode == RESULT_CANCELED) {     //判断返回结果标识
06              Bundle bundle = data.getExtras();
                                                     //获取完整返回数据data
07              String phone_num=bundle.getString("PHONE_NUM");
                                                     //获取返回的号码
08              Toast.makeText(this, "拨打的号码是："+phone_num, 1000).
                show();                              //显示返回的号码
09          }
10      }
11  }
```

其中，01～03 行，重写函数 onActivityResult()；

04 行，判断请求标识是否为电话跳转标识 CALL_REQUEST；

05 行，判断结果标识是否为标识 RESULT_CANCELED；

06～08 行，从数据 Intent 中获取附带的电话号码，并且显示，效果如图 3.10 所示。

3.1.3　活动总结

在本节中我们介绍了 Android 应用程序中使用最多也最重要的组件 Activity。我们通过实例讲解了 Activity 的生命周期以及横竖屏切换时的处理，有助于以后处理电话呼入或者

电量不足等突发情况下对当前 Activity 的处理；讲解了多种情况下的 Activity 之间的跳转，包括了直接跳转、数据传递跳转以及有数据返回的跳转，这些都是我们在实际应用程序的编写时，经常需要处理的问题，希望大家能熟练掌握。同时也简单介绍了组件之间调用的"信使"Intent，在后面的章节中我们还会使用到它，逐步讲解使大家加深对 Intent 的理解。

3.2 Service——服务

　　Service 是 Android 系统中提供的四大组件之一，虽然没有 Activity 使用的频率高，但是在应用程序中与 Activity 同等重要。它是运行在后台的一种服务程序，一般生命周期较长，不直接与用户进行交互，因此没有可视化的界面。在服务中，最典型的应用实例是音乐播放器。在播放器中，可能会提供一个或多个 Activity 界面给用户操作，但是音乐不会因为 Activity 的切换而停止，这时候就需要服务来保证实现这样的效果。在后面的多媒体章节，我们会详细介绍这种播放器的实现。在本节中，我们将通过实例来对 Service 的两种启动方式进行讲解分析。

　　Service 是不能自己启动运行的，需要通过 Activity 或者其他的 Context 对象来调用才能运行。启动服务有两种方式，分别是 Context.startService()和 Context.bindService()。这两种方式在启动过程和生命周期方面是有区别的。下面，我们实现一个服务，并分别使用这两种方式进行启动。

3.2.1 创建服务

　　由于 Service 是不能自己启动运行的，所以需要手动添加代码。整个过程和新建一个 Activity 类似。

1. 注册声明

　　首先需要在 AndroidManifest.xml 文件中注册声明我们新建的 Service，只需要在 application 标签内添加该 Service 即可。在本实例中，新建 Service 的类名为 LocalService，声明如下：

```xml
<application
    android:icon="@drawable/ic_launcher"
    android:label="@string/app_name" >
        <service android:name=".LocalService"></service>
</application>
```

2. 实现Service

　　然后在 src 目录中新建一个类继承 Service 类即可。在 Service 中有一系列与其生命周期相关的方法，这些方法主要有如下 5 种：

- abstract IBinder onBind(Intent intent)：必须实现的方法，返回一个绑定的接口给 Service。
- void onCreate()：当 Service 第一次被创建时，调用该方法。

- int onStartCommand(Intent intent, int flags, int startId)：当通过 startService()方法启动 Service 时，调用该方法。
- void onDestroy()：当 Service 结束不再使用时，调用该方法。
- boolean onUnbind(Intent intent)：当通过 bindService()方法启动 Service，取消绑定时，调用该方法。

3. 状态通知

在对 Activity 的状态查看时，我们使用了调试打印的方法，这样只能在开发工具中查看，不能给予用户恰当的提示。接下来，我们实现在状态通知栏中给出提示信息，步骤如下：

（1）获得通知栏管理器

通知栏管理器是系统服务的一部分，获取该管理器实现如下：

```
NotificationManager mNM = (NotificationManager) getSystemService
(NOTIFICATION_SERVICE);
```

管理器主要用于显示和关闭通知，使用到的主要方法有：

```
notify(int id, Notification notification)
notify(String tag, int id, Notification notification)
```

这两个方法用于在通知栏中给出提示。其中，参数 id 是该通知的唯一标识；参数 notification 是一个通知对象 Notification 类，不能为 NULL；参数 tag 是该通知的字符串标识，可以为空。

```
cancel(int id)
cancel(String tag, int id)
cancelAll()
```

这 3 个方法用于取消显示的通知。其中，参数 id 是通知的唯一标识；参数 tag 是该通知的字符串标识；最后一种方法取消所有先前显示的通知。

（2）创建通知 Notification

具体的通知内容通过构造 Notification 类来实现。Notification 的常用构造函数有：

```
Notification()
Notification(int icon, CharSequence tickerText, long when)
```

其中，参数 icon 是通知显示图标号；参数 tickerText 是状态通知栏显示的通知文本；参数 when 是通知产生的时间。例如，构造一个在通知栏中显示"Hello"的状态类，实现如下：

```
int icon = R.drawable.icon;                    //通知图标
CharSequence tickerText = "Hello";             //状态栏显示的通知文本提示
long when = System.currentTimeMillis();        //通知产生的时间，会在通知信息里显示
Notification notification = new Notification(icon,tickerText,when);
```

在通知的时候，不仅仅可以在状态栏中给出提示，同时可以通过声音、震动等给用户以明显的提示，实现如下：

```
notification.defaults |=Notification.DEFAULT_SOUND;       //添加声音
notification.defaults |= Notification.DEFAULT_VIBRATE;    //添加震动
```

熟悉了整个状态通知栏的使用方法和要点,在本实例中具体的状态信息通知代码如下:

```java
01  private NotificationManager mNM;          //定义状态通知栏管理器
02  NotificationManager mNM = (NotificationManager) getSystemService
    (NOTIFICATION_SERVICE);                   //获取状态通知栏管理器
03  private void showNotification() {         //定义通知栏显示方法
04      CharSequence text = "Local service has started";
                                              //定义显示文字
05      Notification notification = new Notification(R.drawable.ic_
    launcher,
06          text, System.currentTimeMillis()); //实例化状态通知
07      PendingIntent contentIntent = PendingIntent.getActivity(this, 0,
08          new Intent(this, Ex_localServiceActivity.class), 0);
                                              //定义通知栏单击事件触发的Intent(意图)
09      notification.setLatestEventInfo(this, "Local Service", text,
10          contentIntent);                   //设置该状态通知消息的单击事件
11      mNM.notify(R.string.local_service_started, notification);
                                              //通知栏显示该通知
12  }
```

其中,01~02 行,获取状态通知栏的管理器;

04~06 行,构造一个状态通知。显示内容是 Local service has started;

07~08 行,实现在通知栏中单击该通知后跳转到 Ex_localServiceActivity 界面;

09~11 行,实现将通知传递给通知管理器,显示在通知栏中。

4. Service实现

为了更方便地观察在服务中的状态变化,我们在相应的状态给出通知提示并打印状态,整个 Service 具体实现如下:

```java
01  public class LocalService extends Service {    //继承 Service
02      private String TAG = "LOCALSERVICE";       //定义打印信息标识
03      private NotificationManager mNM;           //定义状态通知栏
04      private final IBinder mBinder = new LocalBinder();
                                                   //实例化 LocalBinder
05
06      public class LocalBinder extends Binder {  //继承 Binder
07          LocalService getService() {            //获取该服务,在bind方式时使用
08              return LocalService.this;
09          }
10      }
11
12      @Override                                  //实现 bind
13      public IBinder onBind(Intent intent) {
14          Log.i(TAG, "this is onbind");
15          return mBinder;                        //获取 LocalBinder 类
16      }
17
18      @Override                                  //实现创建方法
19      public void onCreate() {
20          mNM = (NotificationManager) getSystemService(NOTIFICATION_
            SERVICE);                              //获取通知栏管理器
21          Log.i(TAG, "this is oncreate");        //打印提示
22          showNotification();                    //显示通知信息
23      }
```

```
24
25      @Override                                           //实现开始方法
26      public int onStartCommand(Intent intent, int flags, int startId) {
27          Log.i(TAG, "Received start id " + startId + ": " + intent);
                                                            //打印提示
28          return START_STICKY;
29      }
30
31      @Override                                           //实现销毁方法
32      public void onDestroy() {
33          mNM.cancel(R.string.local_service_started);     //结束通知栏消息
34          Log.i(TAG, "this is ondestroy");                //打印提示
35          Toast.makeText(this, R.string.local_service_stopped, Toast.
            LENGTH_SHORT).show();                           //界面显示提示消息
36      }
37
38      @Override                                           //实现解除 bind 方法
39      public boolean onUnbind(Intent intent) {
40          // TODO Auto-generated method stub
41          Log.i(TAG, "this is onUnbind");                 //打印提示
42          return super.onUnbind(intent);
43      }
```

其中，01～10 行，继承 Service 基类，定义和初始化全局变量；

11～16 行，重写 onBind()函数，打印该状态；

17～23 行，重写 onCreate()函数，打印该状态并在通知栏通知；

24～29 行，重写 onStartCommand()函数，打印该状态以及 id 号；

30～36 行，重写 onDestroy()函数，打印该状态并取消通知；

37～43 行，重写 onUnbind()函数，打印该状态。

3.2.2 开始服务方式

1. 界面设计

Service 不能自己启动，所以建立一个 Activity 来控制 Service 的启动与停止。在界面中，只需要两个按钮："开启服务"和"停止服务"即可，效果如图 3.11 所示。

2. 启动、停止服务

在 Activity 中，使用 startService 方式启动服务直接调用方法：

```
startService(Intent service)
```

其中，参数 service 是从当前上下文 Context 跳转到需要开启服务的 Intent。本实例中，具体实现如下：

图 3.11 Start 方式开启服务

```
startService(new Intent(Ex_localServiceActivity.this,LocalService.class));
```

停止服务直接调用方法：

```
boolean stopService(Intent name)
```

其中，参数 name 是需要停止的服务的 Intent。本实例中，具体实现如下：

`stopService(new Intent(Ex_localServiceActivity.this,LocalService.class));`

3. 运行分析

调试运行该代码，单击"开启服务"按钮，在最上方的通知栏中给出提示信息 Local service has started，效果如图 3.11 所示。单击"停止服务"按钮，在当前给出短暂提示框 Local service has stopped，效果如图 3.12 所示。当开启服务后，单击 Back 键，返回到系统主界面，此时 Activity 已经销毁，但是该服务依然处于运行状态，效果如图 3.13 所示。

图 3.12　Start 方式关闭服务　　　　　图 3.13　返回主界面

再看看打印状态信息的结果，如图 3.14 所示。

图 3.14　Start 方式打印信息

从图中可以很明显地看出，Service 被一个 Activity 调用 startService() 方法启动，该 Service 在后台运行。如果一个 Service 被 startService 方法多次启动，那么 onCreate 方法只会调用一次，而 onStart 方法每次都会被调用，但是系统只会创建 Service 的一个实例，在停止时只需要调用一次 stopService() 即可停止该 Service。并且，当该 Service 启动之后，不管启动该 Service 的 Activity 是否存在，它都会一直运行，直到调用 stopService() 才会结束该 Service。

3.2.3 绑定服务方式

前面讲解了 startService 方式来启动一个服务,接下来讲解使用 bindService 方式启动服务。

1. 界面设计

和 startService 方式启动服务使用同一个 Service 类,在界面上禁止 startService 方式启动和停止两个按钮,添加"bind 开启服务"和"bind 停止服务"的两个按钮,效果如图 3.15 所示。

2. 启动、停止服务

(1) Activity 绑定

在 Activity 中,使用 bind 方式启动服务直接调用方法:

```
boolean    bindService    (Intent    service,
ServiceConnection conn, int flags)
```

图 3.15　bind 启动服务

其中,参数 service 是描述跳转到服务的 Intent;参数 conn 是用于监测服务状态的接口;参数 flags 是绑定的操作选项,一般使用系统定义的 0、BIND_AUTO_CREATE、BIND_DEBUG_UNBIND 或 BIND_NOT_FOREGROUND。在本实例中,具体的实现如下:

```
bindService(new Intent(Ex_localServiceActivity.this,
    LocalService.class), mConnection, Context.BIND_AUTO_CREATE);
```

停止服务直接调用方法:

```
void unbindService (ServiceConnection conn)
```

其中,参数 conn 是绑定时检测服务状态的接口 ServiceConnection 类。

(2) 实现 ServiceConnection

ServiceConnection 类是用于检测服务状态的接口,实例化该类,必须实现如下两个方法:

```
void    onServiceConnected(ComponentName name, IBinder service)
void    onServiceDisconnected(ComponentName name)
```

其中,当服务被调用时将调用第一个方法;当服务停止时将调用第二个方法。本实例中,ServiceConnection 类实现如下:

```
01    private ServiceConnection mConnection = new ServiceConnection() {
                                            //实例化服务检测类
02        public void onServiceConnected(ComponentName className, IBinder
          service) {                        //实现服务调用时的处理方法
03            mBoundService = ((LocalService.LocalBinder)service).
              getService();                 //获取服务
04            Toast.makeText(Ex_localServiceActivity.this, R.string.
              local_service_connected,
```

```
05                Toast.LENGTH_SHORT).show();       //界面显示提示
06          }
07
08          public void onServiceDisconnected(ComponentName className) {
                                                //实现服务停止时的处理方法
09              mBoundService = null;
10              Toast.makeText(Ex_localServiceActivity.this, R.string.
                local_zservice_disconnected,
11                  Toast.LENGTH_SHORT).show();     //界面显示提示
12          }
13      };
```

其中,01 行,实例化一个 ServiceConnection 对象;

02~07 行,实现 onServiceConnected()方法,在当前界面中显示已连接的提示信息;

08~13 行,实现 onServiceDisconnected()方法,在当前界面中显示断开连接的提示信息。

3. 运行分析

调试运行该代码,当单击"bind 开启服务"按钮后,在当前界面给出提示框 Connected to local service,并且在最上方的通知栏中给出提示信息 Local service has started,效果如图 3.15 所示。单击"bind 停止服务"按钮,在当前给出短暂提示框 Local service has stopped,效果如图 3.16 所示。当开启服务后,单击 Back 键,返回到系统主界面时,Activity 已经被销毁,服务也随之停止,出现短暂提示框 Local service has stopped,效果如图 3.17 所示。

图 3.16 bind 停止服务

图 3.17 返回主界面

再看看打印状态信息的结果,如图 3.18 所示。

PID	Application	Tag	Text
1645	com.ouling.ex_localService	LOCALSERVICE	this is oncreate
1645	com.ouling.ex_localService	LOCALSERVICE	this is onbind
1645	com.ouling.ex_localService	LOCALSERVICE	this is onUnbind
1645	com.ouling.ex_localService	LOCALSERVICE	this is ondestroy
1645	com.ouling.ex_localService	LOCALSERVICE	this is oncreate
1645	com.ouling.ex_localService	LOCALSERVICE	this is onbind
1645	com.ouling.ex_localService	LOCALSERVICE	Activity is ondestroy
1645	com.ouling.ex_localService	LOCALSERVICE	this is onUnbind
1645	com.ouling.ex_localService	LOCALSERVICE	this is ondestroy

图 3.18　bind 方式打印信息

从图中很明显地看出，当一个 Service 被一个 Activity 通过 bindService 的方法绑定启动，不管调用 bindService 几次，onCreate 方法都只会调用一次，onBind 方法只调用一次，并且 onStart 方法始终不会被调用。当连接建立之后，Service 将会一直运行，直到 Activity 调用 unbindService 断开连接，Service 调用 onUnbind 方法和 onDestroy 方法来停止销毁该 Service。使用 bind 方式启动服务，当 Activity 销毁后，调用 bindService 的 Context 不存在了，系统将会自动停止 Service，对应的 onUnbind 和 onDestroy 方法被调用。

3.2.4　服务总结

在本节中我们介绍了 Android 应用程序中另外一个重要的组件——Service。我们通过实例，分别使用不同的方式 Context.startService() 和 Context.bindService() 启动同一个 Service，并详细介绍了这两种方式启动和停止服务的方法以及各自生命周期的区别。当我们只是想启动一个后台服务长期进行某项任务，那么使用 startService 方式便可以完成。如果我们想要与正在运行的 Service 取得联系，一般使用 bindService 方式来完成。

不仅仅如此，还有一个需要注意的问题，那就是 Android 中的 Service 组件和标准 Java 中的线程 Thread 的区别。虽然两者都是用于后台运行，但是这两者毫无关系。Service 是 Android 的一种机制，它是运行在对应的主进程的 main 线程上的，而 Thread 是另外开启一个线程来执行一些异步的操作。

3.3　BroadcastReceiver——广播

BroadcastReceiver 即广播接收器，是 Android 系统级别的事件处理机制。在实际应用中，我们经常会遇到点亮屏幕、接收到短信等事件，Android 提供了 BroadcastReceiver 机制来处理这种系统级的事件。在 Android 系统中定义了很多标准事件的 Intent，通过广播的方式发送 Intent 到系统中的所有应用，在应用中监听到该广播，使用广播事件对应的广播接收器进行处理。当然，除了系统标准事件外，我们也可以自定义广播事件。在本节中，我们通过实例介绍自定义广播和系统广播的使用。

3.3.1　自定义广播

广播机制分为两部分，一部分是被广播的 Intent，另一部分是接收该 Intent 的广播接收器（BroadcastReceiver）。在自定义广播中，我们需要分别实现这两部分。

1. 发送广播Intent

在广播接收器中，通过 Intent 中不同的动作来区别接收到的广播是否是需要处理的，所以 Intent 使用其构造函数：

```
Intent(String action)
```

除此之外，在 Intent 中也可以定义其他附带的数据，用于广播接收器中处理。定义了需要广播的 Intent 后，将该 Intent 广播到系统中，使用 Context 的方法：

```
void     sendBroadcast(Intent intent)
void     sendBroadcast(Intent intent, String receiverPermission)
void     sendOrderedBroadcast(Intent intent, String receiverPermission)
```

其中，参数 intent 是需要广播的 Intent；参数 receiverPermission 是广播接收器需要的权限。

第二种方法要求应用程序具有一定的权限，才能接收处理该广播，一般为系统标准广播使用。

前两种方法发送的广播是无序广播，所有的广播接收器以无序方式运行，是完全异步的。往往在同一时间接收。这样效率较高，但是意味着接收者不能终止广播数据传播。

第三种方法发送的广播是有序广播，一次传递给一个广播接收器，当该接收器处理完成后才会传递给下一个接收器。由于每个接收器依次执行，因此它可以传播到下一个接收器，也可以完全终止传播该广播，从而使其他接收器无法接收到该广播。接收器的运行顺序可由匹配的意图过滤器（intent-filter）的 android:priority 属性控制。发送广播的整个过程就这样简单，具体实现如下：

```
01    static final String SELF_ACTION = "com.ouing.ex_broadcast.Internal";
                                                         //定义意图动作
02    Intent intent = new Intent(SELF_ACTION);           //实例化意图
03    sendBroadcast(intent);                             //发送广播
```

其中，01 行，自定义广播动作；
02 行，构造最基础的广播 Intent；
03 行，将该 Intent 广播到系统中。

2. 广播接收器

新建一个类继承 BroadcastReceiver 类，就可以实现自己的广播接收器。在 BroadcastReceiver 类中，必须实现方法：

```
void     onReceive(Context context, Intent intent)
```

该方法用于实现接收到广播后的具体处理。其中，参数 context 是广播接收器运行的上下文环境；参数 intent 是接收到的 Intent。

本实例在广播接收器中，只提示接收到的 Intent 信息，具体实现如下：

```
01    public class Self_broadcast extends BroadcastReceiver{
                                                         //继承基础广播接收器
02        @Override
03        public void onReceive(Context context, Intent intent) {
                                                         //接收的处理方法
```

```
04          Log.i("BROADCAST", "Self_broadcast onreceive "+intent.
            toString());                                     //打印提示
05          Toast.makeText(context, "Self_broadcast onreceive "+intent.
            toString(), 1000).show();                        //显示提示
06      }
07  }
```

其中，01 行，定义自己的广播接收器 Self_broadcast 继承 BroadcastReceiver 类；02～07 行，实现 onReceive()方法，在方法中提示接收的 Intent 信息。

3. 动态注册广播

广播接收器需要注册到应用程序中才可以监听广播，并使用该接收器进行处理。广播接收器可以动态地注册到应用程序中，并且可以根据需要动态地取消掉。在界面中，我们需要两个按钮分别用于注册广播和取消广播，同时我们需要一个按钮来发送自定义的广播事件，界面效果如图 3.19 和图 3.20 所示。

图 3.19 注册自定义广播

图 3.20 取消注册自定义广播

（1）注册广播

在上下文环境中注册广播，常用的方法有：

```
Intent  registerReceiver(BroadcastReceiver receiver, IntentFilter filter)
Intent  registerReceiver(BroadcastReceiver receiver, IntentFilter filter,
String broadcastPermission, Handler scheduler)
```

其中，参数 receiver 是注册的广播接收器；参数 filter 是使用该接收器处理的广播事件 Intent 的过滤器。在 filter 中定义广播事件的动作，用于标识需要处理的广播事件。参数 broadcastPermission 是接收事件 Intent 需要的权限；参数 scheduler 是处理该广播事件的

线程。

在本实例中，广播注册实现如下：

```
01    static final String SELF_ACTION = "com.ouing.ex_broadcast.Internal";
                                                           //定义动作
02    selfBroadcast = new Self_broadcast();       //实例化自定义广播接收器
03        btn_registself.setOnClickListener(new OnClickListener() {
                                                   //设置按钮单击监听器
04            @Override
05            public void onClick(View v) {       //按钮单击处理方法
06                registerReceiver(selfBroadcast, new IntentFilter
                  (SELF_ACTION));                  //注册广播
07                Log.i(TAG, "register self broadcast");    //打印提示
08                Toast.makeText(context, "register self broadcast",
                  1000).show();                   //界面显示提示
09            }
10        });
```

其中，01 行，定义了过滤器中广播的动作，该动作与被广播的 Intent 动作是一致的；

02 行，实例化了自定义的广播接收器；

06 行，动态注册了广播。

（2）取消注册广播

在上下文环境中取消注册广播，有着对应的方法：

```
void    unregisterReceiver(BroadcastReceiver receiver)
```

其中，参数 receiver 是广播接收器。该广播接收器必须与注册的广播接收器一致并且不能为空。在本实例中，取消注册广播实现如下：

```
01    selfBroadcast = new Self_broadcast();       //自定义广播接收器
02    btn_unregistself.setOnClickListener(new OnClickListener() {
03        @Override
04        public void onClick(View v) {
05            unregisterReceiver(selfBroadcast);  //注销自定义广播接收器
06            Log.i(TAG, "unregister self broadcast");    //打印提示
07            Toast.makeText(context, "unregister self broadcast",
                  1000).show();                   //界面显示提示
08        }
09    });
```

其中，01 行，实例化广播接收器，与注册的广播接收器是一致的；

05 行，取消注册了广播接收器。

4. 运行分析

调试运行该代码，当没有注册广播时，单击"发送自定义广播"按钮，只会给出发送广播的提示，如图 3.21 所示。当单击"注册自定义广播"按钮，显示成功注册的提示，如图 3.19 所示。注册广播后，再发送自定义广播，不仅仅会提示发送广播，广播接收器还会提示接收到的 Intent 信息，如图 3.22 所示。当取消广播之后，发送自定义广播就不会再显示广播接收器的提示信息。

这样的整个过程，在输入的调试信息中可以更清晰地看到，如图 3.23 所示。

图 3.21 发送自定义广播　　　　　图 3.22 接收到广播

Application	Tag	Text
com.ouling.ex_broadcast	BROADCAST	send self broadcast
com.ouling.ex_broadcast	BROADCAST	register self broadcast
com.ouling.ex_broadcast	BROADCAST	send self broadcast
com.ouling.ex_broadcast	BROADCAST	Self_broadcast onreceive Intent { act=com.ouing.ex_broadcast.Internal }
com.ouling.ex_broadcast	BROADCAST	unregister self broadcast
com.ouling.ex_broadcast	BROADCAST	send self broadcast

图 3.23 调试信息

3.3.2 系统广播——短信广播

广播的注册方式有两种，一种是在代码中动态注册，另一种是在 AndroidManifest.xml 中静态注册。自定义广播一般使用动态注册，而系统广播则根据需要选择使用动态注册还是静态注册方式。

1. 动态注册

系统广播的广播接收器以及动态注册方式和我们自定义的广播在使用上是一样的，只是广播的动作已经由系统定义，而且大部分的系统广播都是需要相应的权限才能接收广播。接下来，以最常见的短信广播为例进行讲解。在之前的界面中，添加两个按钮，分别用于注册短信广播和取消短信广播，界面实现如图 3.24 所示。

（1）权限声明

要接收系统发出的短信广播，必须有短信接收权限，在 AndroidManifest.xml 中声明如下：

```
<uses-permission android:name="android.permission.RECEIVE_SMS" />
```

（2）动作定义

在系统中，对接收到短信的广播 Intent 动作定位为：

```
static final String SMS_ACTION = "android.provider.Telephony.SMS_RECEIVED";
```

实现广播的动态注册和取消只需要将自定义广播中的动作修改为该动作即可实现。动态注册和取消的实现效果分别如图 3.24 和图 3.25 所示。

图 3.24　注册短信广播　　　　　　　图 3.25　取消短信广播

（3）短信测试

在 Eclipse 中，我们可以完成向模拟器中发送短信和拨打电话等操作。选择 Eclipse 的 DDMS 界面，在左边栏中可以看到 Emulator Control 界面，如图 3.26 所示。其中，Incoming number 是呼入模拟器的号码，可以填写任意的数字串；选择 SMS 选项，即可在 Message 框中输入短信的内容，通过 Send 按钮发送到模拟器中。

当动态注册短信广播后，使用 Eclipse 的模拟器控制端向模拟器中发送短信，将显示广播接收器中的提示信息，如图 3.27 所示。从提示信息中，可以看出该广播还有附带信息，我们将在后面的章节中，详细介绍如何读取短信的内容。

2．静态注册

（1）实现注册

对于短信这样的系统广播，更常用的注册方式是静态注册。只需要在 AndroidManifest.xml 文件中声明广播组件。声明的广播组件中包括了广播接收器的名称、广播接收器处理广播的动作。在本实例中实现如下：

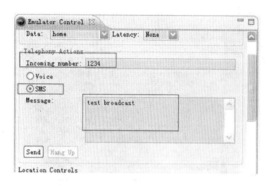

图 3.26 发送短信

图 3.27 接收到短信广播

```
01  <application
02          android:icon="@drawable/ic_launcher"
03          android:label="@string/app_name" >
04      <receiver                              //广播接收器标签
05          android:name=".Sms_broadcast" >    //接收器名称
06          <intent-filter >
07              <action  android:name="android.provider.Telephony.SMS_
                RECEIVED" />                   //接收器处理动作
08          </intent-filter>
09      </receiver>
10  </application>
```

其中，01～03 行，已有的应用程序定义，广播接收器的声明在应用程序标签内；

04～05 行，定义广播接收器标签以及广播接收器的名称，名称和动态注册名称一样；

06～08 行，定义处理广播的动作，动作名称和动态注册名称一致。

（2）短信测试

我们同样使用 Eclipse 的模拟器控制端给模拟器发送短信进行静态注册的测试，如图 3.26 所示。在界面中，我们屏蔽动态注册时的两个按钮。模拟器成功接收短信后，和动态注册接收短信后的效果相同，如图 3.28 所示。

（3）动态注册与静态注册的区别

在 Android 中通过动态和静态方式注册广播，在收到指定的 Action 后处理的效果是相同的，但是这两种方式注册的广播的生命周期是有区别的。

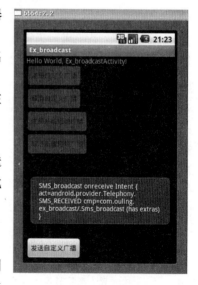

图 3.28 静态注册

使用动态方式注册的广播是非常驻型广播，也就是说广播的生命周期跟动态注册到应用程序的生命周期是一致的，即应用程序结束后，动态注册的广播接收器不再接收处理广播。而静态方式注册的广播是常驻型广播，也就是说当应用程序关闭后，如果有信息广播来，程序也会被系统调用自动运行。

在本实例中，使用动态方式注册广播接收器后，在不取消该广播接收器的情况下，结束该应用程序返回到主界面。模拟器成功接收到短信后，在通知栏中有短信提示，但是没有我们实现的广播接收提示，效果如图 3.29 所示。同时，使用静态方式注册广播接收器后，结束该应用程序返回主界面。当成功接收到短信后，在主界面中显示我们实现的广播接收提示，效果如图 3.30 所示。

图 3.29　动态注册方式　　　　　　图 3.30　静态注册方式

3.3.3　广播接收器总结

在本节中，我们介绍了四大组件中的 BroadcastReceiver，它不做什么事，仅是接收广播公告并作出相应的反应。我们通过实例，分别介绍了自定义广播和系统广播接收器的使用，以及动态注册和静态注册的区别。使用动态方式注册的广播是非常驻型广播，应用程序关闭后不再处理该广播；而静态方式注册的广播是常驻型广播，当应用程序关闭后，同样可以处理该广播。

3.4　消息处理

在 Android 系统中遵循单线程模型，即 Android 应用程序的 UI 操作并不是线程安全的，所有 UI 操作必须在 UI 线程中执行，所有其他线程是不允许更改 UI 界面的。但是，当我们需要进行一个耗时的操作,如联网读取数据、读取本地较大文件时,这些操作又不能够放在主线程中。如果你放在主线程中的话,界面会出现假死现象。Android 作为实时操作系统,当发现 5 秒钟还没有完成的话,会发出一个错误提示"强制关闭"。这时候,我们需要把这些耗时的操作放在一个子线程中,同时需要根据子线程的进度更新 UI 界面。Android 系统提供了消息处理机制来解决这一问题。

3.4.1 进度条更新

Google 在 Android 系统中通过 Looper、Handler 来实现消息循环机制。其消息循环是针对线程实现的,即每个线程都可以有自己的消息队列和消息循环。其中,Looper 负责管理线程的消息队列和消息循环;Handler 的作用是把消息加入特定的消息队列中,并分发和处理该消息队列中的消息。接下来,我们通过更新进度条来介绍 Handler 的使用。

1. 界面设计

本实例实现进度条的更新,每间隔 1 秒进度条前进 5%;当进度条达到 100%时,每间隔 1 秒进度条回退 5%。在界面中,只需要一个进度条,实现如图 3.31 所示。

2. 进度条更新

(1)创建 Looper

Activity 是一个 UI 线程,运行于主线程中,Android 系统在启动时会为 Activity 创建一个消息队列和消息循环(Looper)。所以,一般情况下我们不用创建和设置 Looper。但是,创建非 UI 线程默认是没有消息循环和消息队列的,如果想让该线程具有消息队列和消息循环,就需要在线程中首先调用 Looper.prepare()来创建消息队列,然后调用 Looper.loop()进入消息循环。

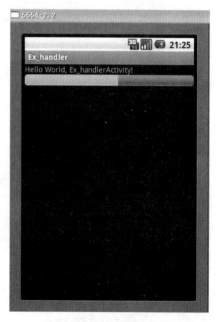

图 3.31 进度条更新

(2)Handler 实现

Handler 负责分发和处理消息循环中的消息。其中,实现一个 Hanler 类,必须实现 Handler 中的消息处理函数:

```
void       handleMessage(Message msg)
```

其中,参数 msg 是在消息队列中的消息类 Message,其中包含描述和任意数据对象,其中使用 Message 类中的 what 变量来定义消息代码,以使收件人能识别此消息。

在处理函数中,我们接收两类信息,标识分别是 INC 和 DEC。接收到相应的信息后,进度条进行增长和减少。具体实现如下:

```
01     final int INC = 1;                    //定义增加的消息标识
02     final int DEC = 2;                    //定义减少的消息标识
03     Handler handler = new Handler() {     //实例化 Handler
04         @Override                         //重写实现消息处理方法
```

```
05          public void handleMessage(Message msg) {
06              switch (msg.what) {                    //判断接收到的消息
07              case INC:                              //增加消息处理
08                  bar.incrementProgressBy(5);//进度条增加 5%
09                  Log.i(TAG, "Thread id "+Thread.currentThread().
                        getId()+",handler INC");//打印线程号
10                  break;
11              case DEC:                              //减少消息处理
12                  bar.incrementProgressBy(-5);//进度条减少 5%
13                  Log.i(TAG, "Thread id "+Thread.currentThread().
                        getId()+",handler DEC");
14                  break;
15              default:
16                  break;
17              }
18          }
19      };
```

其中，01～02 行，定义了消息的标识，分别用于标识增长还是减少的消息；
03 行，实例化一个消息处理类 Handler；
04～05 行，重写消息处理函数 handleMessage()；
07～10 行，判断消息，当是增长信息时，进度条增长并打印该线程号和消息号；
11～14 行，判断消息为减少信息时，进度条进度减少并打印该线程号和信息号。
（3）消息发送线程

接下来我们需要新建一个线程用于完成耗时的操作，并及时向消息循环队列中发送消息包。使用 Handler 实例来进行发送消息包，常用的方法：

```
boolean  sendEmptyMessage(int what)
boolean  sendMessage(Message msg)
boolean  sendMessageAtTime(Message msg, long uptimeMillis)
boolean  sendMessageDelayed(Message msg, long delayMillis)
```

其中，第一种方法表示发送一个只有 what 值的消息；第二种方法表示立即发送一个消息，参数 msg 是发送的消息；第三种方法表示在指定的时间发送消息，参数 uptimeMillis 指定了该时间；第三种方法表示延迟一段时间后发送消息，参数 delayMillis 指定了延迟时间。

熟悉了发送消息的方法后，在消息发送线程中具体实现如下：

```
01  Thread handlerBarThread = new Thread(new Runnable() {  //新线程
02      @Override
03      public void run() {                                //线程运行方法
04          //进度条增长
05          for(inti=0;i<20&&is_running;i++){
06              try {
07                  Thread.sleep(1000);                    //线程暂停1s
08                  Message msg = new Message();           //实例化消息
09                  msg.what = INC;                        //消息内容
10                  handler.sendMessage(msg);              //发送消息
11                  Log.i(TAG,"Thread id "+Thread.currentThread().
                        getId()+",sendmessage INC");
                                        //打印输出发送详细的线程号
12              } catch (Exception e) {
13                  // TODO: handle exception
14              }
15          }
```

```
16              //进度条减少
17              ......
18          }
19      });
```

其中，01 行，新建一个线程；

02～03 行，实现新线程运行的 run()函数；

04～15 行，发送 20 个进度条增长消息，每次消息间隔时间为 1 秒。

（4）运行分析

调试运行该代码，我们可以看到进度条每隔 1 秒前进一些，当达到百分之百后，逐步减少，效果如图 3.31 所示。我们再看看输出的调试信息，如图 3.32 所示。

Tag	Text
HANDLER	oncreate thread id 1
HANDLER	Thread id 8,sendmessage INC
HANDLER	Thread id 1,handler INC
HANDLER	Thread id 8,sendmessage INC
HANDLER	Thread id 1,handler INC
HANDLER	Thread id 8,sendmessage INC
HANDLER	Thread id 1,handler INC
HANDLER	Thread id 8,sendmessage INC
HANDLER	Thread id 1,handler INC

图 3.32　Handler 调试信息

我们可以看出，Activity 在创建函数 onCreate()时的线程号是 1。发送消息的线程号是 8，而 Handler 处理线程号是 1。可以看出消息处理是在主线程中处理的，所以在消息处理函数中可以安全地调用主线程中的任何资源，包括刷新界面。工作线程和主线程运行在不同的线程中，所以必须要注意这两个线程间的竞争关系，发送信息和处理消息不一定会交错进行。发送多个信息后，Handler 才逐个处理信息。

3. View类更新方法

对于在线程中刷新一个 View 为基类的界面，还可以使用 postInvalidate()方法来处理而不使用 Handler 来实现。使用的方法有：

```
void    postInvalidate()
void    postInvalidateDelayed(long delayMilliseconds, int left, int top,
int right, int bottom)
void    postInvalidateDelayed(long delayMilliseconds)
```

其中，第一种方法表示立即执行 View 更新。后两种方法表示延迟执行。在本实例中，使用更新 View 的方法，具体实现如下：

```
    Thread postBarThread=new Thread(new Runnable() {
        @Override
        public void run() {
            for(int i =0;i<20&&is_running;i++){
                try {
                    Thread.sleep(1000);                 //线程暂停 1s
                    bar.incrementProgressBy(5);         //进度条增加 5%
                    bar.postInvalidate();               //调用方法通知 UI 更新
                    Log.i(TAG, "Thread id "+Thread.currentThread().
                    getId()+",postinvalidate ");
                } catch (Exception e) {
                    // TODO: handle exception
                    Thread.currentThread().interrupt();
```

```
13                    }
14                }
15            }
16       });
```

其中，04～09 行，实现界面的更新；

07 行，实现进度条的增长设置；

08 行，实现 UI 更新。实现的增长效果和 Handler 实现的效果相同，如图 3.31 所示。但是实现的原理是不一样的，从调试信息中，可以看出只有线程 9 在通知 UI 更新，如图 3.33 所示。

图 3.33　postInvalidate 调试信息

虽然通过这种方法可以实现 View 为基类的界面更新，但是推荐的方法是通过一个 Handler 来处理这些信息。在一个线程的 run 方法中调用 Handler 对象的 sendMessage 方法来实现，Android 程序内部维护着一个消息队列，会轮询处理信息。

3.4.2　搜索 SD 卡文件

Android 中除了提供了 Handler 的消息循环机制外，还提供了一种有别于线程的处理方式——AsyncTask（异步任务）来处理耗时操作。接下来，我们通过搜索 SD 卡文件来介绍 AsyncTask 的使用。

1. 界面设计

我们根据输入的文字在 SDF 卡中搜索文件名中含有该文字的所有文件，然后将搜索结果显示给用户。界面实现比较简单，只需要文字输入框和搜索按钮，效果如图 3.34 所示。

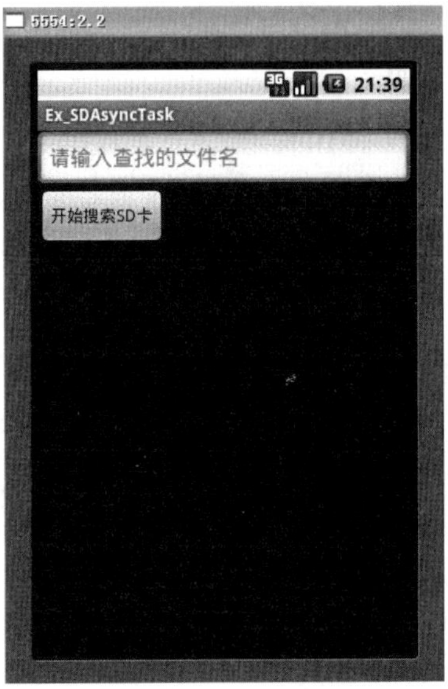

2. AsyncTask实现

AsyncTask 是 Android 系统提供的异步处理类，用于常用的异步交互处理。

（1）实例 AsyncTask

在 AsyncTask 的抽象类中定义了 3 种泛型：Params、Progress 和 Result。抽象类表示如下：

```
new AsyncTask<Params, Progress, Result>
```

图 3.34　文件搜索界面

其中，参数 Params 是启动任务执行的输入参数；参数 Progress 是后台任务执行的进度百分比；参数 Result 是后台执行任务最终返回的结果。

为了实现一个异步任务，可以分为 4 步，使用 4 个方法来实现：

```
onPreExecute()
doInBackground(Params...)
onProgressUpdate(Progress...)
onPostExecute(Result)
```

接下来，我们来实现这 4 个方法。

（2）onPreExecute

该方法在执行实际的后台操作前被 UI 线程调用。一般在该方法中做一些准备工作。例如，在本实例中，在界面上显示一个进度条。具体实现如下：

```
01    protected void onPreExecute() {
02        Log.i(TAG, "onPreExecute Thread id "+Thread.currentThread()
              .getId());                                    //打印线程号
03        dialog = ProgressDialog.show(
04                Ex_SDAsyncTaskActivity.this, "",
05                "正在扫描SD卡,请稍候....");                //实例化进度对话面板
06        super.onPreExecute();
07    }
```

其中，01 行，实现 onPreExecute()方法；

03 行，在界面中显示进度条，实现效果如图 3.35 所示。

（3）doInBackground(Params...)

该方法在 onPreExecute()方法执行后马上执行。该方法运行在新的后台线程中，用于完成耗时的后台操作工作。该方法是抽象方法，在子类必须实现。

其参数 Params 即是在实例化 AsyncTask 时的泛型 Params，而且返回的数据是 AsyncTask 中的泛型 Result。同时在该方法中可以调用 publishProgress()方法来更新实时的任务进度 Progress。在本实例中，我们将在该方法中，实现对 SD 卡文件名中包含输入文字的文件的搜索，具体实现如下：

图 3.35 搜索进行时

```
01    protected String doInBackground(Integer... params) {
02        Log.i(TAG, "doInBackground Thread id "+Thread.currentThread().
              getId());                                    //打印线程号
03        if (!android.os.Environment.getExternalStorageState()
04            .equals(android.os.Environment.MEDIA_MOUNTED)) {
05            //判断SD卡是否已准备就绪
06        } else {
07            if (!editText.getText().toString().equals("")) {
                                                            //判断输入不为空
08                filelist.clear();                         //清除上一次的搜索文件列表
09                return Search_Files(Environment
10                    .getExternalStorageDirectory());
                                                            //调用文件搜索方法
11            }
12        }
13        return null;
14    }
```

其中，01 行，实现 doInBackground()方法；

03～05 行，检测 SD 卡是否可用。当不可用时，不做任何操作。关于 SD 卡的操作，

在后面的数据存储章节将有更详细的介绍；

06～11 行，当 SD 卡可用时，调用文件搜索的方法 Search_Files()进行搜索。

在文件搜索方法中，我们只需要遍历 SD 卡中所有文件，将所有文件的文件名与输入的文字进行匹配，当文件名中包含了输入的文字，则将该文件名保存起来。文件搜索方法具体实现如下：

```java
01    public String Search_Files(File filePath) {        //文件搜索方法
02        File[] files = filePath.listFiles();
                                        //获取该路径下的所有文件以及文件夹
03        String tempString=editText.getText().toString().
          toLowerCase();
                                        //将输入内容转为小写
04        if (files != null) {
05            for (int i = 0; i < files.length; i++) {
                                        //遍历路径下的所有文件及文件夹
06                if (files[i].isDirectory()) {
                                        //如果为文件夹，则递归调用文件搜索方法
07                    Search_Files(files[i]);
08                } else {
09                    //匹配文件名
10                    if(files[i].getName().toLowerCase().contains
                      (tempString)){
11                        filelist.add(files[i].getAbsolutePath()+"\n");
12                    }
13                }
14            }
15        }
16        return filelist.toString();//返回搜索到的文件列表
17    }
```

其中，02 行，获取文件夹 filePath 中的所有文件以及文件夹；

05～08 行，判断 File 是否为文件夹，当是文件夹时，递归调用 Search_Files()方法，继续遍历下一层目录；

09～12 行，当 File 为文件时，匹配文件名中是否含有输入文字，如果含有则保存到 filelist 中。

（4）onProgressUpdate(Progress...)

该方法在每次调用 publishProgress()方法后被 UI 线程调用。UI 线程调用该方法在界面上展示任务的进展情况，通常情况下，是对进度条进行更新。本实例中，没有实现该方法。

（5）onPostExecute(Result)

该方法在 doInBackground()执行完成后被 UI 线程调用。UI 线程调用该方法获取得到后台的计算结果 Result，并对结果进行处理。本实例中，我们显示出搜索的结果，具体实现如下：

```java
01    protected void onPostExecute(String result) {
02        Log.i(TAG, "onPostExecute Thread id "+Thread.currentThread().
          getId());                      //打印线程号
03        dialog.dismiss();
04        if (editText.getText().toString().equals("")) {
                                        //判断输入是否为空
05            Toast.makeText(Ex_SDAsyncTaskActivity.this,
06                "请输入搜索的文件名", 1000).show();
```

```
07          } else {                      //输入为空,则提示输入搜索文件
08              new AlertDialog.Builder(Ex_SDAsyncTaskActivity.this)
09              .setTitle("SD卡搜索结果")
10              .setMessage(result)
11              .create().show();         //创建提示框显示搜索的结果
12          }
13          super.onPostExecute(result);
14      }
```

其中,01 行,实现 onPostExecute()方法;

04~07 行,判断输入的文字,如果输入为空则提示输入搜索文件;

08~11 行,实例一个提示框,显示搜索的结果。效果如图 3.36 所示。

(6)运行 AsyncTask

通过上面的 4 步,我们实现了一个异步任务的完整的操作过程。最后,运行该 AsyncTask,使用方法:

```
public final AsyncTask<Params, Progress,
Result> execute (Params... params)
```

其中,参数 params 是 AsyncTask 中的具体输入。

图 3.36 搜索结果显示

3. 运行分析

调试运行该代码。例如搜索文件名中含有 "d" 字母的文件,整个过程如图 3.35 和 3.36 所示。查看调试输出结果,如图 3.37 所示。从结果中,我们可以很明显地看出,AsyncTask 的处理过程分别是:onPreExecute()、doInBackground(Params...)、onProgressUpdate (Progress...)、onPostExecute(Result)4 步。并且,doInBackground()方法运行的线程号为 9,其他方法都运行在主线程中。

Tag	Text
ex_SDAsyncTask ASYNCTASK	onclik start Thread id 1
ex_SDAsyncTask ASYNCTASK	onPreExecute Thread id 1
ex_SDAsyncTask ASYNCTASK	onClick stop Thread id 1
ex_SDAsyncTask ASYNCTASK	doInBackground Thread id 9
ex_SDAsyncTask ASYNCTASK	onPostExecute Thread id 1

图 3.37 AsyncTask 调试输出

3.4.3 异步处理总结

在本节中我们介绍了 Android 对于耗时操作线程与 UI 主线程更新。我们通过实例,分别使用 Android 中的消息循环机制(Looper-Handler)和异步任务(AsyncTask)来实现了耗时操作和 UI 界面的交互。当使用消息循环机制时,我们需要新建线程、自定义发送的信息以及自定义对不同消息的处理;而当使用异步任务时,我们只需要实现异步任务中的 4 个步骤即可。但是,异步任务本质上也是使用 Android 消息循环机制,是对线程和 Handler 进行了封装以方便使用。

3.5 本章总结

本章介绍了 Android 应用程序中的 Activity、Service、BroadcastReceiver 三大组件、组件间的"信使"Intent 以及 Android 中的消息循环机制。通过实例讲解了三大组件的使用，分析了各自的生命周期、常用的情况。并且通过工作线程和 UI 线程的更新，讲解了 Android 中的消息循环机制。这些组件作为 Android 应用程序中的基础，在开发应用程序中是必不可少的组件；消息循环机制作为处理应用程序的多线程通信，是必不可少的机制。这些都是本章的重点也是难点，并且是实际开发中必须熟练使用的技能。

3.6 习题

【习题 1】参照 3.1.2 小节拨打电话的内容，实现发送邮件的跳转。

提示：发送邮件和拨打电话的主要区别是两者的动作不同，传递的数据参数不同。

关键代码：

```
Intent data=new Intent(Intent.ACTION_SENDTO);
data.setData(Uri.parse("mailto:qq10000@qq.com"));
data.putExtra(Intent.EXTRA_SUBJECT, "这是标题");
data.putExtra(Intent.EXTRA_TEXT, "这是内容");
```

【习题 2】结合 3.2 与 3.3 节中的系统广播和服务的内容，实现开机启动服务。

提示：在 Android 系统完全启动后，会发送一个广播。在该广播的接收处理中实现启动服务。

关键代码：在 AndroidManifast.xml 中添加权限并注册一个广播接收：

```xml
<uses-permission android:name="android.permission.RECEIVE_BOOT_COMPLETED">
</uses-permission>
    <receiver android:name=".ServiceBootReceiver">
        <intent-filter>
            <action android:name="android.intent.action.BOOT_COMPLETED" />
        </intent-filter>
    </receiver>
```

在广播接收者中启动服务：

```java
public class ServiceBootReceiver extends BroadcastReceiver {
    static final String ACTION = "android.intent.action.BOOT_COMPLETED";

@Override
    public void onReceive(Context arg0, Intent arg1) {
        // TODO Auto-generated method stub
        if (arg1.getAction().equals(ACTION)) {
            // service
```

```
            Intent myintent = new Intent(arg0, RemoteService.class);
            arg0.startService(myintent);
        }
    }
}
```

【习题 3】结合 3.4 节中异步消息处理的内容,使用手动消息循环实现异步搜索 SD 卡文件。

💡**提示**:在 3.4.2 中使用了异步任务(AsyncTask)来实现搜索 SD 卡文件。异步任务是一个有系统封装的消息循环,通过发送、处理消息来实现这一效果。

关键代码:

```
Handler handler = new Handler() {
    @Override
    public void handleMessage(Message msg) {
        switch (msg.what) {
        case 1:
            //显示进度条处理
            break;
        case 2:
            //完成任务,显示结果
            break;
        }
    }
};

Thread sdfileThread=new Thread(new Runnable() {
    @Override
    public void run() {
        //发送显示进度条消息
        Message msgMessage=new Message();
        msgMessage.what=1;
        handler.sendMessage(msgMessage);

        //执行查询文件功能
        //完成查询,发送显示结果消息
        Message msg=new Message();
        msg.what=1;
        handler.sendMessage(msg);
    }
});
```

第 4 章　Android 数据存储

Android 系统能够在全球引起亿万用户的推崇，与其良好的与用户体验密不可分。前面一章，我们学习了 Android 应用中必不可少的交互界面。但是，只拥有了一个这样的友好的交互界面是远远不够的，我们还得将用户的常用设置、音频文件、视频文件等保存起来。这时候就需要使用到 Android 提供的数据存储。

4.1　数据存储的方式

Android 中一共提供了以下 4 种数据存储方式：
- SharedPreference：该存储方式适用于简单数据的保存，如配置属性、保存用户名等具有配置性质的数据保存，但是不适合数据比较大的保存方式。
- 文件存储（File）：文件存储方式是较常使用的一种保存数据方式，可以保存较大的数据。而且文件存储不仅能把数据存储在系统中也能将数据保存到 SD 卡中。
- 数据库存储（SQLite）：Android 系统提供了 SQLite 标准的数据库，完全支持 SQL 语句。同样地，它可以保存较大数据，并且可以保存在系统中也可以保存在 SD 卡中。数据库存储可以保存具有一定规范的数据，非常高效，但是相应需要数据库的操作规范，相对前两个较复杂。
- 网络存储（NetWork）：该存储方式通过网络来获取和存储数据，需要与 Android 网络数据包打交道，与网络相关的应用一般都会使用到该存储方式。

当然，在 Android 系统中，很多数据并非只提供给一个应用来使用的，为了减少数据的冗余，达到多应用对数据的共享，Android 提供了 Content Providers 来实现数据共享。本章将针对这 4 种数据存储方式以及数据共享来进行详细的讲解。

4.2　SharedPreference

想想我们常用的 Android 软件，大部分软件在使用的时候，都需要用户输入对应的用户名和密码，如 QQ、新浪微博、米聊等。同时，它们为了方便用户操作，都允许用户将输入的用户名和密码进行保存，这样下一次再进入登录页面，就自动显示上次登录的用户名和密码，从而提高用户的体验度。这一节，我们也将实现保存设置的功能。

4.2.1　自动保存登录信息

实际上，自动保存登录信息功能主要是利用 SharedPreferences 来完成的。正如本章 4.1

节提到的那样，SharedPreferences 是 Android 系统提供的一个轻量级的存储类，主要是用于保存一些常用的配置性的数据，如用户名及密码的保存、登录方式的保存等。下面，就使用 SharedPreferences 来实现这样的功能。

1. 功能说明

有些界面需要输入账号、输入密码和是否记住密码的配置选择，如图 4.1 所示。相信大家通过上一章的实践，对实现这样的界面应该比较容易。

对于这样一个自动保存登录信息的界面，在初始化时，根据是否记录密码来区别输入框的不同显示。当不记住密码时，账号、密码输入框都显示空白，并不勾选"记住密码"选项，如图 4.1 所示；当记住密码时，账号、密码输入框显示记录的内容，并勾选"记住密码"选项。在登录时，如果选择"记住密码"，则保存账号、密码，供下次使用，如图 4.2 所示，否则不保存。

图 4.1　不记住密码界面

图 4.2　记住密码界面

2. 功能实现核心——SharedPreferences对象

为了实现如上的功能，需要 SharedPreferences 对象的配置文件来保存账号、密码以及勾选状态。当初始化界面时，读取配置文件获取信息。当登录时，将信息保存到配置文件，以供下次使用。要使用 SharedPreferences，必须创建获取一个 SharedPreferences 对象。其使用到的方法如下：

```
getSharedPreferences (String name, int mode)
```

其中，第一个参数是文件名称，第二个参数是操作模式。操作模式一共有 3 种：
- Context.MODE_PRIVATE：值为 0，私有模式，新内容覆盖原内容；
- Context.MODE_WORLD_READABLE：值为 1，允许其他应用程序读取；
- Context.MODE_WORLD_WRITEABLE：值为 2，允许其他应用程序写入，会覆盖

原数据。

本示例中，创建了一个名为 ex_data、操作模式为私有模式的对象，代码如下：

```
01     private SharedPreferences sp;
02     sp = getSharedPreferences("ex_data", MODE_PRIVATE);
```

3. 读取数据

在读取数据时，只需要对 SharedPreferences 文件直接读取即可。例如，获取 String 类型的数据，就使用如下方法：

```
getString(String key, String defValue)
```

其中，第一个参数是键的名称，第二个参数是当没有找到对应的第一个参数（key）时返回的值。SharedPreferences 也提供了 getBoolean、getInt、getLong 等方法来获取其他基本类型的数据。

熟悉了读取数据的过程，就可以在界面初始化时，完成需要的功能，代码如下：

```
01     private boolean is_check=true;
02     is_check = sp.getBoolean("save", true);
03     //读取上次登录时是否选择了"记住密码"。如果找到了 save 的值，便返回 save 的值；如
04     果没有找到 save 的值，就返回第二个参数 true
05     if (is_check) {
06         cbx_save.setChecked(true);                      //勾选选择框
07         //选择保存，则取出数据
08         String name = sp.getString("login", "");        //获取登录名
09         String psw = sp.getString("password", "");      //获取密码
10         et_login.setText(name);                         //显示登录名
11         et_password.setText(psw);                       //显示密码
12     }else {
13         cbx_save.setChecked(false);                     //不勾选选择框
14         et_login.setText("");
15         et_password.setTag("");
16     }
```

其中，01~04 行，初始化界面时，首先从 SharedPreferences 文件中读取 save 对应的布尔值，该值用于判断是否选择了"记住密码"；

05~11 行，如果值为"真"，则表明选择"记住密码"，勾选"记住密码"选项，并读取出登录名、密码信息，分别显示在账号输入框和密码输入框中；

12~16 行，如果值为"假"，则表明未选择"记住密码"，不勾选"记住密码"时，账号和密码输入框显示为空白。

4. 保存数据

要修改 SharedPreferences 对象文件，需要 3 个步骤：

（1）需要对象文件在可编辑状态 Editor 下。获取编辑权限，使用的方法：

```
edit()
```

该方法返回一个 SharedPreferences.Editor 类对象，从而使用 Editor 类对象来修改数据。

（2）使用 Editor 修改数据。其针对不同的数据类型，提供了不同的修改数据的方法，

如对 String 类型的修改：

putString(String key, String value)

其中，第一个参数是键的名称，第二个参数是该键的值。Editor 还提供了 putBoolean、putInt、putLong 等方法来保存其他基本类型的数据。

（3）当完成数据修改后，需要提交才能保存对数据的修改，否则修改是无效的。提交的方法：

commit()

熟悉了保存数据的整个过程，就可以实现登录时的功能。登录时，当选择了"记住密码"选项，则需要保存输入的内容。先获取可编辑对象 Editor，然后修改账号、密码为输入框中的内容，最后提交保存修改。当未选择"记住密码"选项时，需要将已保存的内容修改为空值。代码如下：

```
01    if (cbx_save.isChecked()) {
02    //保存数据
03    Editor editor =sp.edit();                              //获取编辑对象
04    editor.putString("login",et_login.getText().toString());
                                                              //修改登录名
05    editor.putString("password", et_password.getText().toString());
                                                              //修改密码
06    editor.putBoolean("save", true);                       //修改是否勾选
07    editor.commit();                                       //提交保存修改
08    // 从 sp.edit()开始进入编辑状态，直到 commit()提交!
09    Toast.makeText(context, "登录成功!", 1000).show();
10    }else {
11        sp.edit().putString("login","")
12        .putString("password", "")
13        .putBoolean("save", false)
14        .commit();
15    //使用较简洁的方式，完成保存数据的功能
16        Toast.makeText(context, "登录成功!", 1000).show();
17    }
```

其中，01～03 行，当"记住密码"选项被勾选时，获取可编辑的 SharedPreferences 对象文件；

04～06 行，修改文件中账号、密码内容以及勾选状态的对应值，将值分别修改为输入的账号、密码以及"记住密码"选项的勾选状态；

07～10 行，对文件修改进行提交，提交成功才完成了 SharedPreferences 的修改。保存信息后，提示登录成功；

11～14 行，对文件的修改提交过程更加简洁的实现。

5．运行分析

对程序运行调试，实现了对账号、密码这样的少量数据以及是否记住密码这样的配置信息的保存，对用户更加的友好了。作为开发者，我们在知道了 SharedPreferences 的读取和写入数据的实现后，来看看 SharedPreferences 到底在 Android 系统中以何种方法进行保存的。

（1）找到保存的位置，在/data/data/PACKAGE_NAME/shared_prefs 目录下。在 Eclipse 中切换到 DDMS 视图，选择 File Explorer 标签。打开目录，就找到了用来保存数据的文件 ex_data.xml，如图 4.3 所示。

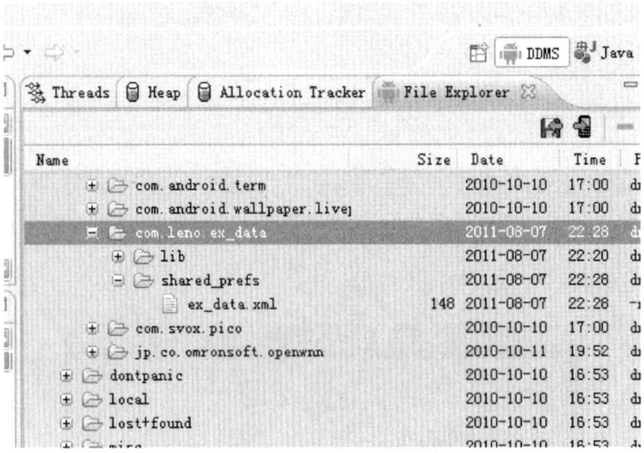

图 4.3 SharedPreferences 存储目录

（2）导出 ex_data.xml 文件，我们看到文件内容如下：

```xml
<?xml version='1.0' encoding='utf-8' standalone='yes' ?>
<map>
<boolean name="save" value="true" />
<string name="password">1234567</string>
<string name="login">ouling</string>
</map>
```

不难看出，SharedPreferences 采用标准 XML 文件的形式，通过保存键值对来存储数据。在对 XML 文件处理时，Dalvik 虚拟机会通过自带底层的本地 XML Parser 进行解析，这样虽然效率不是特别高，但是由于数据量不大，影响较小，而且对内存资源的占用也是比较好的。

4.2.2 多应用程序共享用户信息

由于 Android 的安全机制，各个应用程序之间的私有数据进行了严格的隔离，一般是无法进行访问的。但是当不同应用程序之间需要共享用户信息时，如何来实现呢？SharedPreferences 就是用来保存一个 apk（应用程序）的私有信息和配置信息等少量数据的，可以共享 SharedPreferences 来实现多应用程序共享用户信息。

接下来，新建一个应用程序来获取上一小节中保存的用户信息。

1. 设置SharedPreferences访问模式

前面我们讲到创建 SharedPreferences 时，可以知道其有 3 种不同的操作模式。如果允许其他应用程序访问本应用程序中的 SharedPreferences。其前提条件就是，在该 SharedPreferences 创建时，指定其操作模式为 Context.MODE_WORLD_READABLE 或者 Context.MODE_WORLD_WRITEABLE 权限。以上一小节示例为例，创建一个允许其他应用读取的 SharedPreferences，则代码可修改如下：

```
sp = getSharedPreferences("ex_data", MODE_WORLD_READABLE);
```

2. 访问SharedPreferences

其他应用程序访问该 SharedPreferences，需要获得 SharedPreferences 所在包的上下文环境 Context，才能读取数据。方法如下：

createPackageContext(String packageName, int flags)

其中，第一个参数为包的名称，该名称是一个唯一完整的包名；第二个参数是使用的方式。这样就可以读取该 SharedPreferences 对象文件，实现多应用程序共享用户信息了。例如，获取上一小节中保存的用户信息，效果如图 4.4 所示。

图 4.4 共享用户信息

具体代码如下：

```
01      Context other_apps_context = null;              //定义 context
02      try {
03          other_apps_context = createPackageContext("com.leno.
            ex_data", 0);      //com.leno.ex_data 包的上下文环境 Context
04      } catch (NameNotFoundException e) {
05          System.out.println(e.toString());           //输出异常
06      }
07      SharedPreferences other_app_sp = other_apps_context.
        getSharedPreferences(
08          "ex_data", Context.MODE_PRIVATE);
                                //获取 SharedPreferences 对象
09      String text= other_app_sp.getAll().toString();
                                //获取 SharedPreferences 的内容
```

其中，01～06 行，以默认方式获取 com.leno.ex_data 包的 Context，当没有权限或者其他原因产生异常时打印异常信息；

07～08 行，以私有模式获取 com.leno.ex_data 包中名为 ex_data 的 SharedPreferences 对象；

09 行，获取 SharedPreferences 的内容。

4.3 文件存储

翻看 Android 设备的数据，就会发现各式各样的文件，如文本文件、pdf 文件、图片文件、音视频文件等等,文件存储占据了 Android 设备中最多的一部分。文件的保存和读取操作也是 Android 程序中最常使用的功能,无论是网络下载歌曲还是阅读手机上的小说、拍摄照片还是播放视频,都会使用到文件的保存和读取。这一节,我们将实现对文件的保存与读取。

4.3.1 文件的保存和读取

Android 系统是支持标准 Java 的 IO 操作的,同时也提供了简化读写流式文件过程的函数。下面通过对文本文件的操作示例,来学习文件的保存与读取。

1. 功能说明

在界面需要提供保存到文件的文本输入框、显示文件内容的输入框,以及分别进行保存文本、读取文本的按钮,实现效果如图 4.5 和图 4.6 所示。

图 4.5　保存文件　　　　　　　　　　图 4.6　读取文件

对于如上的文件保存与读取界面,分别给每个按钮添加单击监听事件。当输入不为空时,则单击"保存文本"按钮实现文本文件保存到应用程序目录下。通过单击"读取文件"按钮实现对应用程序目录下的文件读取。

2. 保存文件

Android 由于支持标准的 Java 的 IO 操作,所以只需要获取了 Java 标准的文件输出流(FileOutputStream)和文件输入流(FileInputStream),就能够以标准 Java 方式来操作文件数据。

（1）Android 中的 Context 提供了 openFileOutput()方法可以获取 Java 标准文件输入流 FileOutputStream。该方法为写入数据做准备而打开应用程序私有文件。若不存在，则在应用程序目录下创建一个文件。

```
openFileOutput(String name, int mode)
```

其中，第一个参数是文件名称，第二个参数是操作模式。操作模式一共有 4 种。

- Context.MODE_PRIVATE：值为 0，私有模式，也是默认的操作模式。新内容将覆盖原内容。
- Context.MODE_APPEND：值为 32768，追加模式。新内容将追加到原文件后面。
- Context.MODE_WORLD_READABLE：值为 1，允许其他应用程序读取。
- Context.MODE_WORLD_WRITEABLE：值为 2，允许其他应用程序写入，会覆盖原数据。

本示例中，创建了一个名为 ex_file.txt 的文本文件、操作模式为私有模式的文件输出流，代码如下：

```
01      FileOutputStream fos;
02      fos = openFileOutput(FILENAME, Context.MODE_PRIVATE);
                                                    //以私有模式创建文件
```

（2）得到了文件输出流 FileOutputStream 后，就和 Java 保存数据到文件中是一样的。熟悉了文件保存的整个过程，就可以将文件保存到程序目录下，实现代码如下：

```
01      private String FILENAME = "ex_file.txt";    //定义文件名
02      FileOutputStream fos;                        //定义文件输出流
03      try {
04          fos = openFileOutput(FILENAME, Context.MODE_PRIVATE);
                                                    //以私有模式创建文件
05          String text = et_input.getText().toString();
                                                    //获取输入框的输入内容
06          fos.write(text.getBytes());             //写入数据
07          fos.flush();
08          fos.close();                            //关闭FileOutputStream
09          Toast.makeText(context, "保存文件成功", 1000).show();
10      } catch (FileNotFoundException e) {
11          e.printStackTrace();
12      } catch (IOException e) {
13          e.printStackTrace();
14      } finally {
15          //在 finally 中关闭流!因为如果找不到数据就会异常，我们也需要对其进行
            关闭操作
16          try {
17              if (fos!= null) {
18                  //这里也要判断，因为找不到的情况下，两种流也不会实例化
19                  //既然没有实例化，还去调用close关闭它，肯定"空指针"异常
20                  fos.close();
21              }
22              } catch (IOException e) {
23                  e.printStackTrace();
24              }
25      }
```

其中，01~04 行，创建名为 ex_file.txt 的私有模式下的文件输出流；

05~09行，获得输入框中的内容，并将内容写入文件，完成后关闭文件输出流并提示"保存文件成功"；

10~14行，当文件没有创建、写入出错时，捕获到异常则相应地处理异常。在对文件进行操作时，异常处理是必要的，否则整个程序极易崩溃；

15~25行，关闭文件输出流。由于可能发生异常后，文件输出流没有关闭，所以在finally中关闭输出流。当然，对文件输出流也是需要异常保护的。运行结果如图4.5所示。

3. 读取文件

保存文件时，使用文件输出流。相应地，在读取文件时，使用Java标准的文件输入流FileInputStream来对文件进行读取。获取FileInputStream的方法：

```
openFileInput (String name)
```

它为读取数据做准备而打开应用程序的私有文件。其中，参数为文件的名称。如果获取成功，则返回 FileInputStream。否则，抛出 FileNotFoundException 的异常。获得FileInputStream后，读取文件的方法和Java中读取文件的方法是一样的。

熟悉了读取文件的过程，下面，读取上小节中保存在应用程序目录下的名为 ex_file.txt 文件的内容。具体实现如下：

```
01   try {
02   FileInputStream inStream = null;              //定义文件输入流
03       inStream = openFileInput(FILENAME);       //获取指定文件的输入流
04       ByteArrayOutputStream stream = new ByteArrayOutputStream();
                                                   //实例化字节输出流
05       byte[] buffer = new byte[1024];           //输入输出缓存
06       int length = -1;
07       while ((length = inStream.read(buffer)) != -1) {
                                                   //读取文件输入流的内容到缓存中
08           stream.write(buffer, 0, length);      //将缓存写入输入流中
09       }
10       stream.close();                           //关闭输出流
11       inStream.close();                         //关闭文件输入流
12       et_output.setText(stream.toString());
                                                   //设置输入框内容为输入流的文字
13       Toast.makeText(context, "获取文本成功!", 1000).show();
14   } catch (FileNotFoundException e) {
15       e.printStackTrace();
16       Toast.makeText(context, "文件未找到", 1000).show();
                                                   //打印异常信息
17   } catch (IOException e) {
18       e.printStackTrace();
19   } finally { //无论是否异常都需要关闭输入输出流
20       try {
21           if (stream != null)                   //输出流不为空，则关闭输出流
22               stream.close();
23           if (inStream != null)                 //输入流不为空，则关闭输入流
24               inStream.close();
25       } catch (IOException e) {
26           e.printStackTrace();
27       }
28   }
```

其中，01～03 行，获取对文件名为 ex_file.txt 的文件的文件输入流，用于读取文件；

04～11 行，为了防止读取大型文件导致的内存不足，所以每次读取的数据量一定要将 FileInputStream 中的数据读入缓冲区 buffer 中，再把 buffer 中的数据写入 stream 中。读取完成后，关闭数据流；

12～28 行，将读取的数据显示在输入框中，并对相应的异常进行处理，运行结果如图 4.6 所示。

4.3.2 SD 卡文件的保存和读取

上面实现了对程序目录下文件的保存和读取，但是 Android 自身的存储空间是有限的，常常不能满足我们的需要。所以，会经常使用到外部的存储设备，如 SD 卡。

由于 Android 本身的安全机制的原因，在保存和读取外部文件时有更加严格的限制，所以操作 SD 卡文件和程序私有文件有一定的区别。

1．功能说明

在上一小节的界面中，添加"保存到 SD 卡"、"读取 SD 卡文本"按钮，用于实现 SD 卡文件的保存和读取，实现效果如图 4.7 和图 4.8 所示。

图 4.7 保存 SD 卡文件

图 4.8 读取 SD 卡文件

2．保存文件到SD卡

将文件保存到 SD 卡上，和保存到系统空间一样，都是通过文件输出流 FileOutputStream 来写入文件。但是在获取 FileOutputStream 时，需要的权限和实现方式是不一样的。

(1) 获取访问 SD 卡的权限

程序对 SD 卡的文件数据进行读取、写入、删除等操作,必须申请访问 SD 卡的权限。在 AndroidManifest.xml 中加入访问 SD 卡的权限,代码如下:

```
01  <!-- 在 SD 卡中创建与删除文件权限 -->
02  <uses-permission android:name="android.permission.MOUNT_UNMOUNT_
    FILESYSTEMS"/>
03  <!-- 往 SD 卡写入数据权限 -->
04  <uses-permission android:name="android.permission.WRITE_EXTERNAL_
    STORAGE"/>
```

(2) 判断 SD 卡状态

在访问 SD 卡数据前,需要判断 SD 卡的状态,查看 SD 卡设备是否准备就绪、是否可以读写等。使用 Environment 类来访问环境变量,使用的方法:

```
String getExternalStorageState ()
```

返回设备状态,一共有 9 种不同的状态,分别是:
- MEDIA_BAD_REMOVAL:表明 SD 卡被卸载前已被移除。
- MEDIA_CHECKING:表明对象正在磁盘检查。
- MEDIA_MOUNTED:表明对象存在并具有读/写权限。
- MEDIA_MOUNTED_READ_ONLY:表明对象权限为只读。
- MEDIA_NOFS:表明对象为空白或正在使用不受支持的文件系统。
- MEDIA_REMOVED:表明不存在。
- MEDIA_SHARED:表明 SD 卡未安装,并通过 USB 大容量存储设备共享。
- MEDIA_UNMOUNTABLE:表明 SD 卡不可被安装,即使 SD 卡存在但也是不可以被安装的。
- MEDIA_UNMOUNTED:表明 SD 卡已卸掉,如果 SD 卡是存在的,则没有被安装。

要将文件保存到 SD 卡中,SD 卡必须存在并且可读写,即 MEDIA_MOUNTED 状态。

(3) 获取文件输出流

对 SD 卡写入文件时,不能使用 openFileOutput()方法。因为它仅仅能写入应用程序自有目录,需要使用标准文件输出流方法:

```
FileOutputStream (File file, boolean append)
```

其中,第一个参数是写入数据的文件类;第二个参数表明是否以追加方式添加数据,若是 true,则以追加方式添加数据,否则以覆盖方式添加数据。

熟悉了整个文件保存到 SD 卡的过程,就可以将文件保存到 SD 卡中了。权限获得后的保存,实现代码如下:

```
01      private String FILENAME = "ex_file.txt";    //定义文件名
02      if (Environment.getExternalStorageState().equals(
03              android.os.Environment.MEDIA_MOUNTED)) {
                                                //判断 SD 卡是否准备就绪
04          FileOutputStream ostream = null;   //定义文件输出流
05          try {
06              File myfile = new File(Environment
07                      .getExternalStorageDirectory().getPath(),
                      FILENAME);               //实例化 SD 卡中指定路径的文件类
```

```
08              if (!myfile.exists()) {      //该路径中文件不存在则创建该文件
09                  myfile.createNewFile();
10              }
11              ostream = new FileOutputStream(myfile, true);
                                                         //获取该文件的输出流
12              String text = et_input.getText().toString();
                                                         //获取输入框的输入文字
13              ostream.write(text.getBytes());          //写入文件输出流中
14              ostream.close();                         //关闭文件输出流
15              Toast.makeText(context, "保存文件到SD卡成功",
                    1000).show();
16          } catch (FileNotFoundException e) {
17              e.printStackTrace();
18          } catch (IOException e) {
19              e.printStackTrace();
20          } finally { //无论是否异常都需要关闭输出流
21                  if (ostream != null) {
22                      try {
23                          ostream.close();
24                      } catch (IOException e) {
25                          e.printStackTrace();
26                      }
27                  }
28              }
29          }
```

其中，01～03行，判断SD卡设备的状态，当SD卡存在并可以读写才进行写入操作；

04～10行，在SD卡目录下获得一个文件名为ex_file.txt的文件对象myfile，如果没有则创建，该文件用于保存数据；

11行，创建一个文件输出流ostream，它以追加方式写入myfile对象；

12～15行，通过文件输出流将数据写入文件，完成后关闭文件输出流并提示保存成功；

16～29行，文件写入时的相关异常处理，原理同文件写入系统，运行结果如图4.7所示。

3. 读取SD卡文件

读取SD卡中文件与保存SD卡文件步骤差不多，但是读取SD卡文件是获取FileInputStream，通过文件输入流来读取文件。

（1）判断SD卡状态。与写入SD卡时的判断状态的方法是一样。

（2）获取FileInputStream，使用标准文件输入流方法：

```
FileInputStream(File file)
```

其中，参数是读取数据的文件类。能够读取数据，则返回文件输入流FileInputStream，否则返回FileNotFoundException异常。

获取文件输入流后读取文件的方法和读取程序目录下的方法是相同的。熟悉了读取SD卡的文件过程后，实现读取SD卡下名为ex_file.txt文件的内容。代码如下：

```
01      FileInputStream inStream = null;          //定义文件输入流
02      if (Environment.getExternalStorageState().equals(
03          android.os.Environment.MEDIA_MOUNTED)) {
                                                  //判断SD卡是否准备就绪
04          File sd_file = new File(Environment
05              .getExternalStorageDirectory().getPath(),FILENAME);
```

```
06          if (!sd_file.exists()) {      //当文件不存在,则给出提示并返回
07              Toast.makeText(context, "未找到该文件", 1000).show();
08              return;
09          }
10          inStream = new FileInputStream(sd_file);
                                            //获取 SD 卡中的文件输入流
11      }
```
（注释：//实例化 SD 卡中指定路径的文件类）

其中，01～03 行，判断 SD 卡状态，当 SD 卡存在并可以读写才进行读取操作；

04～09 行，获取 SD 卡目录中，名为 ex_file.txt 文件的文件处理类 sd_file。如果该文件不存在则提示失败并返回；

10～11 行，对 sd_file 创建 FileInputStream，用于读取文件。获得了 FileInputStream 后读取的操作和读取系统文件的方法是相同的，详见 4.3.1 小节中文件读取的代码 04～28 行，运行结果如图 4.8 所示。

4. 运行分析总结

对程序进行调试运行，我们实现了对程序目录下和 SD 卡中文件的保存和读取。但是，文件的保存位置是否分别在程序目录下和 SD 卡中呢？下面，查看一下文件位置。

找到程序目录保存的位置，在/data/data/PACKAGE_NAME/files 目录下。在 Eclipse 中切换到 DDMS 视图，选择 File Explorer 标签。打开目录，就找到了用来保存数据的文件 ex_file.txt，如图 4.9 所示。查看 SD 卡中的文件，在/mnt/sdcard/ex_file.txt 目录下，如图 4.10 所示。

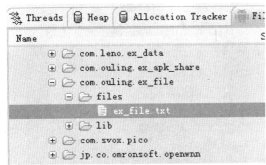

图 4.9　程序目录

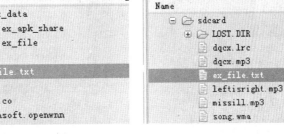

图 4.10　SD 卡目录

4.3.3　文件存储总结

完成了对程序目录下和 SD 卡目录下的文件的保存和读取操作，发现最终都是使用标准的 Java 文件处理，用文件输出流 FileOutputStream 和文件输入流 FileInputStream 来对文件进行读取和写入。

对程序目录下的文件，不需要额外的权限和检测，直接使用 Android 提供的 openFileOutput() 和 openFileInput() 来获取文件输出流 FileOutputStream 和文件输入流 FileInputStream。

对 SD 卡中的文件，由于 Android 的安全机制，需要申请访问 SD 卡的权限；然后通过 SD 卡的状态，来判断是否可以保存、读取 SD 卡文件。最后使用标准的文件输入/输出流获取方法 FileOutputStream()和 FileInputStream()得到输入/输出流。

4.3.4 文件复制到 SD 卡

通过以上对程序目录下和 SD 卡目录下的文件的保存和读取操作，我们已经对 Android 的文件存储有了直观的了解和掌握。下面综合使用对不同目录下的文件操作，来实现将程序目录中的文件复制到 SD 卡中。

1. 功能说明

在已经实现的界面的基础上进行修改，添加一个下拉列表和一个"确定复制"的按钮，如图 4.11 所示。其中，下拉列表中显示程序目录中的所有文件名，用于用户选择需要复制的文件。按钮则用于确定复制，实现对所选文件的复制，如图 4.12 所示。

图 4.11 完成文件复制

图 4.12 选择复制文件

2. 获取程序目录中的所有文件

要复制程序目录下的文件，首先需要知道程序目录的路径是什么，然后利用 File 类的属性，通过遍历来获取路径下所有的文件。

对于知道包名的程序，通常其存储数据的路径为 data/data/ PACKAGE_NAME。并且程序在保存数据时，会根据文件的不同类型自动保存在不同的文件夹下。一般的文件保存在 files 文件夹中，数据库文件保存在 database 文件夹中，第三方库保存在 lib 文件夹中。

例如，图 4.9 的程序目录下有 files 和 lib 文件夹。同时 Android 也提供了获取当前目录的方法，即使用类 ContextWrapper 中的方法：

```
getFilesDir()
```

该方法返回的类型是 File，该 File 就是对当前运行文件夹的表示。通过 File 就可以获得其文件名、完整路径、上层文件夹、是否为文件夹，以及文件夹下的文件数等信息。使用到 File 的方法分别是：

```
getName()         //返回文件或文件夹名称，String 类型
getPath()         //返回文件或文件夹完整路径，String 类型
getParentFile()   //返回其父文件，即所在的文件夹，File 类型
isDirectory()     //返回该文件是否为文件夹，Boolean 类型
list()            //返回该文件目录中的所有文件名，一个字符串数组 String[]
```

熟悉了这些方法，就可以实现对程序目录下所有文件的获取。以获得 com.ouling.ex_file 程序中的所有文件为例，具体实现代码如下：

```
01    private static ArrayList<String> files;
                                                    //定义保存文件全路径的数组
02    private static ArrayList<String> filenames;
                                                    //定义保存文件名的数组
03    files = new ArrayList<String>();
04    filenames=new ArrayList<String>();
05    String path = getApplication().getFilesDir().getParentFile().
      getPath();                                    //获取应用程序的文件路径
06    getfiles(path);                               //调用遍历获取文件的方法
07
08    private void getfiles(String path) {
09        File file = new File(path);              //实例化指定路径的文件类
10        if (file.list() == null) {
                                //该路径目录中的所有子文件或子文件夹是否为空
11            return;
12        }
13        int file_num = file.list().length;       //获取路径目录下的子文件数
14        for (int i = 0; i < file_num; i++) {
                                            //遍历路径目录下的所有子文件
15            File child_file = new File(path, file.list()[i]);
                                                    //获取子文件
16            if (child_file.isDirectory()){       //如果子文件为文件夹
17                String child_path = child_file.getPath();
                                                    //获取子文件夹的路径
18                getfiles(child_path);            //遍历获取子文件
19            } else if (child_file.isFile()) {    //如果子文件是文件
20                System.out.println(child_file.getName());
21                files.add(child_file.getPath());
                                            //将文件路径添加到文件数组中
22                filenames.add(child_file.getName());
                                            //将文件名添加到文件名数组中
23            }
24        }
25    }
```

其中，01～04 行，定义和初始化 files 数组和 filenames 数组。这两个 String 数组分别用来保存目录下文件的全路径和文件的名称；

05 行，获得程序路径。由于程序在保存数据时，会根据文件的不同类型自动保存在不同的文件夹下。使用 getApplication().getFilesDir()获得的路径是/ PACKAGE_NAME/files，其父文件才是程序所在的路径；

06 行，调用 getfiles(path)函数。提供完整路径，获得该路径下的所有文件，具体实现在 08～25 行；

09～13 行，判断该路径文件夹下是否还有文件，如果没有文件则退出函数，有文件则获得文件个数；

14～15 行，对文件夹下的所有文件分别获得其 File；

16～18 行，当 File 为文件夹时，获得 File 的路径，调用 getfiles(path)进行递归地获取文件夹中的文件；

19～23 行，当 File 为文件时，将该文件全路径保存在 files 数组中，将该文件名保存在 filenames 数组中。

3. 设置下拉列表

在下拉列表中，需要将程序目录中的所有文件名进行显示，并且处理下拉列表的选择事件。数据显示需要将显示的数据放入数据适配器（ArrayAdapter）中，通过数据适配器和下拉列表的连接，从下拉列表中显示 ArrayAdapter 中的数据。

（1）ArrayAdapter 设置

数据导入数据适配器使用 ArrayAdapter 的构造函数来实现：

```
ArrayAdapter(Context context, int textViewResourceId, List<T> objects)
```

其中，第一个参数是上下文环境，第二个参数是显示的布局资源 Id 号，第三个参数是数据对象。以构造一个 Android 系统定义的下拉列表显示布局，显示 filenames 数组内容为例，代码如下：

```
madpter = new ArrayAdapter<String>(context,
        android.R.layout.simple_spinner_item, filenames);
```

（2）数据适配器和下拉列表关联，使用方法：

```
setAdapter(SpinnerAdapter adapter)
```

其中，参数是提供显示数据的数据适配器。以显示 madpter 为例，代码如下：

```
m_spinner.setAdapter(madpter);
```

（3）选择内容

为了获得用户选择的选项，需要设计 OnItemSelectedListener 监听，并且实现其 onItemSelected：

```
onItemSelected(AdapterView<?> parent, View view, int position, long id)
```

其中，第一个参数是发生选择事件的适配器控件，第二个参数是被选择的视图，第三个参数是视图在适配器中的位置索引号，第四个参数是被单击条目的行 id。使用索引号就可以从原始数据数组中获得对应的值，并设置显示项。代码如下：

```
copy_path = files.get(position);        //获得需复制文件的全路径
```

```
parent.setVisibility(View.VISIBLE);        //设置显示选择项
```

熟悉了下拉列表的设置过程，就可以实现显示 filenames 的内容、将用户的选择显示在列表中并获得用户选择文件的完整路径，具体代码如下：

```
01      private Spinner m_spinner;              //定义下拉控件
02      private ArrayAdapter<String> madpter;   //定义下拉控件数据适配器
03      private String copy_path = "";          //定义辅助文件全路径
04      madpter = new ArrayAdapter<String>(context,
05              android.R.layout.simple_spinner_item, filenames);
                                                //实例化数据适配器
06      madpter.setDropDownViewResource(android.R.layout.simple_
        spinner_dropdown_item);
                                                //设置下拉列表的显示样式
07      m_spinner.setAdapter(madpter);          //设置下拉控件的数据适配器
08      //选择监听
09      m_spinner.setOnItemSelectedListener(new
Spinner.OnItemSelectedListener() {
10              @Override    //选中下拉列表项时处理方法
11              public void onItemSelected(AdapterView<?> parent,
12                      View view, int position, long id) {
13                  //TODO Auto-generated method stub
14                  //获得需复制文件的全路径
15                  copy_path = files.get(position);
16                  //设置显示选择项
17                  parent.setVisibility(View.VISIBLE);
18              }
19
20              @Override
21              public void onNothingSelected(AdapterView<?>parent) {
22                  //TODO Auto-generated method stub
23              }
24      });
```

其中，01～03 行，定义和初始化下拉列表、数据适配器以及用于记录复制文件的全路径的 String；

04～07 行，用于设置下拉列表。04～05 行，实现 ArrayAdapter 与数据 filenames 的关联；第 06 行，设置下拉列表的风格；第 07 行，将 ArrayAdapter 添加到 m_spinner 中；

08～24 行，给下拉列表添加选择监听事件。11～18 行，下拉列表中选择时，获得选择的项并显示选择项；20～24 行，是继承 OnItemSelectedListener 类必须重写的方法，可以不做任何操作，运行效果如图 4.12 所示。

4. 复制文件

选择了需复制的文件，接下来就是最重要的复制文件过程。

从程序目录中复制文件到 SD 卡中，首先判断 SD 卡是否可以使用，然后读取程序目录中的文件到输入流 InputStream 中，最后将读取的文件写入到输出流 OutputStream 中。

梳理清楚了复制文件的过程，相关的操作都已经掌握了，下面直接看代码实现：

```
01      if (Environment.getExternalStorageState().equals(
02              android.os.Environment.MEDIA_MOUNTED)) {
                                                //判断 SD 卡是否准备就绪
03          if (!copy_path.equals("")) {        //判断复制文件路径是否为空
```

```
04              String sd_filename = copy_path.substring(copy_path
                    .lastIndexOf('/'));                  //获取文件名
05              save_to_sd(copy_path,
06                  Environment.getExternalStorageDirectory().
                    getPath()+ "/" + sd_filename);
                                                //调用文件复制到 SD 卡的方法
07          }
08      }
09
10      //将数据保存到 SD 卡
11      private void save_to_sd(String from_path, String sd_path) {
12          try {
13              File fromFile = new File(from_path);    //获取源文件类
14              if (!fromFile.exists()) {
                                        //如果该源文件不存在,则给出提示并返回
15                  System.out.println("程序中不存在" + from_path);
16                  return;
17              }
18
19              File sd_File = new File(sd_path);   //获取 SD 卡中目标文件类
20              InputStream in = new FileInputStream(fromFile);
                                                        //实例化源文件输入流
21              OutputStream out = new FileOutputStream(sd_File);
                                                        //实例化目标文件输出流
22              byte[] buf = new byte[1024];        //输入输出缓存
23              int len;
24              while ((len = in.read(buf)) > 0) {  //读取输入流到缓存中
25                  out.write(buf, 0, len);         //将缓存写入输出流中
26              }
27              in.close();                         //关闭输入流
28              out.close();                        //关闭输出流
29              Toast.makeText(context, "完成文件复制", 1000).show();
30          } catch (Exception e) {
31              // TODO: handle exception
32              System.out.println("save to sd " + e.toString());
33          }
34
35      }
```

其中,01~02 行,判断 SD 卡的状态,SD 卡是否存在并可以读写,可以读写则进行文件操作,否则退出;

03 行,判断需要复制的文件的全路径,为空值则路径有错,退出文件操作;

04 行,从文件全路径中获得文件的名称,该名称便是保存到 SD 卡中的文件的名称;

05~06 行,调用复制文件函数,第一个参数是需复制文件的全路径,即程序目录下文件的全路径;第二个参数是复制到的全路径,即 SD 卡中文件的全路径。复制文件函数的实现是 10~35 行;

12~17 行,判断需复制文件是否存在,若不存在则提示"文件不存在"并退出;

19~21 行,分别给复制文件提供输入流 InputStream,给复制到的目的文件提供输出流 OutputStream;

22~35 行,使用缓冲区读取输入流中的数据,并将数据写入到输出流中。成功则关闭输入、输出流,并提示复制成功;若出现异常,则打印异常信息,运行效果如图 4.11 所示。

5. 运行分析总结

对程序进行调试运行，最终成功地将程序目录下的文件 com.ouling.ex_file/files/Justin Bieber-Baby.mp3 复制到 SD 卡中，如图 4.13 所示。

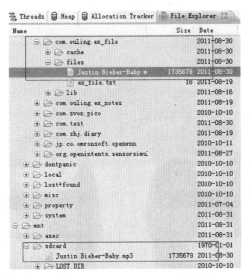

图 4.13　完成复制结果

在成功地实现文件的复制过程中，我们除了重点使用对文件的操作，还使用了指定文件夹路径下，包括子文件夹中的所有文件的遍历获取；下拉列表的显示数据关联和选择事件处理。

对程序目录下的文件进行导出，不仅是练习文件操作的基本方法，在实际开发过程中也是经常使用的功能。在实际的真机测试中，由于 Android 为了保护程序数据的安全，是禁止直接查看、获取程序目录下的数据的。所以，不能如图 4.13 一样查看到所有程序目录中的数据。这时候，就有必要导出程序目录的文件并分析获得的数据、调试信息文件等。而且文件的复制不仅仅用于程序到 SD 卡，也是在 SD 卡到程序目录、SD 卡中不同路径之间都是会使用到的功能。

4.4　数据库存储

前面介绍了 SharedPreferences 和文件存储两种数据存储方式，它们对单个、不具有关联性的数据存储使用方便，但是对于一组具有相同或相近格式的数据进行存储、管理时就显得难以完成。为了实现相近格式数据的添加、删除、修改以及更新，Android 通过 SQLite 数据库引擎来实现结构化数据的存储和管理。Android 系统本身自带的很多应用也是使用 SQLite 数据库来存储数据的，如通讯录、短信、通话记录等。

SQLite 是一个嵌入式数据库引擎，针对内存等资源有限的设备提供的一种高效的数据库引擎。SQLite 数据库不同于其他的数据库，它没有服务器进程，只需要一个动态库就可以使用其全部功能。SQLite 数据库的所有内容包含在同一个文件中，可以自由复制。

下面，我们将熟悉 Android 中数据库的基本操作，即数据库的创建和删除、表的创建和删除，以及数据的添加、删除、修改以及查询等操作。后面我们还将使用这些数据库操作来读取通讯录和实现自己的日记本操作。

4.4.1 学生信息数据库的创建和删除

1. 功能说明

需要在界面中提供"新建数据库"和"删除数据库"两个按钮来分别实现对数据库的创建和删除，效果如图 4.14 和图 4.15 所示。

图 4.14 创建数据库

图 4.15 删除数据库

2. 数据库的辅助类——SQLiteOpenHelper

在 Android 中，管理数据库使用到辅助类 SQLiteOpenHelper。这个类主要用于生成一个数据库，并对数据库的版本进行管理。当在程序中调用这个类的方法 getWritableDatabase()，或者 getReadableDatabase()方法时，如果当时数据库中没有数据，那么 Android 系统就会自动调用 onCreate(SQLiteDatabase db)方法生成一个数据库。

SQLiteOpenHelper 是一个抽象类，通常需要继承它，并且实现 3 个基本函数。构造函数如下：

```
SQLiteOpenHelper(Context context, String name, SQLiteDatabase.
CursorFactory factory, int version)
```

其中，第一个参数是上下文环境，第二个参数是数据库的名称，第三个参数一般设置为 null，第四个参数是版本号。返回一个 SQLiteOpenHelper，用于数据库的管理。创建数据库：

```
onCreate(SQLiteDatabase db)
```

该函数在数据库第一次生成的时候调用。一般在这个方法里用来生成数据库的表。数据库版本更新：

```
onUpgrade(SQLiteDatabase db, int oldVersion, int newVersion)
```

该函数是数据库的版本更新的时候调用。一般默认情况下，当我们插入数据库就立即更新，当数据库需要升级的时候，Android 系统会主动地调用这个方法。一般我们在这个方法里删除数据表，并建立新的数据表。

熟悉了 SQLiteOpenHelper 类的作用，我们来实现自己的数据库辅助类 DB_helper。它用来管理学生信息数据库 OuLing.db，当数据库第一次生成时，生成一张名为 student_info 的表来记录学生的姓名和学号。具体代码如下：

```
01  public class DB_helper extends SQLiteOpenHelper {   //继承数据库辅助类
02      public final static int VERSION = 1;            //版本号
03      public final static String TABLE_NAME = "student_info";
                                                        //表名
04      public static final String DATABASE_NAME = "OuLing.db";
                                                        // 数据库名
05
06      public DB_helper(Context context) {             //构造函数
07          super(context, DATABASE_NAME, null, VERSION);
08      }
09
10      @Override
11      // 在数据库第一次生成的时候会调用这个方法，一般我们在这个方法里生成数据库表
12      public void onCreate(SQLiteDatabase db) {
13          String str_sql = "CREATE TABLE " + TABLE_NAME
14              + "(id INTEGER PRIMARY KEY AUTOINCREMENT, name VARCHAR,number VARCHAR);";
15          //使用 SQL 语句 CREATE TABLE 创建一张表
16          db.execSQL(str_sql);
17          // execSQL()方法用于执行一句 SQL 语句，传入的 str_sql 语句表示创建表
18      }
19
20      @Override    //数据库更新
21      public void onUpgrade(SQLiteDatabase db, int oldVersion, int newVersion) {
22          System.out.println("student_info db onUpgrade");
23      }
24
25  }
```

其中，01 行，类 DB_helper 继承自 SQLiteOpenHelper，用于对自定义数据库的管理。该类具体实现了构造函数、创建函数以及版本更新函数；

02～04 行，对数据库名、数据库版本号、初始表名的定义；

06～08 行，实现 DB_helper 的构造函数。当 DB_helper 初始化时便定义数据库的名称为 OuLing.db 和版本号为 1；

10～18 行，实现创建函数 onCreate。其实现了数据库生成时，创建了一个名为

student_info 的表。如何实现表的创建在接下来的章节会详细讲解；

21～23 行，实现更新函数 onUpgrade。由于我们的数据库没有更新变化，所以没有实现的内容。但是这个函数是继承自 SQLiteOpenHelper 抽象类的虚函数，必须存在。

3．数据库的创建和删除

实现了自定义的数据库管理类后，只需要调用其 getWritableDatabase()方法或者 getReadableDatabase()方法，系统便会调用 onCreate 来创建数据库。

这里需要注意的是，当我们实例化 MySQLiteOpenHelper 类对象时并没有创建数据库，而是在调用 getWritableDatabase()方法或者 getReadableDatabase()方法得到数据库读写句柄的时候，Android 会分析是否已经有了数据库。如果没有会默认创建一个数据库并且在系统路径下生成数据库文件。

删除数据库，只需要直接调用 Context 的方法：

```
deleteDatabase(String name)
```

其中，参数为数据库的名称。使用该方法就能直接删除该 Context 应用查询的私有数据库。

熟悉了数据库的创建和删除后，实现创建一个数据库并删除该数据库，代码如下：

```
01      try {
02          switch (v.getId()) {
03          //新建数据库
04          case R.id.sql_newdb:
05              mDbHelper = new DB_helper(context);
06              //调用 getReadableDatabase 方法,如果数据库不存在则创建,
                    如果存在则打开
07              mdb = mDbHelper.getReadableDatabase();
08              Toast.makeText(context,"成功创建数据库", 1000).show();
09              break;
10          //删除数据库
11          case R.id.sql_deldb:
12              mDbHelper = new DB_helper(context);
13              mdb = mDbHelper.getReadableDatabase();
14              //关闭数据库
15              mdb.close();
16              //删除数据库
17              if (context.deleteDatabase(DB_helper.DATABASE_
                    NAME)) {
18                  Toast.makeText(context, "成功删除数据库",
                        1000).show();
19              }
20              break;
21          } catch (Exception e) {
22              //TODO: handle exception
23              System.out.println(e.toString());
24          } finally {
25              //如果发生异常，同样需要对数据库进行关闭
26              mdb.close();
27          }
```

其中，01～09 行，使用创建 DB_helper 来创建数据库。需要强调的是在 05 行 new DB_helper(context)并没有创建数据库,而是在 07 行 mdb = mDbHelper.getReadable Database(),

系统分析没有数据库而在系统路径下生成数据库文件 OuLing.db，效果如图 4.14 所示；

11~20 行，删除数据库，效果如图 4.15 所示；

21~27 行，异常处理。在数据库操作中需要充分考虑的，特别是在 finally 关闭数据库时。如果数据库没有关闭，当其他地方使用数据库时就会发生错误，所以使用完后不要忘记关闭数据库。

4. SD卡数据库的创建和删除

前面使用到的数据库的创建和删除都是在程序目录下进行的，是程序的私有数据，其他程序是无法使用的。如果需要数据库与其他程序进行共享，可以将数据库保存在 SD 卡中。

数据库保存到 SD 卡中，和普通文件保存到 SD 卡一样，首先需要在配置文件 AndroidMainfest.xml 中声明写入 SD 卡的权限，然后确认 SD 卡是否可用。这些都在上一节文件存储中介绍过的。下面看看 SD 卡中数据库文件使用时需要注意的地方。

创建数据库时，使用 SQLiteDatabase 类中的 openOrCreateDatabase()方法来实现。这种方法会自动检测是否存在指定数据库，如果存在则打开，如果不存在则创建一个数据库；创建成功则返回一个 SQLiteDatabase 对象，否则抛出异常。该方法有多种实现，最常使用的两种方式如下：

```
openOrCreateDatabase(String path, SQLiteDatabase.CursorFactory factory)
openOrCreateDatabase(File file, SQLiteDatabase.CursorFactory factory)
```

第一种实现中，第一个参数是文件路径，该路径是数据库的全路径；第二种实现中，第一个参数是文件，即已经在 SD 卡中存在的数据库文件。

删除 SD 卡中的数据库，即删除该数据库文件即可。例如：

```
File del_f = new File("/sdcard/ouling/OuLing.db");//创建文件
del_f.delete();
```

熟悉了 SD 卡中数据库的创建和删除过程，我们将上例中的数据库创建在 SD 卡中，具体实现如下：

```
01      try {
02          switch (v.getId()) {
03          //新建数据库
04          case R.id.sql_newdb:
05              //以下两个成员变量是针对在SD卡中存储数据库文件使用
06              File path = new File("/sdcard/ouling");
                                                        //创建目录
07              File f = new File("/sdcard/ouling/OuLing.db");
                                                        //创建文件
08              //如果你使用的是将数据库的文件创建在SD卡中，那么创建数据库
                mysql 进行如下操作：
09              if (!path.exists()) {
10                  path.mkdirs();                      //创建一个目录
11              }
12              if (!f.exists()) {
13                  try {
14                      f.createNewFile();              //创建文件
15                  } catch (IOException e) {
16                      // TODO Auto-generated catch block
```

```
17                    e.printStackTrace();
18                }
19            }
20            //将数据库的文件创建在SD卡中
21            mdb = SQLiteDatabase.openOrCreateDatabase(f, null);
22            Toast.makeText(context,"成功创建数据库",1000).show();
23            break;
24            // 删除数据库
25        case R.id.sql_deldb:
26            // 删除SD卡中的数据库
27            File del_f = new File("/sdcard/ouling/OuLing.db");
28            if (del_f.exists()) {
29                del_f.delete();
30            }
31            Toast.makeText(context,"成功删除数据库",1000).show();
32            break;
33        } catch (Exception e) {
34            // TODO: handle exception
35            System.out.println(e.toString());
36        } finally {
37            // 如果发生异常,同样需要对数据库进行关闭
38            mdb.close();
39        }
```

其中,01~19行,在指定的路径/sdcard/ouling下创建了数据库文件OuLing.db。这些处理都是文件存储中使用过的,相信大家不会陌生;

20~23行,使用创建的文件来创建数据库,返回可操作的SQLiteDatabase对象,实现效果如图4.14所示;

24~32行,删除数据库。使用直接删除文件的方法,实现效果如图4.15所示;

33~39行,异常处理以及关闭数据库。

5. 运行分析总结

对程序进行调试运行,查看程序目录下的文件。创建数据库后,在程序目录com.ouling.ex_db下多了文件夹databases以及文件OuLing.db,如图4.16所示。删除数据库后,程序目录中的文件夹databases存在而文件OuLing.db已经被删除,如图4.17所示。

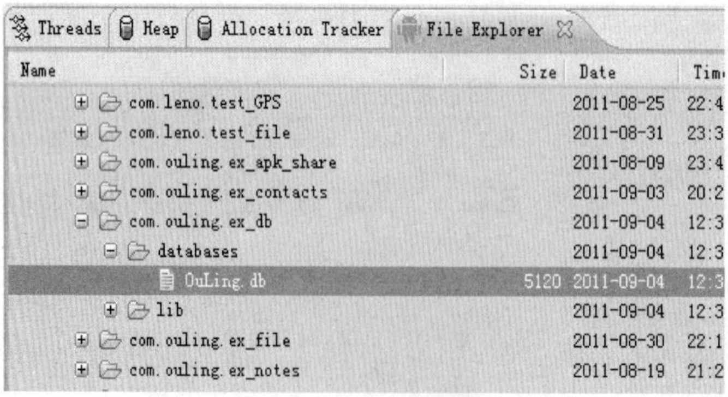

图4.16 成功创建数据库

已经成功实现了在程序目录和SD卡创建数据库和删除数据库,下面来总结一下在程序目录和SD卡中创建、删除数据库的区别。

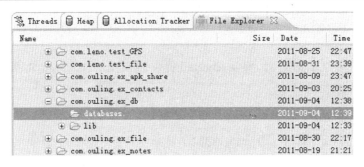

图 4.17 成功删除数据库

如果使用系统默认路径存储数据库文件,可以分为 3 步:

第一步:新建一个类继承 SQLiteOpenHelper,写一个构造,重写两个函数;
第二步:在新建类中的重写函数 onCreate(SQLiteDatabase db)中创建一个表;
第三步:使用新类来创建数据库以及使用 deleteDatabase 方法来删除数据库。

如果使用 SD 卡存储数据库文件,就没有必要写这个继承 SQLiteOpenHelper 的类,而是直接 openOrCreateDatabase 一个文件得到一个数据库,也可以分为 3 步:

第一步:在配置文件 AndroidMainfest.xml 中声明写入 SD 卡的权限;
第二步:确认 SD 卡是否可以使用,并在 SD 卡指定路径创建数据库文件;
第三步:使用 openOrCreateDatabase 来得到数据库文件并通过直接删除文件来删除数据库。

4.4.2 学生信息表的创建和删除

1. 功能说明

在上一小节中,我们掌握了数据库的创建和删除,接下来实现对数据库中表的创建和删除。在上例中,添加"新建一张数据表"和"删除一张数据表"两个按钮,分别用于实现对数据库中表的创建和删除,效果如图 4.18 和图 4.19 所示。

图 4.18 创建表

图 4.19 删除表

2. sql 语句

SQLite 是支持 SQL 语言的，所以 Android 提供的 SQLiteDatabase 类也有直接执行 SQL 语言的方法：

```
execSQL(String sql)
```

其中，参数为 sql 语句。语法和 SQL 语言是一样的，以上小节中 SQLiteOpenHelper 中创表的语句为例：

```
String str_sql = "CREATE TABLE " + TABLE_NAME
        + "(id INTEGER PRIMARY KEY AUTOINCREMENT, name VARCHAR,number
        VARCHAR);";
```

此句用来创建一个表名为 TABLE_NAME 的表，即 student_info 的表。表中有三列，一列名为 id，是 INTEGER 类型数据，作为主键，并且具有自增的属性。AUTOINCREMENT 标识数据库会为每条记录的 key 加一，确保记录的唯一性；并且该值不会因为删除数据而改变，新的数据到来时，继续在原有记录值上递增。一列名为 name，类型是 VARCHAR，用于记录学生的姓名；一列名为 number，类型是 VARCHAR，用于记录学生的学号。

其中需要注意两点：

（1）Android 中的 SQLite 语法大小写不敏感，也就是说不区分大小写。

（2）sql 语句中每个关键词之间都是用空格隔开的，特别需要注意的是，在"CREATE TABLE " + 时，E 和引号之间有一个空格，避免了 TABLE 和 TABLE_NAME 被连接为一个词。

3. 创建和删除表

创建表和删除表，使用的方法都是一样的，都是通过执行 sql 语句来实现的。创建表语句已经了解了，删除表也非常简单：

```
String str_sql = "DROP TABLE "+ TABLE_NAME;
```

熟悉了创建表和删除表的过程，来实现创建一张名为 New_table 的表。表中有两列，一列名为 id，是自增的 INTEGER 类型主键，一列名为 name 的 VARCHAR 类型。然后删除该表，实现代码如下：

```
01          try {
02              //新建表
03              case R.id.sql_newtable:
04                  try {
05                      mdb = mDbHelper.getWritableDatabase();
                                                        //获取数据库辅助类
06                      String str_sql = "CREATE TABLE New_table(id
                        INTEGER
07  PRIMARY KEY  AUTOINCREMENT,name VARCHAR);";     //创建表的sql语句
08                      mdb.execSQL(str_sql);    //执行sql语句
09                      Toast.makeText(context, "成功创建一张新表",
                        1000).show();
10                  } catch (Exception e) {
11                      Toast.makeText(context, "该表已经存在",
                        1000).show();
```

```
12                      }
13                      break;
14                  // 删除表
15                  case R.id.sql_deltable:
16                      try {
17                          mdb = mDbHelper.getWritableDatabase();
                                                    //获取数据库辅助类
18                          String str_sql = "DROP TABLE New_table";
                                                    //删除表的sql语句
19                          mdb.execSQL(str_sql);   //执行sql语句
20                          Toast.makeText(context, "成功删除表",
                            1000).show();
21                      } catch (Exception e) {
22                          // TODO: handle exception
23                          Toast.makeText(context, "要求删除的表不存在",
                            1000).show();
24                      }
25                      break;
26          } catch (Exception e) {
27              //TODO: handle exception
28              System.out.println(e.toString());
29          } finally {
30              //如果发生异常,同样需要对数据库进行关闭
31              mdb.close();
32          }
```

其中，01～13 行，创建满足条件的表。需要注意的是 05 行，获得的数据库是系统目录下的数据库，如果要使用 SD 卡的数据库，只需要将其修改为 mdb = SQLiteDatabase.openOrCreateDatabase(f, null); 其他操作都是相同的，效果如图 4.18 所示；

14～25 行，删除表名为 New_table 的表。如果使用 SD 卡的数据库，方法同上，效果如图 4.19 所示；

26～32 行，异常处理以及关闭数据库。

4. 运行分析总结

对程序进行调试运行，将系统目录下的数据库 OuLing.db 导出，使用 SQLite 数据库查看工具查看。推荐使用 SQLiteSpy.exe 进行查看。在 SQLiteSpy 菜单栏中，选择 File，在下拉菜单中选择 open Database 打开数据库，然后选择需要查看的数据库文件即可。需要查看表的信息，则双击该表，即可在右边看到表内的记录。

创建表后，数据库有 4 张表，其中就有 New_table，如图 4.20 所示；删除表后数据库只剩下 3 张表，如图 4.21 所示。

图 4.20　创建表

图 4.21　删除表

其实，创建表和删除表都是使用了 execSQL(String sql)来执行 sql 语句，所以创表和删表的关键在于熟悉 sql 语句。本书只讲解最常使用的 sql 语句，复杂的语句请查看 SQL 相关书籍。

4.4.3 学生信息的增删改查

1. 功能说明

数据库中对数据的操作就是增删改查 4 种经典操作。这一小节，就将分别实现对数据的添加、删除、修改和查询操作。在上一小节示例的界面中，添加"表中添加一条记录"、"表中删除一条记录"、"表中修改一条记录"以及"查询表中所有记录"4 个按钮，分别来实现对应的数据的增删改查，界面效果如图 4.22 和图 4.23 所示。

图 4.22　查看添加数据　　　　图 4.23　成功删除数据

2. 添加学生信息

添加数据的方式有两种：

（1）第一种是使用 SQLiteDatabase 提供的 insert 方法：

```
insert(String table, String nullColumnHack, ContentValues values)
```

其中，第一个参数是表名，第二个参数默认为 null 即可，第三个参数是输入的数据。ContentValues 其实就是一个哈希表 HashMap，以键值对的方式保存数据。通过 ContentValues 的 put 方法就可以把数据放到 ContentValues 中：

```
put(String key, String value)
```

其中，key 值是字段名称即表中的列名，Value 值是字段的值即添加的值。例如，向表 student_info 中的添加一个名为"欧零"，学号为 1 的学生信息，实现如下：

```
ContentValues add_cv = new ContentValues();
add_cv.put("name", "欧零");
add_cv.put("number","1");
```

（2）第二种是使用 SQL 语句实现。添加记录的 sql 语句为：

```
INSERT 表名(列名，列名) values(值1，值2)
```

例如，同样是向表 student_info 中添加一个名为"欧零"，学号为 1 的学生信息，实现如下：

```
String INSERT_DATA ="INSERT INTO student_info(id,name,number) values (1,
'欧零','1')";;
```

熟悉了添加数据的方法，接下来用这两种方法向表中添加数据，代码如下：

```
01      //添加数据
02      case R.id.sql_add:
03          mdb = mDbHelper.getWritableDatabase();
04          // ---------------------- 使用读写句柄来添加---------
05          ContentValues add_cv = new ContentValues();
                                            //实例化数据容器 ContentValues 类
06          add_cv.put("name", "欧零"+i+"");    //添加学生名
07          add_cv.put("number", i+"");//添加学号
08          mdb.insert("student_info", null, add_cv);
                                            //使用数据库添加方法添加
09          i++;
10          // ---------------------- sql 语句插入--------------
11          String INSERT_DATA =
12          "INSERT INTO student_info(id,name,number) values (1, '欧零',
            '1')";              //数据添加 sql 语句
13          mdb.execSQL(INSERT_DATA);        //执行 sql 语句
14          Toast.makeText(context, "成功添加数据", 1000).show();
15      break;
```

其中，01~03 行，获得需要操作的数据库。这里使用的是系统目录下默认的数据库；04~09 行，使用数据库的读写句柄来添加数据；05~07 行，将名为"欧零"、学号为 1 的学生信息保存在 ContentValues 中；07 行，使用 insert 方法将值添加到表 student_info 中；08~11 行，使用 sql 语句添加数据。实现效果如图 4.22 所示。

3．删除学生信息

删除数据的方式同样有两种：
（1）第一种是使用 SQLiteDatabase 提供的 delete 方法：

```
delete(String table, String whereClause, String[] whereArgs)
```

其中，第一个参数是需要操作的表名。第二个参数为判断条件，如果这里传入 null，表示全部删除。第三个参数默认为 null 即可。例如，删除表 student_info 中学号为 1 的学生记录，实现如下：

```
mdb.delete("student_info ", "number =1", null);
```

（2）第二种是用 sql 语句实现。删除记录的 SQL 语句为：

```
DELETE FROM 表名 WHERE 条件
```

同样是删除表 student_info 中，学号为 1 的学生记录，sql 语句如下：

```
String DELETE_DATA = "DELETE FROM student_info WHERE number=1";
```

熟悉了删除数据的方法，我们使用这两种方法实现删除表中的数据，代码如下：

```
01      //删除数据
02      case R.id.sql_delete:
03          mdb = mDbHelper.getWritableDatabase();
04          ---------------------- 使用读写句柄删除
05          mdb.delete("student_info", "number =1", null);
06          ---------------------- sql 语句删除
07          String DELETE_DATA = "DELETE FROM student_info WHERE number=1";
08          mdb.execSQL(DELETE_DATA);
09          ----------------------
10          Toast.makeText(context, "成功删除数据", 1000).show();
11      break;
```

其中，05 行，使用数据库读写句柄删除数据，删除表 student_info 中，学号为 1 的学生记录；

07～08 行，使用 sql 语句删除数据，同样是删除表 student_info 中，学号为 1 的学生记录，效果如图 4.23 所示。

4. 修改学生信息

修改数据的方式同样有两种：

（1）第一种是使用 SQLiteDatabase 提供的 update：

```
update(String table, ContentValues values, String whereClause, String[] whereArgs)
```

其中，第一个参数是需要操作的表名；第二个参数是修改的值；第三个参数为判断条件，如果这里传入 null，表示全部删除。第四个参数默认为 null 即可。例如，将表 student_info 中，id 为 3 的学生姓名修改为"示例大全"，实现如下：

```
ContentValues temp_cv = new ContentValues();
    edit_cv.put("name", "示例大全");
    mdb.update("student_info", edit_cv, "id = 3", null);
```

（2）第二是使用 sql 语句实现。修改记录的 sql 语句：

```
UPDATE 表名 SET 修改内容 WHERE 修改条件
```

例如，同样是将表 student_info 中，id 为 3 的学生姓名修改为"示例大全"，实现如下：

```
String UPDATA_DATA ="UPDATE student_info SET text='通过 SQL 语句的示例大全' WHERE id=3";
```

熟悉了修改数据的方法，我们使用这两种方法实现修改表中的数据，代码如下：

```
01      // 修改数据
02      case R.id.sql_edit:
03          mdb = mDbHelper.getWritableDatabase();
```

```
04              // ------------------------使用句柄方式修改 --------------
05              ContentValues edit_cv = new ContentValues();
06              edit_cv.put("name", "示例大全");
07              mdb.update("student_info", edit_cv, "id = 3", null);
08              // ------------------------sql 语句修改 --------------
09              String UPDATA_DATA =
10                  "UPDATE student_info SET text='通过 SQL 语句的示例大全' WHERE
                  id=3";
11              db.execSQL(UPDATA_DATA);
12              Toast.makeText(context, "成功修改数据", 1000).show();
13          break;
```

其中，05～07 行，使用数据库读写句柄修改学生信息，将 id 为 3 的学生姓名修改为"示例大全"；

07～08 行，使用 sql 语句修改学生信息，将 id 为 3 的学生姓名修改为"通过 sql 语句的示例大全"，效果如图 4.24 所示。

5. 查询学生信息

数据库查询方式也有两种：

（1）第一种是使用 SQLiteDatabase 提供的 query 方法。query 有多种实现，最常用的是：

```
query(String table, String[] columns,
String selection, String[] selectionArgs,
String groupBy, String having, String
orderBy)
```

其中，第一个参数是表名称，第二个参数是列名称数组，第三个参数是条件子句，相当于 where，第四个参数是条件子句，参数数组，第五个参数是分组列，第六个参数是分组条件，第七个参数是排序方式。大部分参数如果没有用到，可以为 null。例如，查询表 student_info 中的所有数据，代码如下：

图 4.24　修改数据

```
Cursor cu = db.query("student_info", projections, null, null, null,
null,null);
```

该方法返回值类型为 Cursor。Cursor 是一个游标接口，每次查询的结果都会保存在 Cursor 中，可以通过遍历 Cursor 的方法拿到当前查询到的所有信息。常用的 Cursor 方法有：

```
getCount()                              //得到 Cursor 总记录条数
getColumnIndex(String columnName)       //根据列名称获得列索引 ID
getString(int columnIndex)              //根据索引 ID 拿到表中存储的字段
moveToFirst()                           //将 Cursor 的游标移动到第一条
moveToLast()                            //将 Cursor 的游标移动到最后一条
move(int offset)                        //将 Cursor 的游标移动到指定 ID
moveToNext()                            //将 Cursor 的游标移动到下一条
moveToPrevious()                        //将 Cursor 的游标移动到上一条
```

（2）第二种是使用 SQLiteDatabase 提供的 rawQuery 方法：

```
rawQuery(String sql, String[] selectionArgs)
```

其中，第一个参数是 sql 语句，第二个参数默认为 null 即可。查询记录的 sql 语句为：

```
SELECT 列名 FROM 表名
```

例如，同样是查询表 ouling 中的所有数据，代码如下：

```
Cursor cur = mdb.rawQuery("SELECT * FROM student_info ", null);
```

掌握了这两种方法，我们使用这两种方法实现遍历表中所有记录，代码如下：

```
01      //遍历数据
02      case R.id.sql_qu:
03          mdb = mDbHelper.getReadableDatabase();
04          // ------------------------语句查询
05          Cursor cur = mdb.rawQuery("SELECT * FROM "
06              + DB_helper.TABLE_NAME, null);
07          //------------------------句柄查询
08          String[] projections = new String[] { "id", "name","number" };
09          Cursor cur = mdb.query("student_info", projections, null, null,
10              null, null, "id desc ");
11          String temp = "";
12          if (cur != null) {
13              if (cur.getCount() == 0) {
14                  temp = "无数据";
15              }
16              while (cur.moveToNext()) {//直到返回 false 说明表到了数据末尾
17                  temp += cur.getString(0) + "   ";
18                  //参数 0 指的是 projections 数组列的下标，这里的 0 指的是 id 列
19                  temp += cur.getString(1);
20                  //这里的 0 相对于当前应该是 name 列了
21                  temp += cur.getString(2);
22                  //这里的 2 对应的是 number 列
23                  temp += "\n";
24              }
25          }
26          Toast.makeText(context, temp, 1000).show();
27          break;
```

其中，05~06 行，使用语句查询方式，获得表中所有记录；

08~10 行，使用数据库句柄查询方式，获得表中所有记录，并且记录按照 id 值由大到小排列；

12~15 行，判断游标是否为空或者查询结果为空，当为空时，给出相应的"无数据"显示；

16~27 行，遍历游标，获得查询的结果。需要注意的是查询完成后，游标指向的位置并不是获得数据的第一个。需要获得第一个数据需要使用 moveToNext ()方法，效果如图 4.25 所示。

6. 运行分析总结

对程序进行调试运行，将系统目录下的数据库 OuLing.db 导出，使用 SQLite 数据库查看工具查看表的内容。当直接添加 3 次数据，删除 1 次数据后，结果如图 4.25 所示；当修改记录后，结果如图 4.26 所示；遍历表的内容，结果如图 4.27 所示。

第 4 章 Android 数据存储

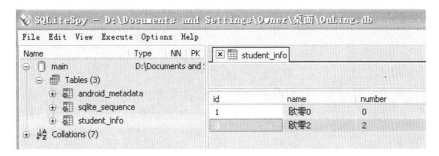

图 4.25 添加记录并删除

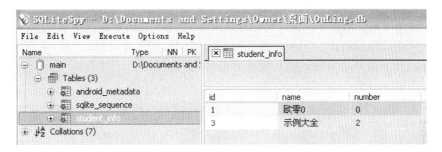

图 4.26 修改记录

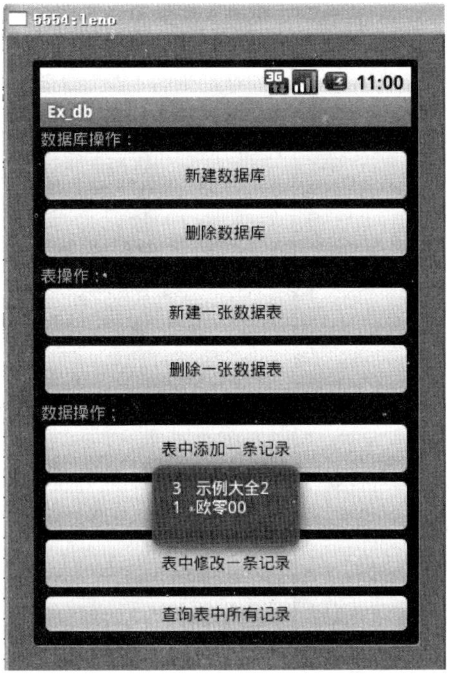

图 4.27 遍历所有记录

成功实现了对学生信息进行添加、删除、修改以及查询操作，我们发现增删改查这 4 种操作都有两种方法：一种是使用 SQLiteDatabase 提供的数据库操作方法；一种是使用 sql 语句。这两种方法是没有本质上的区别的，主要看对 sql 语句的熟悉程度，如果熟悉 sql 语言就采用 sql 语句的方式完成，如果不熟悉 SQL 语言可以选择使用 SQLiteDatabase 提供的数据库操作方法。

对整个数据库的操作,无论如何都是最先创建数据库,然后创建表,最后才能操作表中的记录。

4.5 日 记 本

日记本作为记录自己经历与心情的日常工具,大家从小就开始使用,相信大家对此都很熟悉,这一节我们将实现 Android 的日记本来记录自己的阴晴雨雪。

回想一下日记本,我们写入的内容是有一定的格式的,一般包括了日期、天气、标题以及具体内容这 4 点。所以,在编写日记的界面设计时,也只需要设计这 4 项内容的输入。而且对于这样有规律的数据,我们自然而然想到使用数据库来存储这些信息。在明确了这些基本内容,接下来就是实现这些功能并不断完善。

4.5.1 写日记

1. 界面设计

在写日记时,只需要记录日期、天气、标题以及具体的内容,所以在界面设计时,只需要提供这 4 项即可,如图 4.28 所示。为了提供更友好的交互,日期通过读取系统日期直接显示;天气使用 ImageSwitcher 效果来选择天气,如图 4.29 所示。

图 4.28 写日记界面　　　　　　　图 4.29 选择天气

如图 4.28 所示,整体界面布局使用线性布局,从上到下顺序地添加相应控件。只是天气图片和标题输入栏需要注意。可以使用相对布局来完成,类似上一节中显示的通讯录;也可以使用多个线性布局完成。下面使用线性布局来实现这部分布局,代码如下:

```
01  <ScrollView android:layout_weight="4" android:id="@+id/ScrollView1"
02      android:layout_width="fill_parent" android:layout_height=
        "wrap_content"
```

```
03            android:scrollbars="vertical">
04     <LinearLayout android:layout_width="fill_parent"
05            android:layout_height="wrap_content" android:orientation=
              "vertical">
06         <LinearLayout
07                android:layout_width="fill_parent" android:layout_
                  height="wrap_content"
08                android:paddingTop="10px" android:layout_
                  marginLeft="10dp"
09                android:layout_marginRight="10dp">
10             <ImageButton android:id="@+id/image_button"
11                    android:layout_width="70dip" android:layout_
                      height="70dip"
12                    android:src="@drawable/img1" android:scaleType=
                      "centerCrop" />
13             <LinearLayout android:layout_width="fill_parent"
14                    android:layout_height="wrap_content" android:
                      orientation="vertical"
15                    android:layout_marginRight="10dp" android:layout_
                      marginLeft="10dp">
16                 <TextView android:layout_height="wrap_content"
17                        android:layout_width="wrap_content" android:
                          text="标题: "
18                        android:textSize="20dp" />
19                 <EditText android:id="@+id/diarytitle"
20                        android:layout_width="fill_parent" android:
                          layout_height="wrap_content"
21                        android:scrollbars="vertical" android:hint="
                          标题" android:gravity="top"
22                        android:layout_gravity="center_vertical" />
23             </LinearLayout>
24         </LinearLayout>
25     </ScrollView>
```

其中，01～03 行，整体添加上下移动的滑动条，防止内容过多时产生遮挡；

04～5 行，为整个界面添加布局，布局方式为线性布局；

06～09 行，添加一个线性布局，方式为从左到右的横向线性布局，用来添加图片和标题；

10～12 行，在横向线性布局中，添加图片按钮，用于选择天气；

13～15 行，添加一个线性布局，方式为从上到下的纵向线性布局，用来添加显示和输入框；

16～18 行，文件显示，显示标题；

19～22 行，标题输入框，初始有"标题"两字的提示，效果如图 4.28 所示。

2. 选择天气

选择天气使用 Gallery 和 ImageSwitcher 结合的方式来实现。效果如图 4.29 所示，可以分为 3 步来实现：

第一步，定义显示的布局；

第二步，设置 Gallery 显示图片；

第三步，设置 ImageSwitcher 的图片切换。

（1）设置显示

本示例采用单击图片按钮后弹出自定义提示框的方式来显示。自定义提示框显示自定义的布局视图，本示例即由一个 Gallery 以及一个 ImageSwitcher 组成。我们使用动态代码绘制一个标题为"请选择天气"、内容为活动图片、拥有两个按钮的提示框，实现代码如下：

```
01  AlertDialog imageChooseDialog;              //头像选择对话框
02  AlertDialog.Builder builder = new AlertDialog.Builder(this);
03  builder.setTitle("请选择天气").setView(imageChooseView)
04      .setPositiveButton("确定", new DialogInterface.
        OnClickListener() {
05          @Override
06          public void onClick(DialogInterface dialog, int which) {
07              imageChanged = true;
08              previousImagePosition = currentImagePosition;
                                      //获得选中的图片编号
09              imageButton
10                  .setImageResource(images[currentImagePosition%
                    images.length]);        //设置天气图
11          }
12  }).setNegativeButton("取消",new DialogInterface
    .OnClickListener() {
13          @Override
14          public void onClick(DialogInterface dialog, int which) {
15              currentImagePosition = previousImagePosition;
16          }
17  });
18      imageChooseDialog = builder.create();
```

其中，01~02 行，实例化一个自定义提示框；

03 行，定义提示框的标题为"请选择天气"以及显示视图为 imageChooseView。该 imageChooseView 视图便是滑动图片的视图，接下来将详细讲解其实现；

04~11 行，定义"确定"按钮，以及单击"确定"按钮的事件处理。记录是否选择改变、记录选择的图片编号并将按钮的图片改变为选择的图片；

12~17 行，定义"取消"按钮，以及单击"取消"按钮的事件处理。记录选择的图片编号。

（2）设置 Gallery

使用 Gallery 和使用 ListView 一样需要先实现自己的数据适配器。继承自 BaseAdapter，实现其构造函数以及 getCount()、getItem()、getItemId()和 getView() 4 种方法。getView()用来实现 Gallery 的图像绘制，是实现的重点。代码如下：

```
01  // Gallery 从这个方法中拿到 image
02  @Override
03  public View getView(int position, View convertView, ViewGroup
    parent) {
04      ImageView iv = new ImageView(context);      //实例化图像视图
05      iv.setImageResource(images[position % images.length]);
                                                    //设置显示图像
06      iv.setAdjustViewBounds(true);               //设置边界
07      iv.setLayoutParams(new Gallery.LayoutParams(80, 80));
                                                    //设置显示布局
08      iv.setPadding(15, 10, 15, 10);              //设置边距
09      return iv;
10  }
```

其中，04 行，实例化一个图像视图；

05 行，设置视图的图像。setImageResource()参数为图片资源的 id 号；

06～08 行，设置视图的相关属性，分别为条件是否为边界、显示格式以及边距填充属性。

实现了 Gallery 的适配器后，就可以实现 Gallery 的数据关联以及事件处理。具体实现如下：

```
01          LayoutInflater li = LayoutInflater.from(Notes_add.this);
02          imageChooseView = li.inflate(R.layout.choice_img, null);
03          //通过渲染 XML 文件，得到一个视图（View），再拿到这个 View 里面的
            Gallery
04          gallery = (Gallery) imageChooseView.findViewById(R.id.
            gallery);
05          //为 Gallery 装载图片
06          gallery.setAdapter(new ImageAdapter(this));
07          gallery.setSelection(images.length / 2);
08          gallery.setOnItemSelectedListener(new
            OnItemSelectedListener() {
09              @Override
10              public void onItemSelected(AdapterView<?> arg0, View arg1,
11                  int arg2, long arg3) {
12                  //当前的头像位置为选中的位置
13                  currentImagePosition = arg2;
14                  //为 ImageSwitcher 设置图像
15                  is.setImageResource(images[arg2 % images.length]);
16              }
17
18              @Override
19              public void onNothingSelected(AdapterView<?> arg0) {
20              }
21          });
```

其中，01～04 行，使用 inflate 方法将布局转为视图，并从视图中实例化 Gallery 控件；

05～07 行，Gallery 与适配器关联获得显示内容，并初始化选择的图片；

08～21 行，实现 Gallery 的选择变化的处理，13 行记录选择的图片变化，15 行设置 ImageSwitcher 的显示图片。

（3）设置 ImageSwitcher

设置 ImageSwitcher 需要设置其图片切换时的视图工厂、加载和卸载图片时的动画效果。在 ImageSwitcher 中设置图片切换的视图工厂，使用方法为：

```
public void setFactory (ViewSwitcher.ViewFactory factory)
```

其中，参数为切换的视图工厂。该工厂用于在 ViewSwitcher 中创建视图，需要实现工厂类的方法：

```
View makeView ()
```

该方法就是具体实现创建一个用于添加到视图转换器（ViewSwitcher）中的新视图。本示例中的 makeView()方法实现如下：

```
01      @Override
02      public View makeView() {
03          ImageView view = new ImageView(this);         //实例化图像视图
04          view.setBackgroundColor(0xff000000);          //设置背景颜色
```

```
05          view.setScaleType(ScaleType.FIT_CENTER);        //设置边界缩放
06          view.setLayoutParams(new ImageSwitcher.LayoutParams(90, 90));
            //设置界面布局
07          return view;
08      }
```

其中，03 行，实例化一个视图类；

04 行，设置视图的背景色，0xff000000 为黑色；

05 行，设置视图将图片边界缩放，以适应视图边界的可选项。FIT_CENTER 表示在视图中使图像居中，不执行缩放；

06 行，设置视图的布局参数。

在 ImageSwitcher 中设置视图切换的动画效果，载入时和卸载时的动画效果分别使用方法：

```
setInAnimation(Animation inAnimation)
setOutAnimation(Animation outAnimation)
```

其中，参数为动画效果。定义动画效果使用 AnimationUtils 的方法：

```
loadAnimation(Context context, int id)
```

其中，第一个参数是上下文的环境，第二个参数是动画加载的资源 ID 号。系统本身提供了一些动画效果在 R.anim 中。掌握了设置 ImageSwitcher 的方法，具体实现代码如下：

```
01      ImageSwitcher is;    //定义头像的 ImageSwitcher
02      is = (ImageSwitcher) imageChooseView.findViewById(R.id.
        imageswitch);
03      is.setFactory(this);
04      //加载图片时的动画效果
05      is.setInAnimation(AnimationUtils.loadAnimation(this, android.R.
        anim.fade_in));
06      //卸载图片时的动画效果
07      is.setOutAnimation(AnimationUtils.loadAnimation(this, android.R.
        anim.fade_out));
```

3. 数据库保存日记

通过上面的界面设计，接下来实现使用数据库对日记内容的保存。为了保证日记信息的完整与统一，添加一个类 Diary 来保存日记信息，分别记录日记标题、日记日期、日记内容以及天气的图片 ID 号，代码如下：

```
public class Diary implements Serializable {
    public int _id;                        //编号
    public String diarytitle;              //标题
    public String diarydate;               //日期
    public String diarycontent;            //内容
    public int imageId;                    //天气图片编号
}
```

对于日记的日期，默认使用获得的当前系统日期，当然也是可以修改的。系统日期的获得方法是：

```
SimpleDateFormat sDateFormat = new SimpleDateFormat("yyyy-MM-dd");
return sDateFormat.format(new java.util.Date());
```

在使用数据库来保存日记，对其实现可以分为 3 步：第一步，新建数据库；第二步，新建记录日记信息的表；第三步，向表中添加记录，保存日记。

（1）新建数据库

为了保证数据的安全性，将数据库保存在系统目录中，可以使用数据库的辅助类 SQLiteOpenHelper 来实现。相信大家已经非常熟悉这个过程，继承 SQLiteOpenHelper 类，并实现其构造函数。具体代码如下：

```
01    class MyDBHelper extends SQLiteOpenHelper {
02
03        public MyDBHelper(Context context, String name, int version) {
04            super(context, name, null, version);
05        }
```

（2）新建日记记录表

一条日记记录由类 Diary 来记录，所以在日记记录表中，同样需要 5 列来记录信息：_id 为主键、diarytitle 保存标题、diarydate 保存日期、diarycontent 保存内容、imageid 保存天气的图片号。在重写 SQLiteOpenHelper 类的 onCreate()方法时，实现对记录表的创建。具体代码如下：

```
01        @Override
02        public void onCreate(SQLiteDatabase db) {
03            String tableCreate = "create table "+ TABLENAME
04                + " (_id integer primary key autoincrement,
                    diarytitle
05                text,diarydate text,diarycontent text,imageid int)";
                //创建 sql 语句
06            db.execSQL(tableCreate);
07        }
```

其中，03～05 行，表示创建记录表的 sql 语句；

06 行，执行 sql 语句，创建记录表。

（3）保存日记信息

向数据库表中添加记录，有两种方法，下面使用 Android 提供的 insert()方法来添加记录，因为该方法将返回 long 值；当添加成功时，返回新插入行的行 ID；当发生了错误时，返回-1。添加记录的实现代码如下：

```
01    public static SQLiteDatabase dbInstance;
02    //往数据库里的 tb_diary 表添加一条数据,若失败则返回-1
03    public long insert(Diary diary) {
04        ContentValues values = new ContentValues();           //数据容器
05        values.put("diarytitle", diary.diarytitle);           //保存标题
06        values.put("diarydate", diary.diarydate);             //保存日期
07        values.put("diarycontent", diary.diarycontent);       //保存内容
08        values.put("imageid", diary.imageId);                 //保存图片 id
09        return dbInstance.insert(TABLENAME, null, values);    //添加数据
10    }
```

其中，01 行，声明一个静态的 SQLiteDatabase 变量，保证数据库使用的唯一性；

03 行，定义添加数据的方法，参数为日记类 Diary；

04～08 行，通过日记类将需要保存的数据放入 ContentValues 中；

09 行，将记录保存到数据库中。

4. 运行分析总结

对程序进行调试运行,天气选择可以如图 4.29 所示正常选择。将程序目录 data/data/com.ouling.ex_notes 下的数据库文件 db_notes.db 导出,使用 SQLiteSpy 查看结果,如图 4.30 所示,与我们输入的内容是相同的。

图 4.30 保存日记

实现写日记的功能,我们使用到了基本的布局组合、Gallery 和 ImageSwitcher 的使用、系统时间的获取以及数据库。

4.5.2 主界面

1. 功能说明

上面已经实现了日记本最主要的功能——写日记并且保存日记,当然还有很多其他功能需要实现。例如日记的阅读、修改甚至删除。而且对于一款应用来说,进入程序就是写日记的界面,显然也是不合适的。所以需要设计出一个将功能全部包括的流程和主界面。

在主界面中,使用 ListView 将记录在数据库中的所有日记显示出其标题和日期。当选择 ListView 中某一项时,跳转显示该日记的详细信息,并允许对日记进行修改。同时,主界面也使用菜单来提供写日记和退出程序的功能,效果如图 4.31 所示。

图 4.31 主界面

2. ListView 显示

对于自定义布局的 ListView 显示,我们已经非常熟悉了:第一步,定义 ListView 中的每一栏布局;第二步,实现数据适配器;第三步,定义 ListView 的布局与数据关联。

(1) Item 布局

如图 4.31 所示,ListView 每一栏的布局是左边是一个图片,右边两行文字,这样的界面布局不难实现,只是使用白色的文字,文字颜色设置如下:

```
android:textColor="#ffffffff"
```

(2) 获取所有日记

日记信息保存在数据库中,只需要通过查询数据库即可。数据库的查询有两种方法,下面通过 Android 提供的 query()方法来实现。使用动态数组 ArrayList 返回所有的信息，具体实现如下：

```
01    //获得数据库中所有的信息,将每一个用户放到一个map中去,然后再将map放到list里
02      public ArrayList getAllDiary() {
03          ArrayList list = new ArrayList();    //日记全内容数组
04          Cursor cursor = null;
05          cursor = dbInstance.query(TABLENAME, new String[] { "_id",
06                  "diarytitle", "diarydate", "diarycontent", "imageid" },
07                  null,null, null, null, null);    //查询数据库中的所有日记
08
09          while (cursor.moveToNext()) {            //遍历日记
10              HashMap item = new HashMap();        //单个日记内容
11              item.put("_id", cursor.getInt(cursor.
                    getColumnIndex("_id")));         //获取id号
12              item.put("diarytitle", cursor.getString(cursor
13                      .getColumnIndex("diarytitle")));    //获取标题
14              item.put("diarydate", cursor.getString(cursor
15                      .getColumnIndex("diarydate")));     //获取日期
16              item.put("diarycontent", cursor.getString(cursor
17                      .getColumnIndex("diarycontent")));  //获取内容
18              item.put("imageid", cursor.getInt(cursor
19                          .getColumnIndex("imageid")));   //获取图片id
20              list.add(item);                      //保存到日记数组中
21          }
22          cursor.close();
23          return list;
24      }
```

其中，01～04 行，完成定义函数、声明变量等初始化操作；

05～08 行，查询数据库中所有的日记。使用 SQLiteDatabase 提供的 query 方法；

09～19 行，将查询的结果以键值对的方式保存在 HashMap 中，保存了日记的 ID 号、标题、日期、内容以及图片 id 号；

20～21 行，将保存着日记信息的 HashMap 添加到动态数组 list 中；

22～24 行，读取完所有的日记信息后，关闭游标 cursor，返回所有日记记录的动态数组 list。

（3）ListView 的设置

由于视图布局简单且数据不复杂，使用 Android 提供的 SimpleAdapter 来作为数据适配器。它可以将静态数据映射到 XML 文件中定义好的视图，可以直接指定数据支持的列表。例如 Map 组成的动态数组，在 ArrayList 中的每个条目对应 List 中的一行；Map 包含每行对应的详细信息。SimpleAdapter 的构造函数如下：

```
public SimpleAdapter (Context context, List<? extends Map<String, ?>> data,
int resource, String[] from, int[] to)
```

其中：

❏ 参数 context，是关联 SimpleAdapter 运行着的视图的上下文。

❏ 参数 data，是一个 Map 的列表。在列表中的每个条目对应列表中的一行，包含所有在 from 中指定的条目。

❏ 参数 resource，是一个定义列表项目的视图布局资源的唯一标识。布局文件至少应

包含所有在参数 to 中定义了的名称。
- 参数 from，是一个将被添加到 Map 上关联每一个项目的列名称数组。
- 参数 to，是在参数 from 显示列的视图。在列表中的视图与参数 from 中的值一一对应。

使用这样的简单适配器，显示所有的日记信息的实现代码如下：

```
01  adapter = new SimpleAdapter(this, list, R.layout.list_item,
02      new String[] { "imageid", "diarytitle", "diarydate" },
03      new int[] { R.id.diaryimage, R.id.diarytitle, R.id.
          diarydate });
04  lv.setAdapter(adapter);                //将整合好的adapter交给Listview
05  lv.setCacheColorHint(Color.TRANSPARENT);
                                           //设置 ListView 的背景为透明
```

其中，01～03 行，实现数据适配器。list 获取得到所有日记记录。R.layout.list_item 是每一栏的布局。new String[] { "imageid", "diarytitle", "diarydate"}是 list 中 HashMap 中的键名，表示获取这些键对应的具体数据。new int[]数据是 item 中定义的控件资源标识；

04 行，将实现的适配器设置为 ListView，用于显示。效果如图 4.31 所示。

3. ListView单击事件

在列表中只显示了日记的简要信息，如果需要查看日记的详细记录甚至对日记进行修改，就需要跳转到查看修改界面。界面的跳转即 Activity 切换，首先需要在 AndroidManifest.xml 文件中声明。例如需要跳转到名为 Notes_read 的 Activity，声明如下：

```
<activity android:name=".Notes_read"></activity>
```

当 ListView 中某一栏被单击时，会调用方法来处理单击事件：

```
public abstract void onItemClick (AdapterView<?> parent, View view, int position, long id)
```

其中，参数 parent，是发生单击动作的 AdapterView；
参数 view，是在 AdapterView 中被单击的视图；
参数 position，是视图在 adapter 中的位置；
参数 id，是被单击元素的行 id。

通过设置 ListView 的单击监听，用单击处理方法 onItemClick()实现功能。在日记本中，需要完成界面的跳转，并且将日记信息数据传递到下一个界面中。具体实现如下：

```
01  lv.setOnItemClickListener(new OnItemClickListener() {
02      //响应单击事件，但单击某一个选项时，跳转到用户详细信息页面
03      @Override
04      public void onItemClick(AdapterView<?> arg0, View arg1, int arg2,
05          long arg3) {
06          HashMap item = (HashMap) arg0.getItemAtPosition(arg2);
                                              //获取选中日记的数据
07
08          Intent intent = new Intent(ex_notes.this, Notes_read.class);
                                              //界面跳转意图
09          Diary diary = new Diary();        //实例化日记类
10          diary._id = Integer.parseInt(String.valueOf(item.get("_id")));
                                              //获取日记id
```

```
11          diary.diarytitle = String.valueOf(item.get("diarytitle"));
                                                            //获取日记标题
12          diary.diarydate = String.valueOf(item.get("diarydate"));
                                                            //获取日记日期
13          diary.diarycontent = String.valueOf(item.get("diarycontent"));
                                                            //获取日记内容
14          diary.imageId=Integer.valueOf(item.get("imageid"));
                                                            //获取天气图片id
15          intent.putExtra("diary", diary);     //意图中添加日记类数据
16
17          //将 arg2 作为请求码传过去 用于标识修改项的位置
18          startActivityForResult(intent, arg2);
19          finish();
20          }
21      });
```

其中，01～05 行，设置 ListView 中单击一栏时的监听事件；

06～07 行，获得被单击栏所对应的日记记录数据；

08～15 行，定义跳转意图，并添加该日记记录的所有数据到意图中，以便跳转到显示界面时显示；

16～21 行，实现界面跳转。

4. 菜单设置

(1) 菜单界面

在界面中通过菜单键可以弹出菜单。可以使用静态的 XML 文件定义菜单布局，也可以动态生成菜单。初始化生成标准选项菜单的方法是：

```
public boolean onCreateOptionsMenu (Menu menu)
```

其中，参数为需要实现的菜单。具体的菜单布局也在该方法中实现。常用的动态添加菜单中新菜单项的方法：

```
public abstract MenuItem add (int groupId, int itemId, int order, CharSequence title)
```

其中，groupId 是组标识符；itemId 是项目 id，必须是唯一的；order 是该项目的顺序；title 是显示的文本。例如，实现图 4.31 所示的下方的菜单，代码如下：

```
01  @Override
02  public boolean onCreateOptionsMenu(Menu menu) {
03      menu.add(0, INSERT_ID, 1, "写日记");            //菜单中添加菜单栏
04      menu.add(0,EXIT_ID,2,"退出");
05      return super.onCreateOptionsMenu(menu);
06  }
```

其中，01～02 行，重写实现创建菜单的方法；

03～04 行，添加菜单中的项。分别添加了"写日记"和"退出"两项。

(2) 菜单单击处理

实现了菜单的界面，当选项菜单中的项目被选中，对应的处理调用方法：

```
onOptionsItemSelected(MenuItem item)
```

其中，参数为选中的菜单项目。

熟悉了菜单的单击处理方法，在本示例中，当选中"写日记"时，跳转到写日记界面；当选中"退出"时，结束整个程序。具体实现如下：

```
01      @Override
02      public boolean onOptionsItemSelected(MenuItem item) {
03          switch (item.getItemId()) {
04          case INSERT_ID:                                 //写日记
05              Intent intent = new Intent(this, Notes_add.class);
                                                            //跳转到添加日记界面意图
06              ex_notes.this.startActivity(intent);        //跳转
07              finish();                                   //结束当前界面
08              break;
09
10          case EXIT_ID:                                   //退出程序
11              finish();                                   //结束当前界面
12              // 结束进程
13              android.os.Process.killProcess(android.os.Process.myPid());
14          }
15          return super.onOptionsItemSelected(item);
16      }
```

其中，01～02 行，重写菜单单击处理方法；
04～08 行，当单击"写日记"项时，跳转到 Notes_add 界面；
09～14 行，当单击"退出"项时，实现结束该程序。

4.5.3 读取修改日记

1. 功能说明

在主界面中，实现了单击一项跳转到读取日记界面的功能。下面来实现跳转到显示完整日记信息的界面。由于显示的信息都是写日记时的信息，所以在界面设计上与写日记界面保持一致。只是将"保存"按钮替换为"修改"和"删除"按钮，效果如图 4.32 和图 4.33 所示。

图 4.32　读取日记

图 4.33　修改日记

2. 显示日记

在主界面跳转到显示详细信息界面时，在意图 Intent 中已经附带了日记的所有信息，只需要获得附带的信息并显示即可。实现如下：

```
01  public void onCreate(Bundle savedInstanceState) {
02      super.onCreate(savedInstanceState);
03      setContentView(R.layout.read);
04
05      //获得意图
06      Intent intent = getIntent();
07      //从意图中得到需要的 Diary 对象
08      diary = (Diary) intent.getSerializableExtra("diary");
09      //加载数据，往控件上赋值
10      loadDiaryData();
11      //设置 EditText 不可编辑
12      setEditTextDisable();
13  }
```

其中，01~03 行，在活动 Activity 中创建函数 onCreate()，用来根据 XML 文件创建视图；

04~08 行，获得意图 Intent，并读取信息到 Diary 类；

09~12 行，实现显示界面的其他功能，加载显示数据和设置显示效果，实现效果如图 4.32 所示。

获得需要显示的所有数据保存到 Diary 类中，接下来只需要将日记属性显示在界面中。由于只是读取日记，所以内容不可修改。为了更明显地表示出内容的只读性，将所有字体颜色设置为白色。具体实现如下：

```
01  //获得布局文件中的控件，并且根据传递过来 Diary 对象对控件进行赋值
02      public void loadDiaryData() {
03          //为控件赋值
04          et_diarytitle.setText(diary.diarytitle);
05          et_diarydate.setText(diary.diarydate);
06          et_diarycontent.setText(diary.diarycontent);
07          imageButton.setImageResource(diary.imageId);
08      }
09  //设置 EditText 为不可用
10      private void setEditTextDisable() {
11          et_diarytitle.setEnabled(false);
12          et_diarydate.setEnabled(false);
13          et_diarycontent.setEnabled(false);
14          imageButton.setEnabled(false);
15          setColorToWhite();
16      }
17  //设置显示的字体颜色为白色
18      private void setColorToWhite() {
19          et_diarytitle.setTextColor(Color.WHITE);
20          et_diarydate.setTextColor(Color.WHITE);
21          et_diarycontent.setTextColor(Color.WHITE);
22      }
```

其中，01~08 行，是为界面中的显示控件赋值，从 Diary 类中读取出各控件需要显示的内容；

09～16 行，设置控件为不可用，保证内容为只读；

17～22 行，将显示的文字，包括标题、日期以及内容都设置为白色。

3. 修改日记

当需要对日记进行修改时，单击"修改"按钮。在单击后，转到修改状态。此时，各个控件可用，文字颜色变为黑色并且将"修改"按钮变为"保存"按钮，用于保存修改。具体实现如下：

```
01  //为按钮添加监听类
02  btn_save.setOnClickListener(new OnClickListener() {
03      @Override
04      public void onClick(View arg0) {
05          if (!flag) {        //状态判断，flag 为 true 为修改状态，false 为查看
06              btn_save.setText("保存");      //设置按钮显示为"保存"
07              setEditTextAble();             //设置为可编辑
08              flag = true;                   //修改状态
09          }
10      }
11  });
12  //设置 EditText 为可用状态
13  private void setEditTextAble() {
14      et_diarytitle.setEnabled(true);
15      et_diarydate.setEnabled(true);
16      et_diarycontent.setEnabled(true);
17      imageButton.setEnabled(true);
18      setColorToBlack();
19  }
20
21  //设置显示的字体颜色为黑色
22  private void setColorToBlack() {
23      et_diarytitle.setTextColor(Color.BLACK);
24      et_diarydate.setTextColor(Color.BLACK);
25      et_diarycontent.setTextColor(Color.BLACK);
26  }
```

其中，01～03 行，添加按钮的单击监听事件处理；

04～08 行，完成对单击事件的具体处理。flag 作为是否修改的标识，修改状态时为 true，读取状态为 false。07 行用于改变控件的使用和位置的颜色；

12～19 行，设置控件可用，保证可以正常修改所有内容；

20～26 行，设置显示的文字颜色为黑色，效果如图 4.33 所示。

当然，在修改控件为可用状态后，同样需要实现对各个控件的单击等事件处理。最主要的是实现对选择天气的处理。当然，效果和写日记时是一样，实现也是一样的，分为 3 步：第一步，定义显示的布局；第二步，设置 Gallery 显示图片；第三步，设置 ImageSwitcher 的图片切换。

4. 保存修改

以上实现了日记内容的可修改，对已有日记的标题修改为"修改一下"，如图 4.33 所示。完成修改后，需要保存修改后的内容到数据库中。首先对"保存"按钮，即之前的"修改"按钮，添加保存内容的处理，实现如下：

```
01      else {
02          //往数据库里面修改数据
03          if (modify() == -1) {
04              return;
05          }
06          flag = false;
07          setTitle("修改成功");
08          returnMain();
09      }
```

其中，01 行，是对 flag 判断为 true 时，执行以下处理；

02～05 行，修改数据库中的记录，失败时返回；

06～08 行，修改成功后的处理，设置标识 flag、提示"修改成功"以及返回到主界面。

具体实现对数据库的修改，在 modify()函数中完成。该函数实现对控件修改后内容是否为空的判断。当都不为空时，将修改后的日记记录保存到 Diary 类中，然后修改数据库的内容。对数据库进行修改时，传入参数为 Diary 类，使用 SQLiteDatabase 提供的 update 方法。具体实现如下：

```
01      //修改信息
02      public void modify(Diary diary) {
03          ContentValues values = new ContentValues();
04          values.put("diarytitle", diary.diarytitle);
05          values.put("diarydate", diary.diarydate);
06          values.put("diarycontent", diary.diarycontent);
07          values.put("imageid", diary.imageId);
08
09          dbInstance.update(TABLENAME, values, "_id="+String.valueOf
                (diary._id), null);
10      }
```

其中，01～02 行，定义数据库修改函数，参数为 Diary 类；

03～07 行，设置数据库中需要修改的内容；

08～09 行，对数据库进行修改。修改的是 id 号为传入的 Diary 类的 id 号的记录。

5．删除日记

对日记的修改当然包括删除操作。下面，实现对日记的删除。为了避免错误单击了"删除"按钮，添加一个提示，实现效果如图 4.34 所示。

只需要一个最基本的提示框，便可完成该功能，具体实现代码如下：

图 4.34　删除日记

```
01      btn_delete.setOnClickListener(new
OnClickListener() {
02          @Override
03          public void onClick(View v) {
04              new AlertDialog.Builder(Notes_read.this)    //实例化提示框
05                  .setPositiveButton("确定", new DialogInterface.
                    OnClickListener() {
06                      @Override
```

```
07                 public void onClick(DialogInterface dialog, int
                       which) {                              //"确定"按钮的处理
08                     delete();                              //调用删除方法
09                     returnMain();                          //调用返回主界面方法
10                 }
11             }).setNegativeButton("取消",new DialogInterface.
               OnClickListener() {
12                 @Override
13                 public void onClick(DialogInterface dialog, int
                       which) {
14                 }
15             }).setTitle("是否要删除?").create().show();
16         }
17     });
```

其中，01～03 行，添加按钮的单击监听事件处理；

04 行，实例化一个提示框 AlertDialog；

05～10 行，设置提示框的"确定"按钮，并实现单击后的数据库中删除记录和返回主界面；

11～14 行，设置提示框的"取消"按钮；

15 行，设置提示框的标题。

实现了删除操作，在界面的提示后，就完成对数据库记录的删除。传入一个日记的 id 号，使用 SQLiteDatabase 提供的方法 delete()来实现，具体实现如下：

```
// 删除
public void delete(int _id) {
    dbInstance.delete(TABLENAME, "_id=?"+_id, null);
}
```

6. 运行分析总结

对程序进行调试运行，无论是在显示日记详细记录、修改日记还是删除日记时，界面都可以直观地看到效果。当修改完成后，主界面中显示的概要信息同样是更改之后的，如图 4.35 所示。

图 4.35 修改后界面跳转

修改日记之后数据库保存的信息如图 4.36 所示,可以清楚看出标题信息已经进行了更新。在对日记的修改过程中,使用了对控件的是否可用、文字的颜色等多种属性的设置,以及对数据库的更新、删除等操作。

图 4.36 修改后的数据库

4.5.4 日记本小结

通过上面的操作,我们实现了一个完整的日记本程序,功能上实现了日记的添加、读取、修改、删除等操作,界面上对不同功能的跳转清晰流畅。在实现日记本程序中,我们应用到了按钮、图片、输入框、提示框等基本控件,也使用了 Gallery 和 ImageSwitcher 等更灵活的控件;使用了不同活动 Activity 的切换;更使用到了数据库来保存数据。对于这样一个实用的入门实例,希望大家能够很好地理解整个过程并且动手实现。

而且对于这样一个实例,一般都会将其中的所有数据库相关操作封装到一个类中以方便使用。例如,日记本中使用到的数据库的创建、表的创建,以及日记记录的全部获取、部分获取、添加日记、更新日记、根据 id 号删除日记等操作,将其放入一个类 DBHelper 中。这样的一个类虽然不完全具有通用性,但是只需要对数据库名称、创建表的具体列名、记录操作的具体实现等细节进行修改,便可以适用于其他程序。

当然,这个日记本还有其他可以完善的地方。例如,为了更加安全,添加一个加密功能。在开启程序时需要输入正确的密码才能查看日记,这个密码可以使用 4.2 节的 Shared-Preference 来记录。

4.6 网 络 存 储

网络是我们现在获取信息的重要来源,拥有最多的数据量。我们通过网络来获取信息,同时也使用网络来保存数据。使用网络来存储的方式有很多,如数据上传到服务器、数据上传到网盘、以附件的方式保存在邮件中等等。本节中,将使用调用系统邮件程序来发送邮件的方式实现保存数据。

4.6.1 系统邮件设置

要使用系统邮件程序来发送邮件,首先需要设置好邮件账户。我们通过以下几步来设置邮件账户:
(1)在主菜单中,选择 Email,如图 4.37 所示。

（2）在 Email 程序中，根据提示，输入邮件地址和密码。邮箱最好使用 Gmail 的邮箱，如图 4.38 所示。

（3）单击 Next 按钮，程序将自动配置、检查邮箱的相关信息；

（4）完成自动配置、检查后，输入邮件名称等信息，系统邮件即设置成功。

图 4.37　Email 程序　　　　　　图 4.38　邮箱设置

4.6.2　发送邮件

设置系统邮件成功后，我们通过程序调用系统邮件来发送邮件即可。在发送邮件程序中，需要输入邮件发送到的地址以及邮件的内容，如图 4.39 所示。

图 4.39　发送邮件

当获得了邮件的地址和内容后，通过意图 Intent 跳转到 Email 程序，并且携带发送的邮件地址、邮件内容、主题、附件等信息。

该自定义的 Intent，其动作为 android.content.Intent.ACTION_SEND，用来跳转到 Email 程序的发送界面。在 Intent 中，还必须携带上邮件的相关信息，其中，使用 setType() 来决定 Email 的格式；使用 putExtra() 来保存收件人地址（EXTRA_EMAIL）、主题（EXTRA_SUBJECT）、邮件内容（EXTRA_TEXT）、邮件附件（EXTRA_STREAM）以及其他 Email 的字段（EXTRA_BCC、EXTRA_CC）。了解了邮件如何设置其相关信息，具体的实现如下：

```
01      Intent intent = new Intent(Intent.ACTION_SEND);
02      intent.putExtra(android.content.Intent.EXTRA_EMAIL, address);
                                                              //收件人地址
03      intent.putExtra(android.content.Intent.EXTRA_TEXT, content);
                                                              //正文
04      File file = new File("/sdcard/Justin Bieber-Baby.mp3");
                                                              //附件文件地址
05      intent.putExtra(android.content.Intent.EXTRA_SUBJECT,
        file.getName());                                      //主题
06      intent.putExtra(Intent.EXTRA_STREAM, Uri.fromFile(file));
                                                              //添加附件,附件为 file 对象
07      if (file.getName().endsWith(".gz")) {
08          intent.setType("application/x-gzip");  // 如果是 gz 使用 gzip 的
            mime
09      } else if (file.getName().endsWith(".txt")) {
10          intent.setType("text/plain");    //纯文本则用 text/plain 的 mime
11      } else {
12          intent.setType("application/octet-stream");
                                                              //其他的均使用流当作二进制数据来发送
13      }
14      startActivity(Intent.createChooser(intent, "Email Client"));
                                                              //调用系统的 mail 客户端进行发送
```

其中，01 行，定义跳转到 Email 程序的动作意图 Intent；

02 行，在 Intent 中添加收件人地址；

03 行，在 Intent 中添加邮件正文内容；

04 行，获得附件文件；

05 行，在 Intent 中添加邮件的主题，主题名为附件的文件名；

06 行，在 Intent 中添加邮件的附件；

07~13 行，根据附件的不同类型来确定邮件的格式；

14 行，实现跳转。如果成功，则会跳转到发送 Email 的界面，并且 Email 的所有内容已经填写正确，如图 4.40 所示。

4.6.3 运行分析总结

以上就实现了邮件的发送。打开收件人邮箱，查看收到的邮件，有一封来自 Gmail 的邮件，如图 4.41 所示。在图 4.41 中可以看出，邮件的内

图 4.40 跳转到系统邮件界面

容、主题以及附件都是正确的,这样我们就通过邮件实现了网络存储。

图 4.41 收件人邮件

由于在模拟器的原因,Email 程序在发送出数据后,很可能模拟器上会提示 No Application can perform this action,所以,希望大家使用真机进行测试。

使用系统邮件程序来发送邮件只是网络存储中非常简单的功能,在下一章中,我们将详细讲述网络通信的相关知识。

4.7 数 据 共 享

在 Android 中的数据,并不是仅仅只能够提供给创建该数据的应用程序自己使用,同样也可以将数据暴露到外界,供其他应用程序使用。这样可以减少系统中数据的冗余,达到应用程序之间数据的共享。关于数据共享,之前学习过文件操作模式,知道通过指定文件的操作模式为 Context.MODE_WORLD_READABLE 或 Context.MODE_WORLD_WRITEABLE 可以实现对外共享数据。

但是,采用这种方式,数据的访问方式会因数据存储的方式而不同,导致数据的访问方式无法统一。例如,采用 XML 文件对外共享数据,需要进行 XML 解析才能读取数据;采用 sharedpreferences 共享数据,需要使用 sharedpreferences API 读取数据。所以在 Android 中,实现应用程序间数据共享的最常用也最标准方式是使用内容提供者(ContentProvider)来实现。

这种方式分为内容提供者(ContentProvider)和内容解析器(ContentResolver)两部分实现。其中 ContentProvider 负责组织应用程序的数据并向其他应用程序提供数据;ContentResolver 则负责获取 ContentProvider 提供的数据以及进行数据的添加、删除、修改、查询数据等操作。下面通过自定义的 ContentProvider 在两个应用程序之间实现图书信息的数据共享来详细讲解 ContentProvider。其中使用程序 ex_contentprovider 来提供数据,ex_test_myprovider 来操作数据。

4.7.1 共享的图书信息

本示例中,将在应用程序之间共享图书信息。图书信息包括图书名称、图书的 ISBN

编号以及作者名。这些信息以数据库中表的形式保存。创建一个 books.db 的数据库，其中使用 books 的表来记录图书信息。数据库辅助类，我们已经多次使用，大家比较熟悉，此处不再讲述。其中创建表的代码如下：

```
01    public class DB_helper extends SQLiteOpenHelper {
02        @Override
03        public void onCreate(SQLiteDatabase db) {
04            String sql = "CREATE TABLE " + Bookinfo.TABLE_NAME + " ("
05                    + Bookinfo._ID + " INTEGER PRIMARY KEY AUTOINCREMENT,"
06                    + Bookinfo.BOOK_NAME + " TEXT," + Bookinfo.BOOK_ISBN
                      + " TEXT,"
07                    + Bookinfo.BOOK_AUTHOR + " TEXT);";
                                          //创建表的 sql 语句
08            db.execSQL(sql);      //执行 sql 语句
09        }
10    }
```

其中，01 行，继承 SQLiteOpenHelper 类，用于数据库的管理；

03～09 行，创建 books 表。表中包括 id、书名、图书 ISBN 编号和图书作者信息。

4.7.2 内容提供者（ContentProvider）

为了提供的数据方便其他应用程序共享，ContentProvider 以类似数据库中表的方式将数据暴露。外界也通过这一套标准统一的接口共享这个程序里的数据。实现自定义的 ContentProvider 通过如下 3 步：

（1）定义 URI。
（2）继承 ContentProvider 类，重写其方法。
（3）在 AndroidManifest 文件中，对该 ContentProvider 进行配置。

1．定义URI

要使用 URI，需要先理解 URI 的意义和格式。URI 代表了要操作的数据，一个 URI 由名称（scheme）、主机名和路径 3 部分组成，如图 4.42 所示。

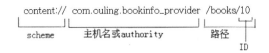

图 4.42　URI 地址

其中：
- scheme 已经由 Android 规定为 content://。
- 主机名（或叫 Authority）用于唯一标识这个 ContentProvider，外部调用者可以根据这个标识来找到该 ContentProvider。
- 路径（path）可以用来表示我们要操作的数据。如图 4.42 所示的路径表示 books 表中 id 为 10 的记录。

理解了 URI 代表数据的格式，在外部调用传入 URI 地址时，在 ContentProvider 中，需要对 URI 格式进行解析，使用 UriMatcher 类来解析 URI 地址。使用 UriMatcher 来解析，首先需要将要匹配的 URI 路径全部注册到 UriMatcher 中，使用如下方法来注册：

```
addURI(String authority, String path, int code)
```

其中，第一个参数代表传入标识 ContentProvider 的 AUTHORITY 字符串；第二个参数是要匹配的路径，使用"#"代表任意数字，用"*"来匹配任意文本；第三个参数必须传入一个大于零的匹配码，用 match() 方法对相匹配的 URI 返回对应的匹配码。

本示例中，用表中 id 作为主键来标识记录。注册添加 URI 的代码如下：

```
01    private static UriMatcher sUriMatcher = null;
02    private static final int BOOKS_RECORDS = 1;    // 多条记录
03    private static final int BOOK_RECORD = 2;      // 单条记录
04    static {
05        sUriMatcher = new UriMatcher(UriMatcher.NO_MATCH);
06        sUriMatcher.addURI(Bookinfo_provider.AUTHORITY, "books",
              BOOKS_RECORDS);
07        sUriMatcher.addURI(Bookinfo_provider.AUTHORITY, "books/#",
              BOOK_RECORD);
08    }
```

其中，01～03 行，定义、初始化需要用到的变量；

05 行，初始化 UriMatcher，添加常量 UriMatcher.NO_MATCH，表示不匹配任何路径的返回码；

06 行，添加匹配的 URI 地址。当地址为 content:// com.ouling.bookinfo_provoider/books 时，匹配返回码为 BOOKS_RECORDS，即 1；

07 行，添加匹配的 URI 地址。当地址为 content:// com.ouling.bookinfo_provoider/books/任意数字时，匹配返回码为 BOOK_RECORD，即 2。

解析的地址全部注册后，使用如下方法来匹配 URI 地址：

```
match(Uri uri)
```

该方法返回 URI 地址的返回码。

2. 继承ContentProvider类

由于 ContentProvider 以类似数据库中表的方式将数据暴露，所以在继承了 ContentProvider 类后，需要重写实现的方法和操作数据库的方法，类似添加（insert）、删除（delete）、查询（query）、修改（update）等。除了数据操作相关的方法外，还有类的初始化和处理数据的 MIME 类型。具体需要重写的方法如下：

```
public class PersonContentProvider extends ContentProvider{
    public boolean onCreate()
    public Uri insert(Uri uri, ContentValues values)
    public int delete(Uri uri, String selection, String[] selectionArgs)
    public int update(Uri uri, ContentValues values, String selection, String[] selectionArgs)
    public Cursor query(Uri uri, String[] projection, String selection, String[] selectionArgs, String sortOrder)
    public String getType(Uri uri)
}
```

下面，通过对图书信息的共享来具体讲解这些方法的实现。

3. onCreate()方法

当 ContentProvider 启动时都会回调 onCreate()方法。该方法主要执行一些 ContentProvider 初始化的工作，返回 true 表示初始化成功，返回 false 则初始化失败。本示例中，该方法完成对图书信息数据库辅助类的初始化，具体实现如下：

```
01    @Override
02    public boolean onCreate() {
03        dbhelper = new DB_helper(this.getContext());
04        return true;
05    }
```

其中，03 行，是对图书信息数据库辅助类 DB_helper 的初始化。

4. getType(Uri uri)方法

该方法返回数据的 MIME 类型。使用 UriMatcher 类对 URI 进行匹配，并返回相应的 MIME 类型字符串。如果操作的数据属于集合类型，那么 MIME 类型字符串应该以 vnd.android.cursor.dir/开头；如果要操作的数据属于非集合类型数据，那么 MIME 类型字符串应该以 vnd.android.cursor.item/开头。本示例中，实现如下：

```
01    //多记录，数据集的MIME类型字符串应该以vnd.android.cursor.dir/开头
02    public static final String CONTENT_TYPE = "vnd.android.cursor.dir/
      vnd.androidbook.book";
03    //单记录，单一数据的MIME类型字符串应该以vnd.android.cursor.item/开头
04    public static final String CONTENT_ITEM_TYPE = "vnd.android.cursor.
      item/vnd.androidbook.book";
05    @Override
06    public String getType(Uri uri) {
07        // TODO Auto-generated method stub
08        switch (sUriMatcher.match(uri)) {
09        case BOOKS_RECORDS:
10            return Bookinfo.CONTENT_TYPE;        //返回图书信息集合类型
11        case BOOK_RECORD:
12            return Bookinfo.CONTENT_ITEM_TYPE; //返回单条图书信息类型
13        default:
14            throw new IllegalArgumentException("Unknown URI " + uri);
15        }
16    }
```

其中，01～04 行，定义集合类型和非集合类型的 MIME 类型字符串；
06～15 行，根据 URI 地址匹配的结果，返回相应的 MIME 类型字符串。

5. insert(Uri uri, ContentValues values)方法

该方法用于对 URI 地址添加数据，返回值为新添加数据的 URI。在本示例中，为了保证添加数据的有效性，对添加的数据进行检查，如果值为空，则补为 Unknown。具体实现如下：

```
01    @Override
02    public Uri insert(Uri uri, ContentValues values) {
03        if (sUriMatcher.match(uri) != BOOKS_RECORDS) {
                                            //不是图书信息时，抛出异常
04            throw new IllegalArgumentException("Unknown URI " + uri);
```

```
05      }
06      if (values.containsKey(Bookinfo.BOOK_NAME) == false) {
                                            //无图书名则抛出异常
07          throw new SQLException("Failed to insert,please input Book
            Name" + uri);
08      }
09      if (values.containsKey(Bookinfo.BOOK_ISBN) == false) {
                                            //无 ISBN 号则添加 Unknown
10          values.put(Bookinfo.BOOK_ISBN, "Unknown ISBN");
11      }
12      if (values.containsKey(Bookinfo.BOOK_AUTHOR) == false) {
                                            //无作者则添加 Unknown
13          values.put(Bookinfo.BOOK_AUTHOR, "Unknown author");
14      }
15
16      SQLiteDatabase db = dbhelper.getWritableDatabase();
17      long rowID = db.insert(Bookinfo.TABLE_NAME, Bookinfo.BOOK_NAME,
        values);
18      //得到记录的行号,主键为 int,实际上就是主键值
19      if (rowID > 0) {
20          Uri insertBookedUri = ContentUris.withAppendedId(
21              Bookinfo.CONTENT_URI, rowID);          //数据库添加数据
22          getContext().getContentResolver().notifyChange
            (insertBookedUri,null);                     //数据已改变
23          return insertBookedUri;
24      }
25
26      throw new SQLException("Failed to insert row into " + uri);
27  }
```

其中,03～15 行,对 URI 地址以及添加的数据进行检查,当空值时添加一个默认值;

16～17 行,当添加数据时,完成在 ContentProvider 中的具体添加数据的实现。在本示例中,由于操作的是数据库,就使用数据库的添加方法。如果 ContentProvider 中操作的是 XML 文件,则使用 XML 文件的添加方式来添加数据 values;

19～22 行,添加变化后的 URI 地址,并使用 notifyChange()方法,通知注册在此 URI 上的观察者数据发生了改变;

25～27 行,异常处理。

6. delete(Uri uri, String selection, String[] selectionArgs)方法

该方法用于数据的删除,返回的是删除数据的数目。在删除时,需要判断删除的数据是一个集合的数据还是单个数据,并采取相应的删除方法。在本示例中,利用数据库辅助类来删除记录。具体实现如下:

```
01  @Override
02  public int delete(Uri uri, String selection, String[] selectionArgs)
    {
03      // TODO Auto-generated method stub
04      SQLiteDatabase db = dbhelper.getWritableDatabase();
05      int count = 0;
06      switch (sUriMatcher.match(uri)) {
07      case BOOKS_RECORDS:
08          count = db.delete(Bookinfo.TABLE_NAME, selection,
            selectionArgs);
            //当是记录集合时,删除该记录
```

```
09              break;
10          case BOOK_RECORD:                            //当是单条记录时
11              String rowID = uri.getPathSegments().get(1);
                                                         //获取记录的id号
12              String where = Bookinfo._ID+ "="+ rowID
13                  + (!TextUtils.isEmpty(selection) ? " AND (" +
                    selectionArgs+ ')' : "");            //查询该id号的图书信息
14              count = db.delete(Bookinfo.TABLE_NAME, where,
                    selectionArgs);                      //删除该记录
15              break;
16          default:
17              throw new IllegalArgumentException("Unknown URI " + uri);
                                                         //抛出异常
18          }
19          db.close();                                  //关闭数据库
20          this.getContext().getContentResolver().notifyChange(uri, null);
                                                         //通知数据更改
21          return count;
22      }
```

其中，01～05 行，定义需要使用到的变量；

06～09 行，对 URI 地址进行判断，当删除的是多个数据时，直接使用数据库的删除方法删除数据；

10～15 行，当删除的是单个数据时，首先从地址中获取需要删除的记录的 id 号，然后加入其他附加条件，最后执行数据删除操作；

16～18 行，其他情况时，表明是错误地址；

19～21 行，数据库操作完成后，关闭数据库，并且通知数据发生了变化。

7．update(Uri uri, ContentValues values, String selection, String[] selectionArgs)方法

该方法用于修改更新数据，和删除的方法类似，都需要判断修改的数据是集合数据还是单个数据。具体实现如下：

```
01      @Override
02      public int update(Uri uri, ContentValues values, String selection,
        String[] selectionArgs) {
03          // TODO Auto-generated method stub
04          SQLiteDatabase db = dbhelper.getWritableDatabase();
05          int count = 0;
06          switch (sUriMatcher.match(uri)) {
07          case BOOKS_RECORDS:
08              count = db.update(Bookinfo_provider.BOOKS_TABLE_NAME,
                    values,
09                  selection, selectionArgs);  //当是记录集合时,更新记录
10              break;
11          case BOOK_RECORD:                            //当是单条记录时
12              String rowID = uri.getPathSegments().get(1);
                                                         //获取记录id号
13              String where = Bookinfo._ID+ "="+ rowID
14                  + (!TextUtils.isEmpty(selection) ? " AND(" +
                    selection+ ')' : "");                //查询该id号的图书信息
15              count = db.update(Bookinfo_provider.BOOKS_TABLE_NAME,
                    values,
16                  where, selectionArgs);               //更新该记录
17              break;
```

```
18          default:
19              throw new IllegalArgumentException("Unknown URI " + uri);
20          }
21          getContext().getContentResolver().notifyChange(uri, null);
            //通知数据更改
22          return count;
23      }
```

其中，07～10 行，对修改的数据为集合时的处理，直接使用数据库修改方法；

11～17 行，对修改的数据为单个数据时的处理，需要的查询条件更多。和 delete 方法的处理类似。

8. query(Uri uri, String[] projection, String selection, String[] selectionArgs, String sortOrder)方法

该方法用于查询数据，将查询的数据放入 cursor 对象中并返回。根据地址判断查询的是集合还是单个数据，然后采取不同的方式来完成查询操作。具体实现如下：

```
01      @Override
02      public Cursor query(Uri uri, String[] projection, String selection,
    String[] selectionArgs, String sortOrder) 03          {
04          // TODO Auto-generated method stub
05          Cursor cursor = null;
06          SQLiteDatabase db = dbhelper.getReadableDatabase();
07          switch (sUriMatcher.match(uri)) {
08          case BOOKS_RECORDS:
09              cursor = db.query(Bookinfo_provider.BOOKS_TABLE_NAME,
                projection,
10                  selection, selectionArgs, null, null, sortOrder);
                                              //当是记录集合时，查询记录
11              break;
12          case BOOK_RECORD:               //当是单条记录时
13              String id = uri.getPathSegments().get(1);  //获取记录 id 号
14              cursor = db.query(Bookinfo_provider.BOOKS_TABLE_NAME,
                projection,
15                  Bookinfo._ID+"="+ id+ (!TextUtils.isEmpty
                    (selection) ? " AND ("
16                  +selectionArgs+')':""), selectionArgs,null, null,
                    sortOrder);             //查询该 id 号的记录
17              break;
18          default:
19              throw new IllegalArgumentException("Unknown URI " + uri);
                                              //抛出异常
20          }
21          ContentResolver cr = this.getContext().getContentResolver();
22          cursor.setNotificationUri(cr, uri);         //通知数据更改
23          return cursor;                              //返回查询结果
24      }
```

其中，08～11 行，对多个数据的查询处理，直接使用数据库查询方法；

12～17 行，对单个数据的查询处理，需要的查询条件更多。和 delete 方法的处理类似。

9. AndroidManifest配置

为了能让其他应用找到该 ContentProvider，ContentProvider 采用了 authorities（主机

名/域名）对它进行唯一标识。这个标识必须在 AndroidManifest.xml 文件中定义，具体实现如下：

```
<provider android:name=".Ex_contentprovider"
    android:authorities="com.ouling.bookinfo_provoider" />
```

4.7.3 内容解析器（ContentResolver）

当外部应用需要对上个应用中的 ContentProvider 数据进行添加、删除、修改和查询操作时，可以使用 ContentResolver 类来完成。ContentResolver 类同样提供了与 ContentProvider 类相同的 4 种方法：

- public Uri insert(Uri uri, ContentValues values)：该方法用于往 ContentProvider 添加数据。
- public int delete(Uri uri, String selection, String[] selectionArgs)：该方法用于从 ContentProvider 删除数据。
- public int update(Uri uri, ContentValues values, String selection, String[] selectionArgs)：该方法用于更新 ContentProvider 中的数据。
- public Cursor query(Uri uri, String[] projection, String selection, String[] selectionArgs, String sortOrder)：该方法用于从 ContentProvider 中获取数据。

这 4 种方法和数据库对应的方法类似，只是 ContentResolver 在第一个参数中使用了 URI 地址。

新建一个应用程序，在该程序中，通过内容解析器 ContentResolver 来操作内容提供者 ContentProvider 的数据。在新程序中分别对内容提供者的添加、删除、修改、查询方法进行测试。具体代码如下：

```
01    //添加
02    public void test_insert() throws Throwable {
03        ContentResolver cr = this.getContentResolver();
                                                        //获取内容解析器
04        Uri inserturi = Uri.parse("content://com.ouling.bookinfo_
           provoider/books");                           //设置URI
05        ContentValues cv = new ContentValues();       //实例化数据容器
06        cv.put("name", "Android");                    //设置图书名
07        cv.put("isbn", "123456");                     //设置ISBN号
08        Uri re_uri = cr.insert(inserturi, cv);        //添加图书信息
09        System.out.println("test_insert:" + re_uri);
10    }
11
12    //删除
13    public void test_delete() throws Throwable {
14        ContentResolver contentResolver = getContentResolver();
                                                        //获取内容解析器
15        Uri uri = Uri.parse("content://com.ouling.bookinfo_
           provoider/books/1");                         //设置id号为1的记录的URI地址
16        contentResolver.delete(uri, null, null);      //删除该记录
17    }
18
19    //修改
20    public void test_update() throws Throwable {
```

```
21      ContentResolver contentResolver = getContentResolver();
                                                         //获取内容解析器
22      Uri updateUri = Uri.parse("content://com.ouling.bookinfo_
        provoider/books/2");          //设置id号为2的记录的URI地址
23      ContentValues values = new ContentValues();    //实例化数据容器
24      values.put("name", "Android 示例");              //设置图书名
25      contentResolver.update(updateUri, values, null, null);
                                                         //修改该记录
26      System.out.println("修改完成");
27    }
28
29    // 查询
30    public void test_find() throws Throwable {
31      ContentResolver contentResolver = getContentResolver();
                                                         //获取内容解析器
32      Uri uri = Uri.parse("content://com.ouling.bookinfo_
        provoider/books");                       //设置查询的URI地址
33      Cursor cursor = contentResolver.query(uri, null, null, null, "id
        asc");                                                //查询
34      System.out.println("查询结果一共有" + cursor.getCount() + "条记
        录,具体是: ");
35      while (cursor.moveToNext()) {              //遍历查询结果
36        String id = cursor.getString(0);           //获取id号
37        String name=cursor.getString(1);          //获取图书名
38        String isbn=cursor.getString(2);          //获取图书ISBN号
39        String author=cursor.getString(3);        //获取图书作者
40        System.out.println("id=" + id + ",name=" + name+ ",isbn="
        + isbn+",author="+author);
41      }
42      cursor.close();
43    }
```

其中,01～11 行,使用 ContentResolver 来添加数据。04 行的地址表示 com.ouling.bookinfo_provoider 中的 books 表;

12～18 行,使用 ContentResolver 来删除数据。15 行的地址表示 com.ouling.bookinfo_provoider 中的 books 表的 id 为 1 的记录;

19～28 行,使用 ContentResolver 来修改数据。22 行的地址表示 com.ouling.bookinfo_provoider 中的 books 表的 id 为 2 的记录;

29～43 行,使用 ContentResolver 来查询数据。32 行的地址表示 com.ouling.bookinfo_provoider 中的 books 表,查询的结果即表中的所有数据。

4.7.4 运行分析总结

分别安装调试内容提供者 ContentProvider 程序和内容解析器 ContentResolver 程序。在数据使用的程序 ex_test_myprovider 中,调用 3 次添加数据方法后,再调用删除数据的方法、修改数据的方法和查询数据的方法。其打印结果如图 4.43 所示。从结果中可以看出首先在 books 表中,添加了 id 为 1、2、3 的 3 条记录。从最后查询的结果可以看出,已经删除了 id 为 1 的记录,并将 id 为 2 的记录的书名修改为"Android 示例"。

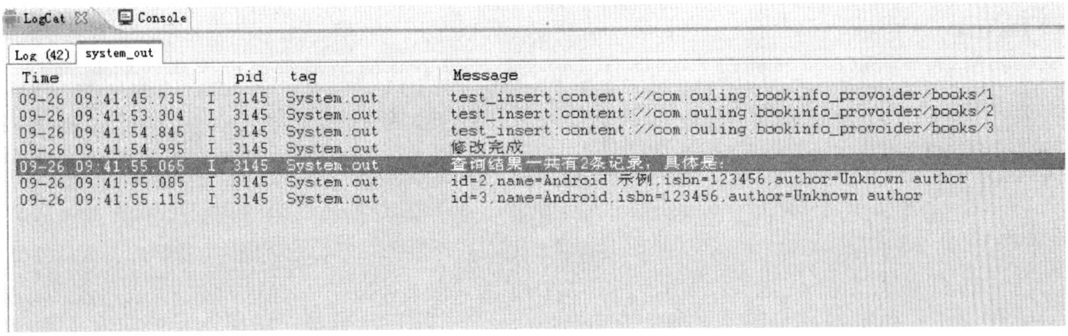

第 4 章　Android 数据存储

图 4.43　打印结果

再看一下两个应用程序中的文件，内容提供者程序 ex_contentprovider 中是否有提供的数据库文件，内容解析器程序 ex_test_myprovider 中又包含哪些文件，结果如图 4.44 所示。

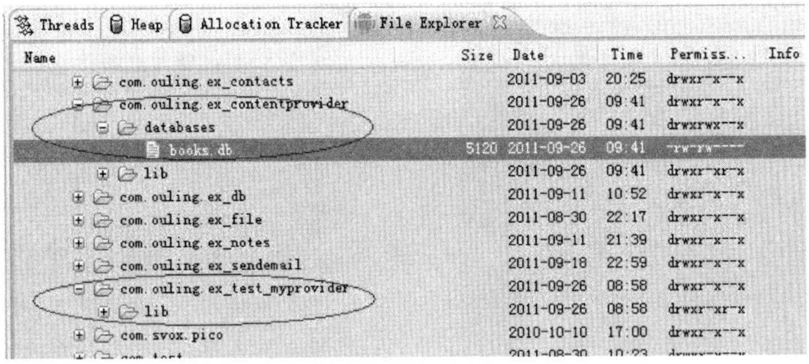

图 4.44　文件目录

数据库文件 books.db 存在于 ex_contentprovider 程序目录中，而操作数据的程序 ex_test_myprovider 目录中没有任何文件。由此说明，实现了数据的共享。

将数据库文件 books.db 导出，使用 SQLitSpy 工具查看数据库结果如图 4.45 所示。books 表中的内容和查询的结果，和图 4.43 是一致的。这样更确定了 ex_test_myprovider 程序能够操作 ex_contentprovider 程序中的数据，实现数据共享。

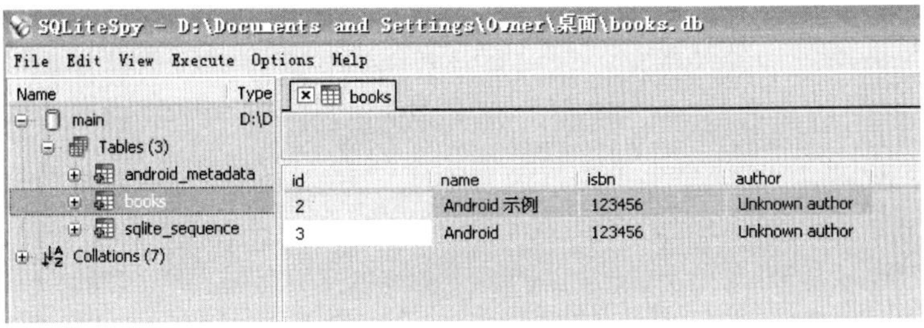

图 4.45　数据库结果

4.8　系统通讯录

在 Android 系统中，一般的应用程序不会将自己的数据暴露给其他应用程序使用。而对于 Android 手机中都存在的通讯录、短信、通话记录、上网记录以及下载记录等信息都是使用数据库来保存，并使用 ContentProvider 来提供给其他应用程序来维护其数据的。这一节，我们将探究通讯录在系统中的保存机制以及如何查询获取通讯录数据，进一步熟悉对共享数据的操作。

4.8.1 系统通讯录的保存

通讯录是系统本身自带的功能，但是默认为空。为了方便看到结果，我们向系统通讯录中添加一些数据。选择主界面中名为 Contacts 的应用，如图 4.46 所示。在 Contacts 界面中，选择 New contact 进行添加，如图 4.47 所示。

图 4.46 Contacts 应用

图 4.47 添加系统联系人

在系统通讯录中添加好数据后，我们来看看通讯录的数据库文件保存的这些联系人的信息。在 Eclipse 中切换到 DDMS 视图，选择 File Explorer 标签。打开目录 data/data，发现文件夹 com.android.providers.contacts，该目录下保存的数据库文件 contacts2.db 就是系统存储联系人的数据库，如图 4.48 所示。

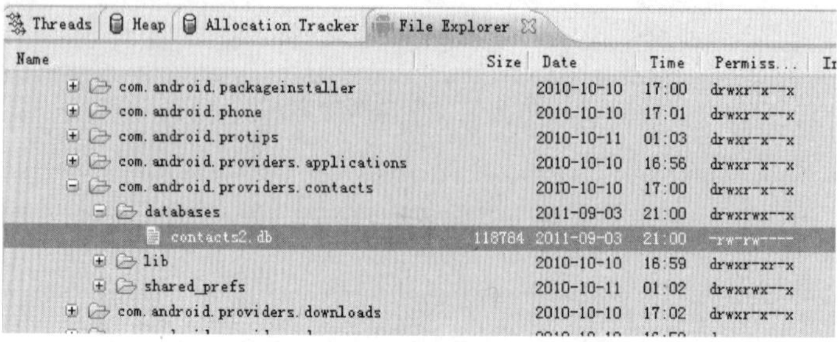

图 4.48 系统通讯录的数据库文件

将该数据库文件 contacts2.db 导出，看看系统到底如何保存联系人信息的。当然，我们是在模拟器中导出 contacts2.db 文件。如果想查看真机的 contacts2.db，需要具有 root 权限，否则无法获得。真机的 contacts2.db 文件结构和模拟器中的差别不大，甚至可以说关键的表都是一模一样的，所以探究模拟器的 contacts2.db 已经能够达到我们的目的。

使用 SQLite 数据库查看工具对 SQLiteSpy.exe 进行查看，如图 4.49 所示。

图 4.49　系统通讯录表

由图 4.49 可知，系统中使用了 22 张表来记录通讯录的相关信息。虽然表很多，但是大部分不需要过多的深究，只需要注意最常使用的 3 张表：contacts、data 和 raw_contacts。

1. contacts表

该表用于记录联系人的基本属性，如联系人 id、头像 id、联系次数、最后联系时间、分组等信息。使用 SQLiteSpy 查看 contacts 表内信息，结果如图 4.50 所示。

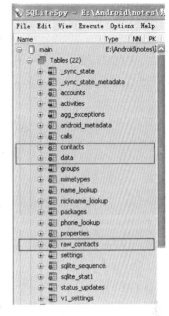

_id	name_raw_contact_id	photo_id	custom_rin...	send_to_v...	times_cont...	last_time_con...	starred
1	1	6		0	0	0	0
2	2			0	0	0	0

in_visible_g...	has_phone_nu...	lookup	status...	single_is_restricted
1	1	0r1-4854423C4638297E		0
1	1	0r2-297C297C		0

图 4.50　contacts 表

其中：

- _id 是该表的主键，具有自增性。
- name_raw_contact_id 是联系人的 id 号，与 raw_contact 表中的 id 关联，通过它可以查询到其他表中的数据。
- photo_id 是头像的 ID，如果没有设置联系人头像，这个字段就为空。
- has_phone_number 表示是否有电话号码，值为 1，表示至少有 1 个电话号码。值为 0，表示没有。

2. data表

该表用于保存联系人的具体信息，查看结果如图 4.51 所示。

其中，第四列 raw_contact_id 是联系人 id 号，与 raw_contact 表中的 id 关联。data1～data15 保存着联系人的信息，包括联系人名称、电话号码、电子邮件、地址以及备注等等。

3. raw_contacts

该表用于保存联系人姓名、版本号等信息，查看结果如图 4.52 所示。

_id	pack...	mimetype_id	raw_contact_id	is_primary	is_sup...	data_v...	data1	data2	data3	data4	data5	data6	data7	data8	data9	data10	data11
1		6	1	0	0	1	ouling1	ouling1								1	0
2		5	1	0	0	0	1-234-567-8901	1		10987654321							
3		5	1	0	0	0	012-345-6789	2		9876543210							
4		3	1	0	0	0	成都, 中国	1					成都	中国			
5		1	1	0	0	0	ouling00@126.com	1									
6		4	1	0	1	0											
7		5	2	0	0	0	11-334-422-5566	1		665522443311							
8		6	2	0	0	0	00	00								0	0

图 4.51　data 表

_id	is_res...	accou...	accou...	sou...	version	dirty	deleted	contact_id	ag...	agg...	cust...	send_t...	tim...	last_time_contacted	starred	display_name	display_name_alt	display_name_s...	phonetic_na
1	0				6	1	0	1	0	0		0	0		0	ouling1	ouling1	40	
2	0				2	1	0	2	0	0		0	0		0	00	00	40	

图 4.52　raw_contacts 表

其中：

- ❑ contact_id 是联系人 id 号。
- ❑ version 是版本号，用于监听联系人信息是否变化，每修改一次，版本号自增一次。
- ❑ deleted 是删除标志，0 为默认，1 表示这行数据已经删除。
- ❑ display_name 是联系人名称。

在获取系统通讯录的内容时，就是通过对上面 3 张表的查询来获得信息的。接下来，我们来实现获取通讯录中联系人的信息。

4.8.2　获取通讯录联系人信息

1. 功能说明

在界面中提供一个“更新通讯录”按钮，用于获取通讯录信息，使用 ListView 来显示获得的信息结果，效果如图 4.53 所示。这一小节中，不仅要掌握对通讯录中多张表的查询方法，也将回顾 ListView 的使用。

2. 联系人信息获取

首先明确我们需要获得的联系人信息包括哪些，如联系人姓名、联系人电话号码、联系人的邮件地址、联系人的住址以及联系人的头像信息。将联系人信息作为一个类进行封装，代码如下：

图 4.53 获取联系人信息

```
public class Contactinfo {
    public Bitmap pho=null;
    public String tel_name="姓名";
    public String tel_phone="电话号码";
    public String email="邮件地址";
    public String address="住址";
}
```

（1）读取系统通讯录权限

程序要对系统的通讯录进行读取、修改、删除等操作，必须申请相对应的权限。在本程序中只需要读取通讯录信息，所以在 AndroidManifest.xml 中加入读取通讯录的权限，代码如下：

```
<!-- 读取通讯录 -->
<uses-permission android:name="android.permission.READ_CONTACTS"/>
```

（2）查询 contacts 表

系统的通讯录本质上也是系统的一个应用程序，只是它将自身的私有数据进行了共享，只要申请了相应权限就能对其数据进行操作。系统通讯录使用 ContentProvider 来暴露自身私有数据；同时，其他程序可以通过 ContentResolver 接口访问 ContentProvider 提供的数据，以此达到数据在应用程序之间的共享。

获取 ContentResolver，只需要调用 Context 的 getContentResolver()方法即可。ContentResolver 采用类似数据库的操作从 Content providers 中获取数据。例如，查询操作：

```
query(Uri uri, String[] projection, String selection, String[] selectionArgs, String sortOrder)
```

其中，第一个参数是资源地址；第二个参数是列名称数组；第三个参数是条件子句，相当于 where；第四个参数是条件子句，参数数组；第五个参数是排序列方式。例如，查询 contacts 表的内容，代码如下：

```
Uri uri = ContactsContract.Contacts.CONTENT_URI;
Cursor cu = getContentResolver().query(uri, null, null, null, null);
```

其中，uri 是 contacts 表的资源地址。

获得了 Contacts 表内容后，就可以直接获得联系人姓名、联系人头像以及联系人 id，然后通过联系人 id 获得其他信息。具体代码实现如下：

```
01    Uri uri = ContactsContract.Contacts.CONTENT_URI;
                                                          //系统联系人 URI 地址
02    Cursor cu = getContentResolver().query(uri, null, null, null,
      null);                                              //查询系统联系人
03
04    while (cu.moveToNext()) {                           //遍历查询结果
05        //联系人 id,id 作为唯一标识，查询其他表时需要
06        String contact_id = cu.getString(cu
07                .getColumnIndex(ContactsContract.
                   Contacts._ID));
08        //头像 id
09        Long photo_id = cu.getLong(cu
10                .getColumnIndex(ContactsContract.Contacts.
                   PHOTO_ID));
11        //得到联系人头像 Bitamp
12        Bitmap contactPhoto = null;
13        //photoid 大于 0 表示联系人有头像，如果没有给此人设置头像则给他一个
             默认的
14        if(photo_id > 0 ) {
15            Uri photo_uri =ContentUris.withAppendedId(
16                ContactsContract.Contacts.CONTENT_URI,Long.
                   valueOf(contact_id));
17                InputStream input = ContactsContract.
                   Contacts.openContactPhotoInputStream(
18                     resolver, photo_uri);    //获取头像的输入流
19            contactPhoto = BitmapFactory.decodeStream(input);
                                                          //设置头像
20        }else {
21            contactPhoto = BitmapFactory.decodeResource
                 (getResources(), R.drawable.icon);
                                                //无头像时，设置为默认头像
22        }
23        ctinfo.pho=contactPhoto;
24        //姓名
25        String contact_name = cu.getString(cu.getColumnIndex(
26                    ContactsContract.Contacts.
                     DISPLAY_NAME));
27        //保存联系人姓名
28        ctinfo.tel_name = contact_name;
29        //电话，判断是否有，可能有多个
30        String has_phone = cu.getString(cu.getColumnIndex(
31                    ContactsContract.Contacts.HAS_
                     PHONE_NUMBER));
```

其中，01～03 行，查询通讯录中的所有联系人，查询结果放入游标 cu 中；

04 行，遍历游标，获取查询结果；

05～07 行，获取联系人 id 号。getColumnIndex(ContactsContract.Contacts._ID))表示获

得列名为 ContactsContract.Contacts._ID 的列号，cu.getLong()表示获取第几列的值；

08~10 行，获取联系人头像 id 号；

11~14 行，根据头像 id 号进行判断，如果值大于 0 表示联系人有头像，并根据 id 号获取该头像；否则表示此人没有头像，则设置一个默认头像；

15~19 行，获取头像 id 号所对应的图片。15~16 行，将用户 ID 添加到路径的末尾，获取图片资源地址；17~18 行，使用 openContactPhotoInputStream 方法将图片文件写入输入流中；19 行，将输入流保存为图片文件；

20~22 行，联系人没有设置头像，则将其头像设置为程序中的资源图片；

24~28 行，获取联系人姓名；

29~31 行，获取联系人是否有电话。当该值为 1 时，表示联系人至少有一个电话号码；其他值时，表示联系人没有电话号码。

(3) 查询 data 表

联系人的电话号码、邮件地址、住址等具体信息保存在 data 表中，所以更加详细的信息需要通过联系人的 id 号对 data 表进行进一步的查询获得。方法和查询 Contacts 表是相同的，只是各自的资源地址不一样。其中：

ContactsContract.CommonDataKinds.Phone.CONTENT_URI 是 data 表中电话资源地址；

ContactsContract.CommonDataKinds.Email.CONTENT_URI 是 data 表中电子邮件资源地址。

获取联系人的电话号码和邮件地址的具体实现如下：

```
01   if (has_phone.equalsIgnoreCase("1"))            //如果有电话
02       {
03           //根据id号，查询该id下所有电话,可能有多个
04           Cursor phone_cur = getContentResolver().query(
05           ContactsContract.CommonDataKinds.Phone.CONTENT_URI,
06           null,
07           ContactsContract.CommonDataKinds.Phone.CONTACT_ID
08               + "=" + contact_id, null, null);
09
10           while (phone_cur.moveToNext()) {        //遍历查询到的所有电话号码
11               String phone_nums = phone_cur.getString(phone_cur
12                   .getColumnIndex(ContactsContract.CommonDataKinds.
                       Phone.NUMBER));
13               //保存联系人电话
14               ctinfo.tel_phone += phone_nums + ";";
15           }
16           //使用完，关闭游标
17           phone_cur.close();
18       }
19
20           //Email
21           Cursor email_cur = getContentResolver().query(
22               ContactsContract.CommonDataKinds.Email.CONTENT_URI,
23               null,
24               ContactsContract.CommonDataKinds.Email.CONTACT_ID + "="
25                   + contact_id, null, null);
                                               //查询指定id号的所有Email地址
26
27           while (email_cur.moveToNext()) {    //遍历查询到的所有Email地址
```

```
28              String emails = email_cur.getString(email_cur
29                  .getColumnIndex(ContactsContract.CommonDataKinds.
                    Email.DATA));
30              ctinfo.email += emails + ";";
31          }
32          //关闭游标
33          email_cur.close();
```

其中，01～03 行，判断是否有电话号码，如果没有电话则不获取电话号码；如果有电话号码，则获取联系人所有的电话号码；

04～08 行，查询电话号码，返回 data 表中联系人 id 与获得的联系人 id 一致的所有项，即获得联系人的所有电话号码；

09～18 行，保存联系人的所有电话号码，并关闭使用后的电话信息游标；

20～25 行，查询电子邮件，返回 data 表中联系人 id 与获得的联系人 id 一致的所有项，即获得联系人的所有电子邮件地址；

26～33 行，保存联系人的所有邮件地址，并关闭使用后的邮件地址信息游标。

联系人地址同样是查询 data 表获取得的，但是其资源地址为 ContactsContract.CommonDataKinds.StructuredPostal.CONTENT_URI。实现获得联系人地址的具体实现代码如下：

```
01          //查询地址，可能多个
02          Cursor address = getContentResolver().query(
03              ContactsContract.CommonDataKinds.StructuredPostal.
                CONTENT_URI,
04                          null,
05              ContactsContract.CommonDataKinds.StructuredPostal.
                CONTACT_ID
06                          + " = " + contact_id, null, null);
                                                    //查询指定 id 的所有地址
07
08          while (address.moveToNext()) {  //遍历所有查询到的地址
09              sbBuilder.append(address.getString(address.getColumnIndex
                (ContactsContract.
10                  CommonDataKinds.StructuredPostal.FORMATTED_
                    ADDRESS)));                     //获取完整的地址数据
11              int type = address.getInt(address.getColumnIndex
                (ContactsContract.
12                      CommonDataKinds.StructuredPostal.TYPE));
                                                    //获取地址类型编号
13              if (type == ContactsContract.CommonDataKinds.StructuredPostal.
                TYPE_HOME) {
14                  sbBuilder.append("家庭住址");
                                    //如果是家庭住址编号，则添加"家庭住址"
15              } else if (type == ContactsContract.CommonDataKinds.
                StructuredPostal.TYPE_WORK) {
16                  sbBuilder.append("工作地址");
17              } else if (type == ContactsContract.CommonDataKinds.
                StructuredPostal.TYPE_OTHER) {
18                  sbBuilder.append("其他地址");
19              }
20          }
21          ctinfo.address = sbBuilder.toString();
22          //清空 StringBuilder
23          sbBuilder.setLength(0);
24          address.close();
25          //添加通讯录信息到 list
```

```
26      contactinfo_list.add(ctinfo);
27  }
```

其中，01～06 行，查询联系人地址，返回 data 表中联系人 id 与获得的联系人 id 一致的所有项，即获得联系人的所有地址；

07～20 行，保存联系人的所有地址。其中，地址类型分为 3 类：以 int 类型保存，则 TYPE_HOME 值为 1，TYPE_WORK 值为 2，TYPE_OTHER 值为 3；

21～24 行，保存地址信息，清空 StringBuilder 并关闭地址游标；

25～27 行，将获得的联系人完整信息保存在数组中，以便与 Listview 的数据相关联和显示。

4.8.3 显示通讯录联系人

由于获得的联系人信息比较多，只有自定义布局的 ListView 才能显示全部信息。前面的章节介绍过，自定义布局的 ListView 主要分为 3 步来实现：

第一步，定义 ListView 中的每一栏布局；

第二步，重写继承至 BaseAdapter 的自己的 My_Adapter，主要是重写 getView(int position, View convertView, ViewGroup parent)以实现每一栏的绘制；

第三步，定义 ListView 的布局与数据关联。

1. Item 布局

由于获得的联系人数据包括了联系人的头像、姓名、电话号码、邮件地址以及住址，所以每一项设计为最左边是头像，右边一共 3 行数据，分别显示姓名和电话号码、邮件地址、住址，如图 4.54 所示。

图 4.54 ListView 中的一栏

这样的布局使用的是相对布局 RelativeLayout。回顾一下相对布局的一些重要属性：

```
android:layout_alignParentBottom       贴紧父元素的下边缘
android:layout_alignParentLeft         贴紧父元素的左边缘
android:layout_alignParentRight        贴紧父元素的右边缘
android:layout_alignParentTop          贴紧父元素的上边缘
android:layout_below                   在某元素的下方
android:layout_above                   在某元素的上方
android:layout_toLeftOf                在某元素的左边
android:layout_toRightOf               在某元素的右边
android:singleLine="true"              强制输入的内容在单行
android:ellipsize="marquee"            跑马灯显示
```

其他更详细的属性，可以查看前面的章节。具体实现 Item 布局的代码如下：

```
01  <?xml version="1.0" encoding="utf-8"?>
02  <RelativeLayout    xmlns:android="http://schemas.android.com/apk/res/
```

```xml
            android"
03          android:layout_width="fill_parent" android:layout_height=
            "wrap_content">
04          <ImageView android:id="@+id/item_image" android:layout_width=
            "50dip"
05              android:layout_height="50dip" />
06          <TextView android:id="@+id/item_title"
07              android:layout_width="fill_parent"
08              android:layout_height="wrap_content"
09              android:layout_toRightOf="@+id/item_image"
10              android:layout_alignParentTop="true"
11              android:layout_alignParentRight="true"
12              android:singleLine="true"
13              android:ellipsize="marquee"
14              android:textSize="15dip" />
15          <TextView android:id="@+id/item_email"
16              android:layout_width="fill_parent"
17              android:layout_height="wrap_content"
18              android:layout_toRightOf="@+id/item_image"
19              android:layout_below="@+id/item_title"
20              android:layout_alignParentRight="true"
21              android:singleLine="true"
22              android:ellipsize="marquee" android:textSize="15dip" />
23          <TextView android:id="@+id/item_address"
24              android:layout_width="fill_parent"
25              android:layout_height="wrap_content"
26              android:layout_toRightOf="@+id/item_image"
27              android:layout_below="@+id/item_email"
28              android:layout_alignParentBottom="true"
29              android:layout_alignParentRight="true"
30              android:singleLine="true"
31              android:ellipsize="marquee" android:textSize="15dip" />
32      </RelativeLayout>
```

其中，01～03 行，设计整体的布局为相对布局，垂直排布；

04～05 行，定义图像位置和大小；

06～14 行，定义第一行位置，在图像的右边，贴紧父元素的上边缘和右边缘，单行跑马灯显示；

15～22 行，定义第二行位置，在图像的右边、第一行的下方，贴紧父元素的右边缘，单行跑马灯显示；

23～32 行，定义第三行位置，在图像的右边、第二行的下方，贴紧父元素的下边缘和右边缘，单行跑马灯显示。效果如图 4.54 所示。

2. My_Adapter

为了实现自定义格式的数据显示，必须自己定义继承至 BaseAdapter 的 My_Adapter 适配器来装载数据。继承 BaseAdapter，除了构造函数以外还必须实现如下 4 个方法：

- public int getCount()：该方法设置显示的项目数，默认值为关联数据的总数。在绘制前，先调用此方法得到绘制的数目，即显示的项目数。
- getItem(int position)：该方法获取在指定位置的数据集相关的数据项。在本示例中，不需要获取，默认返回 null。
- getItemId(int position)：该方法获取指定位置的行号。本示例返回为 null。
- getView(int position, View convertView, ViewGroup parent)：该方法获取指定位置的

视图，即增加数据绘制出在 ListView 中每一项的显示视图。

在绘制视图时，首先把 XML 表述的布局转化为视图，使用 LayoutInflater 的方法：

```
inflate(int resource, ViewGroup root)
```

其中，第一个参数是 XML 的布局文件，第二个参数默认为 null。

转化为视图后，就可以和其他对视图操作一样，绑定控件，设置显示的图像、文字等。由于 ListView 的特殊性，它的每一项布局是相同的。所以，在 Google 的 IO 大会上提出了一种提高效率的方法：将已经设置好的布局视图以设置标签的形式进行保存，下次使用时直接读取该标签，减少了绘制每一项时，重复进行布局文件转化为视图和绑定等操作。

设置视图标签使用 View 的方法：

```
setTag (Object tag)
```

该方法表示设置与该视图关联的标签。标签可以用来标记视图，也可以用来在一个视图中存储数据，而不使用其他数据结构来存储数据。

我们也采用这种方式来实现 ListView 每一项的绘制，具体实现代码如下：

```
01    class ViewHolder {                              //列表项视图类
02        ImageView Imag;                             //图像视图
03        TextView title;                             //标题视图
04        TextView email;                             //电子邮件地址视图
05        TextView address;                           //住址视图
06    }
07
08    public View getView(int position, View convertView, ViewGroup
      parent) {                                       //实现获取视图方法
09        ViewHolder holder;                          //定义列表项视图类
10        if (convertView == null) {                  //判断已有视图是否为空
11            LayoutInflater mInflater = (LayoutInflater) context
12                .getSystemService(Context.LAYOUT_INFLATER_
                  SERVICE);                           //获取布局管理器
13            convertView = mInflater.inflate(R.layout.listviewitem,
              null);                                  //设置列表项布局
14            holder = new ViewHolder();              //实例化列表项视图类
15            /** 实例化具体的控件 */
16            holder.Imag = (ImageView) convertView.findViewById(R.id.
              item_image);
17            holder.title = (TextView) convertView.findViewById(R.id.
              item_title);
18            holder.email = (TextView) convertView.findViewById(R.id.
              item_email);
19            holder.address = (TextView) convertView.findViewById(R.id.
              item_address);
20            convertView.setTag(holder);
21        } else {
22            holder = (ViewHolder) convertView.getTag();
23        }
24
25        Contactinfo ctinfo = new Contactinfo();     //实例化联系人信息类
26        ctinfo = Ex_contactsActivity.contactinfo_list.get(position);
                                                      //获取联系人信息
27        holder.Imag.setImageBitmap(ctinfo.pho);     //在视图中设置联系人头像
28        holder.title.setText(ctinfo.tel_name + " : " + ctinfo.tel_
              phone);                                 //在视图中设置联系人姓名
```

```
29              holder.email.setText(ctinfo.email);
                                           //在视图中设置联系人电子邮件地址
30              holder.address.setText(ctinfo.address);
                                           //在视图中设置联系人地址
31
32              return convertView;        //返回列表项视图
33          }
```

其中，01～07 行，定义显示视图的类 ViewHolder；

08～23 行，实现布局转化为视图，并初始化到视图类 ViewHolder 中。11～13 行，将 Item 布局装载转化为视图；16～19 行，实例化控件；20 行，设置与该视图关联的标签，以便保存，获取该 ViewHolder 视图；22 行，读取视图到 ViewHolder 中；

24～33 行，根据关联的数据来设置 ListView 中每一项显示结果，效果如图 4.54 所示。

3．ListView布局和数据关联

由于主界面简单，数据的关联实现也在继承的 My_Adapter 中实现，所以代码很少，具体如下：

```
my_adapter = new My_Adapter(context);
mylist.setAdapter(my_adapter);
```

4．运行分析总结

对程序进行调试运行，显示的结果如图 4.53 所示。和保存在系统中的通讯录信息（如图 4.47 所示）是一致的。总结获取通讯录信息的整个过程，首先需要申请访问通讯录的权限；然后根据不同的表的资源地址进行相应的查询，记录各个表中查询的结果，从而获得通讯录的全部信息；获得了所有信息后再使用 ListView 进行显示。

4.9 本章总结

本章介绍了 Android 中的 4 种数据存储方式：SharedPreference、Files、SQLite 和 NetWork。对于每一种存储方式都通过在实际项目中使用的示例来详细讲解。其中重点讲解了使用最广泛的数据库存储方式，同时也是本章的难点。并且对在应用程序之间使用 Content Providers 来统一接口以实现数据共享进行了实例讲解。在接下来的一章中，我们同样通过实例来详细讲解 Android 中网络通信的相关内容。

4.10 习 题

【习题 1】结合 4.2 节 SharedPreferences 的知识，实现用户登录时记住所有登录的用户名。

 提示：在 SharedPreferences 中保存的是键值对，每一个键对应一个值且各键名不得重复，为了获取多个用户名，在保存时可以将多个用户名以特定字符进行分隔。对于输入登录名的输入框使用自动提示框 antoCompleteTextView。

关键代码：

```
//保存数据到SharedPreferences
    private void savePreferences() {
        String qQString;//AutoCompleteTextView控件中所需要数据
        SharedPreferences settings = getSharedPreferences(PREFS_STRING,
            MODE_PRIVATE);
        SharedPreferences.Editor editor = settings.edit();
        NameString = settings.getString("NAME", "");
        if (!NameString.contains(autoCompleteTextView.getText().
        toString())) {
//保证不会有重复的item存入
            NameString += "#" + autoCompleteTextView.getText().toString();
//每个名字以#号分隔；
            //SharedPreferences只能保存基本数据类型，所以此处把所有名字保存为
                String，然后再解析成item数组
            editor.putString("", qQString);
        }
        editor.commit();                                //记得提交修改
    }

//从SharedPreferences读取数据
    private void getPreferences() {
        String NameString;
        try {
            SharedPreferences settings = getSharedPreferences(PREFS_STRING,
                MODE_PRIVATE);
            qQString = settings.getString("NAME", "");
            String[] NameStrings = NameString.split("#");
                                        //从读出的String中解析出所有名字
            ArrayAdapter<String> adapter = new ArrayAdapter<String>(this,
                android.R.layout.simple_dropdown_item_1line,
                NameStrings);
            autoCompleteTextView.setAdapter(adapter);
                                        //设置AutoCompleteTextView的内容
        } catch (Exception e) {
            // TODO: handle exception
        }
    }
```

【习题2】结合4.3节SD卡文件读取的相关内容，实现TXT文本阅读器的功能。

提示：文件的读取方式和4.3节的内容相似，需要额外考虑大文件的读取问题。

关键代码：

```
File file = new File("filename");
    try {
        BufferedInputStream fis = new BufferedInputStream(new FileInput
        Stream(
                file), 10 * 1024 * 1024);          //用10M的缓冲读取
    } catch (FileNotFoundException e) {
        e.printStackTrace();
    }
```

【习题3】结合4.4节数据库存储的相关内容，实现音乐信息的数据库存储以及其增删改查操作。

🔔提示：音乐信息数据库和 4.4 节的学生信息数据库是类似的，在音乐信息数据库中保存音乐名、歌手名、发行时间和所属专辑。

【习题 4】结合 4.7 节数据共享的内容，实现对音乐信息数据库的共享。

🔔提示：在上一题中，我们实现了对本地音乐信息数据库的管理，本题中将该数据库进行共享让其他程序可以管理该数据库。

第 5 章　Android 网络通信

网络通信是交换网络数据的手段，它可以让人们浏览网页、收发电子邮件，进行视频通话、电视直播等功能。不止在 PC 上网络通信必不可少，在现代手机中，网络通信也是一个重要的功能。在 Android 中，人们同样可以通过网络通信来随时随地地浏览网页、即时聊天、收发微博等。本章主要围绕网络通信中的主要通信方式来进行实例讲解。

5.1　网络通信方式

Android 的应用层采用的是 Java 语言，所以 Java 支持的网络编程方式 Android 都是支持的，同时 Android 还引入了 Apache 的 HTTP 扩展包，并且针对 WiFi、蓝牙等分别提供了单独的开发 API。因此，在 Android 平台中，总共提供了 3 种网络接口，它们分别是：java.net.*（Java 标准接口）、org.apache（Apache 接口）和 android.net.*（Android 网络接口）。

其中：

- java.net.*（Java 标准接口），提供流和数据包套接字、Internet 协议和常用 HTTP 处理。该包是一个功能很全面的网络通信包，方便有经验的 Java 开发人员直接使用。
- org.apache（Apache 接口），为 HTTP 通信提供了高效、精确、功能丰富的工具包支持。
- android.net.*（Android 网络接口），提供了网络访问的 Socket、URI 类以及和 WiFi 相关的类，并且提供了网络状态监视管理等接口。

有了这些工具包的支持，在 Android 中具体使用的几种网络编程方式有：

（1）针对 TCP/IP 的 Socket、ServerSocket。
（2）针对 UDP 的 DatagramSocket、DatagramPackage。
（3）针对直接 URL 的 HttpURLConnection。
（4）Google 集成了 Apache HTTP 客户端，可使用 HTTP 进行网络编程。
（5）使用 Web Service 进行网络编程。
（6）直接使用 WebView 视图组件显示网页。

其中，方式 1 和方式 2 都是 Socket 通信方式，方式 3、4、5 是 HTTP 通信方式，而方式 6 是 Android 提供的网页浏览控件。在接下来的章节中，我们将针对这几种不同的网络编程方式以及 WiFi 和蓝牙进行讲解。

5.2 Android 控制 PC 关机

远程控制是一项非常实用的功能，可以通过网络远程控制 PC，访问其图片、音乐、视频等。传统意义的远程控制一般指在一台 PC 上能操控另一台 PC，而现在我们可以通过 Android 来达到远程控制 PC 的效果。这一节中，我们将通过使用 TCP/IP 的 Socket 连接来实现 Android 控制 PC 关机。

Socket 通常称为"套接字"，用来描述 IP 地址和端口，应用程序通过其向网络发送请求和应答请求实现网络通信。Socket 有两种主要的操作方式：面向连接的和无连接的。

本实例中使用面向连接的 Socket 通信。在此模式下，Socket 必须在发送数据之前和目的地的 Socket 建立好连接。所以，该模式下的通信，服务器端首先启动侦听服务，等待客户端的连接。客户端连接到服务器端后发送请求到服务器端，服务器端处理请求并做出相应的应答，实现通信，流程如图 5.1 所示。

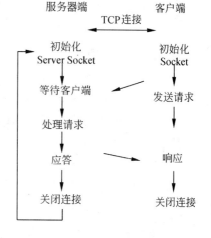

图 5.1 TCP 通信流程

5.2.1 PC 服务器端

PC 的 IP 地址相对固定，作为服务器端，需要完成服务器端的 TCP 通信流程以及关闭 PC 的操作。需要注意的是，由于服务器端是运行在 PC 的程序，我们需要创建的是一个 Java 的标准项目，而不是 Android 项目。

1. 通信过程

由 TCP 的通信流程可以看出，在服务器端需要完成以下 4 个步骤：

（1）创建服务器端套接字并绑定到一个端口。

在 Java 标准接口中，提供了两个类：ServerSocket 和 Socket，分别用来表示服务器端和客户端。服务器端的 ServerSocket 有如下几种构造函数：

```
ServerSocket()
ServerSocket(int aport)
ServerSocket(int aport, int backlog)
ServerSocket(int aport, int backlog, InetAddress localAddr)
```

其中，参数 aport 指定服务器要绑定的端口即服务器要监听的端口，参数 backlog 指定客户连接请求队列的长度，参数 localAddr 指定服务器要绑定的 IP 地址。一般来说端口号 0~1023 是系统预留的，我们使用的端口号最好大于 1024。例如，创建一个监听端口号为 3333 的服务套接字，代码如下：

```
ServerSocket serversocket = new ServerSocket(3333);
```

（2）套接字设置监听模式等待连接请求。

创建服务套接字后，接下来就监听端口等待客户端的连接，使用 ServerSocket 类的

第 5 章 Android 网络通信

方法:

```
Socket accept()
```

该方法是一个阻塞方法,调用该方法后将一直监听端口等待客户端的请求,直到有客户端连接到该端口,才会返回一个对应于客户端的 Socket,继续执行之后的代码。

(3) 接受连接请求后进行通信。

Socket 连接建立后,服务器端和客户端通过 Socket 的输入、输出流来读写数据,实现通信的功能。Socket 提供的如下方法:

```
InputStream getInputStream()
OutputStream getOutputStream()
```

分别返回用于读取数据的 InputStream 类对象和用于写入数据的 OutputStream 类对象。为了方便读写数据,可以使用流 DataInputStream 和 DataOutputStream 类;对于文本流对象,可以使用 InputStreamReader 和 OutputStreamReader 类。以使用 DataInputStream 类读取输入请求为例,代码如下:

```
DataInputStream data_input = new DataInputStream(client_socket.getInputStream());
String msg = data_input.readUTF();
```

(4) 关闭该 Socket 返回,等待下一个连接请求。

通信完成后,需要将输入输出流以及 Socket 关闭,以主动释放不再使用的资源。

熟悉了整个通信过程以及关键点,下面来实现在 PC 上运行服务器端,对客户端输入的命令进行判断,执行不同命令对应的关机、重启、注销操作。具体代码如下:

```
01  static ServerSocket serversocket = null;           //服务 socket
02  static DataInputStream data_input = null;          //输入流
03  static DataOutputStream data_output = null;        //输出流
04  public static void main(String[] args) {
05      try {
06          //创建套接字,并监听
07          serversocket = new ServerSocket(3333);
08          System.out.println("listening 3333 port");
09
10          while (true) {
11              //获取客户端套接字
12              Socket client_socket = serversocket.accept();
13              try {
14                  //获取输入流,读取客户端传来的数据
15                  data_input = new DataInputStream(client_socket.getInputStream());
16                  String msg = data_input.readUTF();
17                  System.out.println(msg);
18                  //判断输入,进行相应的操作
19                  if (msg.equals("shutdown")) {
20                      Shutdown();                    //调用关机方法
21                  } else if (msg.equals("restart")) {
22                      Restart();                     //调用重启方法
23                  } else if (msg.equals("logoff")) {
24                      Logoff();                      //调用注销登录方法
25                  }
26              } catch (Exception e) {
```

```
27                    e.printStackTrace();
28                } finally {
29                    try {                                    //关闭连接
30                        data_input.close();
31                        client_socket.close();
32                    } catch (IOException e) {
33                        e.printStackTrace();
34                    }
35                }
36            }
37        } catch (Exception e) {
38            e.printStackTrace();
39        }
40
41    }
```

其中，01~03 行，定义全局使用的 ServerSocket、输入输出流等变量；

04 行，标准 Java 程序的主函数入口点；

06~09 行，创建一个用于监听 3333 端口的服务 Socket，并输出提示；

10 行，一个永真的循环，使程序可以不断监听连接的客户端，处理一个连接后等待下一个连接；

11~12 行，监听端口，等待客户端的连接；

13~17 行，连接成功后，获取输入流，读取由客户端发送来的请求数据；

18~25 行，解析收到的命令数据，根据不同的命令执行相应的操作；

29~31 行，处理完成后，关闭输入流以及套接字。

2. 关闭 PC

现在一般使用的桌面操作系统都是 Windows 操作系统，在该系统中我们可以调用其关机程序，即用 shutdown 程序来实现关机。shutdown 程序的常用参数如下：

```
-s 关闭此计算机
-r 关闭并重启动此计算机
-l 注销登录用户
-a 放弃系统关机
-t xx 设置关闭的超时为 xx 秒
```

在 Java 中可以调用运行其他程序进程，通过 java.lang.Runtime 类的方法实现：

```
Process  exec(String command)
```

该方法返回一个 Process 对象，参数为在单独的进程中执行指定的字符串命令。例如，实现 Windows 系统的关机，代码如下：

```
Runtime r = Runtime.getRuntime();
r.exec("shutdown -s");
```

掌握了关机的方法后，具体实现关机、重启、注销的操作代码如下：

```
01        //关机
02        private static void Shutdown() throws IOException {
03            Process p = Runtime.getRuntime().exec("shutdown -s -t 60");
04            System.out.println("shutdown ,60 seconds later ");
05        }
```

```
06        //重启
07        private static void Restart() throws IOException {
08            Process p = Runtime.getRuntime().exec("shutdown -r -t 60");
09            System.out.println("restart ,60 seconds later ");
10        }
11        //注销
12        private static void Logoff() throws IOException {
13            Process p = Runtime.getRuntime().exec("shutdown -l -t 60");
14            System.out.println("logoff,60 seconds later ");
15        }
```

其中，01～05 行，实现在 60s 后自动关机；

06～10 行，实现在 60s 后自动重启计算机；

11～15 行，实现在 60s 后注销登录的用户。

5.2.2 Android 控制端

Android 控制端作为客户端，通过 TCP 的 Socket 连接到 PC 服务器端后，发送控制命令到服务器端。对于 PC 端的控制有关机、重启和注销 3 种操作，所以在 Android 中设计 3 个按钮分别发送这 3 个命令，界面设计如图 5.2 所示。

对于客户端，实现 TCP 通信需要如下步骤：

（1）创建客户端套接字，指定服务器端 IP 地址与端口号，客户端套接字 Socket 常用的套接字有以下几种构造：

图 5.2　Android 控制端

```
Socket()
Socket(String dstName, int dstPort)
Socket(String dstName, int dstPort, InetAddress localAddress, int localPort)
Socket(InetAddress dstAddress, int dstPort)
Socket(InetAddress dstAddress, int dstPort, InetAddress localAddress, int localPort)
```

其中，参数 dstName 是连接到的主机名，dstPort 是连接到的端口号，dstAddress 是连接到的 IP 地址，而 localAddress 和 localPort 表示本地机器的地址和端口号。例如，连接到服务器 3333 端口，代码如下：

```
Socket client_socket = new Socket("10.20.233.164", 3333);
```

当创建客户端的 Socket 时会根据指定的地址和端口号，连接到服务器端。

（2）与服务器端进行通信

与服务器端的通信同样使用输入输出流 InputStream 和 OutputStream 类对象。在对应的按钮被单击后，发送相应的命令数据。

（3）关闭套接字

通信完成后，同样需要将输入输出流以及 Socket 关闭，主动释放这些资源。熟悉了客户端的流程，实现 Android 控制端的代码如下：

```
01    public void onClick(View v) {
02        //连接服务器
03        try {
```

```
04          client_socket = new Socket("10.20.233.164", 3333);
                                                            //新建 Socket 连接
05          data_output = new DataOutputStream(client_socket.
            getOutputStream());                             //获取数据输出流
06          data_input = new DataInputStream(client_socket.
            getInputStream());                              //获取数据输入流
07        } catch (Exception e) {
08            e.printStackTrace();
09        }
10
11        String text = "";                                 //传输的内容
12        switch (v.getId()) {
13        case R.id.shutdown:                               //单击"关机"按钮
14            text = "shutdown";
15            break;
16        case R.id.restart:                                //单击"重启"按钮
17            text = "restart";
18            break;
19        case R.id.logoff:                                 //单击"注销登录"按钮
20            text = "logoff";
21            break;
22        default:
23            break;
24        }
25        try {
26            if ((data_output != null) && (!text.equals(""))) {
27                data_output.writeUTF(text);               //传输命令
28                data_output.close();                      //关闭数据输出流
29                client_socket.close();                    //关闭 Socket 连接
30            }
31        } catch (Exception e) {
32            e.printStackTrace();
33        }
34    }
```

其中，02～09 行，创建客户端套接字，自动连接到 IP 地址为 10.20.233.164 的端口 3333，即服务器端监听的端口。需要注意的是 IP 地址使用服务器端的地址，常用的测试回环地址 127.0.0.1 代表的是 Android 模拟器的地址，不是 PC 的地址；

11～24 行，根据不同的按钮，分别发送命令数据 shutdown、restart 和 logoff；

25～27 行，通过输出流将数据发送到服务器端；

28～29 行，关闭不再使用的输出流 data_output 和套接字 client_socket。

在 Android 中使用网络需要在 AndroidManifest.xml 文件中申请权限，代码如下：

```
<uses-permission
android:name="android.permission.INTERNET"></uses-permission>
```

5.2.3 运行分析总结

先运行服务器端，在输出 listening 3333 port 后，等待客户端的连接。此时，开启客户端，如图 5.2 所示，单击"注销登录"按钮，发送命令到服务器端。在服务器端的输出中可以看到发送的信息 logoff，并在 60s 后，Windows 关闭所有应用程序，注销登录。在服务器端的输出如图 5.3 所示。

图 5.3 服务器端的输出

在基于 TCP 的 Socket 通信中，服务器端需要一直等待客户端的连接，所以需要在一个死循环中等待连接。当有多个客户端需要连接到服务器端时，服务器端应该开启新的线程来完成通信处理。

5.3 Android 即时聊天

人们可以不受地域的限制，通过网络来进行即时的聊天。现在有优秀的即时聊天工具，如手机 QQ、米聊、飞聊等。在这一节中，我们将使用 UDP 的 Socket 来实现 Android 间的即时聊天功能。

该方式是无连接的 Socket 通信，所以不需要像 TCP 那样先建立连接再发送数据，可以直接对目标地址发送数据。这样的方式更加快速和高效，但是不能保证数据能够完全到达目标端，通信流程如图 5.4 所示。

作为一个即时聊天的软件，软件本身既是服务器端用于接收对方发来的数据，又是客户端用于发送数据到对方。通信过程中，需要明确数据发送到目标的 IP 地址、端口以及需要发送的数据，同时需要保存已有的通话记录，界面设计如图 5.5 所示。

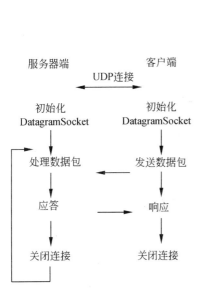

图 5.4 UDP 通信流程

图 5.5 聊天界面

和 TCP 中一样，Android 中需要使用网络必须在 AndroidManifest.xml 文件中申请权限，代码如下：

```
<uses-permission android:name="android.permission.INTERNET"></uses-permission>
```

5.3.1 Android 接收端

Android 的接收端即是服务器端，主要用于开启端口、等待客户端的数据输入，并且将接收到的数据显示在界面中。接下来，我们将实现数据的接收并通知更新界面显示数据。

1．通信过程

UDP 通信相对 TCP 通信而言比较简单，不需要事先建立连接，只需要创建一个接收和发送的套接字便可以实现数据的处理和发送。在服务器端实现需要如下几个步骤：

（1）创建套接字并绑定到一个端口

在 UDP 中使用套接字 DatagramSocket 来表示数据的接收站和发送站。常用的构造函数如下：

```
DatagramSocket()
DatagramSocket(int aPort)
DatagramSocket(int aPort, InetAddress addr)
DatagramSocket(SocketAddress localAddr)
```

其中，aPort 是本地绑定的端口号，InetAddress 是指定的地址，SocketAddress 表明绑定到特定的套接字地址。例如，创建一个监听端口号为 3000 的 UDP 套接字，实现如下：

```
DatagramSocket = new DatagramSocket(3000)
```

（2）接收数据

有了套接字后，我们就可以直接使用它来接收数据，使用 DatagramSocket 类的方法：

```
receive(DatagramPacket pack)
```

其中，参数 pack 是 DatagramPacket 类型，表示存放数据的数据包。

（3）处理数据

无论是发送还是接收的数据都以 DatagramPacket 类型来表示，处理数据之前必须构造此类，但是接收数据包和发送数据包是有区别的。常用接收数据构造函数有：

```
DatagramPacket(byte[] data, int length)
```

其中，参数 data 为接收的数据，length 为数据的长度。例如，创建一个可以存放 1024 字节数据的接收数据包，实现如下：

```
byte buf[] = new byte[1024];
DatagramPacket dp = new DatagramPacket(buf, 1024);
```

常用的发送数据的构造函数有：

```
DatagramPacket(byte[] data, int length, InetAddress host, int port)
DatagramPacket(byte[] data, int length, SocketAddress sockAddr)
```

其中，参数 data 为发送的数据，length 为数据的长度，InetAddress 为发送到的目标地址，port 为发送到的目标端口，SocketAddress 为发送到的指定的套接字地址。在 DatagramPacket 类中可以获取该包发送地的 IP 地址、端口、套接字地址以及数据内容，分别使用如下方法：

```
InetAddress getAddress()
Int getPort()
SocketAddress getSocketAddress()
byte[] getData()
```

熟悉了整个接收数据的过程和关键点，具体的实现如下：

```
01    //服务器端，接收消息
02    public void Chat_init(final Handler handler) {
03        try {
04            ds = new DatagramSocket(3000);              //端口号为3000
05        } catch (Exception ex) {
06            ex.printStackTrace();
07        }
08        new Thread(new Runnable() {
09            public void run() {
10                byte buf[] = new byte[1024];            //数据缓存
11                DatagramPacket dp = new DatagramPacket(buf, 1024);
                                                          //新建数据包
12                while (true) {
13                    try {
14                        ds.receive(dp);                 //接收数据包
15                        String text = "\n来自" + dp.getAddress().getHostAddress()
16                                + "的消息：\n" + new String(buf, 0, dp.getLength());
                                                          //获取数据
17                        System.out.println(text);
18                        Message message = new Message(); //新建消息类
19                        Bundle bundle = new Bundle();
20                        bundle.putString("text", text);//
21                        message.setData(bundle);//设置消息类包含的内容
22                        handler.sendMessage(message);
                                                          //发送消息，用于UI更新
23                    } catch (Exception e) {
24                        e.printStackTrace();
25                    }
26                }
27            }
28        }).start();
29    }
```

其中，03~07 行，创建一个监听端口号为 3000 的 UDP 套接字，用于接收数据包；

08~09 行，开启一个新的线程来接收数据，为了将 Android 界面处理与接收数据过程的死循环隔离，防止 UI 界面卡死而不能操作；

10~11 行，创建一个可接收数据 1024 字节的 DatagramPacket 来处理数据；

12~17 行，从套接字 DatagramSocket 中接收数据包 dp，获取数据包的发送地址和内容；

18~22 行，接收数据线程与 UI 线程通信，将接收到的数据传给 UI 线程。

2．UI 界面更新

在 Android 中，其相关的视图和控件不是线程安全的，也就是说只有原来创建视图的线程可以修改更新这些视图。所以必须通过线程间的通信来通知 UI 线程更新界面。在这里使用前面章节介绍过的 Handler 方式进行线程通信。上面程序化代码中接收数据线程中的 18~22 行已经实现了线程间数据的传递，下面实现 UI 界面的更新。

在 UI 界面更新中只需要将收到的信息在消息记录中显示，即将消息添加到消息记录中，实现代码如下：

```
01    my_handler=new Handler(){
02        @Override
03        public void handleMessage(Message msg) {
                                                //处理通信线程传递的消息
04            super.handleMessage(msg);
05            String text=msg.getData().getString("text");
                                                //获取 Message 的内容
06            display.getText().append(text);//添加内容到消息记录中
07        }
08    };
```

其中，05 行，获得 Message 中的显示数据；06 行，将数据添加到消息记录中。

5.3.2　Android 发送端

在 UDP 中，发送数据和接收数据的流程类似，都是通过套接字 DatagramSocket 发送或接收数据 DatagramPacket。实现需要如下几步：

（1）创建套接字 DatagramSocket。和接收端完全一致，在本聊天示例中，使用同一个 DatagramSocket；

（2）发送数据 DatagramPacket；

在发送端，必须指定数据包发送到的目标地址和端口，使用 DatagramPacket 的构造方法。例如，数据包目标地址为 IP 值、端口为 3000 的数据，实现代码如下：

```
DatagramPacket dp = new DatagramPacket(buf, buf.length, InetAddress.getByName(ip), 3000);
```

数据构造好后，使用 DatagramSocket 的发送数据方法：

```
send(DatagramPacket pack)
```

熟悉了整个数据发送的过程和关键，具体的发送实现如下：

```
01  public void onClick(View v) {
02      String ip = ip_edtext.getText().toString();      //获取输入的 IP 地址
03      String port = port_edtext.getText().toString();//获取输入的端口号
04      String msg = content.getText().toString();       //获取输入的消息
05
06      if ((ip.equals("")) || (port.equals("")) || (msg.equals(""))) {
                                                //判断输入是否正确
07          Toast.makeText(context, "请输入对方的 IP 地址和端口号以及需要发送的
```

```
08              return;
09          }
10          display.getText().append("\n 本机发送到"+ip+"的信息为：\n"+msg);
                                                                        //添加聊天记录
11          byte[] buf;
12          buf = msg.getBytes();                                       //消息复制到缓存中
13          try {
14              DatagramPacket dp = new DatagramPacket(buf, buf.length,
15                      InetAddress.getByName(ip), Integer.valueOf(port));
                                                                        //构造数据包
16              ds.send(dp);                                            //发送数据包
17          } catch (Exception ex) {
18              ex.printStackTrace();
19          }
20          content.setText("");                                        //输入消息重置为空
21      }
```

其中，01～09 行，获取输入的目标 IP 地址、端口号以及发送的内容，并判断这些内容是否为空，当任一为空时，提示用户输入相应的数据；

11～12 行，将输入发送的内容复制到发送缓冲区中；

13～15 行，根据输入的目标 IP 地址、端口号以及发送内容，构造发送的数据包 dp；

16 行，通过套接字 ds 将数据包 dp 发送到目标地址。

5.3.3 运行分析总结

1．单个模拟器测试

为了方便，我们通过 Android 虚拟机本身的回环地址，来测试是否实现了即时聊天的功能。在 IP 地址栏中输入回环地址 127.0.0.1，端口为 3000，实现聊天结果如图 5.6 所示。

2．两个模拟器之间通信

在同一台 PC 上启动两个 Android 模拟器：模拟器 1（emulator-5554）和模拟器 2（emulator-5556），这两个模拟器的 IP 地址是一样的——10.0.2.3，这样是无法在这两个模拟器之间进行网络通信的。如果要在两个模拟器之间进行通信，需要由 PC 做端口映射。步骤如下：

（1）同时启动两个 Android 模拟器

如图 5.7 所示，单击 Eclipse 中工具栏中机器人头像（图 5.7 中左上角圈出），弹出 Android SDK and AVD Manager 对话框，开启两个模拟器。如果没有两个模拟器，则新建一个再开启。

图 5.6　自身聊天

（2）Android 模拟器中的端口重定向

在 Windows 的 cmd 窗口中，执行 adb devices，查看两个设备是否启动好，如图 5.8 所示。

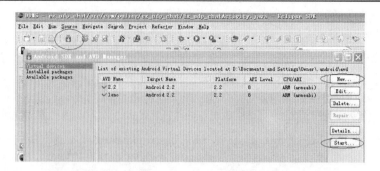

图 5.7　同时开启两个模拟器

图 5.8　查看模拟器设备

启动完成后，我们对 emulator-5554 进行端口映射。在窗口下执行 telnet localhost 5554，连上模拟器 emulator-5554。成功连接后，继续执行 redir add udp:4000:3000。这样就将所有在 PC 上 4000 端口的 udp 通信都重定向到 Android 模拟器的 3000 端口上。添加成功后，可以用 redir list 命令来列出已经添加的映射端口，使用 redir del 命令可以进行删除。

同理，对 emulator-5556 进行端口映射，将 PC 的 4321 端口映射到模拟器的 3000 端口上：

```
telnet localhost 5556
redir add udp:4321:3000
```

（3）通信测试

完成了端口映射之后就可以在两个模拟器之间进行网络通信了。不过，通信的 IP 地址为 PC 的 IP 地址，端口号为 PC 的映射端口号。即在本例中，与 5554 通信，其通信 IP 地址为 PC 地址 10.20.233.164，端口号为 4000；5556 的 IP 地址为 10.20.233.164，端口号为 4321。读者在实际操作中，以自己 PC 的 IP 地址以及映射端口为准。

由 5556 发送 hello 到 5554，然后 5554 回答发送"你好"到 5556。这样就实现了在两个 Android 设备之间的即时聊天，效果如图 5.9 所示。

图 5.9　模拟器之间聊天

UDP 的通信流程比较简单，就是使用套接字 DatagramSocket 来发送或接收数据 DatagramPacket 的过程。需要注意的是，数据包 DatagramPacket 在发送和接收时的构造是不一样的。

5.4 查询手机归属地

我们经常会收到陌生号码的短信或者被陌生的电话号码闪了一下电话，这个时候我们可以通过上网来查询该号码的归属地等基本信息。在这一节中，我们将实现查询手机号码归属地的示例。本示例通过 HttpURLConnection 方式来访问网络，查询手机号码的基本信息。

最常用的 http 请求分为 GET 和 POST 两类。GET 请求可以获取静态页面，也可以把参数放在 URL 字串后面传递给服务器；而 POST 与 GET 的不同之处在于 POST 的参数不是放在 URL 字串里面，而是放在 http 请求的正文内。在 Android 中可以使用 HttpURLConnection 发送这两种请求。接下来，我们分别通过这两种方式来获取手机号码的归属地等基本信息。

在界面中，我们需要输入查询号码的输入框以及分别触发这两种查询方式的按钮，如图 5.10 所示。在实现网络请求之前，必须在 AndroidManifest.xml 文件中申请权限，如下：

```
<uses-permission android:name="android.permission.INTERNET">
</uses-permission>
```

5.4.1 GET 请求

在 Adnroid 中使用 GET 方式发送 http 请求，使用的是 Java 的标准类，大家应该比较熟悉，也比较简单。通过如下几步即可实现：

1. 构造URL

在访问网络时都是通过 URL 来指定目标位置的，构造一个 URL 实例，使用方法：

```
URL(String spec)
```

图 5.10 GET 方式获取手机号码信息

其中，参数 spec 是 URL 地址的字符串。需要注意的是，由于使用的是 GET 方式发送请求，请求的参数是放在 URL 字串后面传递给服务器，即我们直接访问的是查询结果的网页。例如，在百度页面中，搜索 Android，搜索结果显示的网址就是 http://www.baidu.com / s?wd= Android。因此，在 GET 中访问的 URL 地址就应该是 http://www.baidu.com/s?wd= Android。

在本示例中，通过查询手机在线提供的服务来查询手机号码归属地。查询结果的地址为 http://api.showji.com/Locating/default.aspx?m=**&output=xml。其中,"m="后是查询的手机号码。以查询电话号码为 1234567890 为例,构造 URL 如下:

```
URL geturl = new URL("http://api.showji.com/Locating/default.aspx?m=
1234567890&output=xml ");
```

2. 设置连接

在 URL 连接中,使用 URLConnection 类来定义一个连接。当知道了访问的网络地址后,需要获取一个 URL 连接实例,使用 URL 类的方法:

```
URLConnection openConnection()
```

该方法返回不同的 URLConnection 子类的对象。在本示例中 URL 是一个 http 的地址,因此实际返回的是 HttpURLConnection。此时,可以对连接进行设置。在 GET 方式中,一般只设置连接超时时间:

```
Void setReadTimeout(int timeout)
```

其中,参数为超时时间,以毫秒计算。对于是否已经连接到目标地址,通过远程 HTTP 服务器返回的响应代码来进行判断。获取响应代码的方法如下:

```
int getResponseCode()
```

其中,返回值为响应编号。经常使用的有:HTTP_OK,表示已经连接;HTTP_NOT_FOUND,表示没有找到网址等。

3. 获取返回数据

当请求发送连接成功后,HTTP 服务器将会将应答数据返回输入流中。我们使用 InputStreamReader 来读取返回的数据。获取返回的输入流,使用 HttpURLConnection 类的方法:

```
InputStream    getInputStream()
```

其中,返回值是一个输入流。由于网页采用的是 UTF-8 的编码方式,所以在读取返回的输入流时,使用方法:

```
InputStreamReader(InputStream in, String enc)
```

其中,参数 enc 为编码方式。这里,使用 UTF-8 编码。

4. 关闭连接

实现方法是:

```
void    disconnect()
```

我们已经熟悉了整个 GET 方式发送请求的过程,下面来看看使用这种方式来查询获取手机号码基本信息的具体实现代码:

```
01      final static String phoneUrl="http://api.showji.com/Locating/default.aspx";
02      //使用 GET 连接查询
03      private void Get_url() {
```

```
04          try {
05              //拼凑 URL 地址
06              String phonenum = edt_input.getText().toString();
07              phonenum = phonenum.replace(" ", "%20");
                                          //获取输入的号码，替换输入的空格
08              URL geturl = new URL( phoneUrl+"?m="+phonenum+"&output=xml");
                                          //构造查询地址
09              HttpURLConnection httpconn = (HttpURLConnection) geturl.
                openConnection();         //获取连接
10              httpconn.setReadTimeout(10000);              //设置超时时间
11              if (httpconn.getResponseCode() == HttpURLConnection.HTTP_OK) {
                                          //连接获取成功
12                  Toast.makeText(getApplicationContext(),"GET 连接 手机在线
                    API 成功!", 1000).show();
13                  //InputStreamReader 获得返回的数据流
14                  InputStreamReader isr = new InputStreamReader(httpconn.
                    getInputStream(), "utf-8");
15                  int i;
16                  String content = "";
17                  //read 读取获得的数据
18                  while ((i = isr.read()) != -1) {
19                      content = content + (char) i;    //从数据流中读取数据
20                  }
21                  isr.close();                         //关闭数据流
22                  //设置 TextView
23                  tv_result.setText(content);
24              }
25              //关闭连接
26              httpconn.disconnect();
27          } catch (Exception e) {
28              Toast.makeText(getApplicationContext(), "GET 连接 手机在线 API
                失败",1000).show();
29              e.printStackTrace();
30          }
31      }
```

其中，01 行，查询手机号码信息的基本网址，用于与需要查询的手机号码的拼接，从而形成正确的查询地址；

05~08 行，构造 URL。根据具体的查询号码，对访问 URL 进行构造。地址中的 m= 后接的是查询的手机号码，output=xml 表示返回的查询网页格式为 XML 文件格式；

09~10 行，对连接实例 HttpURLConnection 进行获取并设置；

11 行，对连接状态进行判断，当连接成功后，获取返回的数据；

14~21 行，读取返回数据；

26 行，获取数据后，关闭连接。

5.4.2 POST 请求

POST 方式相对 GET 方式而言要复杂一些。因为该方式需要将请求的参数放在 http 请求的正文内，所以需要构造请求的报文。POST 方式进行的步骤和 GET 方式相同，只是需要对连接进行更多的设置。步骤如下：

1. 构造URL

方法和 GET 的方法是一样的,不过 URL 地址是不带参数的。依旧以在百度页面中搜索 Android 为例,此时的 URL 地址为百度的网址 http://www.baidu.com。本实例访问的 URL 为:

```
URL geturl = new URL("http://api.showji.com/Locating/default.aspx ");
```

2. 设置连接

在 GET 方式中,获取连接类 URLConnection 后,使用了 URLConnection 的默认设置,不需要再对设置进行修改,而在 POST 方式中,需要更改的设置如下:

```
setDoOutput(true)
setDoInput(true)
```

这两个方法分别用来设置是否向该 URLConnection 连接输出和输入。由于在 POST 请求中,查询的参数是在 http 的正文内,所以需要进行输入和输出。因此,将这两个方法设置为 true。

```
setRequestMethod("POST")
```

该方法用来设置请求的方式,默认为 GET 方式,需要将其设置为 POST 方式。

```
setUseCaches(false)
```

该方法用来设置是否使用缓存,在 POST 请求中不能使用缓存,将其设置为 false。

```
setRequestProperty("Content-Type","application/x-www-form-urlencoded")
```

该方法用来设置请求正文的类型。由于我们在正文内容中使用 URLEncoder.encode 来进行编码,所以设置如上,表示正文是 urlencoded 编码过的 form 参数。

完成这些设置后,就可以连接到远程 URL,使用方法:

```
connect()
```

3. 写入请求正文

在 POST 方式中,需要将请求的内容写在请求正文中发送到远程服务器。首先需要获取连接的输出流,使用方法:

```
OutputStream    getOutputStream()
```

获取了输出流后,需要将参数写入该输出流中。写入的内容和 GET 方式中的 URL 中"?"后的参数字符串是一致的。需要注意的是,对于从输入框中输入的查询电话号码必须进行 URL 编码。例如,在本实例中,写入的内容如下:

```
String content = "m="+URLEncoder.encode(phonenum, "utf-8")+"&output=xml";
```

4. 读取返回数据、关闭连接

完成数据的请求后,读取返回数据和关闭连接的方法与 GET 请求方式是一样的。

由此,通过与 GET 请求方式的对比,我们熟悉了 POST 方式发送请求的整个流程,下面看看使用 POST 方式查询获取手机号码基本信息的具体代码：

```java
01      final static String phoneUrl="http://api.showji.com/Locating/default.aspx";
02  //POST 方式
03      private void Post_url() {
04          String phonenum = edt_input.getText().toString();
                                                              //获取输入的号码
05          try {
06              URL url = new URL(phoneUrl);           //构造访问地址
07              HttpURLConnection urlConn = (HttpURLConnection) url.openConnection();    //获取连接
08              //因为这个是 POST 请求,所以需要设置为 true
09              urlConn.setDoOutput(true);                    //设置输出
10              urlConn.setDoInput(true);                     //设置输入
11              //设置超时时间
12              urlConn.setReadTimeout(10000);
13              //设置以 POST 方式
14              urlConn.setRequestMethod("POST");
15              //POST 请求不使用缓存
16              urlConn.setUseCaches(false);
17              urlConn.setInstanceFollowRedirects(true);
18              //配置本次连接的 Content-type,配置为 application/x-www-form-urlencoded 的
19              urlConn.setRequestProperty("Content-Type","application/x-www-form-urlencoded");
20              urlConn.connect();                            //连接
21
22              //DataOutputStream 输出流
23              DataOutputStream out = new DataOutputStream(urlConn.getOutputStream());
24              //要上传的参数内容
25              String content = "m="+URLEncoder.encode(phonenum,"utf-8")+"&output=xml";
26              //将要上传的内容写入流中
27              out.writeBytes(content);
28              //刷新、关闭
29              out.flush();
30              out.close();
31              InputStreamReader isr = new InputStreamReader(urlConn.getInputStream());
32              int i;
33              String content_post = "";
34              //从返回数据流中获取数据
35              while ((i = isr.read()) != -1) {
36                  content_post = content_post + (char) i;
37              }
38              isr.close();
39              //设置 TextView
40              tv_result.setText(content_post);
41              //关闭 http 连接
42              urlConn.disconnect();
43              Toast.makeText(getApplicationContext(), "POST 连接手机在线API 成功",1000).show();
44          } catch (Exception e) {
45              Toast.makeText(getApplicationContext(), "POST 连接手机在线API 失败",1000).show();
```

```
46              e.printStackTrace();
47          }
48      }
```

其中，01 行，是查询手机号码信息的 URL 地址；

05～06 行，构造 URL，直接使用查询信息的网址；

07～20 行，获取连接实例 HttpURLConnection 并进行 POST 相关设置。注意设置了连接的是否允许输入输出、超时时间、请求方式、是否使用缓存以及内容编码类型等；

22～30 行，构造上次的请求内容并发送该请求；

31～40 行，读取返回的数据，并显示在界面中；

42 行，完成获取数据后，关闭连接，效果如图 5.11 所示。

5.4.3 显示结果

在前面获取的数据中，无论是通过 GET 方式还是 POST 方式，获得的都是 XML 文件格式的数据，直接显示给用户查看，如图 5.10 和图 5.11，明显是不友好的。这一节中，我们将实现解析这样的 XML 文件，呈现给用户友好的显示结果，效果如图 5.12 所示。

图 5.11 POST 方式获取手机号码信息　　　　图 5.12 XML 解析显示

在 Android 中解析 XML 文件常用的有 3 种方法：DOM 、SAX 和 PULL，3 种方法各有优劣。在这里我们使用 Java 中比较熟悉的 DOM 方法来解析 XML 文件。

1. 定义电话信息类

通过分析返回的 XML 文件，如图 5.11 的显示，可以发现返回的结果主要包括了查询的手机号码、是否有该号码的信息、归属的省份、归属的城市、运营商以及卡的类型等信息，我们可以定义一个类来保存这些信息。并且定义修改和获取这些信息的方法。信息类定义如下：

```
01  public class Phone_info {
02      String query_result;              //是否有结果
03      String number;                    //号码
04      String province;                  //省份
05      String city;                      //城市
06      String corp;                      //运营商,如移动、联通等
07      String card;                      //类型,如 GSM、CDMA 等
08
09      public void set_ number (String result){
10          this. number =result;
11      }
12      public String get_ number (){
13          return number;
14      }
15      ……其他信息的修改、获取方法……
16  }
```

其中,01 行,定义信息类 Phone_info;

02～07 行,定义需要记录的信息;

09～14 行,分别定义了修改查询号码和获取查询号码的方法。另外的 5 个信息同样需要定义查询和获取的方法,和该方法类似。

2. DOM解析XML

一个 XML 文件,一般都包含了根元素、属性、子节点等,解析 XML 文件就是获取我们需要的节点的值。例如,获得的 XML 文件中,其根节点是 QueryResponse,子节点有 Mobile、QueryResult 等,每个子节点都有自己的内容。我们解析该 XML 文件的目的就是获取子节点的内容,保存到电话信息类中。使用 DOM 解析 XML 文件需要如下几步来实现:

(1) 获得 DOM 解析器

要获得 DOM 解析器,首先需要得到解析器的工厂实例,使用方法:

```
DocumentBuilderFactory newInstance()
```

其中,返回为一个工厂类 DocumentBuilderFactory。然后从该实例中,获取 DOM 解析器,使用方法:

```
DocumentBuilder newDocumentBuilder()
```

其中,返回即为 DOM 解析器。

(2) 获得 Document 类

使用 DOM 解析器将输入的 XML 文件输入流进行解析得到一个 DOM 文件树,以便于内容的获取,使用方法:

```
Document parse(InputStream is)
```

(3) 获得 XML 根节点

XML 文件是一个类似于树型结构的文件,需要获得 XML 文件中某个节点的属性、内容,和树一样需要从根节点遍历整个树。获得根节点使用 Document 类的方法:

```
Element getDocumentElement()
```

其中，返回为 Element 类。

（4）获得子节点

从根节点起，获得子节点，然后子节点继续获取其子节点，从而不断地轮询子节点达到遍历整个树的目的。获得子节点的方法如下：

```
NodeList getChildNodes()
```

（5）获得节点属性

在节点中，我们通过属性名来获取该属性的值，使用方法：

```
String getAttribute(String name)
```

其中，参数 name 为属性名。

熟悉了使用 DOM 解析 XML 文件的整个流程与关键点，下面来看看使用 DOM 来解析获得手机号码基本信息的具体实现代码：

```
01  public static List<Phone_info> read_XML(InputStream in_Stream){
02      List<Phone_info> phone_infos = new ArrayList<Phone_info>();
                                                      //电话信息类数组
03      DocumentBuilderFactory factory =DocumentBuilderFactory.
        newInstance();                                //工厂实例
04      try {
05          DocumentBuilder builder = factory.newDocumentBuilder();
                                                      //获取解析器
06          Document dom=builder.parse(in_Stream);   //输入流解析为 DOM 树
07          Element root =  dom.getDocumentElement();//获取 DOM 树根节点
08
09          NodeList items=root.getElementsByTagName
            ("QueryResponse");
        //获取所有 QueryResponse 的标签节点，每一个完整的标签都是一个完整的手机信息
10          for (int i = 0; i < items.getLength(); i++) {
                                              //遍历每一个完整的手机信息
11              Phone_info phone_info = new Phone_info();
12              //获得第一个 QueryResponse 节点
13              Element query_node =(Element) items.item(i);
14              //获得 QueryResponse 节点下的所有子节点
15              NodeList childnodes=query_node.getChildNodes();
16              for (int j = 0; j < childnodes.getLength(); j++) {
17                  Node node=childnodes.item(j);
18                  if (node.getNodeType() == Node.ELEMENT_NODE) {
19                      Element child_node=(Element)node;
20                      //获取各项值
21                      if ("QueryResult".equals(child_node.getNodeName())) {
22                          phone_info.set_query_result(child_node.
                            getFirstChild().getNodeValue() );
23                      }else if ("Mobile".equals(child_node.
                        getNodeName())) {//电话号码
24                          phone_info.set_number(child_node.
                            getFirstChild().getNodeValue());
25                      }else if ("Province".equals(child_node.
                        getNodeName())) {//省份
26                          phone_info.set_province(child_node.
                            getFirstChild().getNodeValue());
27                      }else if ("City".equals(child_node.
                        getNodeName())) {//城市
28                          phone_info.set_city(child_node.
```

```
29                             }else if ("Corp".equals(child_node.
                         getNodeName())) {//运营商
30                             phone_info.set_corp(child_node.
                         getFirstChild().getNodeValue());
31                             }else if ("Card".equals(child_node.
                         getNodeName())) {//类型
32                             phone_info.set_card(child_node.
                         getFirstChild().getNodeValue());
33                             }
34                         }
35                     }
36                     phone_infos.add(phone_info);       //添加到数组中
37                 }
38                 in_Stream.close();                      //关闭数据流
40         } catch (Exception e) {
41             e.printStackTrace();
42         }
43
44         return phone_infos;                            //返回查询结果数组
45     }
```

其中，03 行，得到解析器的工厂实例 factory；

05 行，DOM 解析器 builder；

06 行，使用解析器从 XML 文件中解析得到其对应的 Document 类；

07 行，获得根节点；

09~13 行，获得根节点下所有标签名为 QueryResponse 的子节点。由于在查询结果中，每一个号码的查询结果在一个节点 QueryResponse 中，为了保证查询多个号码的正确性，需要获取所有的节点。每一个节点中包含了所有的查询结果，对应于一个手机信息类 Phone_info 来保存信息；

14~16 行，获得 QueryResponse 的所有子节点，这些子节点即是号码的属性信息；

17~36 行，根据子节点标签名获取需要的信息，保存到信息列表中。从标签 QueryResult、Mobile、Province、City、Corp、Card 中获得是否有结果、查询号码、归属省份、归属城市、运营商以及卡类型的信息；

44 行，处理完成后，返回所获得的号码信息列表。

3．显示

获得了号码信息列表后，将这些信息显示在界面中，方法简单就不再讲解。最终实现的效果如图 5.12 所示。

5.4.4 总结

在这一节中，我们使用 HttpURLConnection 方式来访问网络，实现对手机号码归属地的查询，分别使用了 GET 和 POST 两类 HTTP 请求方式。由于这两种方式在请求时的参数差异，所以在实现中也有一定的差别。GET 方式，参数在 URL 地址中，从而 URL 地址较复杂，需要对查询内容进行拼凑；而 POST 方式，参数在 http 请求正文中，所以需要设置更多与连接相关的输入输出、发送内容等信息。另外，我们还实现了使用 DOM 方式解析

XML 文件。由于 XML 文件格式是非常常见的文件格式,所以解析内容非常重要,在后面的章节中,我们还会进一步讲解关于 XML 文件解析的方法。

5.5 天气预报

相信大家在使用 Android 手机的时候,肯定都是用过天气预报的功能,天气预报方面的应用也是在 Android Market 上下载量最大的。在这一节中,我们将通过 HttpClient 访问 Google 的天气服务的方式来查询天气信息。

由于信息都是从 Google 的天气服务中获取的,所以需要使用到网络,必须在 AndroidManifest.xml 文件中申请权限,如下:

```
<uses-permission android:name="android.permission.INTERNET">
</uses-permission>
```

在界面方面,比较简单,只需要输入查询的城市,单击查询按钮显示结果即可,如图 5.13 所示。

5.5.1 天气获取

在上一节中,我们使用标准的 Java 接口来实现网络获取数据,在 Android 中也提供了 Apache 的 HttpClient,它对标准 Java 中的网络接口进行了封装和抽象,更加适合在 Android 上进行网络通信。接下来,我们就使用 HttpClient 来获取天气信息。

图 5.13 天气预报

1. 创建 HttpClient

使用 DefaultHttpClient 类来表示一个默认的 HTTP 客户端,可以把它想象为一个浏览器,我们使用其 API 来方便地发送 GET、POST 请求,以及接收数据等。在进行网络通信前,首先创建一个 HttpClient。常用的构造方法如下:

```
DefaultHttpClient()
```

2. 创建 GET 请求

在发送请求时,同样有 GET 和 POST 两种方式,对于这两种请求的构建分别使用方法:

```
HttpGet(String uri)
HttpPost(String uri)
```

这两种请求的地址差别和使用标准 Java 是一样。我们获取天气预报的地址为 http://www.google.com/ig/api?hl=zh-cn&weather=beijing。地址最后是城市名的拼音,所以在界面中,要求输入的是城市名的拼音。实现如下:

```
new HttpGet("http://www.google.com/ig/api?hl=zh-cn&weather=beijing")
```

3. 获取返回

HttpResponse 是 HTTP 的连接响应，当执行一个 HTTP 连接后，就会返回一个 HttpResponse，我们通过 HttpResponse 来获得返回的数据。因此，获取 HttpResponse 必须完成一个 HTTP 连接，使用 HttpClient 类的方法：

```
execute(HttpUriRequest request)
execute(HttpUriRequest request, HttpContext context)
```

其中，request 为 GET 或 POST 请求，context 为请求的上下文环境。然后从 HttpResponse 中获取响应状态或者返回数据，常用的方法：

```
HttpEntity  getEntity()
void        setEntity(HttpEntity entity)
StatusLine  getStatusLine()
void        setStatusLine(StatusLine statusline)
```

其中，前两种方法用于获取和设置响应的实际数据内容，后两种方法用于获取和设置响应的状态。熟悉了整个流程和关键点，我们使用 HttpClient 的 GET 请求方式来获取天气信息，具体实现如下：

```
01    //使用 HttpClient 连接 GoogleWeatherAPI
02    private void httpClientConn(String city) {
03        DefaultHttpClient httpclient = new DefaultHttpClient();
                                                    //获取 HttpClient 类
04        HttpGet httpget = new HttpGet(googleWeatherUrl + city);
                                                    //cjGET 请求
05        HttpContext localContext = new BasicHttpContext();//
06        try {
07            HttpResponse response = httpclient.execute(httpget,
              localContext);                        //连接响应
08            if (response.getStatusLine().getStatusCode() != HttpStatus.
              SC_OK) {
09                httpget.abort();                  //连接失败，中断连接
10            } else {
11                HttpEntity httpEntity = response.getEntity();
                                                    //获取返回数据
12                String string = EntityUtils.toString(httpEntity,
                  "utf-8").trim();
13                InputStream is = new ByteArrayInputStream(string.
                  getBytes("utf-8"));
14                //解析 xml
15                ……
16            }
17        }
18        } catch (Exception e) {
19            tv_result.setText("获取失败");
20        } finally {
21            httpclient.getConnectionManager().shutdown();
22        }
23    }
```

其中，03 行，构建了一个默认的 HttpClient，用于发送、接收网络数据；
04 行，根据输入的城市名称构建了一个查询的 HttpGet；
05～07 行，获取 HttpClient 发送 GET 请求后返回的响应 HttpResponse；

08～09 行，从响应 response 中获取连接状态，当连接失败时，中断连接；
10～17 行，从响应 response 中获取响应数据，并解析获得的数据。

这样，我们就获得了天气信息，但是这样的返回内容不方便用户查看。我们直接使用 IE 浏览器访问网页，查看返回的数据，如图 5.14 所示。

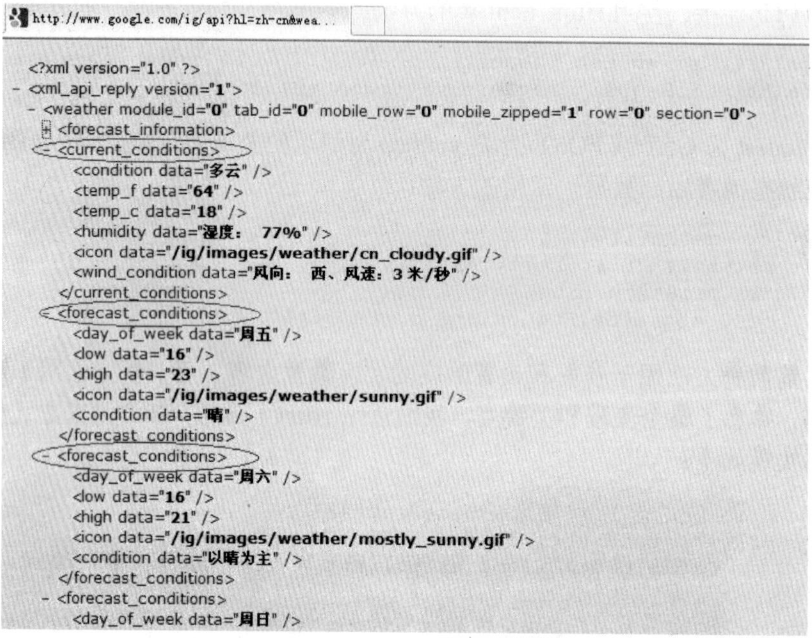

图 5.14 网页结果

从结果中，我们可以很容易地看出这是一个 XML 文件格式的返回结果。其中，current_conditions 节点是当前的天气情况，后面的 forecast_conditions 节点是未来几天的天气情况。这些未来几天的天气情况就是我们需要显示的内容。可以看出每一个天气情况都包括了时间、最低和最高温度、图片以及描述。接下来就来解析此 XML 文件以及显示结果。

5.5.2　XML 文件解析

在上一节中，我们就提到 XML 的文件解析方法主要有 DOM、SAX 和 PULL3 种，并且详细讲解了 DOM 方法。但是，DOM 方法解析 XML 文件时，会将 XML 文件的所有内容读取到内存中，所以内存的消耗比较大，而对于运行 Android 的移动设备来说，资源比较宝贵，所以一般采用另外两种方式：SAX 和 PULL，其中尤以 SAX 使用最多。在这一小节中，我们分别使用 SAX 和 PULL 来解析 XML 文件。

1．定义信息类

一个 XML 文件一般都是具有树型结构的，我们从中获取的信息可以用一个类来抽象保存。天气预报的结果，包括了时间、最低和最高温度、图片以及描述等 5 项内容，所以 Weather 类构造如下：

```
01  public class Weather {
02      private String day;              //时间
03      private String lowTemp;          //最低温度
04      private String highTemp;         //最高温度
05      private String imageUrl;         //图片地址
06      private String condition;        //描述
07
08      public String getDay() {
09          return day;
10      }
11      public void setDay(String day) {
12          this.day = day;
13      }
14      ……其他信息的修改、获取方法……
15  }
```

其中，02~06 行，定义需要保存的数据；

08~13 行，定义获取和保存时间的方法。对于其余 4 项内容，同样需要定义获取和保存的方法。

2．SAX解析

SAX（Simple API for XML）是一种解析速度快并且占用内存少的 XML 解析器，非常适用于 Android 的移动设备。SAX 解析 XML 文件采用的是事件驱动，也就是说，它并不需要解析完整的文档，在按内容顺序解析文档的过程中，SAX 会判断当前读到的字符是否符合 XML 语法中的某部分，如果符合就会触发事件。所谓事件，其实就是一些回调方法，这些事件定义在 DefaultHandler 中。接下来就来详细讲解如何使用 SAX 来解析 XML 文件。

（1）创建 SAX 解析器

首先获得 SAX 工厂然后从工厂中获得解析器，实现如下：

```
SAXParserFactory spf = SAXParserFactory.newInstance();
SAXParser saxParser = spf.newSAXParser();                //创建解析器
```

（2）实现解析 DefaultHandler

在具体的 XML 解析中，当遇到不同的事件时，将回调不同的方法来处理，继承至 DefaultHandler，主要实现其中 4 个方法：

```
void startDocument()
```

当遇到文档开头时，调用该方法。一般用于完成一些预处理。

```
void endDocument()
```

当遇到文档结束时，调用该方法。一般用于实现一些善后处理。

```
void startElement(String uri, String localName, String qName, Attributes attributes)
```

当读到一个开始标签的时候，会触发这个方法。其中，uri 就是命名空间，localName 是不带命名空间前缀的标签名，qName 是带命名空间前缀的标签名，attributes 是该标签节点的属性和相应的值。

需要注意的是，SAX 一个重要的特点就是它的流式处理，当遇到一个标签的时候，它并不会记录下以前所碰到的标签。也就是说,在 startElement()方法中,所有能获取的信息都是标签的名字和属性,至于标签的嵌套结构、上层标签的名字、是否有子元属等其他与结构相关的信息,都是不得而知的,都需要你的程序来完成。这也是 SAX 与 DOM 方式最大的一个区别。

```
void endElement(String uri, String localName, String qName)
```

当遇到结束标签的时候,调用该方法。一般完成节点结束的善后处理。

本实例中,需要做的处理就是在 startElement()中保存需要的数据,例如获取时间,实现如下:

```
String tagName = localName.length() != 0 ? localName : qName;
if(tagName.equals("day_of_week")) {
currentWeather.setDay(attributes.getValue("data"));
```

(3) 实现解析

实现了具体的解析处理过程,下面使用解析器 SAXParser 的处理方法来进行处理:

```
void parse(InputStream is, DefaultHandler dh)
```

其中,参数 is 是 XML 的输入流,dh 是具体处理的 Handler。熟悉了使用 SAX 来处理 XML 文件的整个流程和关键点,来看看实现整个流程的代码如下:

```
01    //使用 SAX 方式解析 xml
02    private static List<Weather> sax_parseWeather(InputStream is) {
03        try {
04            SAXParserFactory spf = SAXParserFactory.newInstance();
05            SAXParser saxParser = spf.newSAXParser();//创建解析器
06            SAX_Handler handler = new SAX_Handler();  //初始化结果保存类
07            saxParser.parse(is, handler);              //调用解析方法
08            is.close();                                //关闭数据流
09            return handler.getWeatherList();
10        } catch (Exception e) {
11            e.printStackTrace();
12        }
13        return null;
14    }
```

其中,04 行,获得 SAX 处理工厂;

05 行,创建一个 SAX 的 XML 解析器;

06 行,初始化 SAX 的处理类;

07 行,实现使用处理类 Handler 来解析 XML 文件输入流,处理的结果保存在 Handler 中;

08~09 行,关闭数据流,并返回获得的解析结果即 Weather 数组。

接下来实现最关键的解析类 DefaultHandler。在 Handler 中需要解析、获取、保存 Weather 类的数组,并且返回最终的 Weather 数组,实现如下:

```
01    public class SAX_Handler extends DefaultHandler {
02        private List<Weather> weatherList;        //Weather 数组
03        private boolean inForcast;//标记是否是 forecast_conditions 内的标签节点
04        private Weather currentWeather;           //保存每一次获取的 Weather
05
06        public List<Weather> getWeatherList() {
07            return weatherList;
```

```
08     }
09
10     public SAX_Handler() {
11         weatherList = new ArrayList<Weather>();
12         inForcast = false;
13     }
```

其中，01 行，定义继承至 DefaultHandler 的 SAX 处理辅助 SAX_Handler；

02～04 行，定义需要保存的数据，包括 Weather 类及其数组、标记；

05～08 行，定义用于返回最终结果的 Weather 数组的方法；

09～13 行，定义 SAX_Handler 的构造函数，初始化变量。

由于在文档开始和结束时，没有特别需要处理的内容，所以只需要处理标签的开始和结束。在标签开始时，需要根据标签名来获取保存的对应属性值。具体实现如下：

```
01  //元素开始时触发
02      @Override
03      public void startElement(String uri, String localName, String qName,
04              Attributes attributes) throws SAXException {
                                                    //标签元素开始时触发
05          String tagName = localName.length() != 0 ? localName : qName;
06          tagName = tagName.toLowerCase();
07
08          if(tagName.equals("forecast_conditions")) { //当标签为未来天气时
09              inForcast = true;                       //标记处理接下来的元素
10              currentWeather = new Weather();         //实例化天气类
11          }
12
13          if(inForcast) {                             //开始处理
14              if(tagName.equals("day_of_week")) {//星期标签
15                  currentWeather.setDay(attributes.getValue("data"));
                                                        //获取星期数据
16              }else if(tagName.equals("low")) {//最低温度标签
17                  currentWeather.setLowTemp(attributes.getValue("data"));
                                                        //获取最低温度数据
18              }else if(tagName.equals("high"))  {//最高温度标签
19 currentWeather.setHighTemp(attributes.getValue("data"));//获取最高温度数据
20              }else if(tagName.equals("icon")) {//图片标签
21 currentWeather.setImageUrl(attributes.getValue("data"));   //获取图片数据
22              }else if(tagName.equals("condition")) {   //描述标签
23 currentWeather.setCondition(attributes.getValue("data")); //获取描述数据
24              }
25          }
26      }
```

其中，01～04 行，定义重写 startElement()方法，用于实现具体的标签开始处理；

05～06 行，获取标签名。当不带命名空间的标签名为空时获得带命名空间的标签名，否则获得不带命名空间的标签名；

07～11 行，判断标签名是否为 forecast_conditions。是该标签时，设置标识并且创建一个 Weather 类，用于对接下来的具体属性信息进行保存；

12～25 行，保存天气的属性信息。当已经在 forecast_conditio 标签内后，根据其内的二级标签名 day_of_week、low、high、icon 和 condition 来获得 Weather 内的时间、最低温度、最高温度、图片地址和描述信息。

在标签结束时，只需要对 forecast_conditions 标签，进行标识的设置和 Weather 数组的添加，具体实现如下：

```
01    //元素结束时
02    @Override
03    public void endElement(String uri, String localName, String qName)
04         throws SAXException {
05         String tagName = localName.length() != 0 ? localName : qName;
06         tagName = tagName.toLowerCase();
07         if(tagName.equals("forecast_conditions")) { //天气标签结束
08             inForcast = false;                       //完成单个天气类
09             weatherList.add(currentWeather);         //添加到天气数组
10         }
11    }
```

其中，01～04 行，定义重写 endElement()方法，用于实现具体的标签结束处理；05～11 行，获得标签名，当标签为 forecast_conditions 时，设置标识并添加数组。

3. PULL 解析

在 Android 中，内置了 PULL 解析器来解析 XML 文件，上一章中 SharedPreferences 的解析就是使用 PULL 解析器来进行的解析。PULL 解析器的运行方式与 SAX 解析器相似，它提供了类似的事件，例如，开始元素和结束元素事件，使用 parser.next()可以进入下一个元素并触发相应事件。每一种事件将作为数值代码被发送，因此使用一个 switch 来对感兴趣的事件进行处理。当元素开始解析时，调用 parser.nextText()方法可以获取下一个 Text 类型元素的值。具体实现过程如下：

（1）创建 PULL 解析器

首先获得 PULL 工厂，然后从工厂中获得解析器，实现如下：

```
XmlPullParserFactory xpparseFactory = XmlPullParserFactory.newInstance();
XmlPullParser xpparser = xpparseFactory.newPullParser();
```

在解析器中，提供了多种方法来获得 XML 数据的不同标签、属性等信息。常用的方法有：

```
void setInput(InputStream inputStream, String inputEncoding)
```

该方法用来设置需解析的 XML 数据流及其编码。

```
int getEventType()
```

该方法用来获得事件类型，例如 START_DOCUMENT（文档开始）、END_DOCUMENT（文档结束）、START_TAG（标签开始）、END_TAG（标签结束）等。

```
String getName()
```

该方法用于获得标签名。

```
String getAttributeName(int index)
String getAttributeValue(String namespace, String name)
```

这两种方法用来获得标签节点的属性，第一种方法是根据节点属性的序号来获取，参数为序号；第二种方法是根据节点的属性名来获取，参数 namespace 是命名空间，name 是属性名。

```
int next()
```

该方法获得解析的下一个事件，返回值为事件的类型编号。

（2）解析处理

我们由解析器获得事件类型，对不同的事件分别进行处理，直到文档结束。本实例具体的解析如下：

```
01  //使用 PULL 解析 XML
02      private static List<Weather> pull_parseWeather(InputStream is) {
03          List<Weather> weatherList = new ArrayList<Weather>();
04          boolean inForcast = false;
05          Weather currentWeather = null;
06          try {
07              XmlPullParserFactory xpparseFactory = XmlPullParserFactory.
                  newInstance();
08              //解析器
09              XmlPullParser xpparser = xpparseFactory.newPullParser();
10              //获取 XML 数据
11              xpparser.setInput(is, "utf-8");
12              //开始解析事件
13              int event_type = xpparser.getEventType();
14              //处理事件，直到文档结束
15              while (event_type != XmlPullParser.END_DOCUMENT) {
16                  switch (event_type) {
17                      case XmlPullParser.START_TAG:
18                          //标签开始
19                          String tag_name = xpparser.getName();
20                          if (tag_name.equals("forecast_conditions")) {
                                //天气标签
21                              currentWeather = new Weather(); //天气类
22                              inForcast = true;                //是否处理的标识
23                          }
24
25                          if (inForcast) {
26                              if (tag_name.equals("day_of_week")) {
27                                  currentWeather.setDay(xpparser.
                                      getAttributeValue(null, "data") );
28                          ................其他信息的获取................
29                          break;
30                      case XmlPullParser.END_TAG:              //标签结束
31                          String tag_endname = xpparser.getName();
32                          if (tag_endname.equals("forecast_conditions")) {
                                                                 //天气标签结束
33                              inForcast = false;
34                              weatherList.add(currentWeather);
35                          }
36                          break;
37                      default:
38                          break;
39                  }
40                  event_type = xpparser.next();               //下一个节点事件
41              }
```

```
42                is.close();
43          } catch (Exception e) {
44              e.printStackTrace();
45          }
46          return weatherList;
47      }
```

其中，01~05 行，定义并初始化需要使用的变量；

07 行，创建 PULL 处理的工厂类；

09 行，创建 PULL 处理的解析器；

11 行，设置 PULL 解析器需要处理的 XML 文件输入流及其编码方式；

13~15 行，获得解析器的解析事件，直到事件为文档结束 END_DOCUMENT 时，停止解析处理；

17~29 行，当事件为标签开始 START_TAG 时，进行处理，根据标签名来获取保存的对应属性值。和 SAX 中的 startElement()方法类似；

30~36 行，当事件为标签结束 END_TAG 时，进行处理，和 SAX 中的 endElement()方法类似；

40 行，对一个事件处理完成后，解析下一个事件。

4．总结

以上分别使用 SAX 和 PULL 两种方式实现了对同一个 XML 文件流的解析处理，再加上上一节中的 DOM 方式，我们实现了对 XML 文件解析的 DOM、SAX 和 PULL3 种方法。这 3 种方法，各有优缺，如下所示。

- ❑ DOM 方式由于将 XML 所有内容读取到内存中，所以内存的消耗比较大，并不适合单纯自上而下的 XML 解析获取数据,但是它保存了 XML 本身的树型数据结构，可以很容易地获得某个节点的父、子节点等结构信息。
- ❑ SAX 是事件驱动，并不需要解析完整个文档，按内容顺序逐步解析文档，解析速度快并且占用内存少，非常适合在 Android 中解析 XML 文件获取需要的信息。
- ❑ PULL 方式的工作机制和 SAX 类似，并且可以在 while 循环中提前结束解析，当访问 XML 文件中的一小部分时，可以尽快地停止解析，减少解析时间。

这 3 种方式在解析的过程中，都首先需要从各自的工厂类中获得对应的解析器。DOM 方式，从根节点开始，通过不断向下遍历其子节点而遍历整棵树，找到感兴趣的节点进行对应的处理；SAX 方式，使用解析类 DefaultHandler 定义的方法来处理对应的事件，特别是 startDocument()、endDocument()、startElement()和 endElement()方法；PULL 方式，使用 while 循环来不断获取下一个事件，根据事件类型进行对应的处理。

5.5.3 结果显示

从 Google 获得的 XML 格式的数据，通过 SAX 或 PULL 方式解析之后，我们获得了 Weather 类的数组，在界面显示就比较简单了。但是 Weather 中保存的图片只是一个不完整的 URL 地址，需要下载该图片。接下来，我们使用 HttpClient 下载图片。

使用 HttpClient 来下载图片和获取普通数据的流程是相同的，只是要对获得的输入流转为 Bitmap 位图。使用位图工厂 BitmapFactory 类的方法：

```
Bitmap decodeStream(InputStream is)
```

其中，参数 is 为输入流，返回为 Bitmap 图。具体的下载实现如下：

```
01      //下载天气图片
02      private Bitmap getnet_Bitmap(String url) {
03          Bitmap bitmap = null;
04          try {
05              //HttpGet
06              HttpGet httpget = new HttpGet("http://www.google.com/" + url);
                                                         //初始化 httpget
07              //DefaultHttpClient
08              DefaultHttpClient httpclient = new DefaultHttpClient();
09              HttpContext localContext = new BasicHttpContext();
10              HttpResponse response = httpclient.execute(httpget,
                localContext);              //连接获取数据
11              HttpEntity httpEntity = response.getEntity();
                                             //获取返回数据
12              InputStream is=httpEntity.getContent();   //获取返回数据流
13              bitmap = BitmapFactory.decodeStream(is);
                                             //将数据流编码为图片
14              is.close();//关闭数据流
15          } catch (IOException e) {
16              e.printStackTrace();
17          }
18          return bitmap;//返回图片
19      }
```

其中，06 行，构建 HttpGet。由于获得的地址不是完整的 URL 地址，只有后一半的地址，前面缺少了 http://www.google.com/，需要补全 URL 地址；

08～12 行，使用 HttpClient 访问图片地址，并获得返回响应的输入流 is；

13 行，使用方法 decodeStream()将获得的输入流编码为 Bitmap 类的图。

其他的数据都是直接可以用于显示的 String 类型，比较简单，相信大家通过前面的讲解已经能够自己实现。最终的实现的效果，如本节开始的图 5.13 所示。

5.5.4 总结

在这一节中，我们通过 HttpClient 方式来访问网络，实现对未来几天天气的查询。该方式对 HTTP 进行了封装和抽象，使用起来更方便，可以想象为浏览器与远程 HTTP 服务器的交互过程。本节重点讲解了在 Android 中对 XML 文件格式解析更常用的 SAX 和 PULL 两种方法，并比较了 DOM、SAX 和 PULL3 种方式各自的优缺点以及异同。

5.6 在线翻译

在前两节，我们分别使用 HttpURLConnection 和 HttpClient 两种方式，通过请求服务器端来获取需要查询的手机号码信息和未来天气信息。在本节中，我们将讲解另一种调用服务器端的方法来获取数据的方式——Web Service，并使用 Web Service 方式来实现在线翻译的功能。

在线翻译的界面设计非常简单，只需要一个输入框、一个查询按钮以及查询显示的结果即可，如图 5.15 所示。

图 5.15　在线翻译

和前面的网络应用是一样的，必须在 AndroidManifest.xml 文件中申请权限，如下：

```
<uses-permission android:name="android.permission.INTERNET"></uses-permission>
```

5.6.1　Web Service 环境

Web Service 是一种基于简单对象访问协议（Simple Object Access Protocol，SOAP）的远程调用标准。它通过 XML 格式的特殊文件来描述方法、参数、调用和返回值，该 XML 文件称为 WSDL（Web Service Description Language）。Web Service 可以将不同操作系统平台、不同语言及不同技术整合到一起。

在 Android SDK 中并没有提供调用 Web Service 的库，因此，需要使用第三方的 SDK 来调用 Web Service。在 PC 上的 Web Service 客户端库非常丰富，如 Axis2、Xfire 等，但这些开发包对于 Android 系统来说过于庞大。适合手机的 Web Service 客户端的 SDK 比较常用的就是 KSOAP。相信做过 Java ME 的人都知道有 KSOAP 这个第三方的类库，它可以帮助我们获取服务器端的 Web Service 调用。下面我们就使用 KSOAP 库来实现 Web Service 客户端。

KSOAP 可以从 http://code.google.com/p/ksoap2-android/downloads/list 进行下载。将下载的 KSOAP 包 ksoap2-android-assembly-2.5.8-jar-with-dependencies.jar 包复制到 Android 工程的 lib 目录中，同时在 Eclipse 工程中引用这个 jar 包。

在需要使用的 Android 项目的右键菜单中选择|build path|configure build path 命令，如图 5.16 所示。

第 5 章 Android 网络通信

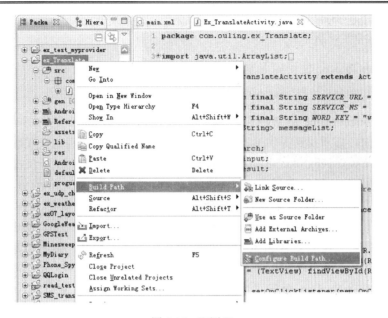

图 5.16 配置 lib

在出现的配置界面中，选择 Libraries 选项卡，单击 Add JARs 按钮，选择需要添加的 KSOAP 库，如图 5.17 所示。

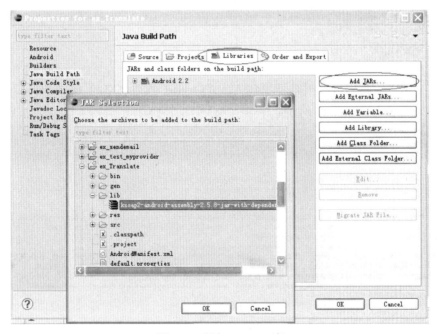

图 5.17 添加 KSOAP 库

这样添加了 KSOAP 库之后，我们就可以使用 KSOAP 库来实现 Web Service 客户端。

5.6.2 Web Service 服务调用

使用 KSOAP 库来实现客户端调用远程服务器的方法，可以按如下几步来实现：

1. 实例化 SoapObject

实例化 SoapObject，使用如下方法：

`SoapObject(String namespace, String name)`

其中，参数 namespace 是 Web Service 的命名空间，参数 name 是调用的方法。在使用 Web Service 之前，必须找到提供 Web Service 服务的网站。本实例的在线翻译，使用的服务网站是 http://www.webxml.com.cn/zh_cn/web_services.aspx。该网站不仅提供英汉翻译，还提供了天气预报、手机号归属地、IP 地址归属地、股票行情等 Web 服务。

打开上面的网站，找到我们需要的中英双向翻译 Web 服务，如图 5.18 所示。单击打开 WSDL 链接 http://fy.webxml.com.cn/webservices/EnglishChinese.asmx?wsdl。在前面，我们已经知道 WSDL 中描述了 Web Service 服务提供的方法、参数、调用和返回值。所以，我们可以从 WSDL 文件中获取很多有用的信息，从某种意义上说 WSDL 等同于 API 文档。当然，一般的 Web Service 服务同时会提供说明文档，可以结合 WSDL 一起阅读，了解 WSDL 中各元素的意思。

图 5.18 中英翻译服务

打开 WSDL，我们可以很容易找到 Web Service 的命名空间 targetNamespace=http://WebXml.com.cn/，如图 5.19 所示。

图 5.19 WSDL 文档

在 WSDL 文档中，不太容易看出提供了哪些方法，查看其说明文档，可以发现 Web Service 服务器端提供的方法主要有：

`Translator`

通过输入中文或英文单词进行双向翻译，输入参数 wordKey=字符串、中文或英文单词，返回名称为 Dictionary 的 DataSet。

```
TranslatorString
```

通过输入中文或英文单词获得基本翻译，输入参数 wordKey=字符串、中文或英文单词，返回为一维数组，String[0]～String[4]。

```
TranslatorReferString
```

通过输入中文单词获得相关词条，输入参数 wordKey=字符串、中文单词，返回为一维数组，String[0]～String[n]。

```
TranslatorSentenceString
```

通过输入中文或英文单词获得中译英的例句，输入参数 wordKey =字符串、中文单词，返回为一维数组，String[0]～String[n]。

在这里我们只需要对输入的英文单词获取基本的翻译即可，使用方法 TranslatorString，在实例化 SoapObject 时，实现如下：

```
private static final String SERVICE_NS = "http://WebXml.com.cn/";
String methodName = "TranslatorString";
SoapObject soapObject = new SoapObject(SERVICE_NS, methodName);
```

2．设置调用方法的参数

实例化 SoapObject 后，已经明确了使用 Web Service 服务中提供的方法。这些方法一般都是需要参数的，接下来便是设置调用方法的参数。使用 SoapObject 类的方法：

```
addProperty(java.lang.String name, java.lang.Object value)
```

其中，参数 name 是调用方法参数的名称，参数 value 是值。例如，我们使用方法 TranslatorString，从 Web Servcie 服务器端提供的说明文档中可以看出其输入参数 wordKey=字符串，在设置时实现如下：

```
private static final String WORD_KEY = "wordKey";
soapObject.addProperty(WORD_KEY, "android");
```

3．设置SOAP的请求信息

使用类 SoapSerializationEnvelope 来将请求信息序列化，并发送到服务器端上。其构造函数如下：

```
SoapSerializationEnvelope(int version)
```

其中，参数 version 是 SOAP 协议的版本号，该版本号需要与 Web Service 中的版本号一致。我们可以从 WSDL 中找出版本号：xmlns:soap12="http://schemas.xmlsoap.org/wsdl/soap12/"。在图 5.19 中命名空间的上一行。

从 SoapEnvelope 类中，设置发送的数据和接收数据，分别使用方法：

```
bodyOut
bodyIn
```

在本实例中，设置如下：

```
SoapSerializationEnvelope envelope = new SoapSerializationEnvelope
(SoapEnvelope.VER12);
envelope.bodyOut = soapObject;
```

4. 创建HttpTransportsSE对象

通过 HttpTransportsSE 类的构造方法可以指定 Web Service 的 WSDL 文档的 URL：

```
HttpTransportSE(String url)
```

本实例中使用的翻译服务，实现如下：

```
private static final String SERVICE_URL = "http://fy.webxml.com.cn/
webservices/EnglishChinese.asmx";
HttpTransportSE ht = new HttpTransportSE(SERVICE_URL);
ht.debug = true;
```

5. 调用Web Service的方法

完成以上设置后，就可以使用远程 Web Service 服务器端提供的方法，使用 HttpTransportsSE 类的：

```
void    call(String soapAction, SoapEnvelope envelope)
```

其中，参数 soapAction 是命名空间和方法名称结合的字符串，参数 envelope 是已创建的 SoapEnvelope 对象。在本实例中，调用方法 TranslatorString 实现如下：

```
ht.call(SERVICE_NS + methodName, envelope);
```

6. 获得Web Service方法的返回结果

在客户端发送请求、服务器完成了方法的处理之后，将结果返回客户端。在客户端使用 SoapSerializationEnvelope 类的方法来获取：

```
getResponse()
```

以上就是使用 KSOAP 库实现 Web Service 客户端的整个流程和关键点，下面我们使用 Web Service 提供的中英双向翻译的服务，来实现在线翻译的功能，具体实现如下：

```
01  private static final String SERVICE_URL = "http://fy.webxml.com.cn/
    webservices/EnglishChinese.asmx";
02  private static final String SERVICE_NS = "http://WebXml.com.cn/";
                                                        //服务器命名空间
03  private static final String WORD_KEY = "wordKey";   //服务器方法参数
04  String methodName = "TranslatorString";             //服务器调用方法
05  //webservice 获取数据
06  private List<String> getSoapObject(String words) throws Exception {
07      SoapObject soapObject = new SoapObject(SERVICE_NS, methodName);
                                                        //实例化 SoapObject
08      soapObject.addProperty(WORD_KEY, words);        //设置调用方法
09      SoapSerializationEnvelope envelope = new SoapSerializationEnvelope
        (SoapEnvelope.VER12);
10      envelope.bodyOut = soapObject;
11      HttpTransportSE ht = new HttpTransportSE(SERVICE_URL);//创建对象
12      ht.debug = true;
13      envelope.dotNet = true;
14      ht.call(SERVICE_NS + methodName, envelope);//调用方法
15      if (envelope.getResponse() != null) {        //判断返回数据是否为空
16          SoapObject so = (SoapObject) envelope.bodyIn;//获取返回数据
17          //获取的数据处理
```

```
18            String name_value = methodName + "Result";
19            SoapObject detail = (SoapObject) so.getProperty(name_value);
20            messageList = new ArrayList<String>();
21            for (int i = 0; i < detail.getPropertyCount(); i++) {
22                messageList.add(detail.getProperty(i).toString());
23            }
24            return messageList;
25        }
26        return null;
27    }
```

其中，01～04 行，定义并初始化 Web Service 服务器端的命名空间、访问地址、使用的方法名、方法的参数名；

07 行，初始化 soapObject，其访问的服务器端命名空间为 http://WebXml.com.cn/，使用的方法为 TranslatorString；

08 行，设置调用方法的参数，参数名为 wordKey，值为传入的查询单词；

09～10 行，设置 SOAP 的请求信息，SOAP 版本号为 12；

11～13 行，创建 HttpTransportsSE 对象；

14 行，调用 Web Service 服务器端的方法；

15～24 行，对返回的结果进行处理。

5.6.3 总结

在这一节中，我们通过使用 Web Service 方式实现了在线翻译的功能。在 Android 平台上使用 Web Service 的主要原因是 Android 的处理能力有限，不足以完成复杂计算，所以将复杂的计算部署在远程服务器上，而 Android 只能充当这些应用的客户端。

在使用远程 Web Service 服务时，不仅需要知道使用远程 Web Service 的流程，更重要的是读懂远程 Web Service 的 WSDL 以及说明文档，从中获取 Web Service 服务器端的命名空间、访问地址、提供使用的方法、各方法的参数以及使用的 SOAP 版本号信息。

5.7 简易浏览器

在 Android 中可以很容易地实现一个定制的浏览器，因为 Android 提供了 WebView 控件专门用来浏览网页，使用非常方便。在这一节中，我们将使用 WebView 控件来实现定制浏览器，使浏览器具有网页拍照的功能。WebView 的网页渲染引擎使用的是 Webkit，它同样也是 Safari、Chrome 浏览器的网页渲染引擎。

在实现具体的功能之前，和前面的网络应用程序一样的，必须在 AndroidManifest.xml 文件中申请权限，如下：

```
<uses-permission
android:name="android.permission.INTERNET"></uses-permission>
```

5.7.1 浏览网页

在 Android 中，实现浏览网页使用 WebView 控件就能实现。在界面中，需要一个输入待访问网页地址的输入框、一个跳转按钮以及显示网页的 WebView 控件,效果如图 5.20 所示。

图 5.20　浏览网页

1. XML布局

在 XML 布局文件中,定义一个 WebView 控件,实现如下:

```
<WebView android:layout_width="fill_parent"
    android:layout_height="wrap_content" android:id="@+id/webview" />
```

2. WebView设置

对于 WebView 的一些属性、状态等都是通过 WebSetting 来进行设置的,获取 WebSetting 的方法为:

```
WebSettings    getSettings()
```

在设置时,常用的属性和状态设置有如下几种方法:

```
void setAllowFileAccess(boolean allow)              允许或禁止访问文件数据
void setBlockNetworkImage(boolean flag)             是否显示网络图像
void setBuiltInZoomControls(boolean enabled)        是否支持缩放
void setCacheMode(int mode)                         设置缓存模式
void setDefaultFontSize(int size)                   设置默认字体大小
void setDefaultTextEncodingName(String encoding)    设置默认编码
void setDisplayZoomControls(boolean enabled)        设置是否使用缩放按钮
void setJavaScriptEnabled(boolean flag)             设置是否支持 JavaScript
void setSupportZoom(boolean support)                设置是否支持缩放
```

3. WebView浏览

在 WebView 中浏览加载网页采用两种方式,分别是:

```
void loadUrl(String url)
```

直接加载网页、图片并显示，对于网页中嵌套的图片地址也将加载地址并显示图片，参数为网络地址；

```
void loadData(String data, String mimeType, String encoding)
```

显示网页中的文件和图片，对于网页中嵌套的地址不会显示。其中，参数 data 是显示的数据；参数 mimeType 是文件类型；参数 encoding 是编码方式。

熟悉了 WebView 的基本使用，实现一启动就访问百度页面的浏览器代码如下：

```
01  webView = (WebView) findViewById(R.id.webview);
02  //得到 WebSetting 对象，设置支持 JavaScript 的参数
03  webView.getSettings().setJavaScriptEnabled(true);
04  //设置可以支持缩放
05  webView.getSettings().setSupportZoom(true);
06  //设置默认缩放方式为 FAR
07  webView.getSettings().setDefaultZoom(ZoomDensity.FAR);
08  //设置出现缩放工具
09  webView.getSettings().setBuiltInZoomControls(true);
10  //载入 URL
11  webView.loadUrl("http://www.baidu.com");
12  //使页面获得焦点
13  webView.requestFocus();
14  //给按钮绑定单击监听器
15  btn_visit.setOnClickListener(new View.OnClickListener() {
16      @Override
17      public void onClick(View v) {
18          //访问编辑框中的网址
19          webView.loadUrl("http://" + edt_url.getText().toString());
20      }
21  });
```

实现效果如图 5.20 所示。但是当我们在输入框中输入地址时，单击"转到"按钮会使用默认的浏览器加载网页，不会在我们的 WebView 中加载。以访问 developer.android.com 为例，效果如图 5.21 所示。

图 5.21　转到默认浏览器

5.7.2 网页事件处理

如何才能让跳转的网页在我们的 WebView 中显示呢？这里就必须使用到 WebView 的另外两个辅助对象：WebViewClient 和 WebChromeClient。

1. WebViewClient

其中，WebViewClient 用来帮助 WebView 处理各种通知、请求事件等。WebViewClient 中提供的常用方法如下：

```
void doUpdateVisitedHistory(WebView view, String url, boolean isReload)
                                                        更新历史记录
void onFormResubmission(WebView view, Message dontResend, Message resend)
                                                        重新请求网页数据
void onPageFinished(WebView view, String url)           网页加载完毕
void onPageStarted(WebView view, String url, Bitmap favicon)网页开始加载
void onReceivedError(WebView view, int errorCode, String description, String
failingUrl)                                             报告错误信息
void onScaleChanged(WebView view, float oldScale, float newScale)
                                                        WebView 发生改变
boolean    shouldOverrideKeyEvent(WebView view, KeyEvent event)
                                                控制新连接在当前 WebView 中打开
```

在这里我们不需要在页面加载时做任何处理，只需要控制新的连接在当前 WebView 中打开即可，也就是说我们只需要重写 shouldOverrideUrlLoading()方法，实现如下：

```
01          //创建webviewclient，实现只有在webview中响应URL，不使用默认浏览器
02          webView.setWebViewClient(new WebViewClient() {
03              @Override
04              public boolean shouldOverrideUrlLoading(WebView view,
                String url) {
05                  Toast.makeText(context, "webvc shouldOverrideUr-
                    lLoading", 1000).show();
06                  //使用自己的webview加载
07                  view.loadUrl(url);
08                  return true;
09              }
10          });
```

其中，02 行，设置 WebView 的通知请求处理辅助类 WebViewClient；

03～04 行，重写 WebViewClient 类的方法 shouldOverrideUrlLoading()，在方法中实现新的连接在当前 WebView 中打开；

07～08 行，在当前 WebView 中加载页面，返回 true。实现效果如图 5.22 所示。

2. WebChromeClient

WebChromeClient 用于辅助 WebView 处理 JavaScript 的对话框、网站图标、网站标题、加载进度等。WebChromeClient 中的常用方法有：

图 5.22　当前 WebView 加载中

```
void onCloseWindow(WebView window)                        //关闭 WebView
boolean    onCreateWindow(WebView view, boolean dialog, boolean
userGesture, Message resultMsg)                           //创建 WebView
boolean    onJsAlert(WebView view, String url, String message, JsResult
result)                         //处理 JavaScript 中的 Alert 对话框
boolean    onJsConfirm(WebView view, String url, String message, JsResult
result)                         //处理 JavaScript 中的 Comfirm 对话框
boolean    onJsPrompt(WebView view, String url, String message, String
defaultValue, JsPromptResult result)   //处理 JavaScript 中的 Prompt 对话框
void onProgressChanged(WebView view, int newProgress)   //加载进度条改变
void onReceivedIcon(WebView view, Bitmap icon)           //网页图标改变
void onReceivedTitle(WebView view, String title)         //网页标题改变
```

在我们的浏览器中，比较简单没有访问有 JavaScript 对话框的网页，在这里实现网页加载过程中进度条的修改，实现如下：

```
01    //进度条
02    final Activity activity = this;
03    webView.setWebChromeClient(new WebChromeClient() {
04        @Override
05        public void onProgressChanged(WebView view, int newProgress) {
06            activity.setTitle("加载中。。。");
07            if (newProgress == 100) {
08                activity.setTitle(R.string.app_name);
09            }
10        }
11    });
```

其中，03 行，设置 WebView 的通知请求处理辅助类 WebChromeClient；

05～10 行，重写 WebChromeClient 类的方法 onProgressChanged()，在方法中实现在页面加载过程中，将应用程序的标题修改为"加载中…"，加载完成后，程序标题又修改回初始标题，实现效果如图 5.22 所示。

3. 网页回退

除了以上两个辅助类之外，我们最常用的是处理网页回退事件。当我们使用 WebView 看了很多网页以后，如果不做任何处理，单击系统的 Back 键，整个浏览器会调用 finish() 而结束自身。而我们习惯用 Back 键来实现浏览的网页回退而不是退出浏览器，所以我们需要在当前 Activity 中处理并取消该 Back 事件。这个过程实现简单，具体如下：

```
01  //设置默认后退按钮为返回前一页面
02  webView.setOnKeyListener(new OnKeyListener() {        //键盘监听
03      @Override
04      public boolean onKey(View v, int keyCode, KeyEvent event) {
05          if (event.getAction() == KeyEvent.ACTION_DOWN) {
                                                          //键盘按下动作
06              if ((keyCode == KeyEvent.KEYCODE_BACK) && webView.
                canGoBack()) {
07                  webView.goBack();                     //回退
08                  return true;
09              }
10          }
11          return false;
12      }
13  });
```

其中，02 行，设置 WebView 的按键监听事件；

03~11 行，重写 onKey，当发现按键为 Back 键并且网页可以回退时，回退网页。这样就屏蔽了系统的 Back 按键，不会直接退出浏览器。实现效果如图 5.22 所示。

5.7.3 网页拍照

在前面，我们已经实现了浏览器常用的浏览、设置、当前 WebView 加载、进度条、网页回退等事件处理，这些都是一般浏览器带有的功能。接下来，我们实现一个网页拍照的功能，将浏览的网页保持为图片格式，步骤如下：

（1）在界面中添加"保存网页为图片"按钮，如图 5.23 所示。

图 5.23　网页拍照

(2) 在 AndroidManifest.xml 文件中申请在 SD 卡创建写入文件的权限，如下：

```xml
<!-- 在SD卡中创建与删除文件权限 -->
<uses-permission
android:name="android.permission.MOUNT_UNMOUNT_FILESYSTEMS" />
<!-- 往SD卡写入数据权限 -->
<uses-permission
android:name="android.permission.WRITE_EXTERNAL_STORAGE" />
```

(3) 在 WebView 中提供保存当前显示内容为图片的方法：

```
Picture     capturePicture()
```

其中，返回值为图片类 Picture。对于图片的绘制实现中，使用到的画布类 Canvas 以及绘制的 draw 方法，这些内容将在多媒体章节中详细讲解。

使用上述的方法，我们就可以实现网页拍照的功能，将图片保存在 SD 卡中，具体实现如下：

```java
01  //保存页面截图
02  btn_save.setOnClickListener(new OnClickListener() {
03      @Override
04      public void onClick(View v) {
05          Picture pic = webView.capturePicture();      //网页截图
06          int width = pic.getWidth();                  //获取图片宽度
07          int height = pic.getHeight();                //获取图片高度
08          if (width > 0 && height > 0) {               //创建图片类
09              Bitmap bmp=Bitmap.createBitmap(width, height, Bitmap.
                  Config.ARGB_8888);
10              Canvas canvas=new Canvas(bmp);           //初始化画布
11              pic.draw(canvas);                        //绘制图像
12              //保存
13              try {
14                  String filename="sdcard/"+System.currentTime-
                      Millis()+".jpg";                   //保存路径
15                  FileOutputStream fos=new FileOutputStream
                      (filename);                        //获取文件输出流
16                  if(fos!=null){                       //图片数据写入文件
17                      bmp.compress(Bitmap.CompressFormat.JPEG, 90, fos);
18                      fos.close();                     //关闭数据流
19                  }
                    Toast.makeText(context, "截图成功，文件名为：
                    "+filename, 1000).show();
21              } catch (Exception e) {
22                  e.printStackTrace();
23              }
24          }
25      }
26  });
```

其中，05 行，实现拍照，将当前 WebView 显示内容保存为 Picture；

09～11 行，将 Picture 绘制到画布容器中；

13～19 行，保存图片内容到 SD 卡中，保存为 jpg 格式的文件。实现效果如图 5.23 所示。

5.7.4 分析总结

通过上面这些步骤，我们已经实现了一个简易的浏览器，并且可以通过该浏览器将需要保存的网页即时地拍照保存。通过查看 Eclipse 中 DDMS 界面中的 File Explorer 选项卡，可以看到 SD 卡中保存的文件目录如图 5.24 所示。

图 5.24　保存的目录

将保存的图片文件导出到 PC 中，使用图片查看器打开，显示如图 5.25 所示。可以看出与我们在 5.23 中看到的图片相同。

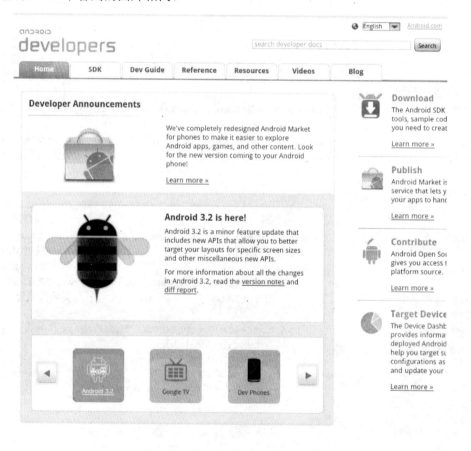

图 5.25　保存的页面

在这一节中，我们使用 WebView 控件实现了简易的浏览器。其中，主要使用到了与 WebView 相关的 4 个类：WebView 主要负责解析、渲染网页；WebSettings 用于设置 WebView 显示的基本属性；WebViewClient 用于处理各种通知、请求事件；WebChromeClient 用于处理网页中 JavaScript 的对话框、网站图标、网站标题、加载进度等。

5.8 WiFi 管理

在前面的章节中，我们已经通过具体的实例讲解了在 Android 系统中网络编程的 6 种最常用方式，但是由于 Android 系统一般用于系统设备，接入网络的方式并不是 PC 常见的有线接入，而是采用无线方式接入网络。而 WiFi 在全球范围内都是作为无需任何电信运营执照的免费频段，可以提供一个世界性的、费用低廉且数据带宽高的网络接口，通过 WiFi，我们可以方便地使用网络。

在 Android 中提供了 android.net.wifi 包来实现应用程序对 WiFi 的接入管理，包括已接入 WiFi 网络的信号强度、名称、MAC、IP 地址等信息以及扫描、保存、连接等操作。下面，我们实现扫描 WiFi、显示已接入 WiFi 的信息。

在模拟器中，由于硬件模拟方面的不支持，是不能测试 WiFi 相关程序的，所以必须使用真机进行测试。界面非常简单，最上面一栏显示已经连接的 WiFi 信息，然后是用于打开 WiFi、扫描附近 WiFi 热点和连接 WiFi 功能的 3 个按钮，最后是 ListView 的显示结果，效果如图 5.26 所示。

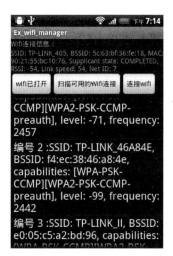

图 5.26 扫描结果

1. 权限申请

在使用 WiFi 之前，必须申请权限，实现如下：

```
<uses-permission android:name="android.permission.ACCESS_WIFI_STATE"/>
<uses-permission android:name="android.permission.WAKE_LOCK"/>
<uses-permission android:name="android.permission.CHANGE_WIFI_STATE"/>
<uses-permission android:name="android.permission.CHANGE_NETWORK_STATE" />
```

```
<uses-permission
android:name="android.permission.ACCESS_NETWORK_STATE"/>
<uses-permission android:name="android.permission.INTERNET"/>
```

2. 扫描WiFi

在 Android 中，对于 WiFi 的任何管理，都很好地封装在了一个 WifiManager 类中，对于大部分 WiFi 相关的管理操作都可以通过它来完成。

（1）WifiManager

获取 WifiManager 非常简单，使用 Context 类的 getSystemService()即可，具体实现如下：

```
WifiManager mWifiManager = (WifiManager) Context.getSystemService
(Context.WIFI_SERVICE);
```

WifiManager 可以完成很多操作，包括：
- ❏ 扫描 WiFi 接入点，并提供足够详细的扫描结果信息，以便用户决定连接点。
- ❏ 对于已连接的 WiFi，可以关闭连接，查询相关的网络 IP、DNS 等动态信息。
- ❏ 对于配置好的网络清单可以进行查看、修改。
- ❏ 定义了标识 WiFi 状态的常量。

对于这些操作都有具体的方法来实现，常用的方法有：
Wifi 开启关闭设置：

```
boolean isWifiEnabled()                    WiFi 是否可用
boolean setWifiEnabled(boolean enabled)    设置 WiFi 是否可用
```

WiFi 扫描：

```
boolean startScan()                 扫描 WiFi
List<ScanResult>    getScanResults()
```

其中，返回值为扫描的结果 ScanResult 类，包括了扫描到的 WiFi 的名称、MAC 地址、信号强度、频率等信息。

已连接 WiFi 信息：

```
WifiInfo getConnectionInfo()
```

其中，返回值为连接 WiFi 信息 WifiInfo 类，包括了连接到的 WiFi 的名称、IP 地址、MAC 地址、速度、网络编号等信息。

网络信息：

```
DhcpInfo getDhcpInfo()
```

其中，返回值为连接的 WiFi 的 DHCP（动态主机配置协议）信息，如果当前未连接到 WiFi 则返回上次连接时的信息。

已保存网络清单：

```
List<WifiConfiguration> getConfiguredNetworks()
```

其中，返回值为在客户端所有已经配置完成的 WiFi 配置信息 WifiConfiguration 类，包括了 WiFi 网络的名称、MAC 地址、密码、编号等信息。

连接 WiFi：

```
boolean enableNetwork(int netId, boolean disableOthers)
```

其中，参数 netId 为保存的配置 WifiConfiguration 类的编号，参数 disableOthers 为是否断开其他连接标识；返回值为是否连接成功。

对于扫描 WiFi 热点，我们可以很方便地使用上述方法来实现，具体实现如下：

```
01      //查看扫描结果
02      private List<String> Scan_info() {
03          StringBuilder sBuilder = new StringBuilder();
04          List<String> scanList = new ArrayList();
05          List<ScanResult> mWifi_list;              //定义扫描结果
06          mWifiManager = (WifiManager) Context.getSystemService(Context.
              WIFI_SERVICE);                          //获取 WiFi 管理器
07          if (!mWifiManager.isWifiEnabled()) {     //WiFi 不可用
08              return scanList;
09          }
10          //扫描
11          mWifiManager.startScan();
12          //得到扫描结果
13          mWifi_list = mWifiManager.getScanResults();
14          for (int i = 0; i < mWifi_list.size(); i++) {
15              sBuilder.append("编号 " + new Integer(i + 1).toString()
                  +" :");
16              //scanresult 信息
17              sBuilder.append((mWifi_list.get(i)).toString());
18              scanList.add(sBuilder.toString());
19              sBuilder.setLength(0);
20          }
21          return scanList;
22      }
```

其中，01～05 行，定义、初始化用到的变量；

06 行，从 Context 中通过系统服务获得 WifiManager；

07～09 行，判断 Android 设备的 WiFi 是否打开，没有打开则返回扫描结果为空；

10～11 行，开始扫描设备周边的 WiFi 接入点；

12～20 行，获得扫描结果，并且将扫描的结果以 String 数组的形式返回。

（2）结果显示

对于这些结果，我们以最简单的 ListView 进行显示，在前面的章节中，我们已经可以熟练使用它，具体实现如下，实现效果如图 5.26 所示。

```
List<String> scan_infoList = Scan_info();
//设置 list 显示
list.setAdapter(new ArrayAdapter<String>(context,
    android.R.layout.simple_list_item_1, scan_infoList));
```

3. 连接WiFi

在实际项目中，除了扫描 WiFi 热点之外，我们更常用的是尝试连接在 Android 设备中已经保存了的 WiFi 热点，这样对于加密的 WiFi，只要我们登录过一次，下一次就可以自动登录。使用上述 WifiManager 中的方法，具体实现如下：

```
01      mWifiConfigurations = mWifiManager.getConfiguredNetworks();
                                                    //获取已有 WiFi 配置
02      if (mWifiConfigurations.size() > 0) {
03      //尝试打开 WiFi 服务
04          if (!mWifiManager.isWifiEnabled()) {
05              if (mWifiManager.getWifiState() != WifiManager.WIFI_STATE_
                ENABLING) {
06                  mWifiManager.setWifiEnabled(true); //开启 WiFi
07              }
08          }
09
10          //尝试连接,直到成功连接或全部失败
11          for (WifiConfiguration amTask : mWifiConfigurations) {
                                                    //遍历已有 WiFi 配置
12              int intNetworkID = amTask.networkId;
13              //通过 enableNetwork 连接至该无线网络设置
14              if (mWifiManager.enableNetwork(intNetworkID, true)) {
15                  return;
16              }
17          }
```

其中,01 行,获取保存的已连接清单;

02~03 行,当清单中保存项数大于 0 时,尝试连接这些 WiFi 热点;

04~08 行,判断 WiFi 是否可用,不可用则开启 WiFi;

09~17 行,根据清单中保存的所有 WiFi 连接配置信息,对其逐个进行尝试,直到连接成功为止,实现效果如图 5.27 所示。

图 5.27 WiFi 连接成功

4. 总结

对 WiFi 的管理,在实际项目的开发过程中,都是作为一个完整的网络项目中的第一步,只有成功连接到无线网络才能顺利地访问网络,才能使用前面章节介绍的网络访问方

式，所以 WiFi 的连接管理就非常重要。另一方面，由于 Android 提供给我们 WifiManager 以及丰富的方法，我们的应用程序可以方便快捷地连接到 WiFi，实现 WiFi 管理也不复杂。当然，由于模拟器的不支持，这部分的测试必须在真机上进行。

5.9 蓝牙聊天

除了上述的连接到 Internet 网络的网络通信之外，在 Android 2.0 以上版本的设备上同样支持较近距离的无线通信方式——蓝牙通信。

在 Android 中提供了 android.bluetooth 包来进行蓝牙的相关操作，主要实现打开蓝牙、关闭蓝牙、搜索附近蓝牙设备以及蓝牙数据通信等功能。在这一节中，我们通过蓝牙来实现两部 Android 设备之间的通信聊天功能。

蓝牙和 WiFi 一样，在模拟器中，由于硬件模拟方面的不支持，是不能测试蓝牙相关程序的，所以必须使用真机进行测试。其界面非常简单，在标题栏的右边给出了当前蓝牙连接的状态：connected、connecting...和 not connected；在最底部有需要发送消息的输入框以及发送按钮；中间预留出最大空间的部分为已有聊天消息，效果如图 5.28 所示。

图 5.28 蓝牙聊天

当然，要使用蓝牙设备，需要在 AndroidManifest.xml 文件中申请权限，如下所示：

```
<uses-permission android:name="android.permission.BLUETOOTH_ADMIN" />
<uses-permission android:name="android.permission.BLUETOOTH" />
```

5.9.1 蓝牙搜索

我们平时在使用蓝牙的时候都知道，首先需要搜索、配对蓝牙才能传输数据。在蓝牙聊天中，同样需要这些步骤。接下来我们来开启蓝牙和搜索蓝牙设备，实现的效果如图 5.29

和图 5.30 所示。

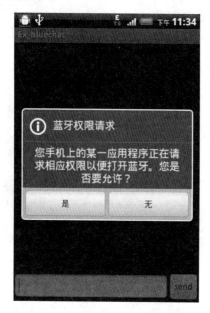

图 5.29　请求开启蓝牙

图 5.30　扫描蓝牙界面

1. 开启蓝牙

在开启蓝牙的过程中，我们需要如下 3 步：

（1）获取本地的蓝牙设备，使用 BluetoothAdapter 类的方法：

```
BluetoothAdapter    getDefaultAdapter()
```

其中，返回为本地蓝牙设备句柄，如果本地没有蓝牙设备则返回为 null。

（2）判断蓝牙是否开启可用，使用 BluetoothAdapter 类的方法：

```
boolean     isEnabled()
```

其中，当蓝牙开启并可用时返回真，否则返回假。

（3）请求开启蓝牙

我们可以不询问直接开启蓝牙设备，使用 BluetoothAdapter 类方法：

```
boolean     enable()
```

当然，为了给用户一个提示，可以调用系统的开启蓝牙询问，方法如下：

```
Intent enableIntent = new Intent(BluetoothAdapter.ACTION_REQUEST_ENABLE);
startActivityForResult(enableIntent, REQUEST_ENABLE_BT);
```

其中，BluetoothAdapter.ACTION_REQUEST_ENABLE 是用于调用系统允许界面的意图动作，实现的效果如图 5.29 所示。整个过程实现代码如下：

```
01      //获取本地蓝牙适配器
02      mBluetoothAdapter = BluetoothAdapter.getDefaultAdapter();
03      //获取失败
04      if (mBluetoothAdapter == null) {
05          Toast.makeText(this, "Bluetooth is not available", Toast.
```

```
            LENGTH_LONG).show();
06          return;
07      }
08      //开启蓝牙
09      if (!mBluetoothAdapter.isEnabled()) {
10          Intent enableIntent = new Intent(BluetoothAdapter.ACTION_
            REQUEST_ENABLE);
11          startActivityForResult(enableIntent, REQUEST_ENABLE_BT);
                                                //跳转到开启蓝牙界面
12      }
```

其中，01～02 行，获取本地的蓝牙适配器；

03～07 行，获取失败，则给出提示并返回；

08～12 行，请求开启蓝牙。

2．搜索蓝牙

在搜索蓝牙时，我们需要在一个新的界面中，显示本机已经保存过的已配对蓝牙设备和搜索结果。其中，搜索界面如图 5.30 所示，菜单界面如图 5.31 所示，搜索结果如图 5.32 所示。这些界面布局都比较简单，我们重点讲解搜索蓝牙设备的过程。

图 5.31　菜单界面　　　　　　　　图 5.32　搜索结果

在搜索蓝牙设备时，显示的结果包括了已保存的配对蓝牙设备和附近其他已开启的蓝牙设备两部分内容。

（1）已保存配对蓝牙

获取在本地保存的蓝牙设备信息，通过 BluetoothAdapter 类的方法：

```
Set<BluetoothDevice>    getBondedDevices()
```

其中，返回值为 BluetoothDevice 类的集合。在 BluetoothDevice 中，包含了蓝牙设备的名称、地址、配对状态、描述等信息。因此，显示本地保存的已配对蓝牙设备的信息实现如下：

```
01          //获取蓝牙适配器
02          mBtAdapter = BluetoothAdapter.getDefaultAdapter();
03          //获取已保存的配对设备
04          Set<BluetoothDevice> pairedDevices = mBtAdapter.
            getBondedDevices();
05          if (pairedDevices.size() > 0) {
06              for (BluetoothDevice device : pairedDevices) {//遍历已保存配对
07                  mPairedDevicesArrayAdapter.add(device.getName() + "\n" +
                    device.getAddress());                     //显示结果
08              }
09          else {
10              mPairedDevicesArrayAdapter.add("No devices have been paired");
11          }
```

其中，01～02 行，获取本地的蓝牙适配器；

03～04 行，获取本地保存的已配对蓝牙设备；

05～08 行，如果清单中有设备，则显示设备的名称和地址。实现效果如图 5.30 所示。

（2）搜索蓝牙

在搜索过程中，如果此时蓝牙正在搜索，则关闭此次搜索重新开始搜索附近的蓝牙设备。使用 BluetoothAdapter 类的方法：

```
boolean        isDiscovering()          //本地蓝牙是否正在搜索
boolean        cancelDiscovery()        //取消当前搜索
boolean        startDiscovery()         //开始搜索
```

整个过程实现如下：

```
01          //已经扫描
02          if (mBtAdapter.isDiscovering()) {
03              mBtAdapter.cancelDiscovery();          //关闭搜索
04          }
05          //重新开启扫描
06          mBtAdapter.startDiscovery();
```

其中，02 行，判断蓝牙是否正在搜索附近的蓝牙设备；

03 行，当正在搜索时，关闭当前搜索；

06 行，开始一个新的蓝牙搜索。

在搜索蓝牙设备的时候，和我们使用的 WiFi 不一样，它是使用广播来通知搜索结果。当搜索到蓝牙设备时，发送广播动作 BluetoothDevice.ACTION_FOUND，而当搜索完成时，发送广播动作 BluetoothAdapter.ACTION_DISCOVERY_FINISHED。所以，我们通过监听这两个广播动作来获取搜索的结果：

```
//注册扫描广播
IntentFilter filter = new IntentFilter(BluetoothDevice.ACTION_FOUND);
this.registerReceiver(mReceiver, filter);
filter = new IntentFilter(BluetoothAdapter.ACTION_DISCOVERY_FINISHED);
this.registerReceiver(mReceiver, filter);
```

在接收广播时，我们针对搜索到蓝牙设备和搜索完成两个不同的动作，分别实现添加非配对设备和结束搜索更新 UI 界面功能。具体实现如下：

```
01          public void onReceive(Context context, Intent intent) {
02              String action = intent.getAction();
```

```
03          //发现设备
04          if (BluetoothDevice.ACTION_FOUND.equals(action)) {
05              BluetoothDevice device = intent.getParcelableExtra
                (BluetoothDevice.EXTRA_DEVICE);
06              //添加非配对设备
07              if (device.getBondState() != BluetoothDevice.BOND_BONDED) {
08                  mNewDevicesArrayAdapter.add(device.getName() + "\n" +
                    device.getAddress());
09              }
10          //扫描结束时,更新UI
11          } else if (BluetoothAdapter.ACTION_DISCOVERY_FINISHED.equals
            (action)) {
12              setProgressBarIndeterminateVisibility(false);
                                                            //设置进度条不可见
13              setTitle("select a device to connect");   //设置标题
14              if (mNewDevicesArrayAdapter.getCount() == 0){
                                                      //判断是否搜索到新设备
15                  String noDevices = "No devices found";
16                  mNewDevicesArrayAdapter.add(noDevices);
17              }
18          }
19      }
```

其中,04～09 行,判断广播动作为搜索到蓝牙设备,从广播信息中获取搜索到的蓝牙设备信息,如果该设备没有在本地配对则添加到新设备列表中;

10～18 行,当结束搜索广播时,改变进度条和标题栏,判断是否搜索到新蓝牙设备,如果没有新设备则显示没有发现新设备。效果如图 5.32 所示。

5.9.2 聊天通信

在前面的 5.3 节中,我们也实现了一个基于 UDP 的即时聊天程序,和本节在整体的设计思路上是一致的,包括了服务器端和客户端,只是在实现时使用的具体技术方法上存在差别。

1. 服务器端

在蓝牙通信中和 TCP 通信一样包括了 BluetoothServerSocket 和 BluetoothSocket 两种 Socket 类型。在服务器端使用 BluetoothServerSocket 来等待客户端的接入,创建 BluetoothServerSocket,使用 BluetoothAdapter 类的方法:

```
BluetoothServerSocket    listenUsingRfcommWithServiceRecord(String name,
UUID uuid)
```

其中,参数 name 为服务的名称,uuid 为服务的唯一标识号。在本实例中,创建 BluetoothServerSocket 实现如下:

```
private static final String NAME = "BluetoothChat";
private static final UUID MY_UUID = UUID.fromString("fa87c0d0-afac-11de-
8a39-0800200c9a66");
BluetoothServerSocket mmServerSocket = mAdapter.listenUsingRfcommWith-
ServiceRecord(NAME, MY_UUID);
```

创建完成了 BluetoothServerSocket 后,等待客户端的接入,使用方法:

```
BluetoothSocket    accept()
```

这样就建立了服务器端和客户端的连接，就可以使用 Socket 进行通信。当然，在我们的实例中，还需要考虑蓝牙会话线程通知 UI 线程进行界面更新，以及当前是否有其他蓝牙连接等问题，具体实现如下：

```
01    //本地服务 Socket
02    private final BluetoothServerSocket mmServerSocket;
03    public AcceptThread() {
04        BluetoothServerSocket tmp = null;
05        //创建服务监听
06        try {
07            tmp = mAdapter.listenUsingRfcommWithServiceRecord(NAME, MY_UUID);
08        } catch (IOException e) {
09            System.out.println("listen() failed "+e);
10        }
11        mmServerSocket = tmp;
12        BluetoothSocket socket = null;          //定义蓝牙 Socket
13        //开启服务监听
14        while (mState != STATE_CONNECTED) {     //蓝牙未连接
15            try {
16                //等待接入
17                socket = mmServerSocket.accept();
18            } catch (IOException e) {
19                System.out.println("accept() failed, "+e);
20                break;
21            }
22            //成功建立连接
23            if (socket != null) {
24                switch (mState) {
25                case STATE_LISTEN:
26                case STATE_CONNECTING:
27                    //建立管理连接
28                    connected(socket, socket.getRemoteDevice());
                                                    //建立蓝牙连接
29                    break;
30                }
31            }
32        }
```

其中，05～11 行，创建用于监听的 BluetoothServerSocket 以及相应的异常处理；

12～21 行，如果当前没有其他蓝牙设备连接，则使用 BluetoothServerSocket 监听等待客户端的接入以及相应的异常处理；

22～31 行，成功连接之后，当状态为监听或连接中时，调用 connected()方法来管理连接。该方法我们在后面会具体实现。

2．客户端

客户端与 TCP 的客户端的创建类似，首先创建一个 BluetoothSocket，使用 BluetoothDevice 类的方法：

```
BluetoothSocket    createRfcommSocketToServiceRecord(UUID uuid)
```

其中，参数为服务的唯一标识。需要注意的是此时使用的 BluetoothDevice 类代表的是服务器端的设备而不是本地蓝牙设备。本实例中，在获取了搜索的蓝牙设备后，从设备列表中获得对方的 MAC 地址从而创建蓝牙设备 BluetoothDevice，具体实现如下：

```
String address = data.getExtras().getString(DeviceListActivity.EXTRA_
DEVICE_ADDRESS);
BluetoothDevice device = mBluetoothAdapter.getRemoteDevice(address);
BluetoothSocket mmSocket=device.createRfcommSocketToServiceRecord
(MY_UUID);
```

创建客户端 BluetoothSocket 后，连接到服务器端的方法是：

```
void    connect()
```

这样就完成了与服务器端的连接，在本实例中，实现如下：

```
01      private final BluetoothSocket mmSocket;      //定义蓝牙 Socket
02      private final BluetoothDevice mmDevice;      //定义蓝牙设备
03      public ConnectThread(BluetoothDevice device) {//连接到蓝牙的方法
04          mmDevice = device;
05          BluetoothSocket tmp = null;
06          //创建 Socket
07          try {
08              tmp = device.createRfcommSocketToServiceRecord(MY_UUID);
09          } catch (IOException e) {
10              e.printStackTrace();
11          }
12          mmSocket = tmp;
13          //关闭"可被发现"状态，通信效率更高
14          mAdapter.cancelDiscovery();
15          try {
16              mmSocket.connect();
17              //管理连接
18              connected(mmSocket, mmDevice);
19          } catch (IOException e) {
20              try {
21                  mmSocket.close();
22              } catch (IOException e2) {
23                  System.out.println("unable to close() socket during connection failure "+e2);
24              }
25          }
26      }
```

其中，06～12 行，创建连接到服务器端的 BluetoothSocket 以及相应的异常处理；

13～25 行，与服务器端建立连接，如果连接成功则调用 connected()方法进行管理，否则关闭该连接。

3. 管理数据通信

无论是服务器端还是客户端在通信的过程中，都是使用 BluetoothSocket 来发送和接收数据的。而且在数据通信等耗时操作时，为了不影响 UI 界面与用户交互的流畅性，这些数据 IO 操作都是另外开启一个线程来处理，当界面更新时，需要使用 UI 界面处理线程的 Handler 来传递消息。

首先，从 BluetoothSocket 中获得输入输出流，使用方法：

```
InputStream     getInputStream()
OutputStream    getOutputStream()
```

当发送数据时,使用输出流 OutputStream 写入,方法如下:

```
void    write(byte[] buffer)
```

当接收到数据时,使用输入流 InputStream 读取,方法如下:

```
int read(byte[] b)
```

使用这些方法,实现管理输入输出以及与界面线程的通信,具体代码如下:

```
01  //管理连接线程,发送接收数据,更新 UI 等
02    private class ConnectedThread extends Thread {
03        private final BluetoothSocket mmSocket;        //蓝牙 Socket
04        private final InputStream mmInStream;          //定义输入流
05        private final OutputStream mmOutStream;        //定义输出流
06
07        public ConnectedThread(BluetoothSocket socket) {
08            mmSocket = socket;
09            InputStream tmpIn = null;
10            OutputStream tmpOut = null;
11            try {
12                tmpIn = socket.getInputStream();        //获取输入流
13                tmpOut = socket.getOutputStream();      //获取输出流
14            } catch (IOException e) {
15                System.out.println("temp sockets not created"+ e);
16            }
17            mmInStream = tmpIn;
18            mmOutStream = tmpOut;
19        }
20
21        public void run() {
22            byte[] buffer = new byte[1024];//数据缓存区
23            int bytes;
24            //监听输入流
25            while (true) {
26                try {
27                    bytes = mmInStream.read(buffer);   //读取输入流数据
28                    //更新 UI
29                    mHandler.obtainMessage(Ex_bluechatActivity.
                        MESSAGE_READ, bytes,
30                        -1, buffer).sendToTarget();
31                } catch (IOException e) {
32                    connectionLost();                  //关闭连接
33                    break;
34                }
35            }
36        }
37
38        //发送数据
39        public void write(byte[] buffer) {
40            try {
41                mmOutStream.write(buffer);             //数据写入输出流
42                //更新 UI
43                mHandler.obtainMessage(Ex_bluechatActivity.
                    MESSAGE_WRITE, -1, -1, buffer)
44                    .sendToTarget();
```

```
45              } catch (IOException e) {
46                  System.out.println("Exception during write"+ e);
47              }
48          }
```

其中，07～19 行，是 ConnectedThread 线程的构造函数，获得了 BluetoothSocket 中的输入输出流；

21～36 行，使用一个永真循环来不断读取输入的数据，当有输入时读取数据，并交由界面更新显示；

37～48 行，写入数据，发送到对方，并且在 UI 界面中更新、显示。

4．UI界面更新

在通信线程中，接收或者发送数据后，需要在 UI 界面上显示出由谁发送的什么数据，以便用户清楚地知道聊天过程，这在 UI 线程中的 Handler 中进行处理，实现如下：

```
01  private final Handler mHandler = new Handler() {
02      @Override
03      public void handleMessage(Message msg) {
04          switch (msg.what) {
05          case MESSAGE_WRITE:                              //发送数据时
06              byte[] writeBuf = (byte[]) msg.obj;          //获取信息内容
07              String writeMessage = new String(writeBuf);
08              mConversationArrayAdapter.add("Me:  " + writeMessage);
                                                             //添加聊天记录
09              break;
10          case MESSAGE_READ:                               //结束数据时
11              byte[] readBuf = (byte[]) msg.obj;           //获取信息内容
12              String readMessage = new String(readBuf, 0, msg.arg1);
13              mConversationArrayAdapter.add(mConnectedDeviceName+":
                " + readMessage);
14              break;
15          }
16      }
17  };
```

其中，05～09 行，当收到 MESSAGE_WRITE 消息时，读取发送的内容，在界面中显示 Me 以及发送的内容；

10～15 行，当收到 MESSAGE_READ 消息时，读取收到的内容，在界面中显示发送消息的设备以及方式内容。实现的效果如本节开始的图 5.28 所示。

5.9.3 总结

在这一节中，我们实现了两个 Android 设备之间通过蓝牙通信的实例，重点在于蓝牙设备的开启、搜索以及通信的实现。实际的通信过程与 TCP 的 Socket 流程类似，都是服务器端 BluetoothServerSocket 开启等待客户端的接入，当连接建立之后都使用 BluetoothSocket 来进行通信。在实例的实现中，还有一个 UI 线程和数据 IO 线程分离的软件设计思想，这样呈现给用户的 UI 界面和软件运行核心有效地分离，在 UI 界面中不会出现假卡死的现象。

5.10 本章总结

本章介绍了 Android 支持的网络通信方式和 WiFi、蓝牙设备的通信管理,通过实例讲解了 6 种基本网络编程方式:基于 TCP/IP 的 Android 控制 PC、基于 UDP 的 Android 之间聊天、基于 HttpURLConnection 的 HTTP 请求的手机号码归属地查询、基于 HttpClient 的 HTTP 请求的天气预报、使用 Web Service 的远程服务的在线翻译、基于 WebView 视图组件的简易浏览器。这 6 种网络编程方式是本章的重点也是难点,在实际开发中是必须掌握的技能。

本章对 Android 系统支持的 WiFi 和蓝牙设备的管理与通信也进行了详细的实例讲解,是掌握了以上 6 种基本方式后的扩展。

5.11 习 题

【习题 1】结合 5.2 节和 5.3 节的 TCP 和 UDP 通信的相关内容,实现从 Android 客户端上传本地文件到服务器端的功能。

提示:使用 TCP 和 UDP 的通信原理,从 Android 客户端发送的信息是本地的文件内容。

TCP 客户端关键代码:

```
Socket socket = new Socket("127.0.0.1", 1234);
    //使用 InputStream 读取本地文件
    InputStream inputStream = new FileInputStream("D:\\aa.txt");
    //从 Socket 中得到 OutputStream
    OutputStream outputStream = socket.getOutputStream();
    byte[] buffer = new byte[4 * 1024];
    int temp = 0;
    //将 InputStream 中的数据取出,并写入到 OutputStream 中
    while ((temp = inputStream.read(buffer)) != -1)
    {
        outputStream.write(buffer, 0, temp);
    }
    outputStream.flush();
    outputStream.close();
    socket.close();
```

UDP 客户端关键代码:

```
DatagramSocket socket = new DatagramSocket();
    //创建一个 InetAddress
    InetAddress serverAddress = InetAddress.getByName("127.0.0.1");
    InputStream inputStream = new FileInputStream("D:\\aa.txt");
    byte[] buffer = new byte[4 * 1024];
    int temp = 0;
    //将 InputStream 中的数据取出,并写入到 OutputStream 中
    while ((temp = inputStream.read(buffer)) != -1)
    {
```

```
    //创建一个 DatagramPacket 对象，指定其发送地址和端口号
    DatagramPacket packet = new DatagramPacket(buffer, temp,
            serverAddress, 1234);
    //调用 Socket 对象的 send()方法发送数据
    socket.send(packet);
}
```

【习题 2】结合 5.4 节和 5.5 节的相关内容，分别使用 HttpURLConnection 方式来实现天气预报的功能，使用 HttpClient 方式来实现手机号码归属地的查询。

提示：两种 Http 访问方式类似，都是通过 URL 地址进行访问并获取返回数据。找到了正确的 URL 地址即可按照各自的访问步骤进行访问。

【习题 3】结合 5.6 节的相关内容，使用 Web Service 实现火车时刻表的查询功能。

提示：在 5.6 节的 Web 服务器网站中也提供了火车时刻表的 Web 服务，使用该 Web 服务来实现火车时刻表的查询。

第 6 章 Android 多媒体

在现代手机中,娱乐方面的功能越来越多,播放音乐、播放视频、拍照、录制音视频等可以说是必不可少的功能。在 Android 系统中也是提供了这些功能来满足用户的需求。在本章中,我们将围绕这些多媒体技术进行实例讲解。

6.1 音乐播放器

在 Android 系统中,使用的底层框架库提供了对大部分图像和音视频编码格式的支持,主要包括 MPEG4、H.264、MP3、AAC、AMR、JPG、PNG、GIF 等格式。当然,要完全支持这些格式还需要硬件设备的支持。在这一节中,我们通过实现简易的 MP3 播放器来讲解在 Android 系统中音频播放的使用。

在本实例中,我们实现的简易 MP3 播放器,首先搜索 SD 卡中所有 MP3 文件并将这些文件以搜索到的顺序保存为播放列表,然后通过 ListView 来显示该播放列表。当用户单击 ListView 中的某一项时,就播放该项对应的音乐。当然,我们也可以使用播放、暂停、停止、上一首、下一首来调整音乐播放的情况。为了满足这些功能,界面设计如图 6.1 所示。

图 6.1 MP3 播放器

6.1.1 播放列表

在创建播放列表时,我们通过对 SD 卡中全部文件遍历来获取所有的 MP3 文件,然后显示该播放列表。

1. 遍历SD卡

在实现过程中,我们先判断遍历到的 File 是否为文件夹,如果不是文件夹则判断该 File 的后缀名是否为 MP3,当是 MP3 时添加到播放列表中;如果该 File 是文件夹则递归调用该方法获取下一层目录中的 MP3 文件。具体的实现如下:

```
01  //遍历路径下指定的后缀名
02      private void search(String dir, final String suffix, List<String> list) {
03          File file = new File(dir);
04          //遍历该目录中的所有文件
05          File[] files = file.listFiles();
06          if ((files != null) && (files.length > 0)) {
07              for (File tmpfile : files) {
08                  //如果是文件夹,继续遍历该目录
09                  if (tmpfile.isDirectory()) {
10                      search(tmpfile.getPath(), suffix, list);
11                  } else {
12                      //判断文件后缀名
13                      if (tmpfile.getPath().endsWith(suffix)) {
14                          list.add(tmpfile.getPath());
                            //如果为指定后缀名,则添加到列表中
15                      }
16                  }
17              }
18          }
19      }
```

其中,02 行定义遍历 SD 卡方法。参数 dir 是当前遍历的文件夹路径,参数 suffix 是需要保存文件的后缀名,参数 list 是保存的播放列表;

03~06 行,获取当前文件夹下的所有 File;

07~11 行,逐个判断当前文件夹下的所有 File,当该 File 是文件夹则递归调用该方法继续遍历下一层目录;

12~15 行,当 File 是文件时,判断该 File 是否是 MP3 文件,如果是则保存到 list 中。

2. 播放列表处理

对播放列表我们使用 ListView 来进行直观的显示。对于 ListView 的显示,我们已经进行了多次的使用,相信大家都比较熟悉,可以分为 3 步来实现:(1)定义 ListView 中每一个 Item 的布局;(2)构造 ListView 的显示数据;(3)指定数据中的项与显示 Item 中的视图项对应。在这里就不再赘述 ListView 的显示实现。

当然,我们还需要实现单击列表视图中某一项时播放该项的功能。对此,我们只需要重写列表项单击事件即可,具体实现如下:

```
01  @Override
02  protected void onListItemClick(ListView l, View v, int position, long
    id) {
03      //TODO Auto-generated method stub
04      m_list_item = position;                              //获取单击的项号
05      String path = m_playlist.get(m_list_item);           //获取单击歌曲的地址
06      playMusic(path);                                     //调用播放音乐方法
07  }
```

其中,02 行,重写定义的列表项单击事件。参数 position 是单击的项位置,该值与单击项在播放列表中的值是一致的;

03～05 行,获取播放列表中单击项对应的歌曲全路径;

06 行,播放选择的音乐。

6.1.2 音乐播放

在多媒体播放中,Android 系统使用了一个名为 MediaPlayer 的类。该类可以用来播放音频、视频和流媒体,MediaPlayer 包含了音频(Audio)和视频(Video)的播放功能。接下来,我们详细了解 MediaPlayer 类的各种方法及使用。

1. MediaPlayer类

多媒体播放中,在播放前我们需要获得播放的文件、准备数据;播放时我们需要控制播放、暂停、停止、播放进度控制、播放音量控制等操作;播放结束后我们需要释放资源。对于这些操作,在 MediaPlayer 类中都提供了相应的方法,其中常用的方法如下:

(1)播放前

❏ 数据来源

```
void setDataSource(String path)
void setDataSource(FileDescriptor fd, long offset, long length)
void setDataSource(FileDescriptor fd)
void setDataSource(Context context, Uri uri)
```

这些方法都是常用的设置多媒体数据来源的方法。其中,参数 path 为文件的路径;参数 fd 为播放的 FileDescriptor;参数 uri 为播放数据的 URI 地址。

❏ 数据准备

```
void prepare()
void prepareAsync()
```

这两个方法分别用于准备数据同步或者数据异步。在播放数据和显示设置完成后,就需要使用这两个方法中的一个。对于本地已保存的文件一般使用同步 prepare()方法,对于流媒体一般使用 prepareAsync()方法。

(2)播放时

当数据设置并准备完成后,就可以播放音频或视频。在播放时,主要分为状态属性获取以及播放控制两方面,包括 setAudioStreamType(int)、setLooping(boolean)、setVolume(float, float)、pause()、start()、stop()、seekTo(int)等。

❏ 状态获取

```
Int getVideoHeight()
Int getVideoWidth()
```

获得视频的高度和宽度；

```
Int getCurrentPosition()
```

返回当前的播放位置，以毫秒为单位的 int 类型值；

```
Int getDuration()
```

返回文件的时间长度，以毫秒为单位的 int 类型值；

```
Boolan isLooping()
```

返回是否进行循环播放；

```
Boolean isPlaying()
```

返回是否正在播放；

❑ 播放控制

```
void start()
void stop()
void pause()
```

在音视频播放中最基本的播放控制，分别用于开始播放、停止播放和暂停播放；

```
void seekTo(int msec)
```

用于指定播放的位置，参数 msec 是以毫秒为单位的时间值；

```
void setLooping(boolean looping)
```

用于设置是否进行循环播放；

```
void setVolume(float leftVolume, float rightVolume)
```

用于设置音量大小。

（3）播放结束

```
void release()
```

当不再进行播放时，用于释放 MediaPlayer 对象资源；

```
void reset()
```

用于重置 MediaPlayer 对象。

当然，除了以上基本的方法以外，还有一些其他比较常用的监听事件处理：

```
setOnBufferingUpdateListener(MediaPlayer.OnBufferingUpdateListener
listener)
```

监听事件，用于网络流媒体的缓冲监听；

```
setOnCompletionListener(MediaPlayer.OnCompletionListener listener)
```

监听事件，用于网络流媒体的播放结束监听；

```
setOnErrorListener(MediaPlayer.OnErrorListener listener)
```

监听事件，用于设置错误信息监听；

```
setOnVideoSizeChangedListener(MediaPlayer.OnVideoSizeChangedListener listener)
```

监听事件，用于视频尺寸监听。

  MediaPlayer 类在控制多媒体播放时，存在多个状态和多种方法，具有自己的生命周期。对于一个 MediaPlayer 类对象，需要设置数据来源、准备数据才能进行播放。在播放过程中，可以控制其处于播放、暂停、停止等状态；在不需要播放时可以释放该 MediaPlayer 类对象。其生命周期以及状态转换的详细过程如图 6.2 所示。

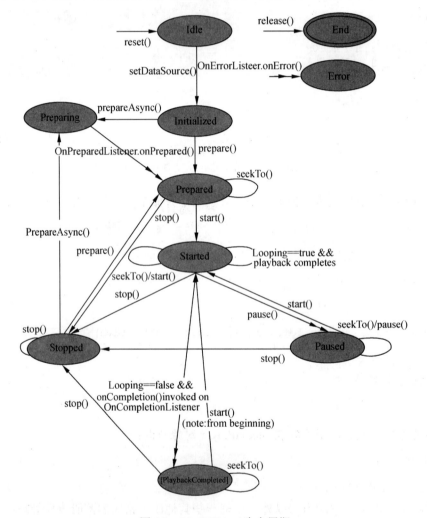

图 6.2   MediaPlayer 生命周期

2. 播放器实现

  我们已经详细了解了 Android 系统中多媒体播放类 MediaPlayer 的相关知识，接下来我们就使用 MediaPlayer 类进行简易播放器的具体实现。在播放器中，我们需要实现播放、暂停、停止、上一首、下一首来控制音乐的播放以及推迟应用时的 MediaPlayer 类的资源释放。在界面设计中，我们分别使用 5 个按钮来实现这些功能。

（1）播放

在音乐播放功能中，从 MediaPlayer 类的生命周期图 6.2 中可以看出，我们需要进行重置、设置播放源、准备数据，然后才能播放该音乐。由于我们不采用循环播放，当选中的歌曲播放结束后，需要播放下一首歌曲。熟悉了播放音乐的过程，实现代码如下：

```
01  MediaPlayer m_musicplayer;                          //定义多媒体播放类
02  m_musicplayer = new MediaPlayer();                  //实例化多媒体播放类
03  //播放音乐
04  void playMusic(String path) {
05      try {
06          m_musicplayer.reset();                      //重置播放器
07          m_musicplayer.setDataSource(path);          //设置数据源
08          m_musicplayer.prepare();                    //准备同步
09          m_musicplayer.start();                      //开始播放
10          if (m_playlist.isEmpty() == true) {
11              Toast.makeText(this, "播放列表为空", 1000).show();
12              return;
13          }
14          m_musicplayer.setOnCompletionListener(new OnCompletionListener() {
15              @Override      //当前音乐播放结束后的处理方法
16              public void onCompletion(MediaPlayer arg0) {
17                  //TODO Auto-generated method stub
18                  nextMusic();//调用播放下一首方法
19              }
20          });
21      } catch (Exception e) {
22          e.printStackTrace();
23      }
24  }
```

其中，01～02 行，实例化一个多媒体播放类 MediaPlayer；

06～09 行，分别对播放类 MediaPlayer 进行重置、设置播放数据源、数据准备以及播放。该过程必须按照这样的顺序进行，否则会出现异常导致不能播放音乐；

14～20 行，当前音乐播放完成后处理。

（2）暂停

在暂停功能中，我们通过判断当前是否在播放，如果在播放，对其暂停播放；当处于停止状态时，继续播放该音乐。具体实现如下：

```
01  //暂停
02  pause.setOnClickListener(new OnClickListener() {
03      @Override
04      public void onClick(View v) {
05          if (m_musicplayer.isPlaying()) {            //判断当前是否在播放
06              m_musicplayer.pause();                  //正在播放，则暂停
07          } else {
08              m_musicplayer.start();                  //未播放，则开始播放
09          }
10      }
11  });
```

其中，05 行，判断是否正在播放；

06 行，当正在播放音乐时，暂停该音乐播放；

08 行，当没有播放音乐时，使用 start()方法继续播放音乐。

（3）停止

停止功能即是停止播放音乐，并且在下一次播放时，不再从停止的位置继续播放而是从头开始播放音乐。具体实现如下：

```
01      //停止
02      this.stop.setOnClickListener(new OnClickListener() {
03          @Override
04          public void onClick(View v) {
05              if (m_musicplayer !=null) {       //判断多媒体播放类是否存在
06                  m_musicplayer.stop();         //停止播放
07              }
08          }
09      });
```

其中，05 行判断播放的类是否存在；

06 行，当播放类存在时，无论当前处于播放、暂停、停止的何种状态都进入停止状态。

（4）上/下一首

在多媒体播放类中，其仅仅针对单个多媒体文件或者文件流进行播放控制，是不存在上一首、下一首这样的切换的。在实现该音乐播放器时，我们保存了需要播放列表，通过该列表来实现播放上一首、下一首这样的功能。

在上/下首切换时，需要将当前播放的列表项数字进行减加，特别是对于列表开始项和结束项需要特别注意。当进行下一首切换时，如果当前为播放列表最后一项，则需要将列表项值置为 0；当进行上一首切换时，如果当前为播放列表第一项，则需要将列表项置为列表的最后一项。

注意了这一点，具体的实现如下：

```
01      //下一首
02      next.setOnClickListener(new OnClickListener() {
03          @Override
04          public void onClick(View v) {
05              if (m_list_item == (m_playlist.size() - 1)) {
                                                //判断当前播放是否为列表中最后一首
06                  m_list_item = 0;            //为列表中最后一首，则播放第一首
07              } else {
08                  m_list_item++;              //不是最后一首，则播放下一首
09              }
10              String path = m_playlist.get(m_list_item);
                                                //获取下一首歌曲地址
11              playMusic(path);                //调用歌曲播放方法
12          }
13      });
14
15      //上一首
16      last.setOnClickListener(new OnClickListener() {
17          @Override
18          public void onClick(View v) {
19              if (m_list_item == 0) {         //判断当前播放是否为列表中第一首
20                  m_list_item = m_playlist.size() - 1;
                                                //为第一首，则播放列表中最后一首歌曲
21              } else {
22                  m_list_item--;              //不是第一首，则播放上一首
```

```
23          }
24          String path = m_playlist.get(m_list_item);
                                                        //获取上一首歌曲地址
25          playMusic(path);                            //调用歌曲播放方法
26      }
27  });
```

其中，01～13 行，进行播放下一首歌曲处理；

05～09 行，如果当前播放音乐为播放列表最后一项时，设置下一首为列表中第一项；否则设置为下一项；

10～11 行，从播放列表中获取播放音乐的路径，并使用我们实现的播放音乐的方法进行播放；

15～27 行，进行播放上一首歌曲的处理。处理过程和播放下一首的处理类似，只是判断的是当前播放项是否为播放列表中的第一项。

（5）释放资源

当用户退出应用程序时，我们需要停止正在播放的音乐并释放资源结束当前活动。在这里，我们通过监听用户单击回退键，来判断用户需要退出音乐播放器应用。具体实现如下：

```
01  @Override
02      public boolean onKeyDown(int keyCode, KeyEvent event) {
03          if (keyCode == KeyEvent.KEYCODE_BACK) {//判断按键是否为回退键
04              m_musicplayer.stop();               //停止播放
05              m_musicplayer.release();            //释放资源
06              this.finish();//结束当前界面
07              return true;
08          }
09          return super.onKeyDown(keyCode, event);
10      }
```

其中，03 行，判断按键是否是回退键；

04～05 行，释放播放音乐占用的资源。

6.1.3 运行分析总结

通过上述步骤，我们实现了简易的 MP3 音乐播放器，可以正常地播放 MP3 音乐并可以满足基本的操作控制。

通过实现该简易的 MP3 音乐播放器，我们熟悉了在 Android 系统中用于播放音频、视频、流媒体的类 MediaPlayer 的生命周期以及其播放控制的使用。在 Android 系统中，只要能够支持播放的多媒体编码格式，都可以使用该类来完成对该多媒体的播放。大家对使用 MediaPlayer 类来对多媒体进行播放处理的方法需要熟练掌握。

6.2 学话机器人

在上一节中，我们实现了一个 MP3 的音频播放器，了解掌握了在 Android 系统中多媒体文件播放的实现。当然，Android 提供了对多媒体的播放，自然会提供对多媒体的采样录制的功能。在这一节中，我们通过实现一个学话机器人来详细讲解在 Android 中音频的录制方法。

本实例中完成的学话机器人，是一个通过实时录制用户所说的话并及时播放该音频，来达到重复用户所说的话的效果的机器人。我们需要实现录制音频并且在录制完成后播放该音频的功能，对于界面设计，只需要一个控制录制的按钮和一个可爱的机器人图片，实现效果如图 6.3 所示。

图 6.3　学话机器人

6.2.1　语音录制

在进行多媒体播放时，我们知道使用 MediaPlayer 类来进行处理，而对于多媒体的采样录制，在 Android 中使用了 MediaRecorder 类来进行处理。和多媒体播放类 MediaPlayer 类似，MediaRecorder 类可以用来录制音频和视频。只是当录制时，Android 系统默认的支持格式比播放的格式更少，主要支持的编码方式有 AMR、AAC、H263、H264、JPG 等。接下来，我们详细讲解多媒体录制类 MediaRecorder 的方法以及其使用。

1. MediaRecorder类

对于多媒体的录制，在录制之前我们需要设置音视频的采样来源、录制的编码方法、保存文件的格式、保存文件的路径；完成这些设置后通知准备数据，然后可以开始进行采样录制；当录制完成后停止录制并释放资源。在 MediaRecorder 类中提供了相应的方法来处理这些操作，常用的方法有：

（1）录制设置

❑ 采样来源：

```
void setAudioSource(int audio_source)
void setVideoSource(int video_source)
void setCamera(Camera c)
```

这 3 个方法分别用于设置音频来源、视频来源、照片来源。其中，音频来源的参数系统中已经定义在 MediaRecorder.AudioSource 类中，有 CAMCORDER、DEFAULT、MIC、VOICE_CALL、VOICE_COMMUNICATION、VOICE_DOWNLINK、VOICE_RECOGNITION、VOICE_UPLINK。但是，这些不同的音频来源都需要在硬件上特别的支持。在实际的使用时我们只能从手机麦克风中获取音频信号，所以音频来源都设置为 AudioSource.MIC。

❑ 编码方式：

```
void    setAudioEncoder(int audio_encoder)
void    setVideoEncoder(int video_encoder)
```

这两个方法分别用于设置音频和视频的编码方式。其中，音频的编码方式已经定义在系统 MediaRecorder.AudioEncoder 类中，其值可以是 AAC、AMR_NB、AMR_WB。其中，最常用的是 AudioEncoder.AMR_NB。视频的编码方式定义在 MediaRecorder.VideoEncoder 类中，其值为 H263、H264、MPEG_4_SP。

❑ 保存格式：

```
void    setOutputFormat(int output_format)
```

该方法用于设置保存文件的格式。对于不同的编码方式，保存的文件格式也不一样。这些文件格式已经定义在 MediaRecorder.OutputFormat 类中，其值为 RAW_AMR、AMR_NB、AMR_WB、MPEG_4、THREE_GPP。

❑ 保存路径：

```
void    setOutputFile(FileDescriptor fd)
void    setOutputFile(String path)
```

这两种方法都用于设置录制的音视频的保存文件。

❑ 准备数据：

```
void    prepare()
```

该方法用于通知录制已经准备。在调用该方法之前，必须完成上述音视频的采样来源、录制的编码方法、保存文件的格式、保存文件的路径等的设置。

（2）录制控制

在音视频录制中，不再需要播放时那么多的状态变化。只需要开始、停止、重置、释放操作，分别使用方法：

```
void    start()
void    stop()
void    reset()
void    release()
```

使用上述的方法就可以利用 MediaRecorder 类来进行录制音视频操作，该类的生命周期以及状态转换如图 6.4 所示。

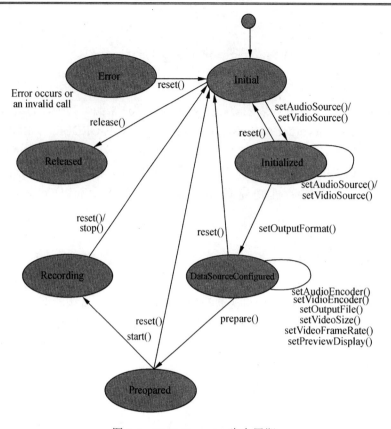

图 6.4 MediaRecorder 生命周期

2. 录制实现

学话机器人主要分为音频录制和音频播放两部分。通过上述的讲解，我们已经详细了解了 Android 系统中多媒体录制类 MediaRecorder 的相关方法和生命周期。接下来我们就使用 MediaPlayer 类来实现学话机器人的音频录制功能。

（1）权限申请

当实现音频录制时，需要申请音频录制的权限。另外，我们将录制的音频文件保存在 SD 卡中，也需要申请权限。所以，在 AndroidManifest.xml 文件中实现如下：

```
//音频录制权限
    <uses-permission android:name="android.permission.RECORD_AUDIO"/>
//SD 卡写权限
    <uses-permission android:name="android.permission.WRITE_EXTERNAL_STORAGE"/>
```

（2）录制实现

在进行音频录制之前我们需要针对音频的采样来源、录制的编码方法、保存文件的格式、保存文件的路径进行设置，完成这些设置后才能准备数据并开始录制。其具体实现如下：

```
01  MediaRecorder mr;                        //录音类
02  private boolean mrstart() {
03      //TODO Auto-generated method stub
```

```
04      mr = new MediaRecorder();              //实例化多媒体录制类
05      mr.setAudioSource(AudioSource.MIC);
06      //设置音源，这里是来自麦克风
07      mr.setOutputFormat(OutputFormat.RAW_AMR);
08      //输出格式
09      mr.setAudioEncoder(MediaRecorder.AudioEncoder.AMR_NB);
10      //编码方式
11      mr.setOutputFile(filepath);
12      //输出文件路径
13      try {
14          mr.prepare();
15          //做些准备工作
16          mr.start();
17          //开始
18          return true;
19      } catch (Exception e) {
20          e.printStackTrace();
21          return false;
22      }
23  }
```

其中，01～04 行，定义并实例化了一个多媒体采样录取类 MediaRecorder；

05 行，设置音频的来源，其来自 Android 手机的麦克风；

07 行，设置保存的音频的文件格式，使用 AMR 的格式；

09 行，设置保存的音频的编码方式，使用 AMR_NB 编码方式。编码方式需要和保存格式相对应；

11 行，设置保存的输出文件路径。这样才能获得录制的音频文件。需要注意的是上述的 4 个设置顺序可以任意交换，但是必须在调用方法 prepare()前完成这些设置；

14 行，调用 prepare()方法，通知录制设置完成；准备就绪；

16 行，开始进行音频录制，效果如图 6.5 所示。

图 6.5　音频录制

6.2.2 机器人学话

当学话机器人完成了学话后,就需要重复刚才学到的话,也就是说我们需要结束音频的录制并且播放录制的音频。

1. 结束音频录制

当停止音频录制时,只需要调用 stop()方法即可。具体实现如下:

```
01  //停止录音
02  private void mrstop() {
03      //TODO Auto-generated method stub
04      if (mr != null) {
05          mr.stop();              //停止
06          mr.release();           //释放
07      }
08  }
```

其中,05 行,停止音频录制;
06 行,停止音频录制后释放资源。

2. 播放录音

当结束了录音之后,需要播放该录音文件从而达到学话的目的。对于音频播放,我们在上一节中已经详细讲解,需要设置音频来源、准备数据,然后播放音频并在播放完成后进行处理。这一过程具体的实现如下:

```
01  //播放录音
02  void vplay(String path) {
03      try {
04          mplayer= new MediaPlayer();          //实例化多媒体播放类
05          mplayer.reset();                     //重置播放类
06          mplayer.setDataSource(path);         //设置数据源
07          mplayer.prepare();                   //准备同步
08          mplayer.start();                     //开始播放
09          //播放完成
10          mplayer.setOnCompletionListener(new OnCompletionListener() {
11              @Override
12              public void onCompletion(MediaPlayer arg0) {
13                  //TODO Auto-generated method stub
14                  mplayer.release();           //播放完毕,释放资源
15                  btn_record.setText("开始学习说话");    //修改按钮显示
16                  is_recording=false;          //修改录音状态标识
17              }
18          }
19          });
20      } catch (Exception e) {                  //异常处理
21          System.out.println(e.toString());
22          if (mplayer!=null) {
23              mplayer.release();               //释放资源
24          }
25          btn_record.setText("开始学习说话");    //修改按钮显示
```

```
26              is_recording=false;              //修改录音状态标识
27              Toast.makeText(Ex_recordingActivity.this,"无法播放",
                1000).show();
28          }
29      }
```

其中，04～08 行，使用多媒体播放类 MediaPlayer 来播放音频，设置了音频文件来源、准备数据以及开始播放；

10～19 行，当播放结束后的处理。主要是释放资源以及更改按钮显示，其效果如图 6.6 所示。

6.2.3　运行分析总结

通过上述步骤，我们实现了一个学话机器人。使用音视频录制类 MediaRecorder 来进行音频采样录取并保存为音频文件，然后使用音视频播放类 MediaPlayer 来播放该音频文件，达到了重复用户所说的话的功能，录制的音频文件如图 6.7 所示。

图 6.6　音频播放

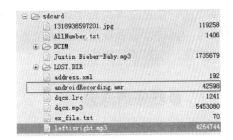

图 6.7　录音文件

在本节中，重点讲解了音视频录制类 MediaRecorder 的方法和使用，需要特别注意的是，在录制之前必须完成对音视频的采样来源、录制的编码方法、保存文件的格式、保存文件的路径的设置，然后才能进行录制。

6.3　视频播放器

在前面章节中，我们详细讲解了 Android 中音频的播放和录制。在这一节中，我们将实现一个视频播放器来对 Android 系统中的视频播放进行详细讲解。

在视频播放器中，我们需要实现显示视频内容、控制视频播放、暂停、快进、快退等功能，界面设计如图 6.8 所示。

图 6.8 视频播放器

对于视频播放，Android 中最常采用两种方法来实现：一种是使用多媒体播放类 MediaPlayer 来实现。在前面章节中，我们已经详细介绍了使用该类来进行音频的播放，在本节中我们会使用该类来完成视频的播放；另一种是使用 Android 内置的 VideoView 控件来实现，这种方法可以更加快速地实现视频播放器。接下来，我们分别使用这两种常用方法来实现一个视频播放器。

6.3.1 多媒体播放类

使用多媒体播放类 MediaPlayer 类来进行音频播放时，我们不需要在界面上设置控件来控制音频，而对于视频而言，最大的区别便是我们需要在界面上显示出视频的图像。

1．图像显示

使用 MediaPlayer 类进行视频播放时，显示视频图像使用 SurfaceView 来显示，并通过 SurfaceHolder 来对显示进行控制。

（1）界面布局

在界面布局文件中，需要添加 SurfaceView 的视图。该 SurfaceView 是视图（View）的继承类，其内嵌了一个专门用于绘制的 Surface。在布局 XML 文件中，实现如下：

```
<SurfaceView
    android:id="@+id/surfaceView"
    android:layout_width="wrap_content"
```

```
android:layout_height="wrap_content" />
```

（2）视频图像控制

对于该 SurfaceView 的控制，可以使用 SurfaceHolder 接口来完成。首先，需要获取该 SurfaceView 的 SurfaceHolder 接口，使用方法：

```
SurfaceHolder   getHolder()
```

其中，返回值便是控制接口 SurfaceHolder 类。在 SurfaceHolder 类中，我们可以设置添加回调、设置显示的固定大小、获得数据来源等，分别使用方法：

```
void    addCallback(SurfaceHolder.Callback callback)
void    setFixedSize(int width, int height)
void    setType(int type)
```

在本示例中，对于显示视频图像的 SurfaceView 的设置实现如下：

```
01   SurfaceHolder surfaceHolder;            //定义控制接口类
02   MediaPlayer mediaPlayer;                //定义多媒体播放类
03   surfaceView = (SurfaceView) findViewById(R.id.surfaceView);
                                             //绑定视图
04   surfaceHolder = surfaceView.getHolder();    //获取控制接口类
05   surfaceHolder.addCallback(this);            //添加回调方法
06   surfaceHolder.setFixedSize(320, 240);       //设置视频大小
07   surfaceHolder.setType(SurfaceHolder.SURFACE_TYPE_PUSH_BUFFERS);
                                             //设置数据源类型
```

其中，03 行，获取界面设计中的 SurfaceView 视图；

04 行，获取 SurfaceView 视图的控制接口 SurfaceHolder；

05 行，添加 SurfaceView 的回调实现方法。由于在类中实现了 SurfaceHolder.Callbac 接口，所以参数为 this；

06 行，设置视频图像显示的固定大小为宽 320、高 240；

07 行，设置视频图像的数据来源，这里来自于缓存中。

（3）接口实现

对 SurfaceView 的变化监控，我们需要实现 SurfaceHolder.Callback 接口。在该接口中针对 SurfaceView 的创建、销毁以及变化时，都可以进行相应的处理。在本实例中，我们需要该 SurfaceView 成功创建之后才能加载播放视频，不然视频没有显示该视频的控件。具体实现如下：

```
01   public class Ex_VideoPlayerActivity extends Activity implements
     SurfaceHolder.Callback {                   //实现接口
02       @Override
03       public void surfaceChanged(SurfaceHolder arg0, int arg1, int arg2,
         int arg3) {
04           //当视图变化时调用
05       }
06
07       @Override
08       public void surfaceCreated(SurfaceHolder holder) {
09           //当视图创建时调用
10           playVideo(pathString);              //调用播放视频方法
11       }
12
```

```
13      @Override
14      public void surfaceDestroyed(SurfaceHolder holder) {
15          //当视图销毁时调用
16      }
17  }
```

其中，01 行，定义视频播放类，其定义了需要实现 SurfaceHolder.Callback 接口。在该接口中，必须全部实现 SurfaceView 的变化、创建以及销毁时的处理；

03～05 行，实现接口中 SurfaceView 变化时的处理，在本例中不做处理；

07～11 行，实现接口中 SurfaceView 创建时的处理。当创建完成后，我们立即播放视频；

13～16 行，实现接口中 SurfaceView 销毁时的处理，在本例中不做处理。

2．视频播放控制

对于多媒体播放类 MediaPlayer，我们在音乐播放器中对该类的生命周期和常用方法进行了详细的讲解。在这里，我们将对使用 MediaPlayer 类进行视频播放的具体实现进行讲解。

（1）视频播放

在播放视频之前，不仅需要设置数据来源，还需要设置视频图像的显示控件。然后，再进行数据的准备和播放。本实例中，具体实现如下：

```
01   private void playVideo(String strPath) {
02       if (mediaPlayer.isPlaying()) {  //判断是否正在播放
03           mediaPlayer.reset();        //在播放则重置播放类
04       }
05       mediaPlayer.setAudioStreamType(AudioManager.STREAM_MUSIC);
                                         //设置数据源类型
06       mediaPlayer.setDisplay(surfaceHolder);
                                         //设置 Video 影片以 SurfaceHolder 播放
07       try {
08           mediaPlayer.setDataSource(strPath);
                                         //设置 MediaPlayer 的数据源
09           mediaPlayer.prepare();      //准备播放
10       } catch (Exception e) {
11           e.printStackTrace();
12       }
13       mediaPlayer.start();            //开始播放
14   }
```

其中，02～04 行，判断当前视频是否正在播放，如果正在播放中则重置播放类；

05 行，设置视频播放时的音频流类型；

06 行，设置视频播放的图像显示控件。该项是在音频播放中没有的，需要特别注意；

07～13 行，设置视频播放的数据源、准备播放数据，然后播放视频。该过程和音频播放类似。

（2）播放控制

在视频播放过程中，我们需要控制视频播放的开始、暂停的状态变化，以及对视频的快进、快退的控制。在实现时，我们使用 3 个按钮来分别实现这 3 个功能。

在播放过程中，通过对当前视频是否正在播放进行判断，如果正在播放则暂停视频播放；如果没有播放则继续播放视频。具体实现如下：

```
01  btn_play.setOnClickListener(new OnClickListener() {
02      @Override
03      public void onClick(View v) {
04          if (mediaPlayer.isPlaying()) {//判断视频是否正在播放
05              mediaPlayer.pause();        //暂停播放
06              btn_play.setText("播放");    //设置按钮显示内容
07          } else {
08              mediaPlayer.start();        //开始播放
09              btn_play.setText("暂停");   //设置按钮显示内容
10          }
11      }
12  });
```

其中，04 行，对当前视频是否播放的判断；

05～06 行，如果视频正在播放，则暂停视频播放并更改按钮显示内容；

08～09 行，如果视频停止播放，则继续播放视频并更改按钮显示内容。

在快进、快退功能中，通过对当前播放时间进行一个固定时长 10s 的增加或减少，来达到快进、快退的效果，具体实现如下：

```
01  btn_rewind.setOnClickListener(new OnClickListener() {
02      @Override
03      public void onClick(View v) {
04          int rewind = mediaPlayer.getCurrentPosition() - 10000;
                                                    //当前播放时间减少 10s
05          if (rewind > 0) {               //判断该值是否正确
06              mediaPlayer.seekTo(rewind); //视频后退 10s 跳转
07          }
08      }
09  });
10
11  btn_forward.setOnClickListener(new OnClickListener() {
12      @Override
13      public void onClick(View v) {
14          int forward = mediaPlayer.getCurrentPosition() + 10000;
                                                    //当前播放时间增加 10s
15          if (forward < mediaPlayer.getDuration()) {
                                                    //判断该值是否正确
16              mediaPlayer.seekTo(forward); //视频前进 10s 跳转
17          }
18      }
19  });
```

其中，04 行，获取当前播放时间并减少 10s；

05～06 行，判断该时长是否为正值，如果时长正确则播放该时间点，实现快退效果；

11～19 行，和快退类似，实现快进的效果。

3. 运行总结

通过以上步骤实现了一个简易的视频播放器，效果如图 6.8 所示。使用多媒体播放类 MediaPlayer 来完成视频的播放和控制。使用 MediaPlayer 来进行视频播放控制，与进行音频的播放控制类似，只是需要对视频图像显示的 SurfaceView 控件进行设置。

6.3.2 视频视图 VideoView

在视频播放中，除了使用 MediaPlayer 之外，Android 还提供了 VideoView 控件来更快速地实现视频播放的功能。

1. 界面布局

VideoView 是 Android 系统中提供的一个控件，在使用时首先需要在界面布局文件中添加该控件，实现如下：

```xml
<VideoView
    android:id="@+id/videoview"
    android:layout_width="wrap_content"
    android:layout_height="wrap_content"
    android:layout_weight="1" />
```

2. VideoView设置

在 VideoView 类中，提供了视频播放设置以及控制的所有方法，其中常用的方法有：
❏ 视频源设置：

```
void        setVideoPath(String path)
void        setVideoURI(Uri uri)
```

这两个方法用于设置视频源，分别用于设置视频源文件路径和地址；
❏ 播放视频信息属性：

```
int getBufferPercentage()
int getCurrentPosition()
int getDuration()
```

这 3 个方法分别用于获取视频播放过程中缓冲的百分比、当前播放的位置以及视频文件的时间长度。
❏ 播放状态信息：

```
boolean     canPause()
boolean     canSeekBackward()
boolean     canSeekForward()
void        seekTo(int msec)
```

前 3 个方法用于判断当前视频播放的状态，分别判断是否可以暂停、是否可以回退、是否可以前进。然后使用最后一种方法来实现视频播放进度的改变。
❏ 播放控制器：

```
void        setMediaController(MediaController controller)
```

该方法用于设置播放时的控制器。该控制器 controller 是 Android 系统本身的媒体控制器，实现了控制播放开始、暂停、快退、快进等功能。在使用 VideoView 时，只需要调用系统的媒体控制器即可控制视频播放。
❏ 播放控制：

```
void        start()
```

```
void     pause()
void     resume()
```

这 3 种方法用于对视频播放状态的改变，分别用于开始播放、暂停播放以及重新播放。

上述这些方法和 MediaPlayer 类提供的方法类似，使用 VideoView 控件来实现视频的播放就非常容易，实现如下：

```
01   videoView = (VideoView) findViewById(R.id.videoview);
                                                           //绑定视图控件
02   //定义 MediaController 对象
03   mediaController = new MediaController(this);
04   //把 MediaController 对象绑定到 VideoView 上
05   mediaController.setAnchorView(videoView);
06   //设置 VideoView 的控制器为 mediaController
07   videoView.setMediaController(mediaController);
08   videoView.requestFocus();
09   try {
10       videoView.setVideoPath(pathString);   //设置视频播放源
11       videoView.start();                    //开始播放视频
12   } catch (Exception e) {
13       //TODO: handle exception
14       System.out.println(e.toString());
15   }
```

其中，01 行，获取界面中的视频播放控件 VideoView；

03～05 行，实现媒体控制器并将该控制器绑定到视频播放 VideoView 中，用于控制 VideoView 中的视频播放；

07 行，设置 VideoView 的播放控制器为 mediaController，这样就进行了相互的注册绑定；

09～15 行，设置视频源并播放该视频，其效果如图 6.8 所示。

3. 运行总结

经过以上步骤，我们同样实现了一个简易的视频播放器，其实现的效果和使用 MediaPlayer 实现的视频播放效果是一致的。而且，使用 VideoView 来实现视频播放，步骤更简单、播放控制更方便。

6.3.3 视频播放总结

在本节中，我们使用 Android 中不同的两种方式实现了简易的视频播放器。一个是通用性的多媒体播放类 MediaPlayer，另一个是更便捷的 VideoView 类。它们都需要首先设置播放视频图像的控件，然后设置播放视频源才开始播放视频并进行播放控制。

但是，使用这两种方式来实现的播放视频都存在不足。因为 Android 平台中的应用程序都是运行于 Java Dalvik 虚拟机中，其处理效率无法与 C/C++相比，目前原生平台仅仅支持 MP4 和 3GP 视频的解析，而且由于视频的码率、帧数太高，将出现不能流畅播放甚至有声音无图像的现象。对于这些对处理效率有较高要求的应用，使用 Java 来实现是无法满足要求的。在当前 Android 中，常用的方法是使用 Android 的 NDK 开发，通过调用 C/C++实现的库来满足效率的要求。对于 NDK 的使用，我们将在后面的章节中详细讲解。

6.4 照相机

当前的手机设备在硬件上都是支持摄像头的，拍照功能成为了 Android 手机的基本功能。在本节中，我们将实现一个照相机来对 Android 中的拍照应用进行详细的讲解。

在 Android 系统中主要有两种方式来实现拍照的功能，一种是调用系统本身的照相机，另一个是使用 Camera 类来实现自己的拍照程序。接下来，我们分别使用这两种方法来实现照相机的功能。

6.4.1 系统照相机

由于对手机娱乐功能方面的需要，在 Android 系统中都是自带系统照相机程序的，直接调用系统的照相机程序是最便捷实现照相机功能的方式。

对于调用系统拍照，在界面上我们只需要一个跳转的按钮以及对拍照结果的图片显示。界面设计如图 6.9 所示。

图 6.9 功能选择界面

1. 权限申请

要使用 Android 设备的摄像头硬件，需要申请照相机 Camera 的相关权限，而且当拍摄的图像保存到 SD 卡中也是需要申请权限。在 AndroidManifest.xml 文件中实现如下：

```
//照相机权限
```

```
<uses-permission
android:name="android.permission.CAMERA"></uses-permission>
//SD卡写权限
<uses-permission
android:name="android.permission.WRITE_EXTERNAL_STORAGE"></uses-permiss
ion>
```

2. 跳转设置

在 Android 系统中提供了 MediaStore 这个类来管理其多媒体数据库，Android 中多媒体信息都可以从这里提取。

在 Activity 间跳转时，我们需要传入 Intent 的动作，对于系统的照相机动作，已经在系统中进行了定义，定义为 MediaStore.ACTION_IMAGE_CAPTURE，其值为 android.media.action.IMAGE_CAPTURE。

在跳转到系统拍照程序时，我们可以指定拍照的图片输出到的文件地址，使用 MediaStore.EXTRA_OUTPUT 进行设置。

对于拍摄照片的像素质量，可以使用 MediaStore.EXTRA_VIDEO_QUALITY 来进行设置。其中，0 值表示低质量，1 值表示高质量。

在本例中，我们为了方便拍照完成后显示改图片，指定拍照保存地址，实现如下：

```
01  OnClickListener listener = new OnClickListener() {
02
03          @Override
04          public void onClick(View v) {
05              //TODO Auto-generated method stub
06              switch (v.getId()) {
07              case R.id.sys_camera:
08                  //调用系统拍照功能
09                  Intent imageCaptureIntent = new Intent(MediaStore.
                    ACTION_IMAGE_CAPTURE);
10                  File out = new File(strImgPath);    //设置保存图片文件
11                  Uri uri = Uri.fromFile(out);        //转换为URI地址
12                  imageCaptureIntent.putExtra(MediaStore.EXTRA_OUTPUT,
                    uri);                               //设置图片保存
13                  imageCaptureIntent.putExtra(MediaStore.EXTRA_VIDEO_
                    QUALITY, 1);                        //图片质量
14                  startActivityForResult(imageCaptureIntent, RESULT_
                    CAMERA);                            //有返回数据跳转
15                  break;
16              }
17          }
18  }
```

其中，01~04 行，定义了系统拍照按钮的单击处理事件；

07~13 行，对于跳转 Intent 的设置。其中，动作为系统拍照应用，指定了成功拍照后图片文件的保存地址以及拍照图像的质量；

14 行，进行跳转。这里使用了带数据返回的跳转方式，便于拍照成功后的图像显示。

3. 拍照返回处理

当调用系统拍照程序成功拍照后，我们需要将拍摄的图片显示在界面的 ImageView 中。在跳转返回时，我们从图像缓存中获取该图片的数据进行显示，并将该图片保存到 SD 卡

中。具体实现如下:

```java
@Override
protected void onActivityResult(int requestCode, int resultCode,
        Intent data) {
    //TODO Auto-generated method stub
    super.onActivityResult(requestCode, resultCode, data);

    if (requestCode == RESULT_CAMERA) {        //判断请求标识
        if (resultCode == RESULT_OK) {         //判断返回结果
            //拍照图像显示
            Bitmap bm = (Bitmap) data.getExtras().get("data");
                                               //获取图像数据
            image.setImageBitmap(bm);  //图像显示在ImageView视图中
            File myCaptureFile = new File(strImgPath);
                                               //设置保存图片
            try {
                BufferedOutputStream bos = new BufferedOutputStream(
                        new FileOutputStream(myCaptureFile));
                                               //初始化数据流
                //采用压缩转档方法
                bm.compress(Bitmap.CompressFormat.JPEG, 80, bos);
                //调用flush()方法,更新BufferStream
                bos.flush();
                //结束OutputStream
                bos.close();
            } catch (FileNotFoundException e) {
                //TODO Auto-generated catch block
                e.printStackTrace();
                Toast.makeText(this, "没有找到照片文件", 1000).show();
            } catch (IOException e) {
                //TODO Auto-generated catch block
                e.printStackTrace();
                Toast.makeText(this, e.toString(), 1000).show();
            }
        }
    }
}
```

其中, 02 行, 重写跳转返回方法;

06~07 行, 判断跳转返回来源和返回结果标识。当是成功拍照时, 进行显示和保存处理;

08~10 行, 从返回跳转意图 Intent 中获取图片数据缓存, 并显示在 ImageView 中;

11~29 行, 将图片数据缓存保存为 SD 卡中的图片文件。

4. 运行分析

通过以上步骤, 我们已经实现了调用系统照相机进行拍照并显示的功能。由于模拟器对摄像头这样的硬件设备不能进行模拟, 所以对于拍照相关的程序, 在模拟器中是无法正常运行的, 照相程序需要在真机中进行测试。

如果在模拟器中进行测试, 该代码仅仅能够成功地跳转到系统照相机程序, 如图 6.10 所示。但是, 跳转到该系统照相机程序后, 其拍照功能是不能使用的。经过一段时间后, 会出现照相机程序异常的提示, 如图 6.11 所示。

第 6 章　Android 多媒体

图 6.10　调用系统照相机

图 6.11　系统照相机异常

6.4.2　简易相机

除了使用系统自身的照相机之外，Android 系统也提供了 Camera 类来方便地实现拍照程序。接下来，我们就详细讲解使用 Camera 类来实现照相机的功能。

我们在已经完成的调用系统照相机的基础上，添加调用自定义照相机的按钮进行功能选择，界面实现如图 6.12 所示。

图 6.12　添加自定义拍照

接下来,我们来具体实现自定义拍照的功能,需要进行如下几步操作:

1. 权限申请

在调用系统拍照程序时,我们申请了照相机 Camera 的相关权限,而且把拍摄的图像保存到 SD 卡中也是需要申请对应的权限。在这里,我们实现拍照程序还需要添加照相设备的硬件支持,在 AndroidManifest.xml 文件中实现如下:

```xml
<uses-permission android:name="android.permission.CAMERA"></uses-permission>
<uses-permission android:name="android.permission.WRITE_EXTERNAL_STORAGE"></uses-permission>
<uses-feature android:name="android.hardware.camera" />
<uses-feature android:name="android.hardware.camera.autofocus" />
```

2. 图像初始化

在实现照相机功能时,我们需要在界面中不断刷新从摄像头中获取的图像,当获取的图像满足用户的需要时才对该图像进行保存。为了满足不断刷新的图片显示的要求,我们使用 SurfaceView 控件。在界面布局中,我们只需要该控件即可。对于 SurfaceView 的使用,我们在视频播放时进行了详细讲解,这里就不再赘述,具体实现如下:

```java
01  public class Self_camera extends Activity implements SurfaceHolder.Callback {    //实现回调接口
02      //拍照预览
03      private SurfaceView surfaceView;                   //定义视图控件
04      private SurfaceHolder surfaceHolder = null;        //定义控制控件
05      //照相机
06      private Camera mCamera = null;
07      //Bitmap 对象,保存拍照图片
08      private Bitmap mBitmap = null;
09      //图片地址
10      private String pathString;
11
12      //Activity 的创建方法
13      @Override
14      public void onCreate(Bundle savedInstanceState) {
15          super.onCreate(savedInstanceState);
16          //设置布局
17          setContentView(R.layout.selfcamera);
18          //绑定视图
19          surfaceView = (SurfaceView) findViewById(R.id.preview);
20          //从 SurfaceView 中获得 SurfaceHolder
21          surfaceHolder = surfaceView.getHolder();
22          //为 SurfaceHolder 添加回调
23          surfaceHolder.addCallback(this);
24          surfaceHolder.setType(SurfaceHolder.SURFACE_TYPE_PUSH_BUFFERS);
25      }
```

其中,01 行,定义了拍照程序类 Self_camera,实现了 SurfaceHolder.Callback 接口;02~10 行,定义了在该类中的全局变量;

12~14 行,定义了 Activity 的创建方法。在该方法中,我们主要实现对 SurfaceView 的处理;

17～24 行，实现了整体的布局、SurfaceView 控件的绑定、添加了回调函数以及获取的显示数据的来源。

3. Camera类的使用

Android 系统提供了 Camera 类来实现拍照相关的处理。对于获取摄像头设备信息，我们可以使用该类中的方法：

```
static void        getCameraInfo(int cameraId, Camera.CameraInfo cameraInfo)
```

其中，参数 cameraId 是摄像头编号，参数 cameraInfo 是摄像头信息类。

当拍照时，需要开启摄像头设备并获取该 Camera 类对象，使用方法：

```
static Camera      open(int cameraId)
static Camera      open()
```

其中，其中，参数 cameraId 是选择的摄像头编号。该方法针对有多个摄像头的手机设备使用，一般情况都使用不带参数的方法。

开启摄像设备后，需要预览摄像头中获取的图像，使用方法：

```
final void  startPreview()
final void  stopPreview()
```

其中，第一个方法用于开始预览图像，第二个方法用于关闭预览。

当开始预览之后，我们需要对预览的图像进行设置，常用的设置方法如下：

```
final void  setPreviewCallbackWithBuffer(Camera.PreviewCallback cb)
final void  setPreviewDisplay(SurfaceHolder holder)
final void  setPreviewTexture(SurfaceTexture surfaceTexture)
```

其中，第一个方法设置对于每一帧的图像缓存数据的处理，该处理不包括显示在界面上的处理；

第二个方法设置图像显示处理，参数 holder 为显示的 SurfaceView 的控制接口；

第三个方法设置图像显示，使用 OpenGL ES 的 Texture 来进行显示。在对图像进行复杂处理时，我们需要使用该方法。

对于相机的预览大小、自动对焦、保存图片的分辨率、保存图片的格式等参数，设置和获取时使用以下的方法：

```
void       setParameters(Camera.Parameters params)
Camera.Parameters   getParameters()
```

其中，第一个方法用于设置相机参数，第二个方法用于获取相机的设置参数。

当使用完拍照功能后，释放相机的资源，使用方法：

```
final void  release()
```

在 Camera 类中，常用的方法便是这些方法。在照相过程中，我们需要开启相机、设置预览、设置相机参数、启动预览、停止预览、释放资源这样一个流程。

在本例中，使用 SurfaceView 来显示预览，其实现了 SurfaceHolder.Callback 接口。在视图创建时，我们需要启动相机并进行设置；当视图销毁时，需要停止预览并释放相机资源。对于 SurfaceView 创建和销毁时的具体实现如下：

```
01  @Override       //视图创建时调用
02  public void surfaceCreated(SurfaceHolder holder) {
03      //当预览视图创建的时候开启相机
04      mCamera = Camera.open();
05      try {
06          //设置预览
07          mCamera.setPreviewDisplay(holder);
08      } catch (IOException e) {
09          //释放相机资源并置空
10          mCamera.release();
11          mCamera = null;
12      }
13
14  }
15  @Override
16  public void surfaceDestroyed(SurfaceHolder holder) {
17      //停止预览
18      mCamera.stopPreview();
19      //释放相机资源并置空
20      mCamera.release();
21      mCamera = null;
22  }
```

其中，01～02 行，重写 SurfaceView 视图创建完成时的方法，在该方法中实现开启相机和设置预览的功能；

04 行，开启相机并获取相机处理类 Camera；

07 行，设置预览的图像显示控件，本例中显示在 SurfaceView 中；

08～11 行，如果出现异常则释放相机资源并置空；

15～16 行，重写 SurfaceView 视图销毁时的方法，在该方法中实现停止预览和释放相机资源并置空的功能；

18 行，停止相机的图像预览；

20～21 行，释放相机资源并将该 Camera 类置空。

4. 相机参数设置

在前面，我们重点对相机的预览图像进行了设置，在这里我们对相机的相关参数进行设置。在相机设置中，使用 Camera.Parameters 类来提供了一些接口设置 Camera 的属性，常用的方法有：

```
void    setPictureFormat(int pixel_format)
```

该方法用于设置图片的格式，其取值为 PixelFormat.YCbCr_420_SP、PixelFormat.RGB_565 或 PixelFormat.JPEG。

```
void    setPreviewFormat(int pixel_format)
```

设置图片预览的格式，取值同上。

```
void    setPictureSize(int width, int height)
```

设置图片的高度和宽度，单位为像素。

```
void    setPreviewSize(int width, int height)
```

设置图片预览的高度和宽度，取值同上。

```
void        setPreviewFrameRate(int fps)
```

设置图片预览的帧速。

```
void        setFocusMode(String value)
```

设置相机的对焦模式，其值一般是 FOCUS_MODE_AUTO 或者 FOCUS_MODE_MACRO。

掌握了相机参数设置中的常用方法后，我们来设置相机参数。在本实例中，相机设置为自动对焦。为了保证该设置，在 SurfaceView 每次发生改变时，就进行一个相机设置，具体实现如下：

```
01      //当surface视图数据发生变化时，处理预览信息
02      @Override
03      public void surfaceChanged(SurfaceHolder holder, int format, int width,
04              int height) {
05
06          //获得相机参数对象
07          Camera.Parameters parameters = mCamera.getParameters();
08          //设置格式
09          parameters.setPictureFormat(PixelFormat.JPEG);
10          //设置预览大小，根据显示大小设置
11          //parameters.setPreviewSize(854, 480);
12          //设置自动对焦
13          parameters.setFocusMode("auto");
14          //设置图片保存时的分辨率大小
15          //parameters.setPictureSize(2592, 1456);
16          //给相机对象设置刚才设定的参数
17          mCamera.setParameters(parameters);
18          //开始预览
19          mCamera.startPreview();
20      }
```

其中，02～04 行，重写 SurfaceView 视图改变方法，在该方法中实现相机的设置和开始预览；

07 行，获取相机的参数对象，以便修改相机参数；

09 行，设置图片格式，这里设置为 JPEG 编码格式；

11 行，设置预览的大小，该大小与显示的大小有关，如果设置过大会发生异常；过小则会在界面显示不友好，建议在不知道屏幕显示的情况下不做设置；

13 行，设置对焦方法，这里采用自动对焦；

15 行，设置图片保存时的分辨率大小；

17 行，将修改后的相机设置保存到拍照 Camera 中；

19 行，开启拍照预览。在模拟器中，由于没有硬件设备，其效果如图 6.13 所示。

5. 保存拍照图片

在拍照类 Camera 中，不仅仅提供了拍照时常使用的方法，也提供了针对相机状态的控制接口，分别是：

图 6.13　拍照预览

`Interface  android.hardware.Camera.AutoFocusCallback`

当摄像头自动对焦的时候调用，该接口具有一个函数 void onAutoFocus(boolean success, Camera camera)；当自动对焦成功时 success 参数的值为 true，否则为 false。

`Interface  android.hardware.Camera.ErrorCallback`

当摄像头出错的时候调用，该接口具有一个函数 void onError(int error, Camera camera)；参数 error 为错误类型，其取值为 Camera 类中的常量 CAMERA_ERROR_UNKNOWN 或 CAMERA_ERROR_SERVER_DIED；前者表明错误类型不明确，后者表明服务已关闭，在这种情况下必须释放当前的 Camera 对象然后重新初始化一个。

`Interface  android.hardware.Camera.PreviewCallback`

在图像预览时候调用，该接口具有一个函数 void onPreviewFrame(byte[] data, Camera camera)；参数 data 为每帧图像的数据流。

`Interface  android.hardware.Camera.ShutterCallback`

当摄像头快门关闭的时候调用，该接口具有一个函数 void onShutter()；可以在该函数中通知用户快门已关闭，例如播放一个声音。

`Interface  android.hardware.Camera.PictureCallback`

当拍摄照片的时候调用，该接口具有一个函数 void onPictureTaken(byte[] data, Camera camera)；参数 data 为拍摄照片的数据流。

在本例中，只需要在拍摄照片时保存拍摄的图片，实现该回调接口如下：

```
01   //拍照后保存图片
```

```
02      public Camera.PictureCallback pictureCallback = new Camera.
        PictureCallback() {
03
04          public void onPictureTaken(byte[] data, Camera camera) {
05              Toast.makeText(getApplicationContext(), "正在保存……",
                    1000).show();
06              //用BitmapFactory.decodeByteArray()方法把相机传回的数据
                    转换成Bitmap对象
07              mBitmap = BitmapFactory.decodeByteArray(data, 0, data.
                    length);
08              new DateFormat();
09              //接下来的工作就是把Bitmap保存成一个存储卡中的文件
10              pathString = "/sdcard/"
11                      + DateFormat.format("yyyyMMdd_hhmmss",
12                              Calendar.getInstance(Locale.CHINA)) + ".jpg";
                                                            //形成文件名
13              File file = new File(pathString);           //初始化文件类
14              try {
15                  file.createNewFile();                   //创建新文件
16                  BufferedOutputStream os = new BufferedOutputStream(
17                          new FileOutputStream(file));    //设置输出流
18                  mBitmap.compress(Bitmap.CompressFormat.PNG, 100, os);
                                                            //保存图片
19                  os.flush();
20                  os.close();
21                  Toast.makeText(getApplicationContext(),"图片保存完毕",
                        1000).show();
22              } catch (IOException e) {
23                  e.printStackTrace();
24              }
25          }
26
27      };
```

其中，02行，实现了Camera.PictureCallback接口；

04行，接口中的onPictureTaken()方法，其中参数data是拍摄照片的数据流；

06～07行，将照片数据流转为Android中的图片类；

08～12行，设置保存的文件名，该文件以拍摄照片的时间为文件名；

13～24行，将图片数据保存为图片文件。

6. 拍照实现

经过前面的步骤，我们已经实现了拍照的预览和照片保存，但是其关键的拍摄功能还没有实现。在相机类Camera中，提供了拍照的两种方法：

```
final void takePicture(Camera.ShutterCallback          shutter,
Camera.PictureCallback raw, Camera.PictureCallback jpeg)
final void takePicture(Camera.ShutterCallback shutter,
Camera.PictureCallback raw, Camera.PictureCallback postview,
Camera.PictureCallback jpeg)
```

其中，参数分别对应着相机Camera中不同状态的接口。在本例中，我们只需要保存拍摄的图片，实现PictureCallback接口即可。

当然，为了实现对拍摄照片的查看，当返回功能选择界面时，将当前拍摄的照片的保存地址传递回功能选择界面中。这些功能在按键处理事件中实现，具体代码如下：

```
01  public boolean onKeyDown(int keyCode, KeyEvent event) {
02          System.out.println(keyCode);
03          //if (keyCode == KeyEvent.KEYCODE_CAMERA) {
            //点击拍照按钮。由于模拟器中无法使用该按钮,下面使用键盘中间键替换
04          if (keyCode == KeyEvent.KEYCODE_DPAD_CENTER) {   //单击中间键
05
06              if (mCamera != null) {
07                  //当按下相机按钮时,执行相机对象的takePicture()方法,该方法
                    有3个回调对象作为参数,不需要的时候可以设null
08                  mCamera.takePicture(null, null, pictureCallback);
09              }
10          } else if (keyCode == KeyEvent.KEYCODE_BACK) {
11              //单击返回键时,传回图片地址
12              Bundle bundle = new Bundle();
13              bundle.putString("PATH", pathString);      //传递文件保存路径
14              Self_camera.this.setResult(RESULT_OK,
                    Self_camera.this.getIntent()
15                      .putExtras(bundle));               //带数据的返回
16              Self_camera.this.finish();                 //结束当前界面
17
18          }
19          super.onKeyDown(keyCode, event);
20          return true;
21  }
```

其中,03~9 行,实现拍照功能。由于在模拟器中不能使用照相按钮,使用正中间的按钮来触发拍照功能,如图 6.14 所示。

10~18 行,单击返回键时,传递保存的图片地址到功能选择界面。

图 6.14 拍照

7. 运行分析

通过以上步骤,我们实现了一个简易的相机。如果在模拟器中运行该代码,需要设置

模拟器支持相机的功能。在模拟器管理中，编辑模拟器。在其硬件支持中，添加 Camera support，如图 6.15 所示。

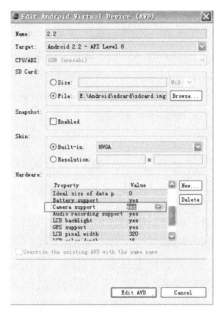

图 6.15 添加相机支持

给模拟器添加了相机的硬件支持后，可以在模拟器中使用我们实现的简易相机。当拍照完成时，提示保存图片完成，如图 6.16 所示。当成功拍照后，返回到功能选择界面时，就可以显示拍摄的照片了。由于在模拟器中，成功拍照后都生成 Android 系统默认的机器人图片，效果如图 6.17 所示。

图 6.16 图片保存

图 6.17 显示拍摄的图片

6.4.3 照相总结

在本节中，我们分别使用系统本身的照相机和使用 Camera 类来实现自己的拍照程序。主要讲解了自定义拍照程序中，Camera 类作为拍照功能实现的关键类。对于 Camera 类的使用，主要需要的是实现其状态控制的接口，来完成图片的保存。

在模拟器中，测试照相程序存在一定的局限性，只能验证自身代码是否存在逻辑错误，而对于拍照的细节是需要通过真机来进行测试的。

6.5 条纹码识别器

在我们日常生活中，我们随处可以看到条纹码和二维码。对于条纹码，在商品、图书等产品中一般都有。其可以标出物品的生产国、制造厂家、商品名称、生产日期、图书分类号、邮件起止地点、类别、日期等许多信息。当然，条纹码包含的信息有限，从而出现了二维码，在二维码中可以包含更多的信息。当前的手机设备在二维码中保存 URL 地址，通过二维码可以为网络浏览、下载、在线视频、网上购物、网上支付等提供方便的入口。

在本节中，我们将实现一个条纹码、二维码的识别器，可以读取保存在一/二维码中的信息，从而加深对 Android 手机获取图像的理解。

6.5.1 条纹码识别库

条形码具有自己的一套编码规则，使用该规则进行编码、解码的算法也比较成熟。我们使用 ZXing 库来实现对一/二维码的识别。

1. ZXing库介绍

ZXing 是一个解析多种格式的 1D/2D 条形码的开源 Java 类库，其目标是能够对 QR 编码、Data Matrix、UPC 进行解码，其作用主要也是解码，是目前开源类库中解码能力比较强的。但是，它要求摄像头具有自动对焦功能。在现有 Android 的绝大部分手机设备都是具有自动对焦功能的。

ZXing 首页地址为 http://code.google.com/p/zxing/，如图 6.18 所示。可以看出它同样提供了 cpp、ActionScript、Android、IPhone、Rim、J2me、J2se、Jruby、C#等方式的类库，可以对多个平台进行支持。

在 ZXing 的项目首页可以下载类库的完整包。在包中针对不同平台分别有其对应的演示代码，在 Android 系统中重点关注的包有：
- ❏ Core：核心库，包括了主要的解码库以及测试代码。
- ❏ Android：一个名为 Barcode Scanner 的 Android 端解码器。在掌握了基本的条纹解码器的基础上，可以阅读分析该代码来加深条纹码识别器的理解。
- ❏ Androidtest：Android 解码器的测试代码。
- ❏ Android-integration：实现对 Barcode Scanner 的外部调用。

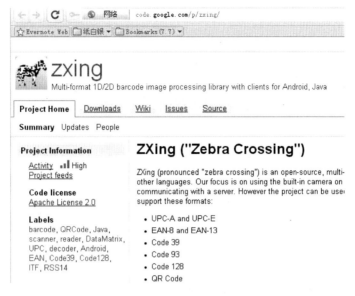

图 6.18 ZXing 首页

2. 编译 Core 库

我们使用 ZXing 库来完成对一/二维码的解码工作。但是，在 ZXing 项目中，提供了完整的源码，但是没有提供编译完成的库文件下载。在使用 ZXing 库时，可以将该库的所有源文件复制到项目工程中，也可以通过源文件编译成库文件然后直接使用该库文件。在这里，我们事先编译生成库文件，方便在其他需要的时候使用。

（1）依赖库下载

在编译 ZXing 核心库时，需要使用到 Proguard 和 Ant。需要先下载这两个工程。

其中，Proguard 是一个压缩、优化和混淆 Java 字节码文件的免费的工具，它可以删除无用的类、字段、方法和属性。其下载地址为 http://proguard.sourceforge.net/index.html#downloads.html，如图 6.19 所示。下载完成后，解压到自己需要的工作目录即可。

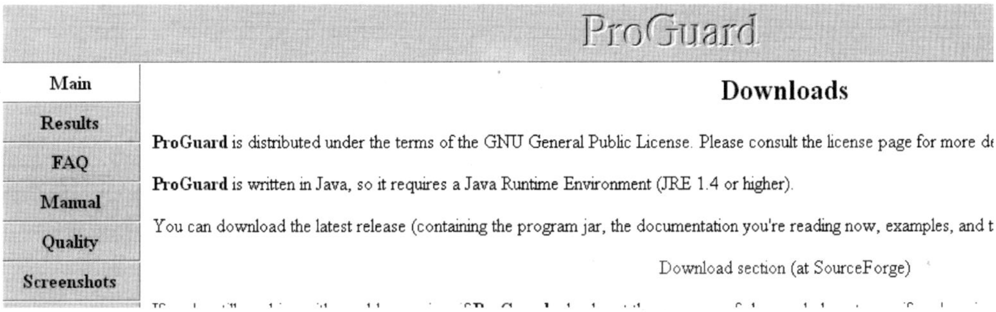

图 6.19 Proguard 下载

对于 Ant，大家也非常熟悉，它是一种基于 Java 的构建工具。其下载地址为 http://ant.apache.org/。下载完成后解压到工作目录中，然后需要配置其环境变量。

在 Windows 平台中，选择其环境变量进行添加，如图 6.20 所示。

图 6.20 添加 Ant 环境变量

添加 Ant 的环境变量，分别添加 Ant 的目录和系统调用路径，添加内容如下：

```
ANT_HOME
E:\Android\tools\apache-ant-1.8.2
PATH
E:\Android\tools\apache-ant-1.8.2\bin
```

添加完成后，需要验证是否添加成功。在命令控制台中输入 Ant。如果出现不是可用命令则表明未添加成功；出现 build failed 则表明添加成功。整个判断过程如下：

```
01  D:\Documents and Settings\Owner>ant
02  'ant' 不是内部或外部命令，也不是可运行的程序
03  或批处理文件
04
05  D:\Documents and Settings\Owner>ant
06  Buildfile: build.xml does not exist!
07  Build failed
```

（2）ZXing 下载

在 ZXing 项目首页中选择 Downloads，便会出现可下载的文件。其中，ZXing 1.7 Release 表明该文件是 ZXing 库的源文件，选择下载该文件包，如图 6.21 所示。

图 6.21 ZXing 压缩包

下载完成解压该下载包，其中包含了 ZXing 针对所有平台的源文件，包括了 cpp、ActionScript、Android、IPhone、Rim、J2me、J2se、Jruby 等多个文件夹和 build.properties 等文件，对于 Android 系统，要重点关注 core、android 文件夹和 build.properties 文件，如图 6.22 所示。

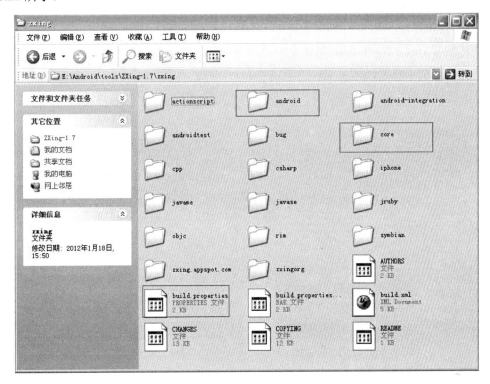

图 6.22　ZXing 目录

（3）ZXing 编译

需要编译的是 core 文件夹中的内容，编译该目录中的文件，需要对 build.properties 文件进行修改配置。

打开 build.properties，找到 proguard-jar=内容，其用于指定刚才下载的 proguard 的 lib 目录下的 proguard.jar；找到 android-home=内容，其用于指定 Android SDK 的目录地址。针对不同的地址进行修改。需要注意的是，对于多级目录的分隔使用 "/" 或者 "\\" 来实现。修改如下：

```
proguard-jar=E:\\Android\\tools\\proguard4.7\\lib\\proguard.jar
android-home=E:\\Android\\tools\\android-sdk-windows
```

使用命令控制台来对 core 中的文件进行编译。首先进入 core 目录中，直接输入 ant，提示 build successful 即表示编译成功。整个实现过程如下：

```
E:\>cd E:\Android\tools\ZXing-1.7\zxing\core
E:\Android\tools\ZXing-1.7\zxing\core>ant
Buildfile: E:\Android\tools\ZXing-1.7\zxing\core\build.xml
clean:
build:
init:
compile:
```

```
    [mkdir] Created dir: E:\Android\tools\ZXing-1.7\zxing\core\build
    [javac] Compiling 177 source files to E:\Android\tools\ZXing-1.7\
    zxing\core\
build
      [jar] Building jar: E:\Android\tools\ZXing-1.7\zxing\core\core.jar

BUILD SUCCESSFUL
Total time: 8 seconds
```

成功编译 core 后，在 core 文件夹中将会出现名为 core.jar 的一个文件。该文件就是我们用于对条纹码进行解码的核心库，如图 6.23 所示。

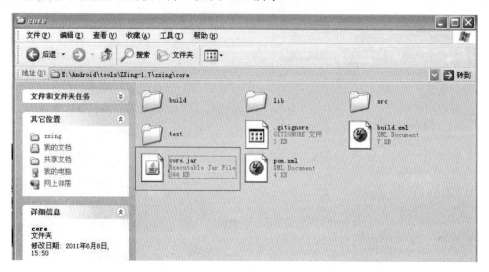

图 6.23 成功编译

6.5.2 条纹码获取

对于条纹码的解析，我们使用 ZXing 库来实现。而对于条纹码的获取，我们使用类似于拍照的情形来及时获取摄像头捕获的图像。因为我们使用摄像头来获取条纹码，需要申请相应的权限，在 AndroidManifest.xml 文件中实现如下：

```
<uses-permission
android:name="android.permission.CAMERA"></uses-permission>
<uses-permission
android:name="android.permission.WRITE_EXTERNAL_STORAGE"></uses-permiss
ion>
<uses-feature android:name="android.hardware.camera" />
<uses-feature android:name="android.hardware.camera.autofocus" />
```

1. 界面布局

在界面布局中，我们提到了帧布局。由于是将多个控件重叠地排布在界面中，在之后的实际使用中，我们并没有用到这样的布局。在这里，我们使用帧布局。在布局下层显示获取的实时图像，在实时图像上层显示解析结果，界面设计如图 6.24 所示。

在该布局中，下层是一个 SurfaceView 的控件用于显示获取的实时图像。在它之上是一个线性的布局，分别显示解析的条纹码图像、条纹码解析选择区块、解析结果显示，具体实现如下：

图 6.24 界面设计

```xml
<?xml version="1.0" encoding="utf-8"?>
<FrameLayout xmlns:android="http://schemas.android.com/apk/res/android"
    android:id="@+id/FrameLayout01"
    android:layout_width="fill_parent"
    android:layout_height="fill_parent" >

    <SurfaceView
        android:id="@+id/sfvCamera"
        android:layout_width="fill_parent"
        android:layout_height="fill_parent" >
    </SurfaceView>

    <LinearLayout
        android:layout_width="fill_parent"
        android:layout_height="fill_parent"
        android:orientation="vertical" >

        <ImageView
            android:id="@+id/ImageView01"
            android:layout_width="160dip"
            android:layout_height="100dip" >
        </ImageView>

        <View
            android:id="@+id/centerView"
            android:layout_width="300dip"
            android:layout_height="180dip"
            android:layout_centerHorizontal="true"
            android:layout_gravity="center"
            android:background="#55FF6666" >
        </View>

        <TextView
            android:id="@+id/txtScanResult"
            android:layout_width="wrap_content"
```

```
                android:layout_height="wrap_content"
                android:layout_gravity="center"
                android:text="Scanning..." >
        </TextView>
    </LinearLayout>
</FrameLayout>
```

2. 图像显示

在图像显示中，我们使用 SurfaceView 来显示来自摄像头的及时的图像数据。在照相机实现时，我们详细介绍过，使用 SurfaceView 来显示图像主要分为 4 部分：一是在实例化时，设置接口的回调函数、获取的数据源等；二是在视图创建时，启动相机并进行设置；三是在图像变化时，对相机相关参数进行设置并开始预览；四是在视图销毁时，停止预览并释放相机资源。

熟悉了图像显示的流程和关键操作，具体实现如下：

```
01  public class SurafaceCamera implements SurfaceHolder.Callback{
                                                            //实现回调接口
02      private SurfaceHolder holder = null;                //定义控制类
03      private Camera mCamera;                             //定义照相类
04      private Camera.PreviewCallback previewCallback;     //定义回调类
05      private int width,height;                           //定义图片的高度、宽度
06
07      public SurafaceCamera(int width, int height, SurfaceHolder
            holder,Camera.PreviewCallback
08  previewCallback) {                                      //构造函数
09          this.width=width;
10          this.height=height;
11          this.holder = holder;
12          this.holder.addCallback(this);
13          this.holder.setType(SurfaceHolder.SURFACE_TYPE_PUSH_BUFFERS);
14          this.previewCallback=previewCallback;
15      }
16
17      @Override
18      public void surfaceCreated(SurfaceHolder arg0) {
19          mCamera = Camera.open();                        //启动服务
20          try {
21            mCamera.autoFocus(mAutoFocusCallBack);
22              mCamera.setPreviewDisplay(holder);          //设置预览
23
24          } catch (IOException e) {
25              mCamera.release();                          //释放
26              mCamera = null;
27          }
28      }
29      @Override
30      public void surfaceChanged(SurfaceHolder arg0, int arg1, int arg2,
            int arg3) {
31          Camera.Parameters parameters = mCamera.getParameters();
                                                            //获取参数设置类
32          parameters.setPictureFormat(PixelFormat.JPEG);
                                                            //设置图片编码类型
33          parameters.setPreviewSize(width, height);       //设置图片大小
34          parameters.setFocusMode("auto");                //设置自动对焦
35          mCamera.setParameters(parameters);              //添加照相机设置
```

```
36            mCamera.startPreview();                      //开始预览
37        }
38
39
40        @Override
41        public void surfaceDestroyed(SurfaceHolder arg0) {
42            mCamera.setPreviewCallback(null);             //预览图片回调
43            mCamera.stopPreview();                         //停止预览
44            mCamera.release();                             //释放资源
45            mCamera = null;
46        }
```

其中，07～15 行，进行类实例化，设置接口的回调函数和获取的数据源；

17～27 行，进行视图创建时的处理，启动相机并设置其显示控件以及异常处理；

29～37 行，进行图像变化时的处理，设置图片编码类型、大小、自动聚焦等参数并开始预览获取的图像；

40～46 行，进行视图销毁时的处理，停止预览、释放资源等。

3. 自动对焦调用

当实现自动对焦时，就获取此时显示的图像并从图像中读取条纹码信息，这样可以保证不会错过条纹码图像。在 Camera 类中有自动对焦的接口 Camera.AutoFocusCallback，在其中实现获取此时的图像帧，具体实现如下：

```
01    private Camera.AutoFocusCallback mAutoFocusCallBack = new Camera.
      AutoFocusCallback() {
02
03        @Override
04        public void onAutoFocus(boolean success, Camera camera) {
05            if (success) {                                //对焦成功，获取图像
06                mCamera.setOneShotPreviewCallback(previewCallback);
07                System.out.println("autofocus callback");
08            }
09        }
10    };
```

其中，01 行，实现自动对焦 AutoFocusCallback 接口；

04 行，重写实现接口中的自动对焦方法；

05～06 行，判断是否对焦成功，当对焦成功时，调用 setOneShotPreviewCallback()方法来处理该图像。

4. 条纹码识别

对于条纹码的识别，我们使用 ZXing 库来完成。在使用该库时，在项目中添加该库文件。添加库文件时，只需要在项目属性框中的 Java Build Path|Libraries 选项卡中，单击 Add JARs 按钮，在弹出的对话框中选择需要添加的库文件即可，如图 6.25 所示。

在本实例中，不仅仅使用到了 ZXing 核心库中的条纹码图像识别的功能，还使用了其 Android 条纹码识别器中的区域图像的获取功能。对于该区域图像的获取功能，我们直接使用 ZXing 库中的 Android 文件夹下的源码。对于区域图像获取，需要源码中的 PlanarYUVL- uminanceSource.java 文件，该文件在\src\com\google\zxing\client\android 中。

添加了库文件和源文件后，工程目录如图 6.26 所示。

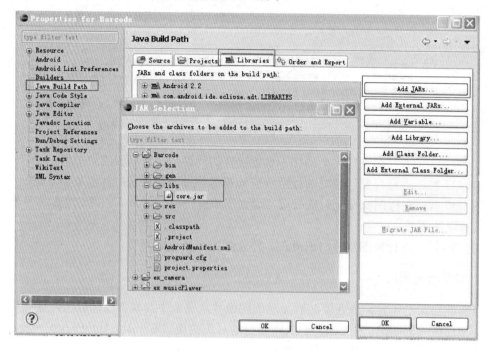

图 6.25　添加库文件

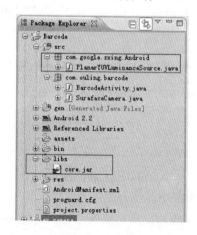

图 6.26　工程目录

在 ZXing 核心库中，使用 MultiFormatReader 类来从图片中读取条纹码。获取了条纹码信息后，就可以直接获取该条纹码的编码方式和内容。具体实现如下：

```
01   private Camera.PreviewCallback previewCallback = new Camera.
     PreviewCallback() {
02        @Override
03        public void onPreviewFrame(byte[] data, Camera arg1) {
04            //取得指定范围的帧的数据
05            if (dstLeft == 0) {
06                dstLeft = centerView.getLeft() * width
07                    / getWindowManager().getDefaultDisplay().getWidth();
08                dstTop = centerView.getTop() * height
09                    / getWindowManager().getDefaultDisplay().getHeight();
```

```
10          dstWidth = (centerView.getRight() - centerView.getLeft())* width
11                  / getWindowManager().getDefaultDisplay().getWidth();
12          dstHeight = (centerView.getBottom() - centerView.getTop())* height
13                  / getWindowManager().getDefaultDisplay().getHeight();
14      }
15      PlanarYUVLuminanceSource source = new PlanarYUVLuminanceSource(
16          data, width, height, dstLeft, dstTop, dstWidth, dstHeight, false);
17      //取得灰度图
18      Bitmap mBitmap = source.renderCroppedGreyscaleBitmap();
19      //显示灰度图
20      imgView.setImageBitmap(mBitmap);
21      BinaryBitmap bitmap = new BinaryBitmap(new HybridBinarizer
        (source));
22      MultiFormatReader reader = new MultiFormatReader();
                                            //实例化条纹码读取类
23      try {
24          Result result = reader.decode(bitmap);
                                            //获取条纹码读取结果类
25          String strResult = "条纹码格式是:"
26              + result.getBarcodeFormat().toString() + "  内容是:"
27              + result.getText();         //显示读取内容
28          txtScanResult.setText(strResult);
29      } catch (Exception e) {
30          txtScanResult.setText("Scanning");
31      }
32  }
33  };
```

其中，05～16 行，获取指定显示区域内的图像；

22 行，实例化一个条纹码图片读取类；

24 行，读取有条纹码的图片，从中获取条纹码信息结果；

25～27 行，从信息结果中获得条纹码的格式以及内容。

在模拟器中由于没有真实的摄像头获取图像，效果如图 6.27 所示。其中，左上方的小的黑白格图案是自动对焦时获取的图像；中心红色区域是读取条纹码的指定区域，只有将条纹码图案放置在该区域中才能被捕获并正常识别；下面的 scanning 表示正在搜索图像，如果识别了条纹码，这里将显示条纹码信息。

图 6.27　模拟器识别

6.5.3 条纹码总结

在本节中，我们实现了一维条形码和二维码的识别，可以从这些条形码中解析出其信息。主要讲解了开源的条纹码识别 ZXing 核心库的编译和使用，本节再次使用摄像头获取图片信息，大家应熟练掌握摄像头获取数据并实时显示的使用。

但是，在本实例中只实现了解析条纹码的功能，对于解析的条纹码信息没有再进行处理。可以将获取的条纹码信息进行联网查询，从而获取更多的信息。例如，商品的防伪信息、图片的下载地址、网络视频地址等。

6.6 本章总结

本章介绍了 Android 中多媒体的相关知识。通过音频的播放和录制、视频的播放以及照片的拍摄实例讲解了 MediaPlayer、MediaRecorder 以及 Camera 类的常用方法和使用。这 3 个类是 Android 中多媒体的最重要的类，在进行与多媒体技术相关的开发时，这些是必须掌握的知识。对于音视频的播放和录制是本章的重点也是多媒体技术使用的基础，在实际开发中要能够熟练使用。对于获得音视频信息后的处理，则是需要在不断的实践中进行深入的研究与提高。

6.7 习 题

【习题 1】结合 6.1 节音乐播放器的内容，实现网络播放器的功能。

提示：在多媒体播放类 MediaPlayer 中，可以直接播放网络地址的歌曲。

关键代码：

```
MediaPlayer mediaPlayer;
Uri uri=Uri.parse("http://www.xxx.com.xxx.mp3");
mediaPlayer=MediaPlayer.create(context, uri);
mediaPlayer.start();
```

【习题 2】结合 6.2 节音频录制的相关内容，实现录制多个音频的功能。

提示：录制多个音频和录制单个音频文件的差别在于对录制的每一个文件都单独进行保存，不覆盖已有文件。

关键代码：

```
MediaRecorder mr = new MediaRecorder();
mr.setAudioSource(AudioSource.MIC);
mr.setOutputFormat(OutputFormat.RAW_AMR);
mr.setAudioEncoder(MediaRecorder.AudioEncoder.AMR_NB);
SimpleDateFormat formatter = new SimpleDateFormat("yyyy_MM_dd_HH:mm:ss");
Date curDate = new Date(System.currentTimeMillis());          //获取当前时间
```

第6章 Android 多媒体

```
String filepath = "mnt/sdcard/"+formatter.format(curDate)+".amr" ;
File file=new File(filepath);
while(file.exists()){
    filepath=filepath.substring(0, filepath.lastIndexOf('.'))+"1.amr";
    file=new File(filepath);
}
MediaRecorder mr = new MediaRecorder();
mr.setOutputFile(filepath);
```

【习题3】结合 6.4 节照相机的相关内容，实现三连拍的功能。

提示：实现三连拍即在一次拍照后间隔一段时间再次拍照，但是如果再直接拍照会产生异常，需要停止预览然后再预览才能进行下一次的拍照。

关键代码：

```
for (int i = 0; i < 3; i++) {
mCamera.takePicture(null, null, pictureCallback);
mCamera.stopPreview();
sleep(500);
mCamera.startPreview();
}
```

第 7 章　手机通信功能开发

在前面的章节中，我们已经介绍了 Android 系统中的数据存储、网络通信以及多媒体的相关开发，这些开发与在 PC 机上使用标准 Java 进行开发有一定相似之处。在接下来的章节中，我们将介绍更具有 Android 系统特色的相关开发，如短信开发、传感器使用、NDK 开发等。

智能手机作为目前 Android 系统的最大载体，Android 系统必须解决手机最基本的两大需求——语音通话和短信。在本章中，将主要围绕 Android 手机中这两个需求进行实例讲解，同时还会介绍 Android 的桌面组件 AppWidget。

7.1　短信导出

短信作为当今人和人交流中非常重要的方式，珍藏着大家不同时期的心情和成长。但是，手机的存储空间是有限的，对于那些来自重要号码的短信、需要保存的短信，我们可以采用导出文本的方式，将短信保存到有足够空间的 PC 等有大存储空间的设备上。接下来，我们来实现如何将短信导出为文本。

7.1.1　系统短信的保存

在介绍数据存储的章节中，我们介绍过，在 Android 系统中，对于共享数据使用 ContentProvider 来提供给所有应用程序使用。短信同样是以数据库的形式保存在系统中。

1．添加短信

短信程序是 Android 手机系统中必不可少的应用程序，系统中自带了名为 Messaging 的短信程序。在系统主界面中，我们可以很容易地找到该程序，如图 7.1 所示。单击该程序，我们可以看到我们在手机中保存的所有短信，如图 7.2 所示，手机中有 3 条与号码为 234 的短信会话记录、有 12 条与号码为 1234 的短信会话记录。如果当前系统中没有短信，使用在介绍广播的章节中介绍的方法，通过 Eclipse 的 DDMS 界面中的 Emulator Control 来指定任意号码发送给模拟器，如图 7.3 所示。

2．短信数据库分析

接下来，我们来看看短信数据库文件如何保存这些短信信息。在 Eclipse 中切换到 DDMS 视图，选择 File Explorer 选项卡。找到文件/data/data/com.android.providers.telephony/databases/mmssms.db，如图 7.4 所示。该数据库文件则是存储短信的数据库文件。

第 7 章 手机通信功能开发

图 7.1 短信应用

图 7.2 短信查看

图 7.3 向模拟器发送短信

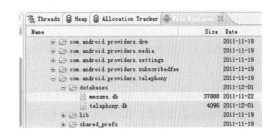

图 7.4 短信数据库文件

导出该数据库文件，使用数据库查看工具 SQLiteSpy 进行查看，如图 7.5 和图 7.6 所示。

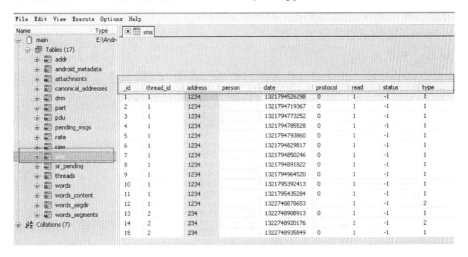

图 7.5 短信数据库文件

type	reply_path_pre...	subject	body	service_center	locked	error_code	seen
1	0		test broadcast		0	0	1
1	0		test broadcast		0	0	1
1	0		test broadcast		0	0	1
1	0		test broadcast		0	0	1
1	0		test broadcast		0	0	1
1	0		test broadcast		0	0	1
1	0		test broadcast		0	0	1
1	0		test broadcast		0	0	1
1	0		test static broa...		0	0	1
1	0		test static broa...		0	0	1
2			Have get		0	0	1
1	0		send more sms		0	0	1
2			Hello		0	0	1
1	0		hello Android		0	0	1

图 7.6　sms 表（续）

由图 7.5 可知，数据库中使用了很多张表来存储这些信息，我们需要关注的是 sms 表。通过图 7.5 和图 7.6 可以很明显地看出在 sms 表中，保存了短信的号码、时间、短信内容等信息。下面，我们详细介绍其中我们需要关注的项：

- _id，指定短消息序号。作为该表的唯一标识，是递增的序号。
- thread_id，会话的序号。是根据不同的号码进行默认分配的递增序号，相同号码的序号是相同的。
- address，发件人的地址，为手机号。如果是本机发出短信，则该地址为收件人号码。
- person，发件人。该返回值为数字，是该联系人在联系人表中的序号，如果需要获取联系人的姓名，需要通过联系人表再进行一次查询。当为陌生人时，该值为 null。
- date，日期，为 long 型，获取的具体日期需要自己进行转换。
- protocol，协议。其中，0 表示 SMS_RPOTO 为短信；1 表示 MMS_PROTO 为彩信。
- read，标记是否已阅读。其中，0 表示未读，1 表示已读。
- status，短信状态。其中，-1 表示已接收，0 表示已发送，64 表示发送中，128 表示发送失败。
- type，短信类型。其中 1 表示是接收到的短信，2 表示是发出的短信。
- subject，短信或者彩信的主题。
- body，短信内容。

在获取短信的时候，就是对这张表进行查询。在明白了各列表示的含义后，我们可以比较容易地查询短信内容。接下来，实现对指定号码短信的导出。

7.1.2　导出短信

1．功能说明

我们通过输入号码来指定导出短信。在界面设计中，只使用号码输入框和导出短信按钮即可，如图 7.7 所示。另外，由于写数据是一个比较耗时的操作，需要开辟一个单独的线程来完成，我们使用异步任务来实现这一过程，导出短信时，效果如图 7.8 所示。

第 7 章 手机通信功能开发

图 7.7 导出短信界面

图 7.8 正在导出界面

这样一个过程，我们需要读取短信的权限以及在 SD 卡中创建文件和写入数据的权限，在 AndroidManifest.xml 中加入读取通讯录的权限，代码如下：

```
<!-- 读取短信的权限 -->
<uses-permission android:name="android.permission.READ_SMS" />
<!-- 在 SD 卡中创建与删除文件权限 -->
<uses-permission
android:name="android.permission.MOUNT_UNMOUNT_FILESYSTEMS"/>
<!-- 往 SD 卡写入数据权限 -->
<uses-permission
android:name="android.permission.WRITE_EXTERNAL_STORAGE"/>
```

2．获取指定号码短信信息

查询短信数据库的过程和在数据存储章节中获取联系人信息的方法类似，首先我们需要指定查询的 URI 地址，分别定义如下：

```
final String SMS_URI_ALL   = "content://sms/";        //所有短信
final String SMS_URI_INBOX = "content://sms/inbox";   //收件箱短信
final String SMS_URI_SEND  = "content://sms/sent";    //发件箱短信
final String SMS_URI_DRAFT = "content://sms/draft";   //草稿箱短信
```

在短信数据库中 sms 表中的信息非常丰富，我们只需要获取需要的短信编号、发件人号码、发件人名字、短信内容、时间和短信类型即可。所以，我们构造查询的结果数组如下：

```
String[] projection = new String[] { "_id", "address", "person","body",
"date", "type" };
```

由于我们只需要导出指定号码的短信，所以在查询 sms 表时，查询的条件就是发件人

号码与输入的号码匹配,实现如下:

```
Cursor cur = cr.query(uri, projection, "address like '%" + number + "'",
null, "date desc");
```

熟悉了查询短信数据库的过程以及需要注意的重点,具体的完整实现如下:

```
01  final String SMS_URI_ALL = "content://sms/";       //系统短信数据库URI
02  private String get_sms(String number) {
03      StringBuilder sms_Builder = new StringBuilder();
04      //查询短信数据库
05      ContentResolver cr = getContentResolver();
06      String[] projection = new String[] { "_id", "address", "person",
        "body", "date", "type" };
07      Uri uri = Uri.parse(SMS_URI_ALL);
08      Cursor cur = cr.query(uri, projection, "address like '%" + number
        + "'", null, "date desc");
09              //查询获取指定号码的所有短信
10      if (cur.moveToFirst()) {                        //判断是否有结果
11          String name;
12          String phoneNumber;
13          String smsbody;
14          String date;
15          String type;
16
17          do {    //遍历查询结果
18              name = cur.getString(2);                //获取姓名
19              phoneNumber = cur.getString(1);         //获取电话号码
20              smsbody = cur.getString(3);             //获取短信内容
21              if (smsbody == null)
22                  smsbody = "";
23
24              SimpleDateFormat dateFormat = new SimpleDateFormat
                ("yyyy-MM-dd hh:mm:ss");
25              Date d = new Date(Long.parseLong(cur.getString(4)));
                                                        //获取时间
26              date = dateFormat.format(d);            //设置时间格式
27
28              int typeId = cur.getInt(5);             //获取类型
29              if (typeId == 1) {                      //接收到短信
30                  type = "接收";
31              } else if (typeId == 2) {               //发出短信
32                  type = "发送";
33              } else {                                //草稿
34                  type = "草稿";
35              }
36
37              sms_Builder.append(name + ",");
38              sms_Builder.append(phoneNumber + ",");
39              sms_Builder.append(smsbody + ",");
40              sms_Builder.append(date + ",");
41              sms_Builder.append(type);
42              sms_Builder.append("\n");
43
44          } while (cur.moveToNext());
45      } else {
46          sms_Builder.append("no result!");           //无查询结果
```

```
47          }
48          cur.close();
49          return sms_Builder.toString();
50      }
```

其中，01 行，指定了查询短信的范围，为手机中所有的短信；

05～08 行，对短信数据库中指定号码的查询。该过程是获取短信的重点，在数据库存储、数据共享和系统通讯录章节中有这一过程更加详细的介绍；

17～22 行，遍历查询结果，获取结果中短信的发件人名字编号、发件人号码、短信内容；

24～26 行，获取短信时间，并将 long 型转为标准时间"年月日、时分秒"格式；

28～35 行，获取短信类型，并根据类型编号转为文字表示；

37～42 行，将获得的查询结果全部添加到 sms_Builder 中，最后返回该值。

3．写入文本

获取了指定号码的短信内容后，将获取的内容以文本形式保存到 SD 卡中。我们首先需要判断 SD 卡是否可用，如果 SD 卡可用则在 SD 卡中创建文件并将内容写入该文件中。这个在 SD 卡写入数据的过程，在数据存储章节中进行了详细的介绍。本实例中，具体实现如下：

```
01  private boolean file_write(String filename, String content) {
02          //判断 SD 卡是否可用
03          if (!android.os.Environment.getExternalStorageState().equals(
04                  android.os.Environment.MEDIA_MOUNTED)) {
05              return false;
06          }
07          String filepath = Environment.getExternalStorageDirectory().getAbsolutePath()
08                  + "/" + filename;            //保存文件名
09          File file = new File(filepath);      //创建文件类
10          try {
11              if (!file.exists()) {            //判断文件是否存在
12                  file.createNewFile();        //不存在则新建文件
13              }
14              FileOutputStream fos = new FileOutputStream(file, true);
                                                 //获取文件输出流
15              fos.write(content.getBytes());   //写入文件
16              fos.close();
17          } catch (Exception e) {
18              Log.i(TAG, "file write w " + e.toString());
19              return false;
20          }
21          return true;
22      }
```

其中，03～06 行，判断 SD 卡是否可用，如果不可用则返回失败；

07～13 行，新建保存短信的文件；

14～16 行，将内容以追加的方式添加到文件中。

4．异步任务

为了提供更友好的用户交互界面，我们在导出短信的同时，在界面上提示等待信息，如图 7.8 所示。使用异步任务来实现这一过程。我们需要重写 AsyncTask 中的 onPreExecute()函数来实现 UI 的显示；doInBackground()函数来实现后台执行的短信导出过程；onPostExecute()函数来实现导出短信完成后，在界面中给出的提示信息。在应用程序特性一章中的消息处理部分有更详细的介绍。在本实例中，具体实现如下：

```
01    new AsyncTask<Integer, Integer, String>() {
02        private ProgressDialog dialog;
03
04        //UI 显示
05        protected void onPreExecute() {
06            dialog = ProgressDialog.show(Ex_ExportSMSActivity.this,
                  "","正在导出短信,请稍候....");
07            super.onPreExecute();    //界面显示进度条
08        }
09
10        //后台执行
11        protected String doInBackground(Integer... params) {
12            String input_number = edt_number.getText().toString();
              //获取输入号码
13            String result = "";
14            // 导出指定号码的短信
15            if (file_write(input_number + ".txt",get_sms(input_
              number))) {               //调用写短信方法
16                result = "号码" + input_number + "的所有短信已经导出
                  到文件"
17                      + input_number + ".txt 中";
18            } else {
19                result = "号码" + input_number + "的所有短信导出到文
                  件失败";
20            }
21        }
22        return result;
23    }
24
25    //搜索完毕后,结果处理
26    protected void onPostExecute(String result) {
27        dialog.dismiss();       //进度条消失
28        new AlertDialog.Builder(Ex_ExportSMSActivity.this)
29                .setMessage(result).create().
                  show();                    //显示完成提示框
30        super.onPostExecute(result);
31    }
32 }.execute(0);
```

其中，05～08 行，重写 onPreExecute()函数，实现了显示正在导出的进度条；

10～23 行，重写 doInBackground()函数，实现了后台运行将指定号码的短信导出文本的过程，返回的结果为是否导出成功的信息；

25～31 行，重写 onPostExecute()函数，实现了显示返回结果的提示框，效果如图 7.9 所示。

5. 导出所有短信

除了对指定号码需要导出以外，我们有时也需要将手机中的所有短信导出到文本中。在前面已经实现的指定号码短信导出的基础上，我们只需要获取短信的所有号码即可。

第 7 章 手机通信功能开发

图 7.9 完成导出所有短信

由于 SQLite 不支持 SQL 语句中的 DISTINCT 关键字，不能直接通过选择查询来获取所有的号码，我们通过将号码排序后，获取其中不同的号码，关键代码实现如下：

```
01    cur = cr.query(uri, projection, null, null, "address desc");
                                                //查询所有短信，按照号码排序
02    if (cur.moveToFirst()) {
03        do {
04            //保存所有号码
05            String tmpString = cur.getString(1);    //获取当前号码
06            if (!address.equals(tmpString)) { //判断上一号是否与当前号相同
07                address = tmpString;         //不同时，保存该号到号码列表中
08                list.add(tmpString);
09            }
10        } while (cur.moveToNext());
11    }
```

其中，01 行，查询所有短信，并按照号码降序排列；

05～09 行，遍历查询的结果，当发现当前号码与上一个号码不同时，将号码保存到 list 中。最后返回该 list，则保存了所有的号码。

在异步任务时，添加对输入的判断，当输入为空时，则导出所有的短信。实现如下：

```
01        //导出所有短信
02        if (input_number.equals("")) {            //判断输入号码是否为空
03            List<String> listnumber = getAllNumber();  //获取全部号码
04            for (String number : listnumber) {//遍历号码列表，逐号获取短信
05                if (file_write("AllNumber.txt", get_sms(number))) {
06                    result += "号码" + number+ "的所有短信已经导出到文件
                          AllNumber.txt 中\n";
07                } else {
08                    result += "号码" + number + "的所有短信导出到文件失败\n";
09                }
10            }
11        }
```

其中，02 行，判断输入是否为空，当为空时导出全部短信；03 行，调用获取全部号码函数，获取所有号码；04～10 行，遍历获取的所有号码，分别导出每一个号码的短信，输出到文件 AllNumber.txt 中，效果如图 7.9 所示。

7.1.3 分析总结

通过上面的步骤，我们实现了将手机中的短信导出到文本中。对所有短信导出功能进行测试，成功导出文本文件到 SD 卡中，如图 7.10 所示。

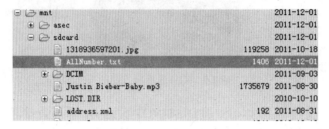

图 7.10　短信导出文件

将该文件保存到 PC 机中，打开查看文本结果如图 7.11 所示。与使用系统中自带的名为 Messaging 的短信程序查看的内容（如图 7.2 所示）进行比较，可以发现内容是一致的，我们导出的短信是完全正确的。

```
null,234,hello Android,2011-12-01 10:15:35,接收
null,234,Hello,2011-12-01 10:15:20,发送
null,234,send more sms,2011-12-01 10:15:08,接收
null,1234,Have get,2011-12-01 10:14:38,发送
null,1234,test static broadcast,2011-11-20 09:23:55,接收
null,1234,test static broadcast,2011-11-20 09:23:12,接收
null,1234,test broadcast,2011-11-20 09:16:04,接收
null,1234,test broadcast,2011-11-20 09:14:51,接收
null,1234,test broadcast,2011-11-20 09:14:10,接收
null,1234,test broadcast,2011-11-20 09:13:49,接收
null,1234,test broadcast,2011-11-20 09:13:13,接收
```

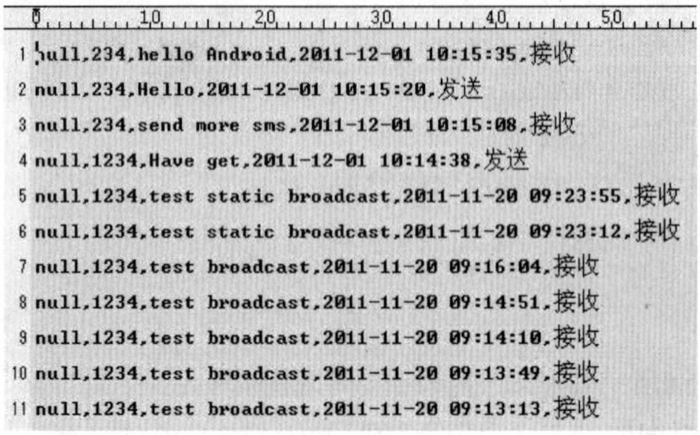

图 7.11　导出文本结果

7.2 短信收发软件

对于手机短信软件，最基本应该实现的功能则是接收和发送短信。在这一节中，我们将使用实例详细介绍接收和发送短信的功能。

7.2.1 短信防火墙

我们每天都会收到各种各样的垃圾短信，短信防火墙是短信软件非常常见的功能，接

下来我们就在接收短信中实现这样的功能。

1. 功能说明

我们知道在 Android 系统中，存在很多系统广播。当手机接收到短信时，就是使用广播的方式来通知所有的应用程序的。而且，短信广播是一个有序的广播，一次传递给一个广播接收器，当该接收器处理完成后才会传递给下一个接收器。这样，我们就可以通过在系统短信程序接收到短信广播之前终止该短信广播，便可实现短信防火墙。接下来，我们详细介绍这一实现过程。

要获取短信广播，需要相应的权限。在 AndroidManifest.xml 中加入该权限，代码如下：

```xml
<uses-permission android:name="android.permission.RECEIVE_SMS" />
```

2. 短信内容解析

对于是否是垃圾短信，我们采用最基本的短信号码黑名单进行判断。当短信号码在黑名单中则屏蔽该短信，达到防火墙的目的。我们必须从短信广播中获得短信的号码。

在 Android 设备中，接收到的 SMS 是以 pdu(protocol description unit)协议的编码形式来进行传递的。在短信广播 Intent 中可以获取 pdu 数组，实现如下：

```java
Bundle bundle = intent.getExtras();
Object[] object = (Object[]) bundle.get("pdus");
```

当然，Android 也提供了更加容易理解的 SmsMessage 类来管理获取的短信。从 pdu 数组中转换为 SmsMessage 类，直接使用方法为：

```java
SmsMessage createFromPdu(byte[] pdu)
```

这样，就获得了当前短信的 SmsMessage 类。在 SmsMessage 中包含了短信消息的详细信息，包括起始地址（电话号码）、时间、消息体。分别使用获取的方法如下：

```java
String   getMessageBody()              //获取 SMS 消息体
String   getOriginatingAddress()       //获取起始地址
long     getTimestampMillis()          //获取时间
```

熟悉了从短信广播中解析获取短信的详细信息的方法。我们在接收广播中显示获取短信信息，并对指定的号码进行禁止广播，具体实现如下：

```java
01    public void onReceive(Context context, Intent intent) {
02        String action = intent.getAction();
03        if (action.equals(Ex_SMSActivity.SMS_RECEIVER)) {    //判断动作
04            Bundle bundle = intent.getExtras();              //获取携带的数据
05            if (bundle != null) {
06                Object[] object = (Object[]) bundle.get("pdus");
                                                               //获取 pdus 原始数据
07                SmsMessage[] messages = new SmsMessage[object.length];
                                                               //实例化短信类
08                for (int i = 0; i < object.length; i++) {
                                                               //原始数据转换为短信类数据
09                    messages[i] = SmsMessage.createFromPdu((byte[])
                      object[i]);
10                }
11                SmsMessage message = messages[0];            //重组短信信息类
```

```
12                Toast.makeText(context,
13                    "接收到消息的号码是: " + message.getDisplay-
                         OriginatingAddress()
14                       + "\n接收到的消息是" + message.
                         getMessageBody(), 1000)
15                    .show();        //提示获取的短信信息
16                Log.i(Ex_SMSActivity.TAG, "接收到消息的号码是: "
17                    + message.getDisplayOriginatingAddress() + ",
                      接收到的消息是"
18                    + message.getMessageBody());//打印短信信息
19                if (message.getDisplayOriginatingAddress().
                      equals("5556")) {                //判断短信发送号码
20                    abortBroadcast();               //终止广播，实现短信拦截
21                    Log.i(Ex_SMSActivity.TAG, "终止了短信广播");
22                }
23            }
24        }
25    }
```

其中，03 行，通过动作判断接收到的广播是否为短信广播；

04～11 行，从短信广播中获取 pdu 数据并转为 SmsMessage 类；

12～18 行，显示获取的短信号码以及短信内容；

19～22 行，通过短信号码进行拦截。如果短信号码为 5556，则禁止该短信广播。这样系统短信程序将接收不到该广播，不会提示有新短信，达到短信防火墙的目的。

3. 广播注册

要达到在系统短信程序前处理短信广播，优先级必须比系统短信程序更高。我们在 AndroidManifest.xml 文件中，静态注册广播，并赋予最高优先级，实现如下：

```
<receiver android:name=".SMS_receiver" >
    <intent-filter android:priority="10000" >
        <action android:name="android.provider.Telephony.SMS_
            RECEIVED" />
    </intent-filter>
</receiver>
```

4. 运行分析

通过上面 3 步，我们实现了对所有短信的信息提示，并对 5556 号码的短信进行屏蔽，不会在系统短信程序中看到。我们通过 Eclipse 的 DDMS 界面中的 Emulator Control 来给模拟器发送短信。我们分别使用 5556 的号码和 5557 的号码来给模拟器发送短信，测试是否能够获取短信信息和在系统短信程序中屏蔽，测试效果分别如图 7.12 和图 7.13 所示。

从图 7.12 中可以看出，获取了来自 5556 的短信，当提示结束后不再有其他变化。当使用 5557 发送相同内容的短信后，在短信内容提示信息后，在最上方的状态提示栏中出现了系统短信程序的提示信息，如图 7.13 所示。在调试信息中，我们同样可以通过输出信息看出它们的不同，如图 7.14 所示。说明我们实现了对 5556 的短信的屏蔽，实现了短信防火墙的功能。

第 7 章　手机通信功能开发

图 7.12　屏蔽的号码

图 7.13　其他号码

图 7.14　调试信息

7.2.2　系统发送短信

我们实现了接收短信，接下来实现与之相对的发送短信功能。由于 Android 系统中都有默认的短信程序，我们可以使用系统的短信程序来实现发送短信的功能；当然也可以直接发送短信。接下来，我们使用系统的短信程序来发送短信。

1．界面设计

发送短信时，我们需要输入发送到的号码以及短信内容。所以在界面中，我们只需要两个输入框和发送按钮即可，如图 7.15 所示。

2．跳转实现

我们只需要将输入的号码和短信内容封装到 Intent 中，并使用该 Intent 跳转到系统短信程序中。具体实现如下：

图 7.15　短信发送界面

```
01    private void sendSysSMS(String phone_num, String message) {
02        phone_num = "smsto:" + phone_num;              //在号码前必须加smsto:
03        Intent sys_send_intent = new Intent(
04            android.content.Intent.ACTION_SENDTO, Uri.parse
              (phone_num));
05        sys_send_intent.putExtra("sms_body", message); //添加短信内容
06        startActivity(sys_send_intent);                //跳转到系统发送界面
07    }
```

其中，02行，指定短信发送到的号码。需要注意的是必须在号码前添加smsto:；

03~04行，实现一个发送短信的Intent。其中动作是android.content.Intent. ACTION_SENDTO；

05行，将短信的内容作为附加数据添加到Intent中。其中名为sms_body；

06行，跳转实现。实现界面跳转，跳转到系统短信程序，并且已经完成填写号码和短信内容，只需要单击Send按钮即可发送短信，效果如图7.16所示。

3．双模拟器调试

对于这样的短信发送程序，单个模拟器已经不能直观地看出短信是否发送成功，需要再启动另一个模拟器。在Eclipse标题栏中单击"打开Android模拟设备管理器"图标，在提示框中，选择需要启动的模拟器。选择的模拟器可以和已经启动的模拟器是同一个，会再启动另一个模拟器设备，实现过程如图7.17所示。

图7.16 跳转到系统短信程序

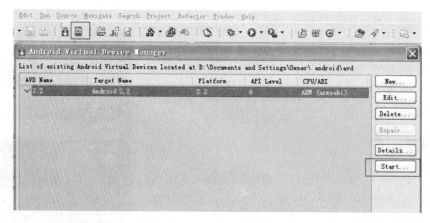

图7.17 启动另一个模拟器

当模拟器启动后，我们可以发现两个模拟器在左上方标题中很明显的区别：一个模拟器是5554、另一个是5556，如图7.18所示，这个号码则是我们短信发送到的号码。我们实现发送短信的模拟器是左图的5554模拟器，单击Send按钮后，在右图中的5556模拟器中便接收到该短信。

7.2.3 直接发送短信

我们已经实现了通过系统短信程序来发送短信的功能,接下来我们不通过系统短信程序来直接发送短信。

1. 界面设计

在界面设计中,和使用系统短信程序发送是一样的,只需要在之前界面中添加一个"直接发送短信"的按钮即可,效果如图 7.19 所示。

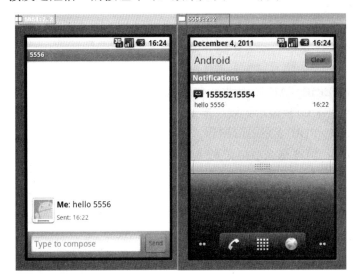

图 7.18 系统发送短信　　　　　　　　图 7.19 直接发送短信界面

要直接发送短信,需要申请相应的权限。在 AndroidManifest.xml 中加入该权限,代码如下:

```
<uses-permission android:name="android.permission.SEND_SMS" />
```

2. 发送短信

Android 系统为了方便发送短信,提供了一个短信管理类 SmsManager,我们使用这个类可以很方便地发送短信。

(1) SmsManager 类

SmsManager 类中的方法比较少,当然足够我们完成发送短信的功能。主要的方法如下:

```
static SmsManager getDefault()
```

用于获取 SmsManager 的默认实例。其中,返回值为默认实例。

由于每一条短信的长度是有限制的,当超过限制时,我们需要分割短信,使用方法如下:

```
ArrayList<String>    divideMessage(String text)
```

当短信超过 SMS 消息的最大长度时，将短信分割为几块。其中，参数 text 是初始的消息，不能为空。返回值为有序的 ArrayList<String>，可以重新组合为初始的消息。

准备好可以发送的短信内容后，就可以进行短信发送，使用方法如下：

```
void    sendTextMessage(String  destinationAddress,  String   scAddress,
String text, PendingIntent sentIntent, PendingIntent deliveryIntent)
```

用于发送文本的短信，其中各个参数都很重要：

- destinationAddress，表示消息的目标地址。
- scAddress，表示服务中心的地址。如果为空，则使用当前默认的服务中心地址。
- text，表示消息的主体，即要发送的内容。
- sentIntent，发送完成后的处理。如果此值不为空，则当消息发送成功或失败后，该 PendingIntent 就被广播。广播中的结果代码分别是：
  - Activity.RESULT_OK 表示成功；
  - RESULT_ERROR_GENERIC_FAILURE 表示普通错误；
  - RESULT_ERROR_RADIO_OFF 表示无线广播被关闭；
  - RESULT_ERROR_NULL_PDU 表示 pdu 错误。
- deliveryIntent，如果不为空，当消息成功传送到接收者这个 PendingIntent 就广播。通常用于短信回执。

其中，参数 destinationAddress 和 text 不能为空，不然会发送异常。

从 SmsManager 的方法中可以看出，发送短信比较简单，关键在于 sentIntent 和 deliveryIntent 的实现。接下来，我们分别实现这两种 PendingIntent。

（2）sentIntent 实现

PendingIntent 类相当于一个延迟异步的广播，当有事件触发时则发送广播。获取 PendingIntent 实例的方法如下：

```
PendingIntent  getBroadcast(Context  context,  int  requestCode,  Intent
intent, int flags)
```

其中，requestCode 是发送者发送的请求编号；intent 是被发送的广播意图。

我们需要实现的是，当该广播 Intent 被发送后，获取该广播并根据请求编号给出相应的提示信息。具体实现如下：

```
01      private static final String SENT_SMS_ACTION = "SENT_SMS_ACTION";
        //定义短信发送动作
02      private static final String DELIVERED_SMS_ACTION = "DELIVERED_
        SMS_ACTION";//定义发送成功
03      // 发送设置
04      Intent sentIntent = new Intent(SENT_SMS_ACTION);      //发送意图
05      PendingIntent sent_pi = PendingIntent.getBroadcast(this, 0,
        sentIntent, 0);
06      registerReceiver(new BroadcastReceiver() {            //注册广播
07          @Override
08          public void onReceive(Context context, Intent intent) {
09              switch (getResultCode()) {
10                  case Activity.RESULT_OK:                  //发送成功时
11                      Toast.makeText(getBaseContext(), "success!", 2000).
                        show();
```

```
12                break;
13            case SmsManager.RESULT_ERROR_GENERIC_FAILURE:
                                              //发送短信时出现一般错误
14                Toast.makeText(getBaseContext(), "generic failure",
15                    Toast.LENGTH_SHORT).show();
16                break;
17            case SmsManager.RESULT_ERROR_RADIO_OFF: //发送短信时无信号
18                Toast.makeText(getBaseContext(), "SMS radio failure",
19                    Toast.LENGTH_SHORT).show();
20                break;
21            case SmsManager.RESULT_ERROR_NULL_PDU://发送的短信是错误编码
22                Toast.makeText(getBaseContext(), "SMS null PDU
                  failure",
23                    1000).show();
24                break;
25            default:
26                break;
27            }
28         }
29     }, new IntentFilter(SENT_SMS_ACTION));
```

其中，04~05 行，实例化一个 PendingIntent，发送 sentIntent 意图；

06~29 行，注册广播接收者。该广播接收者用于接收发送的广播，并根据不同的编码给出相应的提示信息。

（3）deliveryIntent 实现

deliveryIntent 的实现和 sentIntent 实现类似，只是触发条件是对方已经收到短信才广播意图 Intent。在广播接收者中，也只需要提示收到短信即可。实现较为简单，具体代码如下：

```
01     Intent deliverIntent = new Intent(DELIVERED_SMS_ACTION);
02     PendingIntent deliver_pi = PendingIntent.getBroadcast(this, 0,
       deliverIntent, 0);
03     registerReceiver(new BroadcastReceiver() {
04         @Override
05         public void onReceive(Context context, Intent intent) {
06             Toast.makeText(getBaseContext(), "SMS delivered actions",
07                 Toast.LENGTH_SHORT).show();
08         }
09     }, new IntentFilter(DELIVERED_SMS_ACTION));
```

其中，01~02 行，实例化一个 PendingIntent，发送 deliveryIntent 意图；

03~09 行，注册广播接收者。该广播接收者用于提示对方已经收到短信。

（4）发送短信实现

熟悉了以上的方法和 PendingIntent 的实现这些重点，在具体的短信发送中还需要注意短信字数的限制。本实例中，具体实现如下：

```
01     private void sendSmS(String ph_num, String message) {
02         SmsManager sms = SmsManager.getDefault();  //获取短信管理类
03         // 一条短信的最大长度为 70 个中文字符
04         if (message.length() > 70) {             //判断短信文字长度
05             ArrayList<String> msgs = sms.divideMessage(message);
                                                //长于要求时，分隔短信
06             for (String msg : msgs) {
07                 sms.sendTextMessage(ph_num, null, msg, sent_pi,
                       deliver_pi);             //发送短信
```

```
08                }
09            } else {
10                sms.sendTextMessage(ph_num, null, message, sent_pi, deliver_pi);
                                                                    //发送短信
11            }
12        }
```

其中，02 行，获取默认短信管理类 SmsManager；

04 行，判断输入的文字长度，当多于 70 字时分为多条发送；

05 行，使用 SmsManager 类分隔短信，使其符合每条短信的要求；

07 行，发送短信。发送完成后触发 sent_pi，对方接收后触发 deliver_pi。

3. 运行分析比较

完成代码后，我们在刚才的两个模拟器间进行测试。单击"直接发送短信"按钮后，效果如图 7.20 所示。其中，右边模拟器 5554 直接发送短信后，出现提示信息 success！；左边模拟器 5556 接收到短信后，在状态提示栏也给出了提示。

但是，我们发现一个问题：在模拟器中，当 5554 成功发送短信到 5556 后，5554 并没有给出对方接收到短信的提示信息。这是由于使用模拟器的原因，在真机中可以看到对方接收到短信的提示，如图 7.21 所示。

图 7.20　直接发送短信

图 7.21　真机测试

我们分别使用系统短信程序和直接发送短信的方式实现了发送短信的功能。在实现过程中，有一个很明显的区别就是使用系统短信程序不需要申请权限，而直接发送必须申请权限，而在实现后的效果上也有所不同。我们分别查看模拟器 5554 和模拟器 5556 中短信程序的记录结果，如图 7.22 所示。

从图 7.22 中，我们可以看出短信发送模拟器 5554 中只有使用系统发送的短信 hello 5556；而短信接收模拟器 5556 中，除了系统短信程序发送的短信外还有使用直接发送的短信。可以看出，直接只用 SmsManager 发送的短信没有写入系统短信数据库中而留下记录，所以直接发送的方式又称为后台静默发送短信。

第 7 章 手机通信功能开发

图 7.22 两种发送方式的结果

7.3 语音通话

语音通话是手机设备最基本和最重要的功能，在 Android 系统中不仅可以统计通话号码、通话时间等基本信息，我们还可以很方便地拨出号码、自动挂断或接通电话以及电话录音等功能。在这一节中，我们将实现拨出号码和来电防火墙的功能。

7.3.1 呼出电话

一部手机最基本的功能就是电话呼出，接下来我们将实现这一功能。实现这一功能的方法和发送短信类似，都有两种方法：一是通过系统程序实现，二是直接呼出电话。

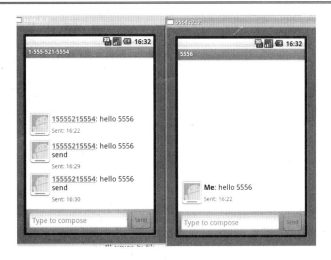

1. 界面设计

在界面上我们需要输入拨出的手机号码以及触发功能的按钮即可，实现如图 7.23 所示。

2. 使用系统呼出

图 7.23 呼出电话界面

使用系统自带的应用程序来呼出电话，只需要使用 Intent 跳转到系统电话程序，在 Intent 中附带上电话号码即可，具体实现如下：

```
01  btn_sys_call.setOnClickListener(new OnClickListener() {
02      @Override
03      public void onClick(View v) {
04          // TODO Auto-generated method stub
05          String number = edt_number.getText().toString();
```

```
06          if (number.trim().length() == 0) {      //判断是否输入
07              Toast.makeText(context, "请输入电话号码", 1000).show();
08          } else {
09              Intent intent = new Intent(Intent.ACTION_DIAL);
                                                     //创建跳转拨打电话意图
10              intent.setData(Uri.parse("tel:" + number));
                                                     //设置呼出号码
11              startActivity(intent);               //跳转
12          }
13      }
14  });
```

其中，05 行，获取输入的电话号码；

06～07 行，当输入为空时，提示输入电话号码；

09～11 行，跳转到系统电话程序。在构造意图时需要注意两点：一是意图 Intent 的动作必须是 Intent.ACTION_DIAL；二是在号码前需要添加 tel:，实现的效果如图 7.24 所示。在系统拨号界面中单击了拨号按钮后，才会呼出电话。

图 7.24　跳转到系统拨号界面

3. 直接拨号

直接使用拨号呼出电话，应用程序必须具有相应的权限。在 AndroidManifest.xml 中加入该权限，代码如下：

```
<!-- 拨出电话 -->
<uses-permission android:name="android.permission.PROCESS_
OUTGOING_CALLS" />
<!-- 电话 -->
<uses-permission android:name="android.permission.CALL_PHONE"/>
```

直接呼出电话和使用系统呼出电话类似，都是使用意图 Intent 来实现。但是，两者的

Intent 的动作不一样。直接呼出电话使用的动作为 Intent.ACTION_CALL。具体的实现如下：

```
01  btn_call.setOnClickListener(new OnClickListener() {
02  @Override
03      public void onClick(View v) {
04          String number = edt_number.getText().toString();//获取输入号码
05          if (number.trim().length() == 0) {
06              Toast.makeText(context, "请输入电话号码", 1000).show();
07          } else {
08              Intent intent = new Intent(Intent.ACTION_CALL);
                                                                //创建拨号意图
09              intent.setData(Uri.parse("tel:" + number));//设置呼出号码
10              startActivity(intent);                    //跳转
11          }
12      }
13  });
```

其中，04～06 行，获取输入的电话号码，当为空时提示输入号码；

08～10 行，构造呼出电话意图。需要注意的是意图 Intent 的动作必须是 Intent.ACTION_CALL 而不再是 Intent.ACTION_DIAL，实现的效果如图 7.25 所示。

4．分析比较

无论使用系统程序还是直接呼出电话，在实现上差别不大，都是通过意图 Intent 来实现。但是使用系统程序不需要申请权限并使用 Intent 动作 Intent.ACTION_DIAL；而直接呼出电话需要申请权限并使用 Intent 动作 Intent.ACTION_CALL。

通过这两种方式来呼出电话后，在系统中都是会有通话记录的。这一点和直接发送短信后不会在系统短信中保存记录是不一样的。

图 7.25　直接呼出电话

7.3.2　来电防火墙

有呼出就有对应的呼入电话。和垃圾短信一样，我们同样可能有不想接的电话。接下来，我们实现来电防火墙的功能。

1．功能说明

和手机接收到短信类似，当有电话呼入时，系统会使用广播来通知给所有的应用程序。当我们在接收到这个广播的时候，挂断电话。

我们需要获取电话状态和改变电话状态，这些都需要相应的权限。在 AndroidManifest.xml 中加入该权限，代码如下：

```
<!-- 改变电话状态 -->
    <uses-permission android:name="android.permission.MODIFY_PHONE_STATE" />
```

```xml
<!-- 获取电话状态 -->
<uses-permission android:name="android.permission.READ_PHONE_STATE" />
<!-- 电话 -->
<uses-permission android:name="android.permission.CALL_PHONE"/>
```

2. 电话状态信息

当电话状态发生改变的时候，系统会广播当前电话的状态。我们使用 TelephonyManager 类来处理和电话相关的应用。

（1）获取 TelephonyManager 对象

TelephonyManager 是系统的服务，获取该对象，实现如下：

```
TelephonyManager tm = (TelephonyManager)Context.getSystemService
(Context.TELEPHONY_SERVICE).
```

（2）公开方法

在 TelephonyManager 中提供了很多有用的方法，可以获取当前电话状态、SIM 卡信息、电话网络状态等信息。常用的方法有：

```
int getCallState ()
```

用于获取当前电话的状态，返回值有：CALL_STATE_IDLE，表示电话无活动，即电话已经被挂断；CALL_STATE_OFFHOOK，表示摘机，即电话正在通话中；CALL_STATE_RINGING，表示响铃，即有电话正在呼入。当接收到广播时，我们就根据这些不同的电话状态进行相应的处理，代码如下：

```
int getSimState ()
```

用于获取当前手机中的 SIM 卡的状态，常用的返回值有：SIM_STATE_READY，表示 SIM 卡可用、状态良好；SIM_STATE_ABSENT，表示没有 SIM 卡或者当前 SIM 不可用。

当获知了 SIM 卡可用时，则可以获取 SIM 卡的相关信息。SIM 卡的常用信息有 SIM 卡号、运营商编号等，获取其信息分别使用方法如下：

```
String  getSimSerialNumber()
```

获取 SIM 卡号。

```
String  getSimOperator()
```

获取 SIM 卡的提供商代码。代码由国家编号和网络标号 MCC+MNC (mobile country code + mobile network code)共同组成。

除了可以获取 SIM 卡本身的信息之外，当手机接入电话网络时，我们可以获取电话通话网络的类型以及电话数据网络的类型，分别使用方法：

```
int getPhoneType ()
```

获取电话网络类型。返回值有：PHONE_TYPE_NONE，表示无信号；PHONE_TYPE_GSM，表示 GSM 信号；PHONE_TYPE_CDMA，表示 CDMA 信号。

```
int getNetworkType()
```

获取当前使用的数据网络类型。返回值包括了全球主要的网络类型，在国内常使用到的有：NETWORK_TYPE_UNKNOWN，表示网络类型未知类型；NETWORK_TYPE_GPRS，表示 GPRS 网络；NETWORK_TYPE_EDGE，表示 EDGE 网络；NETWORK_TYPE_UMTS，表示 UMTS 网络。

每一个手机设备都具有唯一的标识，获取该标识使用方法：

```
String  getDeviceId()
```

获取设备的唯一 ID，即 GSM 手机的 IMEI 码或者 CDMA 手机的 MEID 码。

从上面介绍的方法中，我们可以获取手机的状态、SIM 卡的详细信息等，可以实现基本的电话信息收集。

3．隐藏方法使用

上面介绍的和我们需要实现的挂断电话没有任何直接的关系。这是因为 Android 在 1.5 版本之后，将挂断电话、接通电话等方法不再显式提供给开发使用。但是，在 Android 源码中都是保留了这些方法，只是都是隐藏方法。接下来，我们就使用 Java 的反射机制来获得这些方法，需要如下几步：

（1）新建源码包

为了使用源码中的方法，我们需要新建和源码中同样的包。在 Src 目录上，在右键菜单中单击 new|Package 命令。在弹出的对话框中，建一个名为 com.android.internal.telephony 的包，如图 7.26 所示。

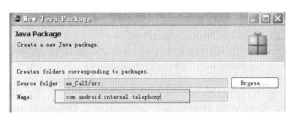

图 7.26　新建包

在该包中添加文件 ITelephony.aidl，然后将 Android 源码中的 ITelephony.aidl 复制到该新建文件中。我们可以在线查看到 Android 源码，地址为 http://www.google.com/codesearch/p?hl=en#cZwlSNS7aEw/。在该网页中搜索 ITelephony.aidl，便可以找到该文件，如图 7.27 所示。

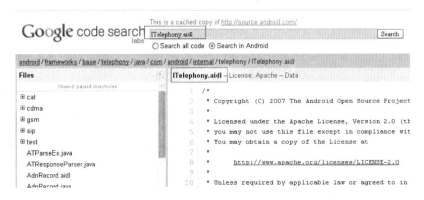

图 7.27　ITelephony.aidl 地址

同理，继续添加 com.android.telephony 包，并添加 NeighboringCellInfo.aidl 文件。添加该文件后，如果文件 ITelephony 中还出现 import 包错误，在 android.telephony.NeighboringCellInfo 前添加 com.，修改为 import com.android.telephony.NeighboringCellInfo。成功添加包的效果如图 7.28 所示。

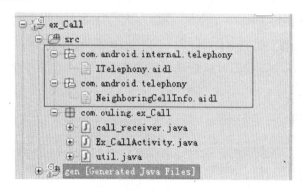

图 7.28 添加源码包

（2）实现隐藏方法可用

我们使用 Java 的反射机制，从公开的 TelephonyManager 中实例化添加的源码包 com.android.internal.telephony 中的 ITelephony 接口。具体实现如下：

```
01  public class util {
02      static public com.android.internal.telephony.ITelephony
            getITelephony(TelephonyManager telManager) 03   throws Exception {
04          Method getITelephonyMethod =
05              telManager.getClass().getDeclared-
                    Method("getITelephony");            //获取电话方法
06          getITelephonyMethod.setAccessible(true);    //设置隐藏函数也能使用
07          return
08            (com.android.internal.telephony.ITelephony)
              getITelephonyMethod.invoke(telManager);
09      }
10  }
```

（3）挂断电话实现

在隐藏方法中，我们可以找到挂断电话的方法 endCall()，以及接通电话的方法 answerRingingCall()。我们就使用这些隐藏方法来实现挂断电话，具体实现如下：

```
01  TelephonyManager tm = (TelephonyManager) context
02      .getSystemService(Service.TELEPHONY_SERVICE);
03  switch (tm.getCallState()) {
04  case TelephonyManager.CALL_STATE_RINGING:            //来电响铃
05      Log.i(TAG, "CALL_STATE_RINGING");
06      try {
07          // 来电拒听
08          phoneNumber = intent.getStringExtra("incoming_number");
                                                         //获取呼入号码
09          Log.i(TAG, "call number is "+phoneNumber);   //打印输出
10          if (phoneNumber.equals("10086")) {           //判断号码是否为拦截的号码10086
11              util.getITelephony(tm).endCall();        //获取隐藏方法挂断电话
12              Toast.makeText(context, "号码" + phoneNumber + "已经被挂断
                    拦截",
```

第 7 章 手机通信功能开发

```
13                        1000).show();      //提示挂断电话
14                Log.i(TAG, "号码" + phoneNumber + "已经被挂断拦截");
15            }
16        } catch (Exception e) {
17            Log.i(TAG, "ring w " + e.toString());
18        }
19        break;
20    case TelephonyManager.CALL_STATE_OFFHOOK:    //来电接通，去电拨出
21        Log.i(TAG, "CALL_STATE_OFFHOOK");
22        break;
23    case TelephonyManager.CALL_STATE_IDLE:                   //电话挂断时
24        Log.i(TAG, "CALL_STATE_IDLE");
25        break;
26    }
```

其中，01～02 行，获取电话管理类 TelephonyManager；

03 行，获取当前电话的状态；

04～15 行，如果状态为来电响铃状态，则根据电话号码挂断电话。其中，11 行表示使用隐藏方法 endcall() 来挂断电话。

4．广播注册

在 AndroidManifest 文件中注册常驻广播用于时刻可获取电话状态。广播动作为系统规定的 android.intent.action.PHONE_STATE。具体实现如下：

```
<receiver
        android:name=".call_receiver"
        android:priority="10000" >
    <intent-filter >
        <action android:name="android.intent.action.PHONE_STATE" />
    </intent-filter>
</receiver>
```

5．运行分析

通过上面的步骤，我们实现了对 10086 号码的防火墙功能。使用 Eclipse 的 DDMS 界面中的 Emulator Control，可以指定任意号码拨打电话给模拟器。我们使用号码 10086 给模拟器呼入电话。模拟器没有显示呼入电话界面，直接显示了"号码 10086 已经被挂断拦截"的提示信息，效果如图 7.29 所示。

6．自动接通电话

在使用 Java 的反射机制获取的隐藏方法中，我们发现其中有接通电话的方法 answerRingingCall()，我们可以使用该方法来实现自动接通电话。

（1）自动接通

在电话状态广播中，去除挂断电话的代码，添加自动接通。具体实现如下：

图 7.29　拦截来电

```
01   case TelephonyManager.CALL_STATE_RINGING:           //来电响铃
02        //静默接通电话
03        util.getITelephony(tm).silenceRinger();         //静铃
04        util.getITelephony(tm).answerRingingCall();     //自动接听
05        Timer timer = new Timer();
06        timer.schedule(task, 300);
```

其中，03 行，设置电话静音，当来电时不会响铃也不会震动；

04 行，自动接通电话。

（2）隐藏接通界面

由于在接通电话后，系统自动会显示接通电话的界面。为了提高自动接通电话的隐藏性，我们隐藏该通话界面跳转到主界面。由于模拟器处理速度的问题，并不会在我们接通电话后立刻显示通话界面，我们使用一个延时的跳转，实现如下：

```
01   TimerTask task = new TimerTask() {
02       public void run() {
03           Intent i = new Intent(Intent.ACTION_MAIN);      //创建意图
04           i.addCategory(Intent.CATEGORY_HOME);            //设置显示主界面
05           i.addFlags(Intent.FLAG_ACTIVITY_NEW_TASK);
06           mcontext.startActivity(i);
07           Log.i(TAG, "task start");
08       }
09   };
```

（3）运行分析

由于我们在代码中实现了号码判断的功能，对任何来电都会自动接通。我们使用 Emulator Control 向模拟器呼入电话，当电话呼入时，通话界面出现一瞬间后跳转到 Android 主界面中。当然，在状态提示栏中会出现正在通话的标识，如图 7.30 所示。

在这一节中，我们通过多个实例实现了呼出、呼入电话时的常见处理。在呼入电话时，我们更是使用到了 Android 已隐藏的方法来实现我们需要的功能。所以，在进行应用开发的时候，对于 Android 的源码需要有一定的了解，这样可以加深对 Android 系统处理的理解，从而开发出更符合 Android 框架或功能更强大的应用程序。

图 7.30　自动接通

7.4　桌面备忘录

当我们启动 Android 后，在桌面上可以看到很多的图标，其中有类似 Windows 平台的快捷方式，用于启动应用程序，有的本身就是一个小的应用程序 AppWidget。Widget 在桌面上可以显示应用程序提供的内容，也可以和服务交互，如暂停歌曲。在这一节，我们将实现一个桌面应用程序 Widget，用于提示用户需要做的事情，实现备忘录的功能。

我们需要在桌面上明显地显示出备忘录的内容，这一部分由 Widget 来完成，实现效果如图 7.31 所示。另一方面，我们需要对备忘录的内容进行添加和删除，实现效果如图 7.32

所示。

图 7.31　桌面 Widget

图 7.32　添加内容

7.4.1　桌面实现

Android 系统中的 AppWidget，和一般的应用程序的界面布局和功能实现有一些差别。下面，我们就通过桌面备忘录来介绍 AppWidget 的实现。

1．AppWidget配置

AppWidget 的描述不再直接由 layout 目录中的 XML 文件指定，而是以 XML 文件的形式存在于应用程序的 res/xml/目录下。其主要描述的是 Widget 的大小、更新频率和初始界面等信息。

在配置的 XML 文件中，使用标签 appwidget-provider 来标识该部分内容为 Widget 的配置描述。常用的配置信息有：

- android:minWidth 表示 AppWidget 的最小宽度。
- android:minHeight 表示 AppWidget 的最小高度。
- android:updatePeriodMillis 表示组件的更新时间，以毫秒计算。但是版本 1.5 之后要求更新时间不小于 30 分钟。如果有小于 30 分钟的更新，需要自己使用服务来实现更新。
- android:initialLayout 表示组件布局 XML 的位置。
- android:configure 用于设置在 Widget 启动前启动的 Activity，如果不会启动则无需设置。

本实例中，在 res/xml/目录中，添加文件 widget_info.xml，文件内容如下：

```
<appwidget-provider xmlns:android="http://schemas.android.com/apk/res/
android"
```

```
        android:minWidth="300dp"
        android:minHeight="30dp"
        android:initialLayout="@layout/widget">
</appwidget-provider>
```

其中,指定组件布局由 layout 目录中的 widget.xml 描述,实现了图片和文字,效果如图 7.31 所示。

2. 继承AppWidgetProvider类

实现 Widget 需要继承类 AppWidgetProvider,而 AppWidgetProvider 类继承自广播 BroadcastReceiver。所以,整个 AppWidgetProvider 类是以接收广播的形式来驱动的,常用的方法有:

- onEnabled(Context context):当这个 App Widget 第一次被放在桌面上时被调用。
- onUpdate(Context context, AppWidgetManager appWidgetManager, int[] appWidgetIds):当 Widget 的自动更新时间到了或者其他会导致 Widget 发生变化的事件发生时调用。其中,参数 appWidgetManager 是 Widget 的管理器,appWidgetIds 是该 Widget 的所有实例编号。

我们通常使用 AppWidgetManager 来更新 Widget 的显示,使用方法:

```
void    updateAppWidget(int appWidgetId, RemoteViews views)
void    updateAppWidget(ComponentName provider, RemoteViews views)
```

这两个方法分别通过 appWidgetId 编号和 ComponentName 来指定 Widget,将指定的 Widget 显示修改为 RemoteView 的显示。其中,参数 views 是 RemoteViews 类型的显示。而 RemoteView 类是专门用来描述一个垮进程显示的 view,这样我们就可以实现对桌面 Widget 的显示更新。

- onDeleted(Context context, int[] appWidgetIds):当一个 App Widget 从桌面上删除时调用。
- onDisabled(Context context):当这个 App Widget 的最后一个实例被从桌面上移除时会调用该方法。
- onReceive(Context context, Intent intent):用于接收其他广播。

在这些函数中,我们最常用的方法就是 onUpdate()和 onReceive()。

3. 实现onUpdate()

在桌面备忘录中,我们需要更新显示的备忘录内容;另一方面,我们通过单击桌面 Widget,弹出修改备忘录内容的界面。所以在 onUpdate()方法中,既要更新显示也需要添加单击处理事件。

在 RemoteViews 类中,提供了更新 UI 常用的方法和单击事件处理,方法如下:

```
void    setTextColor(int viewId, int color)
```

用于更新文字颜色。参数 viewId 是控件的 id 号,color 是颜色编号。对于文字内容修改的使用方法如下:

```
void    setTextViewText(int viewId, CharSequence text)
```

用于更新显示的文字内容。参数 text 是显示的文字内容。除了文字内容,对于显示的图片也可以进行更新，使用方法如下：

```
void    setImageViewBitmap(int viewId, Bitmap bitmap)
```

用于更新显示的图片。参数 bitmap 是显示的图片。

除了上述的显示 UI 的更新方法外，对于单击事件处理，使用方法如下：

```
void    setOnClickPendingIntent(int viewId, PendingIntent pendingIntent)
```

用于添加单击事件，当单击后广播 pendingIntent。

熟悉了更新的过程并掌握了更新的方法后，我们具体的实现代码如下：

```
01  public void onUpdate(Context context, AppWidgetManager appWidgetManager,
02          int[] appWidgetIds) {                    //重写实现更新函数
03      Log.d(TAG, "onUpdate");
04      final int N = appWidgetIds.length;  //获取该 Widget 个数
05      for (int i = 0; i < N; i++) {                //遍历该 Widget 的所有实例
06          int appWidgetId = appWidgetIds[i];
07          Log.i(TAG, "i is " + i);
08          view = new RemoteViews(context.getPackageName(),R.layout.widget);
                                                     //设置显示布局
09          //显示输入的内容
10          SharedPreferences shared = context.getSharedPreferences
            ("settinginfo",
11              Activity.MODE_PRIVATE);              //获取显示内容
12          view.setTextViewText(R.id.appwidget_text, shared.getString
            ("content", context
13              .getResources().getString(R.string.hi)));  //设置显示

14          Intent intentClick = new Intent(CLICK_ACTION);//设置单击意图
15          PendingIntent pendingIntent = PendingIntent.getBroadcast
            (context, 0, intentClick, 0);
16          view.setOnClickPendingIntent(R.id.appwidget_text,
            pendingIntent);                          //设置单击广播
17          appWidgeManger.updateAppWidget(appWidgetId, view);//更新显示
18      }
19  }
```

其中，01～05 行，重写 onUpdate()方法，对该 Widget 的所有实例都进行更新；

08 行，实例化一个 RemoteViews，用来对当前 Widget 进行更新设置；

09～13 行，从 SharedPreferences 中读取显示的备忘录内容，并显示在 Widget 中；

14～16 行，设置 Widget 的单击事件。当单击后，发送广播，动作为自定义的 CLICK_ACTION；

17 行，使用 AppWidgetManager 来更新 Widget 的显示。

4. 实现onReceive()

在 onUpdate()方法中，我们实现了单击 Widget 后发送一个广播，但是对于这个广播，我们并没有进行处理。我们在 onReceive()方法中来实现这一处理。我们在单击后，只需要显示添加备忘录内容的界面，如图 7.32 所示。具体的代码实现如下：

```
01  public void onReceive(Context context, Intent intent) {  //广播接收器
02      super.onReceive(context, intent);
```

```
03      Log.i(TAG, "onReceive, intent action is " + intent.getAction());
04      if (intent.getAction().equals(CLICK_ACTION)) {        //广播动作匹配时
05          Intent intent_activity=new Intent(context, Ex_WidgetActivity.
            class);                                            //跳转到添加内容界面
06          context.startActivity(intent_activity);           //界面跳转
07      }
08  }
```

5. 广播注册

由于继承的 AppWidgetProvider 类是一个广播类，所以需要在 AndroidManifest.xml 中注册该广播。除了实现一般的广播注册之外，还需要特别注意添加该 Widget 的响应标识。其中 name 是固定的，必须是 android.appwidget.provider。resource 指定该 Widget 的配置文件。本实例中的广播注册实现如下：

```xml
<receiver android:name=".myAppWidgetProvider" >
    <meta-data
        android:name="android.appwidget.provider"
        android:resource="@xml/widget_info" >
    </meta-data>
    <intent-filter >
        <action android:name="com.ouling.action.widgetclick"/ >
        <action android:name="android.appwidget.action.APPWIDGET_
        UPDATE" />
    </intent-filter>
</receiver>
```

通过这些步骤，我们已经实现了桌面备忘录 Widget 在桌面的显示和单击事件处理，完成了该 Widget 的主要部分。接下来，实现添加备忘录的内容。

7.4.2 内容添加

在界面中，我们只需要更改备忘录内容的可编辑框和一个保存按钮即可，实现效果如图 7.32 所示。当初始化显示时，从 SharedPreferences 中读取当前显示的数据，在编辑框显示该数据，以方便删除和添加备忘录信息。当修改完成后，需要将修改后的内容保存到 SharedPreferences 中，并更新 Widget 的显示。

修改完成后，单击保存按钮。具体实现如下：

```
01  mButton.setOnClickListener(new OnClickListener() {
02      @Override
03      public void onClick(View v) {
04          String text = mEditText.getText().toString();   //获取输入的内容
05          if (text.equals("")) {                           //判断输入内容是否为空
06              return;
07          }
08          SharedPreferences shared = getSharedPreferences("settinginfo",
09              Activity.MODE_PRIVATE);  //获得SharedPreferences来保存内容
10          SharedPreferences.Editor editor = shared.edit();//获得编辑器
11          editor.putString("content", text);              //修改添加内容
12          editor.commit();                                //添加修改
13
14          RemoteViews views = new RemoteViews(Ex_WidgetActivity.this
15              .getPackageName(), R.layout.widget);        //实例化视图
```

```
16              views.setTextViewText(R.id.appwidget_text, text);//设置显示内容
17
18              ComponentName widget = new ComponentName(
19                      Ex_WidgetActivity.this, myAppWidgetProvider.class);//
20              AppWidgetManager manager = AppWidgetManager
21                      .getInstance(Ex_WidgetActivity.this);//获取 Widget 管理器
22              manager.updateAppWidget(widget, views);      //提交更新 UI
23              Ex_WidgetActivity.this.finish();             //结束当前界面
24          }
25      });
```

其中，03~07 行，获取修改后的内容，如果内容为空，则不予显示；

08~12 行，将修改后的内容保存在 SharedPreferences 中；

14~16 行，实例化 RemoteViews，并对当前 Widget 的显示内容进行更新；

18~22 行，使用 AppWidgetManager 来提交 UI 的更新；

23 行，结束修改内容的 Activity，返回桌面。

7.4.3 Widget 运行

1．添加Widget

Widget 和一般的应用程序不一样，添加 Widget 的步骤如下：

（1）在桌面界面时，单击 Menu 按钮，如图 7.33 右侧所示。再在屏幕显示中选择 Add，则会出现添加桌面组件的画面，如图 7.34 所示。或者长按主界面也能出现该选择界面。

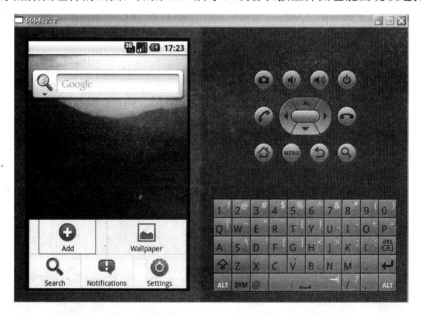

图 7.33 添加 Widget

（2）在添加组件界面中，选择 Widgets，如图 7.34 所示。然后，出现了系统中所有的 Widget 程序，包括了很多系统本身的 Widget。选中我们的桌面备忘录——Ex_Widget，如图 7.35 所示。

图 7.34　选择 Widgets　　　　　图 7.35　添加桌面备忘录

（3）通过这两步，就在桌面成功添加了桌面备忘录 Widget，如本节最开始的图 7.31 所示。

2．运行分析

通过以上步骤，我们实现了桌面备忘录。在初始化的备忘录中，只有内容 hello appwidget，如图 7.31 所示。单击 Widget 后，跳转到备忘录添加界面，添加内容"学习 android"，如图 7.32 所示。当单击"保存"按钮返回桌面后，我们发现桌面 Widget 的内容发生了变化，显示了添加的内容，如图 7.36 所示。

当我们在桌面上不需要 Widget 显示时，长按 Widget。这时，屏幕下方会出现一个垃圾箱的图标，将需要删除的 Widget 拖入该垃圾箱，即可删除该 Widget。效果如图 7.37 所示。

图 7.36　修改内容后　　　　　图 7.37　删除 Widget

AppWidget 能够方便用户可以直接查看需要的信息或实现便捷的功能。在实现一个 AppWidget 时，需要注意 Widget 的配置、继承 AppWidgetProvider 的方法。在实现过程中，重点使用 RemoteViews 来跨进程地更新 UI 以及 AppWidgetManger 的管理。

7.5 本章总结

本章介绍了 Android 手机必不可少的短信和通话功能。通过导出短信、收发短信、呼入呼出电话等手机相关的常用功能，详细介绍了 Android 系统处理短信以及电话的特点。这些都是本章的重点和难点，是在进行手机通讯的相关开发中，必须掌握的技能。

同时，本章还介绍了 Android 中特色的桌面组件 Widget，使用它可以开发出更方便用户使用的程序。

7.6 习题

【习题 1】结合 7.1 节短信导出的相关内容，实现查找含有指定内容的所有短信。

提示：查找含有指定内容的短信和查找指定号码的短信类似，需要在短信数据库中查找匹配的短信内容。

关键代码：

```
Cursor cur = cr.query(uri, projection, "body like '%" + content + "'", null, "date desc");
```

【习题 2】结合 7.2 节短信收发的相关内容，实现对指定号码短信的自动回复。

提示：在短信防火墙小节中，我们实现了获取短信的发送号码，如果该号码是指定号码则自动发送短信。

关键代码：

```
if (message.getDisplayOriginatingAddress().equals("5556")) {
SmsManager sms = SmsManager.getDefault();
String message = "正在学习中，稍后跟你联系";
if (message.length() > 70) {
    ArrayList<String> msgs = sms.divideMessage(message);
    for (String msg : msgs) {
        sms.sendTextMessage(ph_num, null, msg, sent_pi, deliver_pi);
    }
}
}
```

【习题 3】结合 7.3 节语音通话和 6.2 节音频录制的相关内容，实现电话录音的功能。

提示：参考语音通话一节，获取当前电话状态，如果是正在通话状态则启动音频录制。

关键代码：

```java
switch (tm.getCallState()) {
case TelephonyManager.CALL_STATE_OFFHOOK:              // 来电接通，去电拨出
        Log.i(TAG, "CALL_STATE_OFFHOOK");
        mr = new MediaRecorder();
        mr.setAudioSource(AudioSource.MIC);
        mr.setOutputFormat(OutputFormat.RAW_AMR);
        mr.setAudioEncoder(MediaRecorder.AudioEncoder.AMR_NB);
        mr.setOutputFile(filepath);
        try {
            mr.prepare();
            mr.start();
            is_recorder=true;
        } catch (Exception e) {
            e.printStackTrace();
        }
        break;
    case TelephonyManager.CALL_STATE_IDLE:              //呼入呼出电话挂断后
        Log.i(TAG, "CALL_STATE_IDLE");
if(is_recorder){
           if (mr != null) {
           mr.stop();                                   //停止
           mr.release();                                //释放
}
        break;
```

第 8 章 传感器、GPS 应用开发

随着现在移动设备功能越来越丰富,大多数设备都提供了许多其他的实用功能,如能够改变人机交互方式的各种传感器、能够提供地理信息的 GPS 定位和基站定位等功能,结合这些功能可以开发出更加有意思的应用。有一些使用重力传感器或者方向传感器的游戏,如典型的控制赛车转弯操作,就是基于 LBS 的应用如 Foursquare。本章就将介绍如何在开发中使用这些功能。另外,在本章的后半部分还会对 Android 的桌面快捷方式及桌面插件(Widget)进行介绍。

8.1 访问传感器

为了方便对传感器的访问,Android 提供了用于访问硬件的 API——android.hardware 包,该包主要提供了用于访问 Camera(相机)和 Sensor(传感器)的类和接口,关于相机的使用已经在第 6.4 节中有了说明。现在就来介绍一下 Android 系统下如何使用传感器。

在 Android 应用程序中使用传感器要依赖于 android.hardware.SensorEventListener 接口。通过该接口可以监听传感器的各种事件。SensorEventListener 接口如下:

```
01   package android.hardware;
02   public interface SensorEventListener {
03       public abstract void onSensorChanged(SensorEvent event);
                                              //传感器采样值发生变化时调用
04       public abstract void onAccuracyChanged(Sensor sensor, int accuracy);
                                              //传感器精度发生改变时调用
05   }
```

接口包括了如上段代码中所声明的两个方法,其中 onAccuracyChanged 方法在一般场合中比较少使用到,常用到的是 onSensorChanged 方法,它只有一个 SensorEvent 类型的参数 event,SensorEvent 类代表了一次传感器的响应事件,当系统从传感器获取到信息的变更时,会捕获该信息并向上层返回一个 SensorEvent 类型的对象,这个对象包含了传感器类型(public Sensor sensor)、传感事件的时间戳(public long timestamp)、传感器数值的精度(public int accuracy)以及传感器的具体数值(public final float[] values)。

其中的 values 值非常重要,其数据类型是 float[],它代表了从各种传感器采集回的数值信息,该 float 型的数组最多包含 3 个成员,根据传感器的不同,values 中每个成员所代表的含义也不同。例如,通常温度传感器仅仅传回一个用于表示温度的数值,而加速度传感器则需要传回一个包含 X、Y、Z 三个轴上的加速度数值,同样的一个数据"10",如果是从温度传感器传回则可能代表 10 摄氏度,而如果从亮度传感器传回则可能代表数值为 10 的亮度单位,如此等等。

应用程序就可以通过 Sensor 类型和 values 数组的值来正确地处理并使用传感器传回的值。为了正确理解传感器所传回的数值，这里首先介绍 Android 所定义的两个坐标系，即世界坐标系（world coordinate-system）和旋转坐标系（rotation coordinate-system）。

8.1.1 世界坐标系

如图 8.1 所示，这个坐标系定义了从一个特定的 Android 设备上看待外部世界的方式，主要是以设备的屏幕为基准而定义，并且该坐标系依赖的是屏幕的默认方向，不因为屏幕显示方向的改变而改变。

坐标系以屏幕的中心为圆点，其中：

- X 轴：方向是沿着屏幕的水平方向从左向右。手机默认的正放状态，一般来说即是如图 8.1 所示的默认长边在左右两侧，并且听筒在上方的情况，如果是特殊的设备，则可能 X 和 Y 轴会互换。
- Y 轴：方向与屏幕的侧边平行，是从屏幕的正中心开始沿着平行屏幕侧边的方向指向屏幕的顶端。
- Z 轴：Z 轴的方向比较直观，即将手机屏幕朝上平放在桌面上时，屏幕所朝的方向。

有了约定好的世界坐标系，重力传感器、加速度传感器等等所传回的数据和解析数据的方法，就能够按照这种约定来确立联系了。

8.1.2 旋转坐标系

如图 8.2 所示，球体可以理解为地球，这个坐标系是专用于方位传感器（Orientation Sensor）的，可以理解为一个"反向的（inverted）"世界坐标系，方位传感器用于描述设备所朝向的方向的传感器，而 Android 为描述这个方向而定义了一个坐标系，这个坐标系也由 X、Y、Z 轴构成，特别之处是方向传感器所传回的数值是屏幕从标准位置（屏幕水平朝上且正北）开始，分别以这 3 个坐标轴为轴所旋转的角度。使用方位传感器的典型用例即"电子罗盘"。

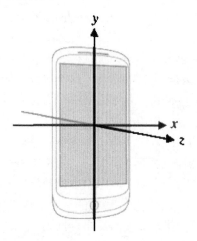

图 8.1 Android 设备的世界坐标系

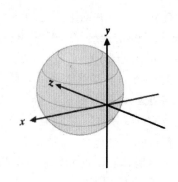

图 8.2 旋转坐标系

在这个坐标系中：
- X 轴：即 Y 轴与 Z 轴的向量积 Y·Z，方位是与地球球面相切并且指向地理的西方。
- Y 轴：为设备当前所在位置与地面相切并且指向地磁北极的方向。
- Z 轴：为设备所在位置指向地心的方向，垂直于地面。

由于这个坐标系是专用于确定设备的方向的，因此这里进一步介绍访问传感器所传回的 values[]数组中各个数值所表示的含义，作为对 values[]值的一种示例说明。当方向传感器感应到方位变化时会返回一个包含变化结果数值的数组，即 values[]，数组的长度为 3，它们分别代表：
- values[0]：方位角，即手机绕 Z 轴所旋转的角度。
- values[1]：倾斜角，指绕 X 轴所旋转的角度。
- values[2]：翻滚角，指绕 Y 轴所旋转的角度

以上所指明的角度都是逆时针方向的。

8.1.3 获取传感器清单（需要真机）

由于 Android 平台的开放性，使用 Android 作为系统平台的手机类型相当的多，各种类型的手机不仅仅针对自身硬件或者其他方面的需求做了一些定制，而且在传感器的支持上也不尽相同。

目前，Android SDK 2.3.3 版本支持的传感器类型包括方向传感器、加速度传感器、重力传感器、温度传感器、压力传感器、磁场传感器、陀螺仪、亮度传感器、邻近度传感器等。市面上出售的 Android 手机随着时间的推移支持的传感器类型也越来越多。那么，如何能够获知当前的手机设备上所提供的所有传感器的类型呢？

本小节就将通过一个示例来说明如何获取一个手机所提供的传感器列表。在实际应用开发中，对设备是否支持特定的传感器类型的检测也是提高代码健壮性的一个因素。

1. 功能说明

获取当前运行的设备上所支持的传感器并以列表的形式显示在 TextView 中，如图 8.3 所示。

图 8.3 获取的传感器清单

2. 代码实现

为了获取当前手机上已连接的传感器清单，需要借助于 SensorManager 的

getSensorList()方法，首先需要获取一个 SensorManager 类的实例，方法如下：

```
01    private SensorManager mSensorManager;
02    mSensorManager = (SensorManager)getSystemService(SENSOR_SERVICE);
                                           //从系统服务获取 SensorManager 对象
```

获取 SensorManager 对象的方法是使用 Activity.getSystemService()方法，即获取了一个系统服务，方法的唯一参数是 string 类型，通过该 string 类型的参数作为标识符来寻找指定的系统服务对象。这里使用到的 SENSOR_SERVICE 则是由 Context 类所定义的一个具名常量，实际的值是字符串"sensor"，方法根据参数 SENSOR_SERVICE 返回了一个 SensorManager 对象实例。

在获取了当前系统的 SensorManager 类的对象后，就可以通过其 getSensorList()方法来获取相应的传感器清单了，方法如下：

```
List<Sensor> sensors = mSensorManager.getSensorList(Sensor.TYPE_ALL);
                                           //获取所有传感器的列表
```

这个方法的参数是 int 类型，类似于 getSystemService 方法，该参数用于指定返回何种类型的传感器清单，而 Sensor.TYPE_ALL 则指代了所有的传感器类型，因此使用该值作为参数将返回一个当前系统所连接的所有传感器的清单。当然，通过指定特定的类型，如 Sensor.TYPE_ACCELEROMETER 则会返回加速度传感器的清单，这个清单长度可以是 0，也可能是 1 或者更多，这取决于当前手机上是否存在正常工作的加速度传感器或者存在着多个加速度传感器。

获取了传感器清单后，通过如下代码将每个传感器的名称依次显示到 TextView 上：

```
01        sensorList = (TextView)findViewById(R.id.sensorlist);
                                           //绑定 TextView
02        for(Sensor sensor:sensors)        //遍历传感器列表
03        {
04            //在 TextView 中输出传感器的名称
05            sensorList.append(sensor.getName() + "\n");
06        }
```

如代码所示，只需要简单地对这个 List 中的所有 sensor 对象依次使用 sensor.getName()方法，就能够获取每个传感器的名称，然后通过 TextView 的 append(string)方法将名称显示出来，便得到了如图 8.3 所示的结果，从结果中可以看出，该款真机支持了如下型号的共 6 种类型的传感器：

- ❑ LIS331DLH 3-axis Accelerometer：加速度传感器；
- ❑ AK8973 3-axis Magnetic field sensor：磁场传感器；
- ❑ AK8973 Temperature sensor：温度传感器；
- ❑ SFH7743 Proximity sensor：邻近度传感器；
- ❑ Orientation sensor：方位传感器；
- ❑ LM3530 Light sensor：亮度传感器。

8.1.4 指南针应用（真机版）

通常由传感器所传回的数值是难以被用户直接所理解的，就连温度传感器也不例外。

虽然温度传感器多数情况下仅仅返回一个代表温度的数值，但是倘若不告诉用户该温度值所使用的单位，一样是难以理解的。因此，本小节通过在 Android 上实现一个指南针的应用，来讲解如何将传感器的数值与视觉效果结合起来，达到便于用户所理解的效果。

1．功能说明

功能很简单，即在界面上显示一个有指向性的图片，并且使其标识的方向与地球磁极方向一致，效果如图 8.4 和图 8.5 所示。

图 8.4　指南针效果图　　　　　　　　图 8.5　旋转手机后的一个状态

如上两幅截图分别代表了手机的两个不同朝向的状态。

2．代码实现

结合本节中对方位传感器的相关介绍，结合图 8.2 所示的坐标系，可以知道在这个指南针应用中，需要关注的是手机绕图 8.2 的 Z 轴所旋转的角度，也就是传感器所传回的 values[0]值，该 values[0]的值即代表了手机当前已经绕 Z 轴所旋转的角度，这个角度以正北方向为基准，其返回的值如图 8.6 所示。假定图中右方箭头所指方向为正北，左方圆形中的箭头所指的是手机（传感器）所朝的方向，数值则是传感器返回的 values[0]值。

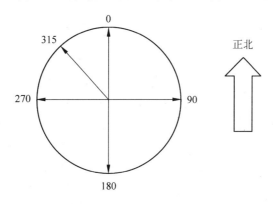

图 8.6　手机朝向与传感器返回值的关系

知道了这两者之间的关系,就可以开始实现具体的代码了,首先需要从方位传感器获取其感应到的值。为此,首先需要为 Activity 实现 SensorEventListener 接口,即在类中实现如下两个方法:

```
public void onAccuracyChanged(Sensor sensor, int accuracy) {}
                                               //当传感器经度发生变化时被调用
public void onSensorChanged(SensorEvent event) {}//当传感器值发生变化时被调用
```

在一般简单的应用中通常将 onAccuracyChanged 方法留空,主要是在 onSensorChanged() 方法中去实现相应的功能。在实现了 SensorEventListener 接口后,才能够获取到传感器发生变化的事件,然后需要为当前的 Activity 注册需要使用的传感器。首先,需要通过如下的方式获取到系统默认的方位传感器的实例:

```
01  mSensorManager = (SensorManager)getSystemService(SENSOR_SERVICE);
                                               //获取 SensorManager 实例
02  mOrientation = mSensorManager.getDefaultSensor(Sensor.TYPE_
    ORIENTATION);
                                               //获取方位传感器实例
```

然后,需要完成传感器事件监听器和传感器的注册工作,只有注册了之后,传感器管理器(SensorManager)才会将相应的传感信号传给该监听器。通常将这个注册的操作放在 Activity 的 onResume()方法下,同时将取消注册即注销的操作放在 Activity 的 onPause()方法下,这样就可以使传感器的资源得到合理的使用和释放,方法如下:

```
01  protected void onResume() {
02      super.onResume();
03      //注册传感器事件监听器,该监听器用于监听方位传感器的变化,监听频率为适合 UI
            显示的频率
04      mSensorManager.registerListener(this, mOrientation, Sensor-
        Manager.SENSOR_DELAY_UI);
05  }
06  protected void onPause() {
07      super.onPause();
08      mSensorManager.unregisterListener(this);           //解除监听器注册
09  }
```

注册了对方位传感器的事件监听器之后,当方位传感器的数值发生改变或者到达更新数值时,onSensorChanged()方法就将被执行,同时还会传入一个包含传感器事件信息的 SensorEvent 对象,根据这个对象的属性就可以获取到方位值了,然后根据这个方位值来实现对指南针的控制。

指南针使用一个 ImageView 来实现,而指南针的旋转则使用了 RotateAnimation 类,这个类专用于定义旋转图像的操作,它的一个构造方法如下:

```
RotateAnimation(float fromDegrees, float toDegrees, int pivotXType, float
pivotXValue, int pivotYType, float pivotYValue)
```

构造方法中包含了 6 个参数,它们的含义分别如下:
- fromDegrees:该段旋转动画的起始度数。
- toDegrees:旋转的终点度数。
- pivotXType:这个参数用于指定其后的 pivotXValue 的类型,即说明按何种规则来解析 pivotXValue 数值,目前包括 3 种类型即 Animation.ABSOLUTE(绝对数值,即 pivotXValue 为坐标值)、Animation.RELATIVE_TO_SELF(相对于自身的位置,如本示例中的 ImageView,当 pivotXValue 为 0.5 时表示旋转的轴心 X 坐标在图形的 X 边的中点)、Animation.RELATIVE_TO_PARENT(相对于父视图的位置)。
- pivotXValue:动画旋转的轴心的值,对它的解析依赖于前面的 pivotXType 指定的类型。
- pivotYType:类似于 pivotXType,只是这个参数代表的为 Y 轴。
- pivotYValue:类似于 pivotXValue,只是这个参数代表的为 Y 轴。

下面来构造本例中的 RotateAnimation 对象,如下:

```
01    RotateAnimation ra;
02    ra = new RotateAnimation(currentDegree, targetDegree,
                                    //实例化旋转动画,该动画用于旋转指南针
03          Animation.RELATIVE_TO_SELF, 0.5f,
04          Animation.RELATIVE_TO_SELF, 0.5f);
05    ra.setDuration(200);           //在 200 毫秒之内完成旋转动作
```

如上述代码,02~04 行定义了该旋转动画的属性,即以执行该动画的对象的正中心为旋转轴进行旋转;

05 行则设定了完成整个旋转动作的时间。有了这个 ra 对象,ImageView 对象通过方法:

```
ImageView.startAnimation(ra);            //执行旋转动画
```

就可以执行这个旋转。

最后还需要找一张图片用于指定各个方向,为了美观和便于使用,示例使用了一张矩形图片,便于自身中心显得对称,并且该图片中指示北极的箭头是朝正上方的,即可以设定原始图片的旋转度数为 0,如果原始图片的北极不是指向正上方也可以使用,但是会为之后的编码引入额外的工作量。准备好了图片资源,将其放入到工程的 drawable 目录下,并在 Activity 的 onCreate()方法中绑定。

```
compass = (ImageView)findViewById(R.id.compass);//关联 ImageView
```

现在有了 compass 这个 ImageView,就只需要在 onSensorChanged()方法中通过传感器传回的数值来定义出需要执行的 RotateAnimation ra,并执行 compass.startAnimation(ra)就可以实现在传感器每次传回数值时对指南针进行转动,从而实现了指南针的功能。onSensorChanged()的完整代码如下:

```
01   public void onSensorChanged(SensorEvent event) {
02       switch(event.sensor.getType()){
03       case Sensor.TYPE_ORIENTATION: {
             //如果新的传感器变化事件来自于方位传感器,则执行以下代码
04           //处理传感器传回的数值并反映到图像的旋转上,
05           //需要注意的是由于指南针图像的旋转是与手机(传感器)相反的,
06           //因此需要旋转的角度为负的角度(-event.values[0])
07           float targetDegree = -event.values[0];
08           rotateCompass(currentDegree, targetDegree);     //执行旋转
09           currentDegree = targetDegree;                   //保存当前的旋转角度
10           break;
11       }
12       default:
13           break;
14       }
15   }
16
17   //以指南针图像中心为轴旋转,从起始度数 currentDegree 旋转至 targetDegree
18
```

```
19    private void rotateCompass(float currentDegree, float targetDegree){
20        RotateAnimation ra;
21        ra = new RotateAnimation(currentDegree, targetDegree,
22            Animation.RELATIVE_TO_SELF, 0.5f,
23            Animation.RELATIVE_TO_SELF, 0.5f);
24        ra.setDuration(200);              //在 200 毫秒之内完成旋转动作
25        compass.startAnimation(ra);       //开始旋转图像
26    }
```

其中，19～26 行将执行旋转的一系列步骤提取出来单独列为了一个子程序 rotateCompass()，只需要提供起始度数 currentDegree 和终止度数 targetDegree 即可；另外需要注意的一个地方则是如注释 04～06 行所述的需要将 targetDegree 取值为负的 values[0]，这里也进一步说明了对传感器数值的利用是需要进行修饰的。

读者应该已经发现本小节的名称后面有个括号的内容是"真机版"，那是不是说明该示例还有一个模拟器版本呢？没错，下一小节就将介绍如何在模拟器上来调试与传感器相关的应用程序，读者可能会有疑问，就是模拟器根本就不存在传感器，怎么能使用模拟器来调试传感器呢？这就需要借助到一个名为 OpenIntents 的开放项目，这个项目下有一个名为 SensorSimulator 的子项目，从名称中就可以看出，这个项目是用于仿真传感器的，借助这个项目就可以为模拟器再仿真出一套"模拟传感器"，就可以实现在模拟器上调试与传感器相关的应用了，具体的方法将在下一小节里进行详细的说明。

8.1.5 指南针应用（模拟器版）

上一小节的末尾已经提到了如何在模拟器上开发与传感器相关应用的方法，本小节就按照这个方法来实现指南针应用的模拟器版本，首先介绍一下 SensorSimulator 及其使用方法。

1．SensorSimulator 下载

SensorSimulator 能够使你仅仅通过鼠标和键盘就能够实时地仿真出各种传感器的数据，在最新的 SensorSimulator 版本中甚至还支持了仿真电池电量状态、仿真 GPS 位置的功能，它还能够"录制"真机的传感器在一段时间内的变化情况，以便于为开发者分析和测试提供材料。OpenIntents 项目的下载地址在 http://code.google.com/p/openintents/downloads/list，你可以在这个页面找到所有 OpenIntents 已发布的软件包，其中就包括了 SensorSimulator，目前的版本号为 2.0-rc1，如图 8.7 所示。

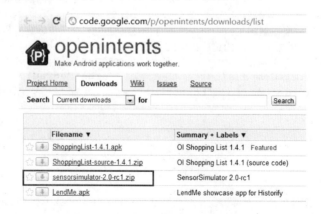

图 8.7　在何处下载 SensorSimulator

下载并解压 sensorsimulator.zip 包后，可以发现目录下的结构如图 8.8 所示。

图 8.8 sensorsimulator 包的内容

其中 bin 文件夹下包括了已编译好的一个可执行 jar 文件和两个 apk 安装包，以及 3 个用于描述说明的文本文件；lib 文件夹下则是编译好的 java 类库，提供与传感器仿真有关的 API；release 文件夹下存放的是用于 build 发布版的代码；samples 文件夹下提供了两个传感器的示例；第 5～第 7 个文件夹则是该 bin 中已编译的二进制文件的源码。对于本例来说，需要使用到的只有 bin 和 lib 两个文件夹中的内容。

2．SensorSimulator连接使用

为了使 Android 模拟器能够接收到 SensorSimulator 所仿真出的传感器数据，首先需要做的是让模拟器能够与 SensorSimulator 建立连接，为此首先需要在 Android 模拟器上安装 SensorSimulatorSettings -2.0-rc1.apk 这个应用，通常在命令提示符下输入如下命令：

```
adb install SensorSimulatorSettings -2.0-rc1.apk
                          //快速地将位于 PC 机上的安装文件安装到已连接的设备上
```

将这个用于设置连接的应用安装到模拟器中后，运行该应用程序会进入如图 8.9、图 8.10 所示的界面。

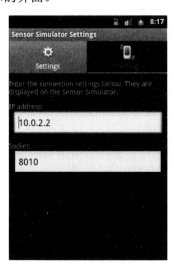

图 8.9 IP 和端口设置界面

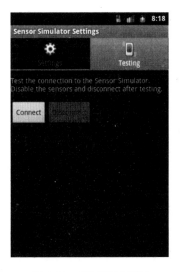

图 8.10 测试连接界面

其中图 8.9 中所需要填的 IP 地址及 socket 端口号就是模拟器与 SensorSimulator 连接的凭据，IP 地址可以直接填写 10.0.2.2，它代表了运行该模拟器的宿主 PC，端口号则需要与

SensorSimulator 中的设置一致，一般来说默认即可，如果遇到端口冲突的问题，分别在模拟器中和 SensorSimulator 的配置中（稍后会进行说明）进行一致的更改即可。图 8.10 所示的为测试连接的界面，虽然被成为测试界面，但是实际上也是依靠单击 Connect 按钮来建立好连接，连接成功之后才能够进一步在我们的示例中成功地接收到数据。

然后在 PC 端启动 bin 文件夹下的 sensorsimulator-2.0-rc1.jar 这个可执行的 java 应用程序，看到如图 8.11 所示的界面。

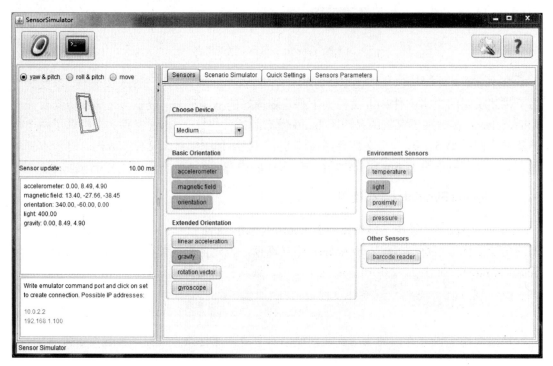

图 8.11　SensorSimulator 界面

如图所示，若要设置端口、刷新频率等可以单击界面右上方的齿轮样式的图标，界面左边一栏包括了 3 个窗口，其中最上方的窗口中有一个用于对设备的方位、角度等状态进行仿真的 3D 模型，可以使用鼠标直接对该模型进行 yaw&pitch、roll&pitch 和 move 3 种操作，3 种操作基本可以模拟出绝大部分现实世界中设备的各种状态，对于 3 种操作的区别，建议读者在操作中体会。

中间的窗口中的一系列数据就是最上方窗口中的模型所返回的传感器数值，默认地开启了 5 种传感器的仿真，包括 accelerometer（加速度传感器）、magnetic field（磁场传感器）、orientation（方位传感器，即本例中需要使用到的传感器）、light（亮度传感器）和 gravity（重力传感器）。如果需要仿真更多的传感器数据，可以在右边一栏的 Sensors 选项卡中进行开启，如图中显示为深色的按钮即为已开启的传感器类型，通过单击按钮可以开启/关闭相应的传感器。

最下方的窗口则是一个作为信息输出的作用。界面右边一栏包含了一些对传感器进行设置或者控制的选项，使用方法比较简单，由于在本例中不需要进行十分特定的仿真，因此不必关注其他的内容，只需要保证 orientation 这个传感器处于工作状态即可。

在确保 SensorSimulator 的端口号与模拟器上设置的端口号一致后（本例中使用的是默

认值 8010)，在模拟器的 Testing 选项卡下单击 Connect 按钮，应该就可以成功地连接至 SensorSimulator 并且接收到传感器所传回的数据了，如图 8.12 所示。传感器的数据将会显示在界面的下半部分，可以发现此处所显示的数据与图 8.11 中左边一栏中间的窗口中的数据相同，通过鼠标调整 3D 模型的状态，可以发现模拟器上的数据与之发生同步的变化，这就说明模拟传感器的连接已经正确地建立起来了，接下来就可以开始利用仿真的传感器开发应用程序了。

3. SensorSimulator模拟测试

但是，通过如上一系列的操作之后并不能使原先在真机上可以工作的代码直接运行起来，这是因为通过 SensorSimulator 模拟出来的传感器并不能直接向 Android 自带的 hardware 中相关的 API 传递数据，因为自带的 API 是需要真的硬件支持的。不过，SensorSimulator 很优雅地处理了这一问题，它通过提供一个用于接收其仿真出来的

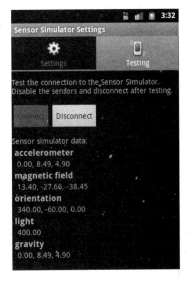

图 8.12　连接成功并接收到数据

传感器的 API 类库，使得开发者可以通过仅仅替换一小部分代码即可使得程序正常运行起来，从而使得两个版本的代码直接的差异性达到最小，下面介绍如何对真机版的代码稍作改变使其能够运行在模拟器上。

（1）加载感应器模拟库

首先需要在 Eclipse 项目中加入 lib 目录下的 sensorsimulator-lib-2.0-rc1.jar 包，具体做法是用鼠标右键单击项目名称，在菜单中选择 Build Path|Configure Build Path…命令，然后在 Libraries 选项卡下单击 Add External JARs…并定位到 sensorsimulator-lib-2.0-rc1.jar 文件即可，之后就可以使用这个库了。

（2）引用感应器模拟包

然后在项目的包中加入如下几条 import：

```
01  import org.openintents.sensorsimulator.hardware.Sensor;
02  import org.openintents.sensorsimulator.hardware.SensorEvent;
03  import org.openintents.sensorsimulator.hardware.SensorEventListener;
04  import org.openintents.sensorsimulator.hardware.SensorManagerSimulator;
```

需要注意的是，其中，01～03 行所导入的类与原本的：

```
import android.hardware.Sensor;
import android.hardware.SensorEvent;
import android.hardware.SensorEventListener;
```

这 3 条是相冲突的，也正因为如此，模拟器才能够接收到相应的数据，而新导入的 SensorManagerSimulator 包与原有的 SensorManager 却是可以并存的，也可以说 SensorManager 包仍然是新版本项目所需要的包，这是因为它还提供了可供使用的一些具名常量。因此，在导入了 4 个新的类之后，删除与之冲突的 3 个类的导入就可以了。

（3）修改 AndroidManifest.xml

由于手机需要通过网络连接到 SensorSimulator，因此需要在 AndroidManifest.xml 加入

对网络的使用权限：

```
<uses-permission
android:name="android.permission.INTERNET"></uses-permission>
                                                    //需要网络访问权限
```

（4）修改代码

另外还需要替换的是获取 SensorManager 实例的代码，因为 SensorManager 是用于管理传感器的，而原有的获取其实例的方法显然是不能够用于仿真出来的传感器的，因此，替换：

```
mSensorManager = (SensorManager) getSystemService(SENSOR_SERVICE);
```

为如下代码：

```
mSensorManager = SensorManagerSimulator.getSystemService(this, SENSOR_
SERVICE);                                           //获取模拟服务
```

从而获取到用于管理仿真出来的传感器的 SensorManager，之后，还需要通过如下方法使得该应用程序连接到 SensorSimulator：

```
mSensorManager.connectSimulator();                   //连接到仿真器
```

需要注意连接成功的条件是正确地在 SensorSimulatorSettings 进行了成功的连接，否则可能出现在项目中不能够获取传感器数据的情况，如果遇到没有反应的情况，首先就应该去检查一下 SensorSimulatorSettings。

最后还需要一项极小的改动，由于所有传感器都是仿真出来的，因此 SensorSimulator 所提供的 Sensor 类就没有提供 getType()方法，也就不能够再通过 event.sensor.getType()的方式来获取传感器的类型，而是使用 event.type 的方式来获取。

（5）运行测试

经过如上所述的几步简要的修改后，就可以在模拟器上运行该示例了。经过这个过程我们可以发现实际上对真正实现功能逻辑的代码并没有进行改动，因此也说明了使用模拟器开发与传感器相关的应用是可行的。在本章随后的章节中，如没有特殊的说明，开发过程都将在模拟器上进行。下面通过截图来看一下指南针应用的模拟器版本的运行效果，如图 8.13、图 8.14 所示分别展示了两种不同的朝向。

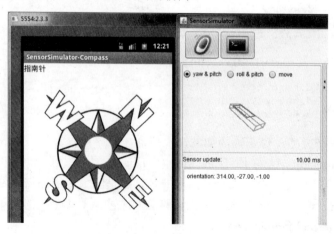

图 8.13　指南针模拟状态 1

第 8 章 传感器、GPS 应用开发

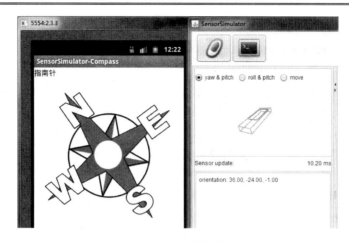

图 8.14　指南针模拟状态 2

8.1.6　计步器应用

前面一小节介绍了如何借助方位传感器来实现指南针功能，并且进一步说明了如何使用模拟器来开发涉及传感器的应用程序。不过前面一小节实现指南针功能时对数据的处理相对较简单，仅需要对传感器返回的值取负值即可，本小节将再带领大家实现另一个常用的并且稍微复杂的应用——计步器。

1．计步器介绍

什么是计步器呢？顾名思义，计步器就是用于计算一个人所走过的步数，市面上销售的一些计步器往往还带有其他一些非常丰富的功能，如估算一个人所消耗的能量、估算所走过的距离等等。但这些功能都是建立在准确地测定了人所走的步数之上的，那么如何准确地测定步数呢？这就需要借助于传感器了，如何处理、统计传感器的数据，就决定了测定步数的准确性。Android 提供了众多传感器的支持，实现一个简易的计步器当然也是力所能及的了。下面就在 Android 平台上来实现一个简易的计步器应用。

2．计步功能实现分析

那么，实现一个计步器需要使用什么传感器呢？联想一下，在使用计步器的时候手机会经历的状态——人往往会将手机置于衣物的口袋或者背包中，而人在步行时重心会有一点上下移动（以腰部的上下位移最为明显，所以通常推荐将计步器挂在腰带上，而对于手机，自然就建议放在距离腰部附近的位置）。

因此，我们可以将每一步的运动简化为一种上下运动。这时候 SensorSimulator 就能够发挥作用了，打开 SensorSimulator，使用所有可能产生反应的传感器（一些传感器，如温度传感器、压力传感器、亮度传感器等可以直接排除）将这种运动施加到 SensorSimulator 里的手机模型上，然后观察这些传感器所传回数值的变化，可以发现其中 Accelerometer 和 Linear-accerleration 这两种传感器的第三个数值变化与对手机施加的动作之间有着相近的频率，再结合传感器的实际功能，就可以确定是这两类传感器可以用于实现计步器的功能。

而 Accelerometer 和 Linear-Accerleration 这两个传感器之间又有什么样的关系呢？下面简要地介绍一下 Accelerometer、Gravity 和 Linear-Accerleration 这 3 个传感器。

（1）加速度传感器——Accelerometer

加速度传感器所测量的是所有施加在设备上的力所产生的加速度（包括了重力加速度）的负值（这个负值是参照图 8.1 的世界坐标系而言的，因为默认手机的朝向是向上，而重力加速度则朝下，这里取值为负值可以与大部分人的认知观念相符——即手机朝上时，传感器的数值为正）。加速度所使用的单位是 m/s^2，其更新时所返回的 SensorEvent.values[] 数组的各值含义分别为：

- SensorEvent.values[0]：加速度在 X 轴的负值。
- SensorEvent.values[1]：加速度在 Y 轴的负值。
- SensorEvent.values[2]：加速度在 Z 轴的负值。

例如：

- 当手机屏幕朝上静止地放在水平桌面上（可称为标准姿态），此时 values[2] 的值将会约等于重力加速度 g（$9.8m/s^2$）。
- 若手机的状态不是标准状态，那么数组 values[] 的值分别为重力加速度在各方向上的分量。
- 当手机以标准姿态做竖直的自由落体运动时，此时各方向的加速度将为 0。
- 当手机向上以 $2m/s^2$ 的加速度做直线运动时，values[2] 的值为 $11.8m/s^2$。

（2）重力加速度传感器——Gravity

重力加速度传感器，其单位也是 m/s^2，其坐标系与加速度传感器一致。当手机静止时，重力加速度传感器的值和加速度传感器的值是一致的，从 SensorSimulator 上很容易观察到这一点。

（3）线性加速度传感器——Linear-Acceleration

这个传感器所传回的数值可以通过如下一个公式清楚地了解：

accelerometer = gravity + linear-acceleration

如上所述，可知 Accelerometer 和 Linear-Accerleration 这两类传感器在本例中几乎可以发挥相同的作用，结合图 8.3 所获取的一款真机的传感器列表，发现该款真机仅支持两者中的 Accerlerometer，可以略做推断 Accerlerometer 可能是较 Linear-Accerleration 更为普及的一种传感器，因此本例中决定使用 Accerlerometer 传感器来实现计步器的功能。其实，如果某一款手机不支持 Accerlerometer 而是支持 Linear-Accerleration 传感器，我们也可以通过少量的修改即可使计步器程序变为使用 Linear-Accerleration 的版本。

图 8.15　计步器运行状态

3. 计步器效果

本示例的运行效果如图 8.15 所示。

计步器包括了几个按钮用于基本的控制操作，即分别为开始计步、暂停计步、继续计步、清零步数 4 个操作。

4. 代码实现

(1) 实现判断走一步的逻辑

由于本示例是在模拟器上完成的,所以我们对走路的情景做了简化:假定在走路的过程中手机保持在标准姿态,即如图 8.15 的状态,并将手机的运动轨迹简化为竖直方向上的来回运动,那么这时候加速度传感器的 values[2] 值将会随着每一步的动作而发生周期性的变化。因此,计步器的核心逻辑就是依据 values[2] 值的变化来判定是否完成了走一步的动作。判断走一步的代码如下:

```
01    private static final float GRAVITY = 9.80665f;       //重力常量
02    private static final float GRAVITY_RANGE = 0.001f;   //计步判断阈值
03    //存储走一步的过程中传感器传回值的数组以便于分析
04    private ArrayList<Float> dataOfOneStep = new ArrayList<Float>();
```

其中,01、02 行代码定义了两个常量,GRAVITY 代表了标准的重力加速度值,而 GRAVITY_RANGE 是一个用于忽略极小的加速度变化的常量,即只要与 GRAVITY 值相差在该值的范围内时,就认为还是处于标准的重力加速度状态下,可以认为是一种"防抖动"措施;

04 行定义了一个 ArrayList 类型的对象 dataOfOneStep,用于存储一段连续的传感器数值以供分析使用。

完成了基本数据的定义之后,我们实行对完成一步行走的动作判断,其判断实行如下:

```
01    /**
02     * 判断是否完成了一步行走的动作
03     * @param newData 传感器新传回的数值(values[2])
04     * @return 是否完成一步
05     */
06    private boolean justFinishedOneStep(float newData){
07        boolean finishedOneStep = false;
08        dataOfOneStep.add(newData);   //将新数据加入到用于存储数据的列表中
09        dataOfOneStep = eliminateRedundancies(dataOfOneStep);
                                        //消除冗余数据
10        finishedOneStep = analysisStepData(dataOfOneStep);
                                        //分析是否完成了一步动作
11        if(finishedOneStep){
                    //若分析结果为完成了一步动作,则清空数组,并返回真
12            dataOfOneStep.clear();
13            return true;
14        }else{              //若分析结果为尚未完成一步动作,则返回假
15            if(dataOfOneStep.size() >= 100){   //防止占用资源过大
16                dataOfOneStep.clear();
17            }
18            return false;
19        }
20    }
```

其中,justFinishedOneStep() 方法用于根据 analysisStepData() 方法所返回的值来进行相应的事务处理:向调用方返回是否完成一步,并且维护 dataOfOneStep 的数据。

在行走动作判断中,我们调用了数据分析方法,该方法通过搜集的手机方向变化数据来判断是否完成了一步行走,具体实行如下:

```
01    /**
02     * 分析数据子程序
03     * @param stepData 待分析的数据
04     * @return 分析结果
05     */
06    private boolean analysisStepData(ArrayList<Float> stepData){
07        boolean answerOfAnalysis = false;//用于保存分析结果
08        boolean dataHasBiggerValue = false;       //是否存在一个极大值
09        boolean dataHasSmallerValue = false;      //是否存在一个极小值
10        for(int i=1; i<stepData.size()-1; i++){
11            if(stepData.get(i).floatValue() > GRAVITY + GRAVITY_
                RANGE) {                           //是否存在一个极大值
12                if((stepData.get(i).floatValue() > stepData.get(i+1).
                    floatValue()) &&
13                    (stepData.get(i).floatValue() > stepData.
                        get(i-1).floatValue())){
14                    dataHasBiggerValue = true;    //存在一个极大值
15                }
16            }
17            if(stepData.get(i).floatValue() < GRAVITY - GRAVITY_
                RANGE) {                           //是否存在一个极小值
18                if((stepData.get(i).floatValue() < stepData.get(i+1).
                    floatValue()) &&
19                    (stepData.get(i).floatValue() < stepData.
                        get(i-1).floatValue())){
20                    dataHasSmallerValue = true;   //存在一个极小值
21                }
22            }
23        }
24        answerOfAnalysis = dataHasBiggerValue && dataHasSmaller-
            Value;                                  //得出最终分析结果
25        return answerOfAnalysis;
26    }
```

其中，analysisStepData()方法用于分析当前的 dataOfOneStep 列表中的数据是否被判别为完成了一步的动作，若分析结果判定刚完成了一步，则返回真，反之返回假。

在进行数据分析之前，我们需要对收集到的所有数据进行去除冗余，这样可以在不对结果造成实质影响的情况下，节省空间、提高效率。具体的去除冗余数据的实现如下：

```
01    /**
02     * 消除 ArrayList 中的冗余数据，节省空间，降低干扰
03     * @param rawData 原始数据
04     * @return 处理后的数据
05     */
06    private ArrayList<Float> eliminateRedundancies(ArrayList
        <Float> rawData){
07        for(int i=0; i<rawData.size()-1 ;i++){
08            if((rawData.get(i) < GRAVITY + GRAVITY_RANGE) &&
                (rawData.get(i) > GRAVITY -
09                GRAVITY_RANGE)
                && (rawData.get(i+1) < GRAVITY + GRAVITY_RANGE) &&
                (rawData.get(i+1) >
11                GRAVITY - GRAVITY_RANGE)){
                                          //如果数据与重力加速度差值在阈值以内
12                rawData.remove(i);  //删除该条数据
13            }else{
```

```
14                break;
15            }
16        }
17        return rawData;
18    }
```

其中，eliminateRedundancies()方法的作用是消除列表 dataOfOneStep 中冗余的数据，具体做法是从列表中移除列表前端的重复数据，这些重复数据产生的原因是一段时间内没有进行任何动作，使得传感器按一定频率传回大量与 GRAVITY 相近的数值，该方法是为了防止 dataOfOneStep 的数据量变得过大。上述代码一共实现了用于判断一步的 3 个方法，即：

```
private boolean justFinishedOneStep(float newData)
private boolean analysisStepData(ArrayList<Float> stepData)
private ArrayList<Float> eliminateRedundancies(ArrayList<Float> rawData)
```

其中的调用关系为 justFinishedOneStep() → analysisStepData() → eliminateRedundancies()。有了如上所述的判断逻辑之后，就可以进一步实现计步器了。

（2）注册和使用加速度传感器。

代码如下：

```
01    private SensorManagerSimulator mSensorManager;      //传感器管理器
02    private Sensor mAccelerometer;                      //加速度传感器
03    @Override
04    public void onCreate(Bundle savedInstanceState) {
05        super.onCreate(savedInstanceState);
06        setContentView(R.layout.main);   //绑定 layout 布局
07        stepcount = (TextView)findViewById(R.id.stepcount);
                                          //绑定 TextView,用于显示已计步数
08        debug = (TextView)findViewById(R.id.debug);
                                          //绑定 TextView,用于显示调试信息
09        //获取仿真版传感器管理器对象
10        mSensorManager = SensorManagerSimulator.getSystemService(this,
    SENSOR_SERVICE);
11        //获取仿真版加速度传感器对象
12        mAccelerometer = mSensorManager.getDefaultSensor(Sensor.
    TYPE_ACCELEROMETER);
13        mSensorManager.connectSimulator();              //连接到仿真器
14    }
15    protected void onResume() {
16        super.onResume();
17        //在 Activity 继续执行时注册传感器监听器
19        mSensorManager.registerListener(this, mAccelerometer, Sensor-
    Manager.SENSOR_DELAY_UI);
20    }
21
22    protected void onPause() {
23        super.onPause();
24        //在 Activity 被暂停时结束传感器监听器的注册
25        mSensorManager.unregisterListener(this);
26    }
```

获取传感器管理器对象、连接仿真器、注册和注销传感器等操作与前面指南针实现的相关操作类似。

（3）将计步结果显示到用户界面

代码如下：

```
01  public void onSensorChanged(SensorEvent event) {
02      switch(event.type){
03      case Sensor.TYPE_ACCELEROMETER:{   //当前的传感器时间由加速度传感器产生
04          Log.v(TAG, "values[0]-->" + event.values[0] + ",
            values[1]-->" + event.values[1] + ",
05              values[2]-->" + event.values[2]);
                                            //在 LogCat 中输出调试信息
06          debug.setText("values[0]-->" + event.values[0] + "
            \nvalues[1]-->" + event.values[1] +
07              "\nvalues[2]-->" + event.values[2]);
                                            //在 TextView 上显示 debug 信息
08          if(justFinishedOneStep(event.values[2])){
                                            //判断是否发生了走一步事件
09              //更新计步显示
10              stepcount.setText((Integer.parseInt(stepcount.
                getText().toString()) + 1) + "");
11          }
12          break;
13      }
14      default:
15          break;
16      }
17  }
```

显示结果的代码包含在传感器的回调方法 onSensorChanged()中。其中，08～10 行是根据对传感器传回数据的分析结果，来判断是否给计步数加 1。到此为止，就实现了一个简易的计步器应用。

5．其他说明

本示例是为了方便说明传感器的使用而建立的，因此在实际使用时可能会存在误差或者失效，因为计步这个看似简单的功能，如果要做到非常精确，需要进行大量的数据统计和分析，从中得出人们行走的特点，才能够准确地测量出步数，这不在本书的讨论范围之内，如果读者有兴趣，不妨进行更深入的研究。

8.2　GPS 应用

GPS（Global Positioning System，即全球定位系统）从最早的用于军事用途，现在已经越来越广泛地应用在了个人用途上，如常见的车载 GPS 导航仪、智能手机上的 GPS 应用等等。GPS 定位是基于卫星的，因此又被称为全球卫星定位系统，用于 GPS 的卫星通常运行在中距离的圆形轨道上，它可以为地球表面绝大部分地区提供准确的定位、测速和高精度的时间标准。

由于 GPS 的实用性，越来越多的智能手机开始支持 GPS，Android 也不例外。GPS 几乎是每个搭载 Android 平台的手机的必备功能，再加上 Google 所拥有的极其丰富的地图、卫星图像、街景图像等资源，可以说在 Android 上开发与地理信息结合的应用拥有着其他平台无可比拟的优势。本节就将和大家一起来学习如何在 Android 上开发与 GPS 相关的应用。

8.2.1 GPS 位置获取

如同 8.1 节所介绍的传感器传回数值一样，GPS 的最核心的数据就是依据卫星所确定的经纬度数据，然而仅仅得到一个经纬度的数据并不能够直观地表现为"位置"，必须结合地图才能够将经纬数值代表的地点标示出来，因此，首先介绍如何在 Android 中使用 Google Map。

1. Google APIs安装

首先，需要在 SDK Manager 中下载使用 Google Map 的 API 包，这个 API 包是由 Google 提供的第三方开发工具包，目前这个包主要用于开发包含地图的应用程序。这个包必须结合相同 API Level 的 SDK Platform 使用，为此，在 SDK Manager 中确保下载好一套 SDK Platform + Google APIs，如图 8.16 所示。

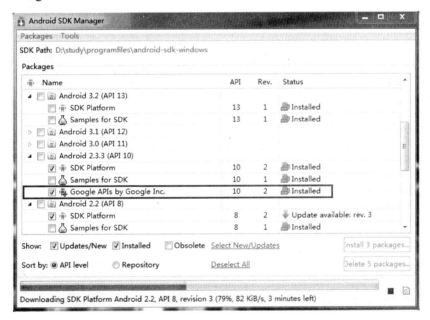

图 8.16　下载 Google APIs

下载完成之后，在 AVD Manager 中新建 AVD 时，就可以选择新建支持 Google APIs 的模拟器了，如图 8.17，建立一个支持 Google APIs 的模拟器供之后使用。在新建项目时的 Select Build Target 页面中也会出现相应 Google APIs 的选项，如果新建的项目是与地图相关的，那么就需要选择 Google APIs 作为 Build Target，如图 8.18 所示。

2. Google APIs文档

下载好的 Google APIs 可以在<android-sdk>/add-ons 目录下找到，这个目录下存放的是不属于标准的 Platform SDK 的、由第三方提供的 API，如果已经在前面所说的步骤中正确地安装了 Google APIs，就可以在该目录下找到类似 addon_google_apis_google_inc_10 的目录，该目录下包括了为模拟器所使用的已编译镜像、API 类库、示例和 API 文档，对我们最有用的就是位于 docs 目录下的开发文档了，用浏览器打开 docs/ reference/index.html 文件就可以看到相关的 API 文档，如图 8.19 所示。

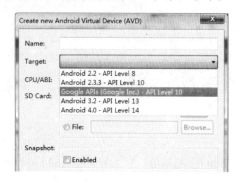

图 8.17　创建 AVD 时选择 Google APIs

图 8.18　创建项目时选择 Google APIs 作为 Build Target

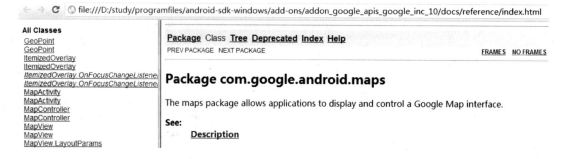

图 8.19　Google APIs 开发文档

通过阅读该开发文档并结合其提供的 sample 可以很快地入门。下面一起来建立并运行 Google APIs 自带的示例。

3．运行示例

通过单击 File|New|Android Project|Create project from existing sample|Google APIs|MapsDemo|Finish 命令，完成项目的创建，然后直接作为 Android Application 运行，模拟器会出现如图 8.20 所示的界面，可以看到这是一个有两个选项的列表，每一项对应了一个 Activity。

其中，第一个 Activity 即 MapViewDemo 实现的功能是显示一个 MapView（内容显示为 Google 提供的在线地图）；第二个 Activity MapViewCompassDemo 实现的功能是一个带指南针功能的地图。此处只需要看第一个示例的功能，单击 MapViewDemo 行将会跳转进入一个新的界面，然而，这个界面中并没有出现我们希望见到的地图，如图 8.21 所示。

这是为什么呢？难道官方所提供的这个示例存在错误吗？其实不是的，出于某些原因（如防止 Google 地图的 API 被滥用），Google 要求每一个使用该 API 的产品必须申请一个唯一的 API key 作为凭证，这个 API key 是根据开发者所使用的计算机的"指纹"来确定的，所以每一台计算机会分配到一个唯一的 API key，这个 API key 需要在 MapView 的

android:apiKey 属性中进行指定,对于此处的 MapsDemo 示例,则是在 res/layout/mapview.xml 文件中进行指定,mapview.xml 的代码如下,其中字体加粗的一行即为需要填入 API key 的地方,API key 的申请将在下一步中进行说明。

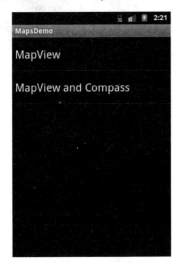

图 8.20 MapsDemo 启动界面

图 8.21 空白的 MapView

```
01  <LinearLayout xmlns:android="http://schemas.android.com/apk/res/android"
02      android:id="@+id/main"
03      android:layout_width="match_parent"
04      android:layout_height="match_parent">
05      <com.google.android.maps.MapView
06          android:layout_width="match_parent"
07          android:layout_height="match_parent"
08          android:enabled="true"
09          android:clickable="true"
10          android:apiKey="apisamples"
                              //此处的 apisamples 需要更换为申请到的 API Key
11          />
12  </LinearLayout>
```

4. 获取Google Maps API Key

申请 API Key 的地址在 http://code.google.com/intl/zh-cn/android/maps-api-signup.html,地址可能会变化,用 Google 搜索 Android Maps API Key 即可,具体的步骤如下:

- 获取计算机的唯一 MD5 码,又称"认证指纹"。
- API key 是与 Google 账户相关联的,因此要注册 Google 账号。
- 到前面提供的网址提交该 MD5 码,获取 API key。

下面结合图例来具体的进行说明。

(1)进入命令提示符

首先打开命令提示符,并定位至你机器上安装的 Java 的路径下的 jre6\bin,因为在该目录下有用于生成认证指纹的工具 keytool.exe,如图 8.22 所示。

（2）复制 keystore 路径

在输入命令之前，先需要获取到本机的 keystore 文件的路径，该文件也将成为生成认证指纹的一个依据，keystore 文件路径可以在 Eclipse 的 Preferences 下找到，依次单击 Window|Preferences|Android|Build 命令，如图 8.23 所示。复制 Default debug keystore 对应的内容待用，该内容即 debug.keystore 文件的绝对路径。

图 8.22　在命令提示符中定位至 jre6\bin

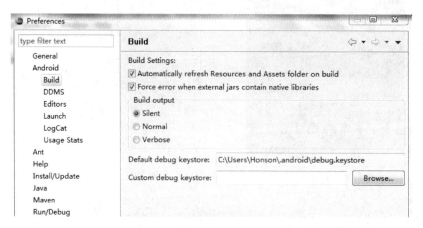

图 8.23　获取 debug.keystore 的路径

（3）生成认证指纹

回到第一步的命令提示符下，输入：

```
keytool -list -alias androiddebugkey -keystore "C:\User\Honson\.android\debug.keystore" -storepass android -keypass android
```

其中，黑体部分需要替换成第二步中得到的内容，后面的 –storepass android –keypass android 是设置密码的参数，可以任意填写。按回车键后，将会得到"认证指纹"，如图 8.24 所示。每台电脑的认证指纹码都是唯一的，复制该串数据（此处是 C3:55:9D:08:89:2F:B6:A7:9D:26:5D:09:8C:D1:73:B5）备用。

图 8.24　得到认证指纹

（4）生成 API Key

进入 http://code.google.com/intl/zh-cn/android/maps-api-signup.html 页面，如图 8.25 所示，在 My certificate's MD5 fingerprint 的文本框里填入在第三步中得到的认证指纹（MD5）码，然后单击 Generate API Key 按钮。

如果没有登录 Google 账户，则会提示登录账户后再进行操作，如果你没有 Google 账户就需要先申请一个，如图 8.26 所示。

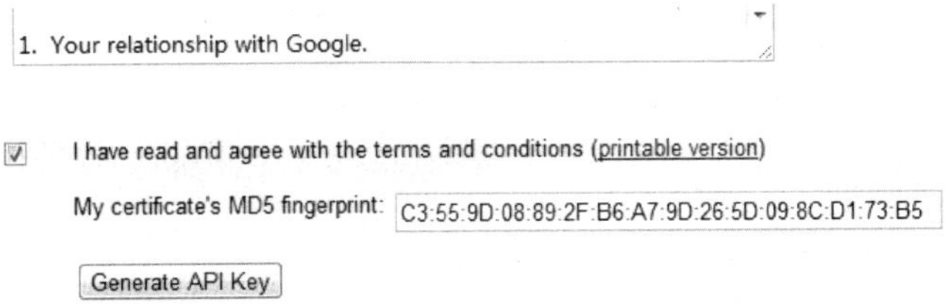

图 8.25　填入认证指纹码

图 8.26　登录 Google 账户

（5）API Key 获取成功

如果已经登录了 Google 账户，单击 Generate API Key 按钮后就将得到自己的 API Key 了，在进入的页面中还简要地介绍了如何使用 API Key，即将该 API Key 作为 MapView 的 android:apiKey 属性的值，如图 8.27 所示。

图 8.27　注册 API Key 成功

需要注意的是，该 API Key 只适用于当前用于申请的计算机，如果你的开发工作转移到了另一台计算机上，那么仍然会出现如图 8.21 的空白 MapView，此时就需要重新申请一个 API Key。通常当你在自己开发的应用中发现 MapView 是空白时，排除了网络的原因，那么很大的可能就是因为使用了不配套的 API Key 所致。

另外，由于前面申请的 API Key 是根据 debug.keystore 生成的，因此该 API Key 也只适用于开发测试，如果要正式发布应用则须首先生成一个非测试的 keystore，然后获取 API Key，非测试的 keystore 可以使用 eclipse 生成。

5. 修改示例，使地图能够正确显示

打开 mapview.xml，并将申请的 API Key 填入 android:apiKey，修改后的代码如下：

```
01    <com.google.android.maps.MapView
```

```
02        android:layout_width="match_parent"
03        android:layout_height="match_parent"
04        android:enabled="true"
05        android:clickable="true"
06        android:apiKey="0k-swCMzyAu0tDwVytvRtZi5--YM34YpwGVyq1Q"
07        />
```

6. 重新运行示例

修改了 API Key 之后，重新运行 MapsDemo，可以看到已经能够正常地显示出地图了，如图 8.28 所示。

7. 为示例增加GPS位置获取功能

经过前面相应的修改之后，MapView 已经能够正确地显示出地图，有了地图的显示就能够将获取的 GPS 数据直观地反映到视图上去了。接下来为示例增加 GPS 位置获取的功能。

（1）实现 LocationListener 接口

那么如何才能够获取由 GPS 模块所获取的 GPS 数据呢？这就需要一个实现了 LocationListener 接口的类，LocationListener 接口的 onLocationChanged()方法将会在 GPS 模块传回新的数值时被回调，并将新的 GPS 数据作为参数传入。LocationListener 接口所包含的方法如下：

图 8.28　正确显示出地图

```
public abstract void onLocationChanged (Location location);
                                        //当地点发生改变时被调用
public abstract void onProviderDisabled (String provider);
                                        //当GPS的provider被禁用时被调用
public abstract void onProviderEnabled (String provider);  //与上一方法相反
public abstract void onStatusChanged (String provider, int status, Bundle
 extras);                               //当GPS状态发生改变时被调用
```

为此，新建一个名为 MyLocationListener 的类并使其实现 LocationListener 接口，该类的功能是当 GPS 数据更新时，在手机界面上显示一个 Toast 消息框，消息内容为新的位置经纬度，并且将地图定位至新的 GPS 数据所代表的地点。代码如下：

```
01 public class MyLocationListener implements LocationListener
02 {
03     private Context context;
04     private MapView mapView;
05     private MapController mapController;
                                //地图控制器对象，可用于控制地图缩放，平移等
06     //构造方法
07     public MyLocationListener(Context context, MapView mapView,
       MapController mapController){
08         this.context = context;
09         this.mapView = mapView;
10         this.mapController = mapController;
11     }
12
13     @Override
```

```
14      public void onLocationChanged(Location loc) {
                                    //当地点信息发生变化时,该方法将被调用
15          if (loc != null) {
              //如果新的位置信息不为null,则根据传入的位置信息,生成GeoPoint对象
16              GeoPoint nowAt = new GeoPoint((int)(loc.getLatitude()*1e6),
                 (int)(loc.getLongitude()*1e6));
17              mapController.animateTo(nowAt);          //平移到新的位置处
18              Toast.makeText(context,   //使用Toast消息显示新位置的经纬度信息
19                 "位置改变 : 纬度: " + loc.getLatitude() +
20                 " 经度: " + loc.getLongitude(),
21                 Toast.LENGTH_SHORT).show();
22              mapView.invalidate();
23          }
24      }
25      @Override
26      public void onProviderDisabled(String provider) {}
27      @Override
28      public void onProviderEnabled(String provider) {}
29      @Override
30      public void onStatusChanged(String provider, int status, Bundle
            extras) {}
31  }
```

其中,07行MyLocationListener的构造方法需要传入应用上下文context、需要更新的mapView以及控制mapView更新的mapController作为参数;

16、17行的作用是获取新的GPS位置数据,并使mapView的中心点移至新的GPS位置;

18~21行则是用于显示一条包含新的经纬度信息的Toast消息;

22行用于即时刷新mapView。

(2)在MapViewDemo中注册MyLocationListener

在上一步中已经实现了MyLocationListener,通过它就能够监听到GPS数据的改变,要使用监听器,则需要在MapViewDemo这个Activity里对该监听器进行注册,注册监听器通过LocationManager完成,监听器注册成功后,Activity就能够按一定的频率接收到位置的改变。代码如下:

```
01  context = getBaseContext();//获取应用程序上下文环境
02  //获取位置管理器
03  locationManager = (LocationManager) getSystemService(Context.
    LOCATION_SERVICE);
04  locationListener = new MyLocationListener(context, mapView,
    mapController);//新建位置监听器对象
05  //注册位置监听器
06  locationManager.requestLocationUpdates(LocationManager.GPS_PROVIDER,
    0, 0, locationListener);
```

其中,06行就是具体注册监听器的代码,该方法的原型是:

```
requestLocationUpdates(String provider, long minTime, float minDistance,
LocationListener listener)
```

参数如下:

- provider:需要注册的provider的名称。
- minTime:最小的更新时间间隔。
- minDistance:最小的更新距离。
- listener:每次更新时,该监听器的onLocationListener()方法将会被调用。

（3）初始化 MapView

初始化包括了设定是否使用默认的缩放按钮、设定地图的默认缩放等级，另外，由于是在模拟器中对 GPS 功能进行测试，而模拟器本身并没有 GPS 模块，因此也不会有自动的 LocationUpdates 事件发生，所以还需要对初始位置进行初始化，初始化的代码如下：

```
01      mapView = (MapView)findViewById(R.id.map);          //绑定 MapView
02      mapView.setBuiltInZoomControls(true);               //使用默认的缩放按钮
03      mapView.displayZoomControls(true);                  //显示缩放按钮
04      mapController = mapView.getController();            //得到地图控制器
05      final int defaultZoomLevel = 17;                    //默认缩放等级 17
06      mapController.setZoom(defaultZoomLevel);            //缩放等级调至默认
07      final double dLong = 103.9242;                      //默认地点的经纬度
08      final double dLati = 30.75777;
09      GeoPoint defaultPoint = new GeoPoint((int)(dLati*1E6),
            (int)(dLong*1E6));                              //默认地理位置对象
10      mapController.animateTo(defaultPoint);  //将地图中心移至默认地理位置
```

上段代码中，02 行设置了使用系统内建的缩放按钮；

06 行设置了默认的缩放等级；

10 行将地图的中心点移动到默认位置，为了验证地点的正确性，可以通过网页版的 Google Map 或者 Google Earth 客户端去获取你熟悉的地点的经纬数据，笔者在此选择了电子科技大学作为默认地点。

（4）为项目添加权限

由于使用 GPS 定位功能需要应用程序有获取准确地理位置的权限，因此需要在应用程序的 AndroidManifest.xml 文件中添加相应的权限声明，否则在程序运行的时候将会报错，MapsDemo 默认地申请了如下两个权限：

```
<uses-permission android:name="android.permission.ACCESS_COARSE_LOCATION" />
                                                    //获取普通精度定位
<uses-permission android:name="android.permission.INTERNET" />
                                                    //访问网络的权限
```

为此，需要再增加：

```
<uses-permission android:name="android.permission.ACCESS_FINE_LOCATION" />//获取精确定位
```

一项的权限声明。

（5）使用 DDMS 发送 GPS 数据模拟位置获取功能

使用模拟器调试 GPS 功能时，借助于 DDMS 的数据发送功能可以很方便地向模拟器发送 GPS 数据，要使用 DDMS 的发送数据功能，在 Eclipse 下切换到 DDMS 视图（如果切换栏中没有 DDMS 视图可以通过单击右上角的 Open Perspective→Other→DDMS 打开）。在默认的 DDMS 视图下，左边第二栏就是 Emulator Control 面板（如图 8.29），在该面板下可以实现对模拟器的一些状态的设置，例如调整音量、电量、模拟来电和短信等等，在最下方则是用于模拟地理位置的 Location Controls，可以为模拟器发送地理位置，包括发送一个单独的位置（Manual），以及发送一串保存在文件中的多个位置（GPX，KML）等几种方式。

图 8.29　Emulator Control 面板

在图 8.29 中，为了测试前面得到的代码，在 Manual 选项卡下选择 Decimal 选项，填入经纬度然后单击 Send 按钮发送即可，可以发现模拟器上的地图由初始化位置（电子科技大学，如图 8.30 所示）移动到了新的位置（成都市天府广场，如图 8.31 所示）。注意模拟器的通知栏，可以发现通知栏内出现了一个新的标志（见图 8.30、图 8.31 中位于 3G 标志左方的一个圆形标志），这就是 GPS 正在被使用的标志。

图 8.30　初始化位置

图 8.31　接收到新 GPS 数据后定位到新地点

8.2.2　GPS 标记显示

在前面一小节中介绍了如何通过获取 GPS 数据来定位至新的地点，在实际应用中经常会遇到此类需求,就是在地图上进行标记,包括使用地标标记地点,或者使用弹出气泡来显示相关信息,本小节就介绍这两种标记的方法。

1. 标记效果

需要实现的标记效果如图 8.32 和图 8.33 所示。

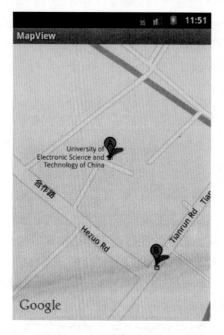 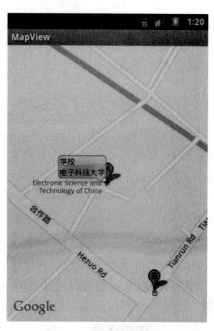

图 8.32 在地图上显示地标　　　　　　图 8.33 在地图上显示气泡

2. 显示地标

(1) 实现 PlaceMarker 类

要在地图上显示一个地标(图片),需要使用 Map API 中的 OverlayItem 类,Overlay 可以理解为覆盖层的意思,就是在 Mapview 上覆盖一层视图。为此需要实现一个地标类并继承 OverlayItem 类,代码如下:

```
01  public class PlaceMarker extends OverlayItem {
02      private static int placeID = 1;         //静态变量,用于生成递增的编号
03      private int myID = 0;                   //地标对象的 ID
04
05      public PlaceMarker(GeoPoint point, String title, String snippet,
        Drawable marker) {
06          super(point, title, snippet);
07          myID = placeID++;                   //生成唯一的地标 ID
08          this.setMarker(marker);             //为地标对象设置标识
09      }
10
11      public int getID(){                     //该方法用于获取地标 ID
12          return myID;
13      }
14  }
```

如代码所示，地标 PlaceMarker 类的构造方法的参数包括了指定地理位置的 GeoPoint，以及地标的 title 和 snippet，这3个参数也是其基类 OverlayItem 构造方法的参数，OverlayItem 类提供了 getPoint()、getSnippet()和 getTitle() 3 个方法来分别返回这3个成员变量，对于 PlaceMarker 构造方法的第四个参数 Drawable 则是作为标记绘制在地图上，通过基类的 setMarker()方法指定 Drawable 对象为其标记。OverLayItem 类所包含的方法如表 8-1 所示：

表 8-1 OverlayItem类的方法

类 名	描 述
Drawable getMarker(int stateBitset)	获取指定状态（stateBitset）的标志图
GeoPoint getPoint()	返回该OverlayItem的地理位置
String getSnippet()	返回该OverlayItem的简介
String getTitle()	返回该OverlayItem的标题
String routableAddress()	以map-routable格式返回该OverlayItem的位置
void setMarker(Drawable marker)	设置该OverlayItem需要被绘制时所用的标记
void setState(Drawable drawable, int stateBitset)	设置多个状态的标记

（2）实现 PlaceMarkerList 类

由于通常需要在 MapView 上显示不止一个的标记，因此，此处实现了一个用于管理标记列表的类——PlaceMarkerList，该类继承自 ItemizedOverlay，该基类是用于管理一系列的 OverlayItem 对象的，它可以设置标记的显示位置（boundCenter 方法使得标记的中心点对应于 OverlayItem 的 GeoPoint；而 boundCenterBottom 方法使得标记的底边中心点对应于 OverlayItem 的 GeoPoint，此处则是使用的第二种对齐方式）。另外，它还能够设置一个用于监听被 Focus 的对象变化的监听器（当某个 OverlayItem 被单击，则称其被 Focus，之后如果另外一个 OverLayItem 被单击，则 Focus 转移到新被单击的那个对象），这个监听器即 OnFocusChangeListener，每当 Focus 发生改变时，其方法：

```
onFocusChanged(ItemizedOverlay overlay, OverlayItem newFocus)
```

将被调用，同时传入被 Focus 的 newFocus 对象，在该方法内可以进行相关的操作，如后面即将实现的弹出气泡的功能。下面来分析一下 PlaceMarkerList 的代码。首先，该类采用了单例模式来获取该类的实例，代码如下：

```
01  private static PlaceMarkerList theInstance = null;
                                             //静态变量，用于存放该类唯一的实例
02  Context mContext;
03
04  public PlaceMarkerList(Drawable defaultMarker, Context context) {
        //构造方法
05      super(boundCenterBottom(defaultMarker));
06      mContext = context;
07  }
08
09  public static PlaceMarkerList getInstance(Drawable defaultMarker,
    Context context)                         //获取单例
10  {
11      if (theInstance == null)             //如果当前还没有生成实例
12      {
```

```
13              theInstance = new PlaceMarkerList(defaultMarker, context);
                                               //使用构造方法生成实例
14          }
15          return theInstance;                //返回实例
16      }
```

此外，PlaceMarkerList 还提供了 addPlace(PlaceMarker placeMarker)方法，用于向 PlaceMarkerList 中添加新的元素：

```
01  public void addPlace(PlaceMarker placeMarker) {
02      placeMarkerList.add(placeMarker);      //添加地标到列表
03      populate();                            //刷新显示
04  }
```

（3）修改 MapViewDemo

实现了 PlaceMarker 和 PlaceMarkerList 之后，就需要在 MapViewDemo 中添加用于显示 PlaceMarker 的代码，首先，需要将 PlaceMarkerList 图层添加到 MapView 的 Overlay 列表中：

```
01  //添加新的图层用于显示地标
02  List<Overlay> mapOverlays = mapView.getOverlays();
                                               //获取当前 mapView 的 Overlay 列表
03  final Drawable defaultMarker = this.getResources().getDrawable(R.
    drawable.markera);                         //绑定图像资源
04  PlaceMarkerList placeMarkerList = PlaceMarkerList.getInstance
    (defaultMarker, this);                     //获取地标列表实例
05  placeMarkerList.setOnFocusChangeListener(onFocusChangeListener);
                                               //设置监听器，用于监听焦点变化
06  mapOverlays.add(placeMarkerList);
                                               //将地标列表作为一个 Overlay 添加到 mapView 中
```

之后通过手动添加标记的方式，在地图上显示两个标记，在实际应用中，可以根据具体需求在特定的事件发生时自动地添加标记：

```
01  //添加地点 A
02  final double dLongA = 103.9242;            //经度
03  final double dLatiA = 30.75777;            //纬度
04  GeoPoint geoPointA = new GeoPoint((int)(dLatiA*1E6),(int)(
    dLongA*1E6));                              //根据经纬度构造 GeoPoint 对象
05  final Drawable markera = this.getResources().getDrawable(R.drawable.
    markera);                                  //绑定图像资源
06  PlaceMarker placeMarkerA = new PlaceMarker(geoPointA, "学校", "电子科
    技大学", markera);                         //构造地标对象
07  placeMarkerList.addPlace(placeMarkerA);    //将地标添加到地标列表中
08
09  //添加地点 B
10  final double dLongB = 103.9258;
11  final double dLatiB = 30.7547;
12  GeoPoint geoPointB = new GeoPoint((int)(dLatiB*1E6),(int)
    (dLongB*1E6));
13  final Drawable markerb = this.getResources().getDrawable(R.drawable.
    markerb);
14  PlaceMarker placeMarkerB = new PlaceMarker(geoPointB, "公交站", "阳光
    地带", markerb);
15  placeMarkerList.addPlace(placeMarkerB);
```

添加了如上代码之后，再运行 MapsDemo，就可以得到如图 8.32 所示的效果了。

3．弹出式气泡

如图 8.33 所示的效果，通常情况下仅仅在地图上显示出地标并不能满足需求，因为地标不能够为用户提供足够的信息，这时候就需要使用到弹出式气泡的功能，实现的功能是：用户通过单击地图上的标记来得到一个弹出的气泡框，在气泡框中为用户显示额外的地点信息。

可以很自然地想到，气泡的显示也是通过在 MapView 上添加覆盖在其上的 View 的方式来实现的，为此，定义了一个 View 类型的对象 popView 用于实现气泡视图的显示。首先需要实现的是气泡内部的界面布局，与 Activity 的布局实现一样，气泡内部的布局也是通过 xml 文件来实现的，popView 的布局 xml 代码如下：

```xml
01  <?xml version="1.0" encoding="UTF-8"?>
02  <LinearLayout xmlns:android="http://schemas.android.com/apk/res/android"
03      android:layout_width="wrap_content"
04      android:layout_height="wrap_content"
05      android:background="@drawable/bubble"
06      android:orientation="vertical"
07      android:paddingBottom="10px"<!-- 文字到图片下边缘的宽度 -->
08      android:paddingLeft="5px"<!-- 文字到图片左边缘的宽度 -->
09      android:paddingRight="5px"<!-- 文字到图片右边缘的宽度 -->
10      android:paddingTop="5px" ><!-- 文字到图片上边缘的宽度 -->
11
12      <RelativeLayout
13          android:layout_width="match_parent"
14          android:layout_height="wrap_content" >
15
16          <TextView
17              android:id="@+id/map_bubbleTitle"
18              style="@style/map_BubblePrimary"
19              android:layout_width="match_parent"
20              android:layout_height="wrap_content"
21              android:singleLine="true" />
22      </RelativeLayout>
23
24      <TextView
25          android:id="@+id/map_bubbleSnippet"
26          style="@style/map_BubbleSecondary"
27          android:layout_width="wrap_content"
28          android:layout_height="wrap_content"
29          android:clickable="true"
30          android:singleLine="false" />
31
32  </LinearLayout>
```

其中，07～10 行指定了界面内容与边界之间的距离，这些距离通常与具体的背景图片相关，防止布局的内容与背景图片的边界发生冲突；

16～21、24～30 行指定了两个 TextView，需要注意的是这里用到了 style 属性和 singleLine 属性，singleLine 属性比较简单，即指定该 TextView 是否可以显示多行文字，而 style 属性则是定义了该 TextView 的显示风格，style 的值所指定的是在 values/style.xml 文件中定义的具体 style，可以把这种方式类比为编程语言中的"宏"，style.xml 的内容稍后将会给出。

（1）Draw 9-patch 工具的使用

上述代码第 05 行指定了该气泡的背景图像，图片的类型是 9.png，该类型图片可以根据一定的规则进行拉伸而不出现模糊，可以借助 Android SDK 提供的工具 Draw 9-patch（<android-sdk>/tools/draw9patch.bat）来制作该类型的图片文件，简单地说，这种方式的拉伸就不是简单地在各个方向进行缩放，而是通过指定最多 9 个（也不一定是 9 个，本例中仅仅指定了 2 个）供拉伸的像素集合，在拉伸的时候通过复制这些像素集合来实现拉伸的效果，这样就避免了简单缩放所造成的效果失真。

图 8.34 原始图片

如图 8.34 所示是从网络上随机找到的一张 png 图片，图 8.35 是在 Draw 9-patch 工具中对其进行编辑的截图，图 8.36 是对应于编辑的拉伸效果。

图 8.35 使用 Draw 9-patch 工具编辑图片

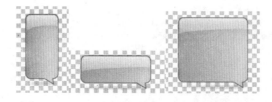

图 8.36 对应于图 8.35 所编辑的拉伸效果

如图 8.35 所示，右半部分出现的红色禁止符号表示的是不能对图片的真实部分进行编辑，Draw 9-patch 工具在图片的周围额外添加了一个像素宽度的范围用于指定拉伸的范围，图 8.35 左半部分最外围的两条黑色线段所对应的两个截面则是用于拉伸的范围，图 8.36 所示的则是图像的 3 种不同的拉伸状态，请读者在实际的编辑过程中来体会这种拉伸机制的实现方式。

（2）为控件定义 style

前面提到的 style.xml 的代码如下：

```
01  <?xml version="1.0" encoding="UTF-8"?>
02    <resources>
03      <style name="map_BubblePrimary">
```

```
04            <item name="android:textSize">12sp</item><!--一级字体大小 -->
05            <item name="android:textColor">#000</item><!--一级字体颜色 -->
06        </style>
07        <style name="map_BubbleSecondary">
08            <item name="android:textSize">12sp</item><!--二级字体大小 -->
09            <item name="android:textColor">#008</item><!--二级字体颜色 -->
10        </style>
11    </resources>
```

如代码所示，可以通过如上的方式，将一系列的属性设置定义为一个 style，供其他的控件使用。此处定义了两个不同的 style，一个是气泡标题的 style，另一个是气泡的简介文字的 style。

（3）初始化气泡视图

实现了气泡的布局之后，通过方法：

```
popView = getLayoutInflater().inflate(R.layout.bubble, null);//填充气泡
```

来实现对气泡视图的填充，并通过如下代码将 popView 添加到 mapView 中：

```
01  mapView.addView(popView,     //添加气泡到 mapView
02      new MapView.LayoutParams(MapView.LayoutParams.WRAP_CONTENT,
03      MapView.LayoutParams.WRAP_CONTENT, null,
04      MapView.LayoutParams.BOTTOM | MapView.LayoutParams.RIGHT));
05  popView.setVisibility(View.GONE);//气泡设为不可见
06  bubbleTitle = (TextView) findViewById(R.id.map_bubbleTitle);
                                      //绑定 TextView
07  bubbleSnippet = (TextView) findViewById(R.id.map_bubbleSnippet);
```

其中，mapView 的 addView 方法包含了两个参数，第一个参数是需要添加成为 mapView 的子视图的视图对象，第二个参数则是用于设置该子视图显示方式的参数。如代码所示，一个 MapView.LayoutParams 对象的构造方法包含了 4 个参数，分别是：

❑ int width：用于定义 popView 的宽度，此处是 WRAP_CONTENT。
❑ int height：用于定义 popView 的高度，也是 WRAP_CONTENT。
❑ GeoPoint point：用于指定该 popView 需要显示的点，此处是 null，将在需要显示 popView 的时候为该变量赋值。
❑ int alignment：指定 popView 的对齐方式，此处为右下方对齐，只有当 popView 的宽度或高度超过了 mapView 时才会有所体现。

05 行设置了 popView 视图为不可见，因为此时也不能够决定 popView 应该显示在何处，只有当决定其显示位置的 GeoPoint 不为 null 时，才能够成功地显示出 popView。

（4）实现 ItemizedOverlay.OnFocusChangeListener 和 BubbleThread

在前面修改 MapViewDemo 类时，添加了 placeMarkerList 到 MapView 中，并且为 placeMarkerList 设置了一个监听器：

```
placeMarkerList.setOnFocusChangeListener(onFocusChangeListener);
```

该监听器的作用是监听被 Focus 的 item 的变化，代码实现如下：

```
01  private final ItemizedOverlay.OnFocusChangeListener onFocusChange-
    Listener =
02      new ItemizedOverlay.OnFocusChangeListener() {
```

```
03      @Override
04      public void onFocusChanged(ItemizedOverlay overlay, OverlayItem
        newFocus) {
05          if (newFocus != null) {
06              //将气泡在被新单击的地点处显示出来
07              MapView.LayoutParams geoLP = (MapView.LayoutParams)
                popView.getLayoutParams();
08              geoLP.point = newFocus.getPoint();
09              popView.setVisibility(View.VISIBLE);      //将气泡设为可见
10
11              bubbleThread = new BubbleThread(newFocus, mHandler);
                                                 //在单独的线程中处理气泡
12              bubbleThread.start();
13          }
14      }
15  };
```

当 FocusChange 这个事件发生时，onFocusChanged 方法将被调用，并将新获得焦点的 OverlayItem 对象传入，此时就将新获得焦点的对象的 GeoPoint 赋值给 popView 的 LayoutParams，并且通过 09 行的代码设置 popView 为可见，从而将 popView 显示出来。popView 显示出来之后，再启动一个 BubbleThread 类型的线程来填充 popView 内的控件。使用线程的方式可以方便地用于其内容需要从网络上获取的情况。

例如，气泡的简介是从一个网络地址获取，为了防止用户界面被阻塞，从而使用线程的方式。BubbleThread 的实现如下：

```
01  public class BubbleThread extends Thread {
02      private OverlayItem newFocus;         //新获取焦点的对象（气泡或者地标）
03      private Handler mHandler;             //用于处理消息队列
04
05      public BubbleThread(OverlayItem newFocus, Handler mHandler){
                                              //构造方法
06          this.newFocus = newFocus;
07          this.mHandler = mHandler;
08      }
09
10      public void run() {
11          Message msg = new Message();
                                //实例化 Message 对象，用于发送给 Handler 处理
12          msg.what = MapViewDemo.MESSAGE_TITLE;
                                //设置 Message 的 what 字段
13          msg.obj = newFocus.getTitle(); //将气泡的 Title 存放到 obj 中
14          mHandler.sendMessage(msg);     //发送消息供 Handler 处理
15          msg = new Message();           //再次发送消息，用于传递气泡的描述
16          msg.what = MapViewDemo.MESSAGE_SNIPPET;
17          msg.obj = newFocus.getSnippet();
18          mHandler.sendMessage(msg);
19      }
20
21      public void setNewFocus(OverlayItem newFocus) {
22          this.newFocus = newFocus;
23      }
24  }
```

该线程的功能比较简单，就是通过 getTitle()和 getSnippet()方法来获取 newFocus 对象的标题和简介，并通过消息的形式发送给 MapViewDemo 的 Handler 处理，Handler 接收到

由 BubbleThread 发来的消息之后，根据消息的内容来更新气泡的内容：

```
01  //用于处理由 BubbleThread 发来的消息
02  mHandler = new Handler() {
03      public void handleMessage(Message msg) {
04        switch (msg.what)
05          {
06            case MESSAGE_TITLE:       //新处理的消息包含了气泡的 Title 信息
07                bubbleTitle.setText((String)msg.obj);
                                          //显示到对应的 TextView 上
08                break;
09            case MESSAGE_SNIPPET:    // 新处理的消息包含了气泡的描述信息
10                bubbleSnippet.setText((String)msg.obj);
                                          // 显示到对应的 TextView 上
11                break;
12            default:
13                break;
14          }
15      super.handleMessage(msg);
16      }
17  };
```

对代码进行了如上的修改之后，再运行 MapViewDemo，单击地标就有 popView 弹出了，如图 8.33 所示。

8.2.3 测 MapView 上两点间距离

在基于 GPS 的定位应用中，测量距离是一个十分实用的功能，例如，车载导航仪或者手机搭载的导航应用，在移动的过程中通常会有一些特定地点作为"决策点"，即当车辆或人在按照预定的路线行动至目的地的过程中，在这些决策点需要做出明确的决策如左转、右转或者直行等，如果没有在这些决策点做出正确的决策，则有可能发生人们所不愿意看到的后果，如错过高速公路出口、走过目的地等等。因此需要借助于测量某两个位置的距离的功能来实现一定范围内的提醒。

又例如，在一个 LBS 社交应用中，可以通过一定范围内的靠近提醒功能来实时建立和朋友之间的联络等。基于这样一类的需求，本小节将实现在 MapView 上测两点间的距离的功能。

1. 测距功能说明

本示例将要完成的效果是：通过单击 Google 地图来选择两个端点，将这两个端点作为测距线段的两端，然后返回该线段所对应的距离。在功能的实现时，考虑到在选点操作的过程中可能会有移动或者缩放地图的操作，为了防止发生误操作，为控制选点操作特意增加了两个按钮和一个提示文本，如图 8.37 所示，两个按钮分别是"开始测距"和"选点"，测距的完整流程为：

（1）单击"开始测距"按钮进入到测距状态，可以看到最上方出现操作提示文字："请先点击[选点]，然后在地图上点击选择第一个端点。"如图 8.38 所示。

图 8.37　初始状态　　　　　　图 8.38　单击"开始测距"按钮

（2）将地图移动和缩放到合适位置，确定欲选择的点在可单击的区域后（如图 8.38 所示，此处欲选择第一个点为电子科技大学，已经在视图中央了），单击"选点"按钮，此时最上方的操作提示文字将会变为："请选择第一个端点"，如图 8.39 所示。单击屏幕上的一点作为一个端点，该端点被标记为 S 即 Start 的含义，如图 8.40 所示。

图 8.39　单击"选点"按钮　　　　图 8.40　选择第一个点

（3）此时，操作提示文字变为"请再点击[选点]，然后在地图上点击选择第二个端点。"如图 8.40 所示，这个状态下可以自由地拖曳和缩放地图而不会被判定为选点操作。因此通过缩放和拖曳移动地图至天府广场区域，如图 8.41 所示，然后单击"选点"按钮，选择第二个点，该点被标记为 D 即 destination 的含义，至此两个端点已经确定，最上方的文字显示了从电子科技大学清水河校区到天府广场的直线距离为 17431.268，以米为单位，如图 8.42 所示，测距完成。

图 8.41　移动地图

图 8.42　选择第二个点

2．实现测距线程

示例代码中实现了一个测距线程类 MeasureDistance，该线程的作用是：根据选点的结果，计算出两点间的距离并将该结果以 Message 的形式通过 Handler 发送给主线程，主线程则将结果显示到界面上。线程的代码如下：

```
01  public class MeasureDistance extends Thread {
02
03      private boolean waiting = true;        //测距流程是否处于等待状态
04          //等待传入数据（通过setStartPoint和setDestPoint方法）
05      private volatile MeasureStep currentStep = MeasureStep.stepOne;
                                                //存放当前所进行到的步骤
06      private static GeoPoint startPoint = null;    //存放起点
07      private static GeoPoint destPoint = null;     //存放终点
08      private float[] results = {1.0f,1.0f,1.0f};   //存放测距结果
09      private Handler mHandler;                     //用于处理消息的Handler对象
10
11      public MeasureDistance(Handler mHandler){
12          this.mHandler = mHandler;
13      }
14
15      @Override
16      public void run() {
17          while(true){                        //循环直到退出测距流程
18              while(waiting){                 //循环等待测距进行
19                  try{
20                      Thread.sleep(200);
21                  }catch (Exception e) {
22
```

```
23              }
24          }
25          measureProcedure();              //执行所需的测距步骤
26          if(currentStep == MeasureStep.notMeasuring) break;
27      }
28  }
29
30  //根据流程状态做不同的处理
31  private void measureProcedure(){
32      waiting = true;
33      switch(currentStep){
34      case stepOne:{                        //当前处于流程第一步
35          currentStep = MeasureStep.stepTwo;    //切换到第二步
36          break;
37      }
38      case stepTwo:{                        //当前处于流程第二步
39          //使用distanceBetween()方法测出两点距离,参数中的经纬度的单位是度
40          Location.distanceBetween(startPoint.getLatitudeE6()/1E6,
41              startPoint.getLongitudeE6()/1E6,
42              destPoint.getLatitudeE6()/1E6,
43              destPoint.getLongitudeE6()/1E6, results);
44          //System.out.println("results[0]: " + results[0]
45          //+ "results[1]: " + results[1] + "results[2]: " +
                results[2]);
46          Message msg = new Message();//新建Message对象用于发送
47          msg.what = MapViewDemo.MESSAGE_MEASURE;
                                              //说明Message的类型
48          msg.obj = new Float(results[0]);  //将测距结果放入Message
49          mHandler.sendMessage(msg);        //发送消息
50          currentStep = MeasureStep.notMeasuring;
                                              //将状态切换到非测距状态
51          break;
52      }
53      case notMeasuring:{                   //当前处于非测距状态,不执行任何操作
54          break;
55      }
56      }
57  }
58
59  public void setWaitingStatus(boolean status){
                                              //用于设置当前的等待状态
60      waiting = status;
61  }
62
63  public void stopMeasure(){                //强制停止测距线程
64      currentStep = MeasureStep.notMeasuring;
65      waiting = false;
66  }
67
68  public MeasureStep getMeasureStatus(){    //获取当前所处的步数
69      return currentStep;
70  }
71
72  public void setStartPoint(GeoPoint point){  //设置起点
73      startPoint = point;
74  }
75
76  public void setDestPoint(GeoPoint point){   //设置终点
```

```
77             destPoint = point;
78         }
79
80         //测距流程状态
81     public enum MeasureStep{
82             stepOne,
83             stepTwo,
84             notMeasuring
85         }
86 }
```

上述代码的 81～85 行定义了一个用于描述测距流程状态的枚举类型 MeasureStep，该枚举类型包含了 3 个元素：stepOne、stepTwo 和 notMeasuring，分别代表测距的第一步（选择 Start 点）、第二步（选择 Destination 点）以及非测距状态。线程自身通过这个枚举类型来确定当前流程的状态，并且向外部提供 getMeasureStatus()接口（68～70 行），供其他类查询当前流程的状态。

代码 03 行定义的布尔变量 waiting 用于指明测距流程是否处于等待状态，一个测距流程通常会出现两次等待，第一次即线程开始后等待选取第一个点，此时线程将会循环在 18～24 行代码中，等待 Activity(MapViewDemo)使用 setWaitingStatus(boolean status)接口将 waiting 的值置为 false，这个置为 false 的动作发生在 Activity(MapViewDemo)取得了用户所选择的点之后（setStartPoint 和 setDestPoint），即用户每选择一次点，都会将测距流程向前推进一步，当测距流程状态为 notMeasuring 时，线程终止，测距流程结束。

在测距流程的第二步，已经获取了用户选择的第二个点之后，将使用由 android.location.Location 类提供的静态方法 distanceBetween()来计算出两点间的距离，然后将计算结果通过 mHandler 发送消息给主线程，distanceBetween()方法的原型为：

```
distanceBetween(double startLatitude, double startLongitude, double endLatitude, double endLongitude, float[] results)
```

参数列表：

- startLatitude：起点的纬度值，即一个端点的纬度值。
- startLongitude：起点的经度值，即一个端点的经度值。
- endLatitude：终点的纬度值，即另一个端点的纬度值。
- endLongitude：终点的经度值，即另一个端点的经度值。
- results：浮点型数组，用于存放计算结果，最多返回 3 个数值，分别存放于 results[0]、results[1]、results[2]，其中 results[0]中存放的是以米为单位的距离数值。

代码 40～43 行就是将用户选择的两点的经纬数值传入 distanceBetween()方法，然后计算出结果保存在 results 数组中。然后将 results[0]的值用 Message 对象进行封装，并发送给主线程处理，然后将测距流程状态设置为 notMeasuring，表示测距流程终止，如代码 46～50 行。

另外，还提供了 stopMeasure 接口，用于在特殊情况下终止测距线程（代码 63～66 行）。

3．选点

前面实现了用于表明线程状态及测距的线程类，剩下的工作就是实现在地图上选择两个点并发送给 MeasureDistance 线程，在选点过程中所需要解决的问题，即解决选点操作和拖曳地图操作之间的冲突，下面就来具体地说明选点的实现。

（1）修改缩放按钮

首先需要解决的问题是屏幕触摸事件的响应问题，在前面的代码中直接使用了内建的缩放按钮来进行对地图的缩放操作，这个内建的缩放按钮提供了一个自动淡入淡出的功能，即在默认的情况下不显示缩放按钮，而在用户触摸屏幕的时候再淡入显示缩放按钮，并且在用户闲置屏幕一段时间之后自动隐去缩放按钮。因此，这个机制将会捕获用户触摸屏幕的事件，从而对该示例所需要实现的触摸选点操作造成了影响。为了解决这个问题，从原来的代码中注释掉使用内建的缩放按钮代码如下：

```
//使用内建的缩放按钮
//mapView.setBuiltInZoomControls(true);
//mapView.displayZoomControls(true);
```

然后增加新的缩放按钮，新的缩放按钮将一直处于显示状态，这样它就不用再去捕获用户触摸屏幕的事件了。实现新的缩放按钮并不复杂，因为 Android 提供了 ZoomControls 控件可供使用，为此在 mapview.xml 中添加：

```xml
<ZoomControls
  android:id="@+id/zoomControls"
  android:layout_width="wrap_content"
  android:layout_height="wrap_content"
  android:layout_alignParentBottom="true"       <!--对齐父视图的底部 -->
  android:layout_centerInParent="true" >        <!--位于父视图的中间 -->
</ZoomControls>
```

然后在 MapViewDemo 中添加 ZoomControls 对单击事件的响应：

```
//设置缩放
ZoomControls zoomControls = (ZoomControls) this.findViewById(R.id.zoomControls);
zoomControls.setOnZoomInClickListener(new View.OnClickListener() {
                                //放大事件监听器
    public void onClick(View v) {
     mapController.zoomIn();    //如果放大按钮被单击，则放大当前显示
    }
});
zoomControls.setOnZoomOutClickListener(new View.OnClickListener() {
                                //缩小事件监听器
    public void onClick(View v) {
     mapController.zoomOut();   //如果缩小按钮被单击，则缩小当前显示
    }
});
```

（2）增加功能按钮

前面已经提到了选点的实现还需要借助两个按钮，为此，在 mapview.xml 中为界面添加两个额外的按钮，并为这两个按钮添加单击事件监听器，代码如下：

```
01      //此按钮用于开始一次测距流程
02      Button startMeasure = (Button) findViewById(R.id.startMeasure);
03      startMeasure.setOnClickListener(new View.OnClickListener() {
04
05          @Override
06          public void onClick(View v) {
07              if(measureDistanceThread != null){
```

```
08                    measureDistanceThread.stopMeasure();
                                                    //终止当前未进行完的测距线程
09                }
10                measureDistanceThread = new MeasureDistance(mHandler);
                                                    //新建测距线程
11                measureDistanceThread.start();    //开始测距线程
12                hintMessage.setText("");          //清空提示文字
13                hintMessage.setText("请先点击[选点],然后在地图上\n 点击选择第一
                  个端点。");                        //更新提示
14            }
15        });
16
17        //此按钮用于设置当前是否处于取点状态
18        Button activateSelect = (Button) findViewById(R.id.activateSelect);
19        activateSelect.setOnClickListener(new View.OnClickListener() {
20
21            @Override
22            public void onClick(View v) {
23                if(measureDistanceThread == null){ //当前并没有测距线程在执行
24                    hintMessage.setText("请先单击开始测距按钮");   //更新提示
25                    return;
26                }
27                selectPointActivated = true;
                                                    //该布尔变量表示当前是否可以通过单击取点
28                switch(measureDistanceThread.getMeasureStatus()){
                                                    //根据所处的步骤更新提示
29                case stepOne:                                    //处于第一步
30                    hintMessage.setText("请选择第一个端点");        //更新提示
31                    break;
32                case stepTwo:                                    //处于第二步
33                    hintMessage.setText("请选择第二个端点");        //更新提示
34                    break;
35                }
36            }
37        });
```

如代码所示,这两个按钮的功能分别是:

- 启动新的测距线程,并更新提示信息(代码 10～13 行),如果当前有未完成的线程,则停止当前线程(代码 07～09 行)并开始新的线程。
- 置 selectPointActivated 标志为 true,即激活选点模式(代码 27 行),该布尔变量是一个属于 MapViewDemo 的成员变量,该变量专用于区分当前的状态以确定将触摸事件处理为选点操作还是拖曳地图操作。然后根据测距线程 measureDistanceThread 的状态来更新提示信息(代码 28～35 行)。

(3)实现触摸事件监听器

前面已经能够通过按钮来控制线程状态,下面需要实现的功能是根据当前的选点状态来将触摸选点结果反映在地图上,基本逻辑是:如果当前 selectPointActivated 标志为假,则表明当前处于非选点状态,该监听器将不做任何操作直接将触摸事件传给下一级处理;如果 selectPointActivated 标志为真,则根据当前测距流程的状态来进行相应的下一步操作。

当流程状态为 stepOne 时,向地图中添加 S 点并且通过 setStartPoint()方法将该点传给 measureDistanceThread。当流程状态为 stepTwo 时,向地图中添加 D 点并且通过 setDestPoint

方法将该点传给 measureDistanceThread，同时使用 setWaitingStatus()方法将线程的等待状态置为假，从而推进线程执行，再置 selectPointActivated 标志为假，等待下一次选点。具体代码如下：

```
01  //为 mapView 注册触摸事件监听器，该监听器的作用是当处于"选点"状态时，
02  //响应触摸操作，该响应将在地图对应位置标记一个标志。该事件的处理方式
03  //与测距线程的状态、是否处于选点模式有关
04  mapView.setOnTouchListener(new View.OnTouchListener() {
05
06      @Override
07      public boolean onTouch(View v, MotionEvent event) {
08          int actionType = event.getAction();      //获取动作类型
09          if(!selectPointActivated) return false;
                                //如果当前不处于可选点的状态，不作处理，直接返回
10          //当前测距流程不为 null 并且动作类型为按下
11          if(measureDistanceThread != null && actionType ==
            MotionEvent.ACTION_DOWN){
12              //如果测距流程不处于非测距状态
13              if(measureDistanceThread.getMeasureStatus() != Measure-
                Step.notMeasuring){
14                  int coordinateX = (int) event.getX();
                                                //获取单击的像素 X 坐标
15                  int coordinateY = (int) event.getY();
                                                //获取单击的像素 Y 坐标
16                  GeoPoint point = mapView.getProjection()
                                                //将像素坐标转换为经纬度
17                      .fromPixels(coordinateX, coordinateY);
18                  switch(measureDistanceThread.getMeasureStatus()){
                                                //根据当前进行到的步骤作出处理
19                  case stepOne:           //当前处于测距第一步
20                      final Drawable markers = MapViewDemo.this//绑定图像资源
21                          .getResources().getDrawable(R.drawable.markers);
22                      PlaceMarker placeMarkerS = new PlaceMarker(point,
                        "起点", "11X11", markers);
23                      placeMarkerList.addPlace(placeMarkerS);
                                                //实例化地标并且添加到地标列表
24                      measureDistanceThread.setStartPoint(point);
                                                //将这一步单击的点作为起点
25                      hintMessage.setText("请再单击[选点]，然后在地图上\n单
                        击选择第二个端点。");
26                      break;
27                  case stepTwo:           //当前处于测距第二步
28                      final Drawable markerd = MapViewDemo.this//绑定图像资源
29                          .getResources().getDrawable(R.drawable.markerd);
30                      PlaceMarker placeMarkerD = new PlaceMarker(point,
                        "终点", "22X22", markerd);
31                      placeMarkerList.addPlace(placeMarkerD);
                                                //实例化地标并且添加到地标列表
32                      measureDistanceThread.setDestPoint(point);
                                                //将这一步单击的点作为终点
33                      break;
34                  }
35                  measureDistanceThread.setWaitingStatus(false);
                                        //设置线程等待标志为 false，线程向前
36                  selectPointActivated = false;      //取消选点状态
37                  mapView.postInvalidate();          //更新显示
```

```
38                    return true;
39                }else{
40                    measureDistanceThread = null;
41                }
42            }
43            return false;
44        }
45    });
```

如代码中加粗的部分，09～13 行、18、19 和 27 行是用于判断选点状态的逻辑，24、32、35 和 36 行代码则是分别用于传递选点结果以及改变选点状态。

至此，已经能够按一定的流程来获取用户需要测距的两个端点了，剩下的工作就是输出结果了。

4．添加Handler处理

在上文节中选定了两个端点后，主线程将会收到由前面测距线程发回的结果消息，因此需要添加对该消息的处理从而在界面中显示出结果：

```
01  //用于处理由 Thread 发来的消息
02  mHandler = new Handler() {
03      public void handleMessage(Message msg) {
04          switch (msg.what)              //根据消息类型作不同处理
05          {
06              case MESSAGE_TITLE:        //用于更新气泡 Title 的消息
07                  bubbleTitle.setText((String)msg.obj);
                                           //取出字符串并且更新气泡 Title
08                  break;
09              case MESSAGE_SNIPPET:       //用于更新气泡描述的消息
10                  bubbleSnippet.setText((String)msg.obj);
                                           //取出字符串并且更新气泡描述文字
11                  break;
12              case MESSAGE_MEASURE:       //用于显示测距结果的消息
13                  hintMessage.setText("两点间距离为: " + ((Float)msg.obj).
                      floatValue() + "米");
14                  break;
15              default:
16                  break;
17          }
18          super.handleMessage(msg);
19      }
20  };
```

其中，12～14 行即为添加的用于处理 MeasureDistance 线程所发回的结果消息的代码，该行代码将取出 Message 中的结果数据并将其显示到最上方的提示文本中。

8.3 在 MapView 上绘制轨迹

当你外出游玩时，你是否想记录下你所经过的路线呢？记录下自己经过的路线，不仅可以供自己在日后回味，也可以向亲朋好友分享自己的旅程。借助于 GPS 定位以及 MapView 就能够方便地实现这样的功能，本节将讨论该功能的实现方法。

8.3.1 轨迹绘制说明

类似于 8.2.2 小节标记效果的实现原理，在 MapView 上绘制轨迹也可以利用在其上添加 Overlay 的方法来实现，为了实现轨迹的折线效果，可以把轨迹分解成一段一段的线段，每一个线段根据两个 GPS 返回的地理位置来确定即可。

为了方便读者的测试，本小节将要实现的示例中，采用两种方式来获取一系列的地理位置经纬数据，第一种方式是通过 Google Earth 生成 kml 文件的方法来模拟一连串的地理位置数据；第二种方式是借助于 Google Map 提供的 Web Service 接口来获取代表两个地点间路径的 xml 数据。kml 是一种基于 xml 标准的文件，每一个 kml 文件中包含了若干个代表地理位置的节点，通过实现对 kml 文件的解析功能即可得出一连串的地理位置，利用这些地理位置，就能够在 MapView 上绘制出轨迹。随后会介绍如何利用 Google Earth 生成代表一段路径的 kml，以及如何借助 Google Web Service 获取 xml。

借助于 kml 所提供的经纬数据，可以使用 Projection 的 toPixels() 方法将经纬数据转换为屏幕上的像素坐标，然后再在 Overlay 的 draw 方法中使用 Canvas 在屏幕上绘制出这些线段即可。本示例中利用 Google Earth 生成的是从电子科技大学清水河校区到成都市天府广场的一段路径，示例的运行效果如图 8.43 所示，图中蓝色的线条就是新绘制上去的这条路径。

图 8.43 轨迹绘制结果

8.3.2 使用 Google Earth 生成 kml 文件

前文提到的第一种方法需要使用到由 Google Earth 所生成的代表路径的 kml 文件，因此这里简要介绍一下如何使用 Google Earth 来生成这种文件，首先需要到 Google Earth 的网站上去下载软件。直接用 Google 搜索 Google Earth 关键字，通常第一个链接就是 Google Earth 的下载页面，页面地址为 http://www.google.com/earth/index.html，如图 8.44 所示，在该页面上可以下载到最新发布的 Google Earth 应用程序，当前发布的最新版本是 Google Earth 6。

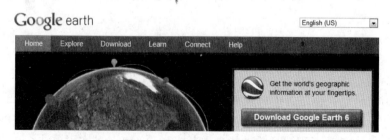

图 8.44 Google Earth 主页面

1. Google Earth的功能

下载并安装 Google Earth，运行之后界面中央将会出现一个 3D 的地球模型。Google Earth 是一个功能十分强大的软件，它能够给用户带来极强的视觉和操作震撼，它的一些功能包括：

- 使用它来观测地球上任何一个地点的景观，它的精确度能够让用户清晰地辨明地面的道路、车辆、建筑以及河流山脉等等，只要你足够细心，你也许会成为地球上某一处景观的第一个发现者。
- 支持 45°角的景观浏览。
- 越来越多的 3D 建筑模型。
- 支持众多地区的街景模式，使你有身临其境的感觉。
- 众多地点的 360°全景照片。
- 支持海底景观，用户可以用它来探索丰富的海底世界。
- 飞行模拟器，当飞行模拟器开启时，用户将被假想成为一架飞行器的驾驶员，通过类似于游戏的操作来控制飞行器，得到近似于"鸟瞰"的体验，当然前提是你没有让你的飞行器坠毁或者飞离地球。
- 利用 Google Earth，你可以制作一段录像然后发布到互联网上，让你化身为导游带领观看者按你设计的路线游览。
- 绝对不逊色于任何地图软件的地图功能，你可以使用 Google Earth 来规划你的路线，查询地点等等，借助于 Google 所拥有的庞大的数据库，让你能够对每个地点都能获取足够的信息。
- Google Earth 甚至已经"冲出"了地球，现在还能够在 Google Earth 中观测月球、火星以及星空。

Google Earth 还提供了很多很多值得去探索的功能。例如，最近几年的圣诞节你甚至可以通过 Google Earth 来观察圣诞老人和他的鹿拉雪橇的位置，通过 Google Earth 还能够观测月食。

读者可以自己花一点时间来熟悉一下 Google Earth 的使用，它的操作非常的直观和易用，如图 8.45 所示，在左侧边栏中包括了"搜索"、"位置"及"图层"三个视图，在"搜索"视图中可以方便地搜索地点，在"位置"视图中将会列出你所保存的位置、轨迹，在"图层"视图中则是控制在 Google Earth 上所显示的图层，你可以通过勾选你感兴趣的图层来使其显示在 Google Earth 上。

2. 生成kml文件

熟悉了 Google Earth 的使用后，就准备来生成需要的 kml 文件了。首先需要确定路径的起点，单击上方工具栏中的"添加地标"按钮，然后选择一个点作为路径的起点，如本例中选择的是电子科技大学清水河校区作为起点，如图 8.46 所示。

（1）在 Google Earth 上标记出起点之后，右键单击该图标，然后选择"从此处出发的路线"，此时搜索视图会自动切换到"路线"选项卡，并且自动将刚才标记的起点填入正确的位置。用同样的方式，再次添加地标作为目的地，然后右键单击地标图标选择"以此处为目的地的路线"，选择完成后，Google Earth 上会自动绘制出一条从起点到终点的路径，如图 8.47 所示。

图 8.45　Google Earth 界面

图 8.46　选择电子科技大学作为起点

（2）在得到这条生成好的路径后，便可以使用导出功能来得到 kml 文件了。在左侧边栏的"搜索"视图的"路线"选项卡中有一个树形视图，这个树形视图包含了许多节点，从第一个到倒数第二个节点用于代表这条路径中的所有地点（每个节点都包括了其代表地点的诸多信息），最后一个节点代表这条完整路径，因此只需要最后一个节点的数据即可完成路径绘制的工作。

（3）为此，可以在该节点上右键单击并在菜单中选择"将位置另存为"命令，或者直接右键单击地图上蓝色的轨迹线并在弹出菜单中选择"将位置另存为"命令，然后保存文件时选择文件类型为 kml 即可。将会得到一个名为"路线.kml"的文件，使用记事本打开该文件可以发现文件的结构如下：

图 8.47　在 Google Earth 上生成的轨迹

```
01  <?xml version="1.0" encoding="UTF-8"?>
02  <kml xmlns="http://www.opengis.net/kml/2.2"
03      xmlns:gx="http://www.google.com/kml/ext/2.2"
04      xmlns:kml="http://www.opengis.net/kml/2.2"
05      xmlns:atom="http://www.w3.org/2005/Atom">
06  <Placemark>
07      <name>路线</name>
08      <visibility>0</visibility>
09      <description><![CDATA[路程: 21.6 公里（大约 34 分钟）<br/>
10          地图数据©2011 Mapabc]]></description>
11      <styleUrl>#roadStyle</styleUrl>
12      <MultiGeometry>
13          <LineString>
14              <coordinates>
15                  103.92328,30.75685,0 ……
16              </coordinates>
17          </LineString>
18      </MultiGeometry>
19  </Placemark>
20  </kml>
```

其中第 15 行省略了大部分的经纬数据，正是利用这一行内容所记录的一系列数据来绘制轨迹的。为了在代码中能够使用该文件，将其文件名修改为 test.kml 并存放在项目的 /assets 目录下。

3. 实现解析kml文件的线程类

获取了正确的路线文件后，就需要在代码中导入并且解析该文件，然后根据解析出的数据绘制轨迹。为此实现了一个用于解析获取到的 kml 文件的线程类 TrackThread，该线程的构造方法如下：

```
01    private InputStream mTrackPointInputStream = null;//文件输入流
02    private Handler mHandler;//用于向主线程发送消息
03
04    public TrackThread(InputStream inputStream, Handler mHandler) {
05        mTrackPointInputStream = inputStream;
06        this.mHandler = mHandler;
07    }
```

可以看到，构造方法传入了两个参数，它们的作用分别是：
- inputStream：待解析文件的输入流。
- mHandler：用于向主线程发送消息的 Handler 类。

可以注意到，这个解析用的线程类所需解析的输入流是通过构造方法参数的形式传入的，因此它可以用另一种方式复用，只需要在创建线程的时候更改输入流即可。

文档的解析功能用到了如下一些包：

```
01    import javax.xml.parsers.DocumentBuilder;
02    import javax.xml.parsers.DocumentBuilderFactory;
03    import javax.xml.parsers.ParserConfigurationException;
04
05    import org.w3c.dom.Document;
06    import org.w3c.dom.Node;
07    import org.w3c.dom.NodeList;
08    import org.xml.sax.SAXException;
```

利用这些包提供的类和接口可以方便地对符合 xml 规范的文档进行解析，在 TrackThread 线程的 run()方法中包含了对 kml 文档进行解析的代码，如下：

```
01    public void run() {
02        DocumentBuilderFactory docBuilderFactory = DocumentBuilderFactory.
           newInstance();                      //文档构造器工厂
03        DocumentBuilder docBuilder;           //文档构造器
04        Document doc = null;                  //文档对象
05        try {
06            docBuilder = docBuilderFactory.newDocumentBuilder();
                                                //从文档构造器工厂获取文档构造器
07            doc = docBuilder.parse(mTrackPointInputStream);
                                                //解析输入流，生成文档对象
08        } catch (Exception e) {
09            e.printStackTrace();
10        }
11        NodeList geoPointList = doc.getElementsByTagName("LineString");
                                                //根据标签名获取元素列表
12        for(int indexOfLine=0; indexOfLine< geoPointList.getLength();
           indexOfLine++){//依次解析节点列表
13            Node coordinatesNode = geoPointList.item(indexOfLine);
                                                //获取要解析的节点
14            String[] coordinates = coordinatesNode.NodegetTextContent().
              split(" ");                       //以空格分隔字符串
```

```
15          for(int index = 0; index < coordinates.length - 1; index++){
                                                    //解析出经纬数据
16              String lon_lat_alt= coordinates[index];
17              int lon=(int) (Double.parseDouble(lon_lat_alt.split(",")
                [0])*1e6);                          //经度
18              int lat=(int) (Double.parseDouble(lon_lat_alt.
                split(",")[1])*1e6);                //纬度
19              currentPoint = new GeoPoint(lat,lon);   //新建 GeoPoint 对象
20              Message msg = new Message();        //新建消息
21              msg.what = MapViewDemo.MESSAGE_TRACK;   //定义消息类型
22              msg.obj = currentPoint;             //将 GeoPoint 对象存入消息
23              mHandler.sendMessage(msg);          //发送消息
24          }
25      }
26  }
```

其中,第 02~10 行的代码根据文档输入流实例化了 Document 对象;第 11~18 行代码则是具体的解析过程。首先通过指定的 LineStrin 标签获取到包含有 coordinates 数据的 LineString 节点(第 11 行);使用 NodeList.item(index)方法获取到 LineString 节点下的 coordinates 节点(第 13 行);使用 Node.getTextContent()方法以字符串的形式获取到节点下的字符内容,再借助字符串的 String.split()方法,以空格" "为分隔符,得到一个包含若干经度、纬度和海拔数据的字符串数组(第 14 行);依次从解析得到的字符串数组中的每一个字符串中提取出经纬度值,并且形成 GeoPoint 对象(第 15~18 行);最后,使用前面常用到的方式,将 GeoPoint 对象用 Message 封装并通过 Handler 发送给主线程处理(第 19~23 行)。这里为 Message 定义了一种新的类型 MESSAGE_TRACK。

4.实现用于绘制轨迹的类

仅仅有了能够解析文件的类还不能够完成轨迹绘制的功能,还需要一个类用于根据获得的一系列点来绘制轨迹,为此需要实现一个具有如下功能的类:

❑ 有一个列表用于保存一系列 GeoPoint 对象。
❑ 需要提供一个用于向列表中添加新的 GeoPoint 的接口方法。
❑ 当有新的 GeoPoint 添加至列表中时,能够绘制出新的轨迹。

在前面已经提到,轨迹可以用 Overlay 的方式来实现,即轨迹作为一个独立的图层位于 MapView 上方,为此,通过继承 Overlay 类来实现满足上述功能的 Track 类,其构造方法如下:

```
01  List<GeoPoint> points;
02  Paint paint;
03
04  /**
05   * 构造函数,使用 GeoPoint List 绘制轨迹
06   * @param points GeoPoint 的 List
07   */
08  public Track(List<GeoPoint> points) {
09      this.points = points;
10      paint = new Paint();
11      paint.setColor(Color.BLUE);             //画笔设置为蓝色
12      paint.setAlpha(150);
            //透明度为 150,注:0~255 从小到大由全透明变化为不透明
```

```
13          paint.setAntiAlias(true);                              //画笔抗锯齿
14          paint.setStyle(Paint.Style.FILL_AND_STROKE);           //设置画笔风格
15          paint.setStrokeWidth(2);                               //画笔线条宽度
16      }
17
18      /**
19       * 使用 GeoPoint 的 List 和 Paint 对象来绘制轨迹
20       * @param points GeoPoint 的 List，所有的拐点
21       * @param paint   Paint 对象，用来控制划线样式
22       */
23      public Track(List<GeoPoint> points, Paint paint) {
24          this.points = points;
25          this.paint = paint;
26      }
```

Track 类提供了两个构造方法，第一个只需要传入一个 List<GeoPoint>类型的参数，并且使用默认的 Paint 对象来绘制轨迹；第二个构造方法则可以自定义 Paint 对象。另外，Track 类还提供了两个方法，分别用于向列表中添加新的 GeoPoint 和根据列表来绘制轨迹：

```
01  public void addPoints(GeoPoint p){
02      this.points.add(p);//将新的 GeoPoint 添加到列表
03  }
04
05  //真正将线绘制出来 只需将线绘制到 canvas 上即可，主要是要转换经纬度到屏幕坐标
06  @Override
07  public void draw(Canvas canvas, MapView mapView, boolean shadow) {
08      if (!shadow) {
09          Projection projection = mapView.get-
                Projection();                  //projection 用于转换经纬度到屏幕点
10          if (points != null) {
11              if (points.size() >= 2) {//两点以上才能形成线段
12                  Point start = projection.toPixels(points.get(0),
                    null);                       //前一个点为线段起点
13                  for (int i = 1; i < points.size(); i++) {
14                      Point end = projection.toPixels(points.get(i),
                        null);                    //后一个点为线段终点
15                      canvas.drawLine(start.x, start.y, end.x,
                        end.y, paint);            //画出线段
16                      start = end;//前一条线段的终点作为下一条线段的起点
17                  }
18              }
19          }
20      }
21  }
```

绘制轨迹的过程是：先判断列表中是否有两个以上的点（第 11 行），然后依次两两取出点，经过经纬度到屏幕像素的转换工作后（第 12 行），依次一段一段地绘制出来（第 13～17 行）。

5. 实现轨迹绘制

在前面实现的解析类和绘制类的基础上，对 MapViewDemo 稍作修改，就可以将轨迹绘制在 MapView 上。在完成轨迹绘制的过程中这几个类之间的关系如图 8.48 所示。

如图 8.48 所示，首先在 MapViewDemo 中打开 test.kml 文件并获取文件输入流，并构

造一个解析类线程对象,将文件输入流和 mHandler 传入:

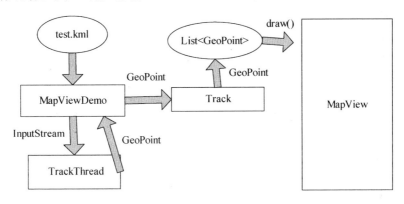

图 8.48 几个类在绘制轨迹中的关系

```
01    private TrackThread trackThread;
02    ……
03    try {
04        trackThread = new TrackThread(getAssets().open("test.kml"),
                  ndler);                            //实例化线程
05        trackThread.start();                       //执行线程开始解析
06    } catch (IOException e) {
07        e.printStackTrace();
08    }
```

解析线程对象 trackTread 将会在线程内部对输入流进行解析,并且每解析出一个 GeoPoint 对象,就通过 mHandler 向 MapViewDemo 发送 Message,因此,在 mHandler 的消息处理中加入新的消息处理机制:

```
01    //用于处理由 Thread 发来的消息
02    mHandler = new Handler() {
03        public void handleMessage(Message msg) {
04            switch (msg.what)
05            {
06                ……
07                case MESSAGE_TRACK://表示新处理的消息携带了用于绘制轨迹的点
08                    GeoPoint currentGeoPoint = (GeoPoint)msg.obj;//获取点
09                    mapController.animateTo(currentGeoPoint);
                                           //屏幕中心平移到新点的位置
10                    track.addPoints(currentGeoPoint);    //新点添加到列表中
11                    break;
12                default:
13                    break;
14            }
15            super.handleMessage(msg);
16        }
17    };
```

从代码中可以看出对 MESSAGE_TRACK 消息的处理方式:从接收到的 msg 对象中取出 GeoPoint 对象,然后使用 mapController 将视图居中至新地点,然后使用 track 对象的 addPoints 方法将新取出的 GeoPoint 加入到 track 的 List<GeoPoint>列表中,之后便由 track 对象的 draw 方法来负责绘制轨迹。

示例之所以将解析文件的功能放在一个单独的线程中来实现，是因为这种方式与实际应用中的轨迹绘制方式相似。在实际应用中，通常也可以开启一个单独的线程，专用于从 GPS 模块获取新获得的 GPS 数据，然后按照类似于本示例的方式，将新获取的数据传给主线程，然后让主线程和 Track 类来负责轨迹的绘制。读者可以自行修改一下示例，实现从真机中获取新的位置信息的功能，然后放到真机中进行验证，看是否能够正确地绘制出轨迹。

8.4 基站应用

基站（Base Station，缩写 BS），即公用移动通信基站。从狭义上讲，它是无线电台站的一种形式，指在一定的无线电覆盖区中，通过移动通信交换中心，与移动电话终端之间进行信息传递的无线电收发信电台，具体就是固定在一个地方的高功率、多信道双向无线电发送机。

从广义上讲，它是基站子系统（BSS，Base Station Subsystem）的简称。以 GSM 网络为例，包括基站收发信机（BTS）和基站控制器（BSC）。一个基站控制器可以控制十几个甚至数十个基站收发信机。通常，基站的用途是为手机提供无线通讯信号以及作为无线路由器使用。当用户使用手机进行通话或者无线上网时，数据就会通过附近的一个基站进行发送和接收，手机正是通过基站接入到电话网络中的。

通常，基站由移动通信运营商申请设置。移动通信基站的建设是我国移动通信运营商投资的重要部分，移动通信基站的建设一般都是围绕覆盖面、通话质量、投资效益、建设难易、维护方便等要素进行。随着移动通信网络业务向数据化、分组化方向发展，移动通信基站的发展趋势也必然是宽带化、大覆盖面建设及 IP 化。

本节首先将介绍在 Android 操作系统中如何获取到当前基站信号的强度，通过实例让读者"近距离"地体会到基站的存在，同时也能够让读者熟悉 Android 相关的 API；本节的第二小节将介绍利用基站信息进行定位的方法，这种定位方法虽然精度没有前面介绍的 GPS 定位那么高，但是它可以在手机没有 GPS 硬件模块的情况下为手机提供定位功能，能够覆盖的用户面更广，同时也能够弥补 GPS 定位在封闭的空间中不能够正常工作的缺陷。当我们所要开发的应用程序涉及到地理位置定位功能时，建议能够在采用 GPS 定位的同时也考虑基站定位，使得应用程序更加健壮。

8.4.1 基站信号强度获取

Android 与基站数据相关的包是 android.telephony、android.telephony.cdma 和 android.telephony.gsm，本小节需要用到的相关类则是：

❑ android.telephony.PhoneStateListener：该类用于监听手机的一些特定状态的变更事件，包括了服务状态的切换、信号强度的变化、留言信息提示（语音信箱）等等事件。

❑ android.telephony.SignalStrength：该类用于获取手机的信号强度相关信息，包括了 GSM 信号和 CDMA 信号的强度相关信息。本小节以 GSM 信号强度为例，根据

SignalStrength 类的说明文档所述，GSM 信号强度值包括 0～31、99 这 33 个有效数值，它们所对应的含义在编号为 TS 27.007 的文件的 8.5 节的内容中被定义（使用 Google 搜索 "TS 27.007 8.5" 就能够找到这个文件），这个文件由 3GPP 维护。具体地，数值 0 代表信号强度为-113dBm 或更弱，数值 1 代表信号强度为-111dBm，数值 2～30 代表信号强度为-109～-53dBm，数值 31 代表信号强度为-51dBm 或更大，数值 99 则代表当前的信号强度未知或者不能被检测。

- android.telephony.TelephonyManager：该类提供了用于访问设备的通话通信服务相关信息的方法，在应用程序中可以使用该类提供的方法来获取通话通信服务信息以及状态信息，例如获取本机号码、当前连接的基站信息、手机类型、Sim 卡序列号、当前使用的数据状态等等。该类还提供了一个名为 listen 的方法用于为特定的事件变更注册监听器（即 PhoneStateListener），本小节中要使用到的就是这个方法。

图 8.49　获取信号强度

1. 获取基站信号强度示例效果

接下来就来实现一个能够检测信号强度变化并且输出相应强度值的例子，例子项目的名称为 GetSignalStrength，该项目的效果如图 8.49 所示。

如图所示是该示例项目的运行结果，由于示例是运行在模拟器上，因此其信号强度为不可测状态，所以图中显示的信号强度值为 99。下面来介绍一下本示例的具体实现。

2. 代码实现

在最开始需要修改的是该项目的 AndroidManifest.xml 文件，目的是为应用程序申请足够的权限。由于该应用程序要监听信号强度，这属于网络状态改变权限，因此需要在 AndroidManifest.xml 文件中增加如下一行代码如下：

```
<uses-permission android:name="android.permission.CHANGE_NETWORK_STATE" />
```

然后，需要实现的是用于监听信号强度变化事件的监听器，接着使用 TelephonyManager 的 listen 方法将这个监听器与需要监听的具体事件关联注册即可。通常通过继承 PhoneStateListener 类并重写其方法来实现自己的监听器，此处需要重写的方法是 onSignalStrengthsChanged()方法，代码如下：

```
01  private class MyPhoneStateListener extends PhoneStateListener {
02      private Handler mHandler;          //用于向主线程发送消息
03
04      public MyPhoneStateListener(Handler handler){//构造方法
05          this.mHandler = handler;
06      }
07
```

```
08      @Override
09      public void onSignalStrengthsChanged(SignalStrength
        signalStrength)                          //信号强度改变时被调用
10      {
11          super.onSignalStrengthsChanged(signalStrength);
12          final int signalStrengthValue = signalStrength.
            getGsmSignalStrength();//获取当前信号强度
13          mHandler.post(new Runnable() {
14
15              @Override
16              public void run() {
17                  strengthValue.setText(signalStrengthValue + "");
                                                    //更新视图显示
18              }
19          });
20          Toast.makeText(getApplicationContext(), "当前信号强度 = "
                                                    //使用 Toast 消息显示
21              + String.valueOf(signalStrength.getGsmSignal-
                Strength()),
22              Toast.LENGTH_SHORT).show();
23      }
24  };
```

其中，该类的成员变量 mHandler 用于在非 UI 线程中更新 UI 控件。第 12 行是获取当前信号强度的关键代码，其中 signalStrength 是作为参数传入的，当信号强度发生变化时，系统会调用 onSignalStrengthsChanged 方法并且传入这个包含有当前信号强度信息的对象，从而使得程序具有实时获取信号强度的功能。

在实现了 MyPhoneStateListener 之后，只需要在 Activity 的 onCreate()方法中实例化该 listener 并且注册到系统中即可，代码如下：

```
01  @Override
02  public void onCreate(Bundle savedInstanceState){
03      super.onCreate(savedInstanceState);
04      setContentView(R.layout.main);
05      strengthValue = (TextView)findViewById(R.id.strengthvalue);
06      mHandler = new Handler();
07      mPhoneStateListener = new MyPhoneStateListener(mHandler);
                                                //实例化信号强度变化监听器
08      //获取与信号相关的管理器
09      mTelephonyManager = (TelephonyManager)getSystemService(Context.
        TELEPHONY_SERVICE);
10      mTelephonyManager.listen(mPhoneStateListener,
                                                //注册监听器，用于监听信号强度变化
11          PhoneStateListener.LISTEN_SIGNAL_STRENGTHS);
12  }
13  @Override
14  protected void onPause(){                //Activity 暂停时，解除监听器注册
15      super.onPause();
16      mTelephonyManager.listen(mPhoneStateListener, Phone-
        StateListener.LISTEN_NONE);
17  }
18
19  @Override
20  protected void onResume(){               //Activity 继续执行时，重新注册监听器
21      super.onResume();
22      mTelephonyManager.listen(mPhoneStateListener,
```

```
23                PhoneStateListener.LISTEN_SIGNAL_STRENGTHS);
24    }
```

如上段代码，第 07、09 行分别实例化了 PhoneStateListener 和 TelephonyManager 对象；第 10、11 行则是对监听器进行注册，用于监听 PhoneStateListener.LISTEN_SIGNAL_STRENGTHS 事件，即信号强度变更事件。后半部分重写的 onPause()方法和 onResume()方法的作用是在应用程序不在最上时停止对信号强度变化的监听。

8.4.2 基站定位

使用基站进行定位一般被手机用户所使用，与 GPS 一样，手机基站定位服务又叫做移动位置服务（LBS——Location Based Service），它是通过电信移动运营商的网络（如 GSM 网）获取移动终端用户的位置信息（经纬度坐标），在电子地图平台的支持下，为用户提供相应服务的一种增值业务，如目前中国移动动感地带提供的动感位置查询服务等。

其大致原理为：移动电话测量不同基站的下行导频信号，得到不同基站下行导频的 TOA（Time of Arrival，到达时刻），根据该测量结果并结合基站的坐标，一般采用三角公式估计算法，就能够计算出移动电话的位置。实际的位置估计算法需要考虑多基站（3 个或 3 个以上）定位的情况，因此算法要复杂很多。一般而言，测量的基站数目越多，测量精度就越高，定位性能的改善也就越明显。

与基于 GPS 定位的方式不同，基于 GPS 的定位方式是利用手机上的 GPS 定位模块将自己的位置信号发送给系统来实现手机定位的，基站定位则是利用基站对手机的距离来确定手机位置的。后者不需要手机具有 GPS 定位能力，但是精度很大程度依赖于基站的分布及覆盖范围的大小，有时误差会超过一公里。一般来说，前者的定位精度较高。

鉴于基站定位与 GPS 定位的异同，在实际应用中通常对基站定位有如下两点要求：

❏ 较高的覆盖率：一方面，要求基站定位覆盖的范围足够大，另一方面则要求覆盖的范围包括室内（GPS 定位在室内会失效）。用户大部分时间是在室内使用该功能，从高层建筑到地下设施必须保证覆盖到每个角落。手机定位根据覆盖率的范围，可以分为 3 种覆盖率的定位服务：整个本地网、覆盖部分本地网和提供漫游网络服务类型。除了考虑覆盖率外，网络结构和动态变化的环境因素也可能使一个电信运营商无法保证在本地网络或漫游网络中的服务。

❏ 一定的定位精度：手机定位应该根据用户服务需求的不同提供不同的精度服务，并可以提供给用户选择精度的权利。例如美国 FCC 推出的定位精度在 50 米以内的概率为 67%，定位精度在 150 米以内的概率为 95%。定位精度一方面与采用的定位技术有关，另外还取决于提供业务的外部环境，包括无线电传播环境、基站的密度和地理位置，以及定位所用设备等。当我们的手机里装上中国移动或者中国电信的卡后，就可以利用中国移动或者中国电信基站进行定位了，这种定位误差相对较大，但是盲区相对较小，只要有电话信号的地方都可以实现定位。现在大部分手机都采用了 GPS 定位与基站定位相结合来实现相对精度更高的定位模式，在这种模式下可以让手机在室外有卫星信号的地方采用 GPS 卫星定位，误差在 10～50 米左右；当手机进入到地下停车场或者室内的无法接收到 GPS 卫星信号的地区时，定位方式就自动转换到基站模式，通过这样的方式来达到定位精度与覆盖率的最优。

本小节将介绍在 Android 中如何利用基站信号进行定位，基本原理是借助 Google 提供的 Web 服务 API（这个 Web 服务本身搜集了全球非常全面的基站相关数据，该服务使用 JSON 格式文件进行请求和数据输出），利用手机当前的 GsmCellLocation 信息（通过 android.telephony.TelephonyManager 类的 getCellLocation()方法来获取）来计算出当前的经纬数据，然后再利用 Google 地图 API 根据经纬数据得出对应的地址信息。

1．示例效果

示例效果如图 8.50 和图 8.51 所示。

图 8.50　程序初始界面　　　　图 8.51　基站定位结果

如上两幅截图所示，在单击了定位按钮之后，得到了当前手机所处的地区位置，笔者在进行测试的时候，基站定位的结果与实际地理位置的差异较大，大概在 1 公里左右，这也是基站定位的原理所决定的。读者可以在自己所处的地点测试该程序，看看定位的精确度如何。

2．代码实现

同样，首先需要满足的是应用程序的权限需求，该程序需要访问互联网、利用 Cell-id 进行定位、读取设备的状态等权限，因此需要在 AndroidManifest.xml 文件中添加如下几行代码：

```xml
<uses-permission android:name="android.permission.ACCESS_COARSE_LOCATION" />
<uses-permission android:name="android.permission.READ_PHONE_STATE" />
<uses-permission android:name="android.permission.INTERNET" />
```

下面来看 Activity 的代码，正如前面提到的定位原理，该应用首先是使用 TelephonyManager 类来获取到手机的 CellLocation 信息，然后利用获取到的信息在数据库（由 Google 提供，并且以 Web 服务的形式进行调用）中进行查询，查询结果是一个包含有经纬数值的 JSON 文件，根据经纬数值就能够定位得到具体的地址信息，查询的代码如下：

```
01  //通过 TelephonyManager 获取到 GsmCellLocation 对象，这个对象包含了基站定位相
    关信息
02  GsmCellLocation gsmCellLocation = (GsmCellLocation) mTelephonyManager.
    getCellLocation();
03  int cid = gsmCellLocation.getCid();
                                            //获取 Cell-id（基站编号）值，由运营商提供
04  int lac = gsmCellLocation.getLac();
                                 //获取 location area code（位置区域码）值，由运营商提供
05  int mcc = Integer.valueOf(mTelephonyManager.getNetworkOperator().
    substring(0,3));          //国家代码
06  int mnc = Integer.valueOf(mTelephonyManager.getNetworkOperator().
    substring(3,5));          //网络代码
07  try{
08      //准备用于发起 JSON 查询的内容
09      JSONObject holder = new JSONObject();
                                //新建 JSONObject 对象，用于封装查询的内容
10      holder.put("version", "1.1.0");          //设置版本号
11      holder.put("host", "maps.google.com");    //设置主机地址
12      holder.put("request_address", true);      //设置请求地址标志为真
13      JSONArray array = new JSONArray();  //新建 JSONArray 对象用于存放数组
14      JSONObject data = new JSONObject();
                                //新建 JSONObject 对象，用于封装基站信息
15      data.put("cell_id", cid);                 //设置 cell-id 值
16      data.put("location_area_code", lac);      //设置位置区域码
17      data.put("mobile_country_code", mcc);     //设置国家代码
18      data.put("mobile_network_code", mnc);     //设置网络代码
19      array.put(data);                          //将 data 存放为数组形式
20      holder.put("cell_towers", array);         //设置基站数据
21
22      //向 web 服务发送定位请求
23      DefaultHttpClient client = new DefaultHttpClient();
24      HttpPost post = new HttpPost("http://www.google.com/loc/json");
                                            //使用 POST 方法发送请求
25      StringEntity se = new StringEntity(holder.toString());
26      post.setEntity(se);
27      HttpResponse httpResponse = client.execute(post);  //执行定位请求
28
29      //接收并解析服务器响应
30      HttpEntity entity = httpResponse.getEntity();
31      BufferedReader br = new BufferedReader(new InputStreamReader
        (entity.getContent()));              //获取输入流
32      StringBuffer sb = new StringBuffer();
33      String result = br.readLine();
34      while(result != null){                //从输入流读取结果
35          sb.append(result);
36          result = br.readLine();
37      }
38      JSONObject rawData = new JSONObject(sb.toString());
                                            //获取原始数据待解析
39      JSONObject locationData = new JSONObject(rawData.getString
```

```
                ("location"));                                  //解析定位信息
40          //根据经纬度获取地址
41          getAddress(locationData.getString("latitude"),
    locationData.getString("longitude"));
42      }catch(Exception e){}
```

如代码所示,第 01～06 行获取了一个 GsmCellLocation 类型的对象,然后从中取得了使用基站定位所需要的一些数据;然后在第 09～20 行代码里将这些数据以及其他的一些配置信息封装成为一个 JSON 文件;第 23～27 行代码则是将查询信息使用 HttpPost 的方式提交给 Web 服务处理;最后,第 30～41 行代码则是接收从 Web 服务返回的 JSON 数据文件并进行解析,获取到经纬数值后通过调用 getAddress()方法(第 41 行)将经纬数值转换为地址字符串并且输出到界面上。getAddress()方法的代码如下:

```
01  //借助 Google 地图 Web 服务,根据经纬度数据得到地址名称
02  private void getAddress(String lat, String lag) {    //参数为:纬度、经度
03      try{
04          //生成用于查询地址的 URL
05          URL url = new URL("http://maps.google.cn/maps/geo?key=
                abcdefg&q=" + lat + "," + lag);
06          InputStream inputStream = url.openConnection().
                getInputStream();                               //获取输入流
07          InputStreamReader inputReader = new InputStreamReader
                (inputStream, "utf-8");                         //实例化读入器
08          BufferedReader bufReader = new BufferedReader(inputReader);
09          String line = "", lines = "";
10          while((line = bufReader.readLine()) != null){
                                                                //读取查询到的结果
11              lines += line;
12          }
13          if(!lines.equals("")){
14              JSONObject jsonobject = new JSONObject(lines);
                                                                //生成 JSONObject 对象待解析
15              //解析并得到地址
16              JSONArray jsonArray = new JSONArray(jsonobject.
                    get("Placemark").toString());
17              for (int i = 0; i < jsonArray.length(); i++) {
                                                                //显示最终定位结果
18                  addressText.setText(addressText.getText() + "\n"
19                      + jsonArray.getJSONObject(i).getString
                        ("address"));
20              }
21          }
22      }catch(Exception e){    }
23  }
```

这个方法又用到了另一个 Web 服务,即 Google 提供的地图查询服务(第 05 行),来将经纬数值转换为地址字符串并输出(第 14～19 行)。至此,通过单击界面上的定位按钮,就能够使用基站的方式进行定位了。

8.5 本章总结

本章介绍了 Android 的一些特色开发,当然这些功能并不是只能够在 Android 上实现,

而是 Android 很好地支持了这些特色功能的开发。本章的内容主要包括了传感器的访问方法、GPS 功能的应用以及基站信息的获取和定位方法，文中介绍的这些内容只是一些基础的使用方法，读者在学会了使用这些功能之后，能够发挥自己的想象力和创造力，来自己设计富有创意和实用价值的应用程序才是最关键的目的。在学习了本章之后，读者应该能够充分地体会到 Android 功能的丰富，在之后的开发过程中也能够让应用程序更加的丰富多彩。

8.6 习　　题

【习题 1】结合 8.1 节的内容，获取使用的真机的传感器清单。

【习题 2】结合指南针应用的相关内容，添加当前方向说明功能。

提示：方向说明即是北偏东 30°类似的说明，该说明直接根据返回的 Z 轴数组 values[0] 值即可。

【习题 3】结合计步器的相关内容，实现统计单位时间内所走的步数。

提示：通过计步器的实例已经实现了统计总步数的功能，统计单位时间步数需要记录所使用的时间。可以记录计步开始时间和终止时间；也可以每间隔一分钟获取当前总步数，如果一分钟内总步数为 0 则不记录该时间。

【习题 4】结合 GPS 应用的相关内容，实现 8.2 节的内容。

【习题 5】结合 GPS 和基站的应用，实现平时获取 GPS 位置信息，当无法获取时获取基站信息进行定位。

第 9 章 Android NDK 开发

在前面的章节中，我们介绍的 Android 开发都是使用 Java 来进行的，不过类似 Java 这样基于虚拟机的语言在运行上比基于 C 语言或 C++语言的效率要低。在高清视频播放、图形图像渲染等情况下，效率是不能满足用户需求的，甚至产生严重的失真、丢帧、卡机等现象。而且，很多工具都可以对 Java 代码进行反编译，并且反编译的结果和原始代码的相似度极高，不能保证自身代码的保密性和安全性。

对于这样的情况，我们需要 Android 对 C、C++语言的支持。Android 提供了 NDK 来实现对 C、C++语言的支持，从一定程度上解决了以上两大问题。在本章中，我们将介绍 NDK 开发环境的搭建并通过实现基本的 NDK 程序来讲解 NDK 代码的编写。

9.1 Windows 下 NDK 开发环境搭建

Android NDK（Native Development Kit，原生开发工具包）是一系列工具的集合，这些工具能够帮助开发者快速开发 C 或 C++动态库，并能自动将 so 和 Java 应用一起打包成应用程序包 apk。NDK 集成了交叉编译器，并提供了相应的 mk 文件隔离 CPU、平台、ABI 等差异，开发人员通过修改 mk 文件，就可以创建出 so 文件。

so 文件是一种标准的 Linux 执行文件 ELF（Executable and Linkable Format，可执行连接格式）格式的文件，类似于 Windows 系统下的 dll 文件。利用 so 可以节约资源、加快速度、代码升级简化。

这样就实现了 Android 应用程序运行在 Dalvik 虚拟机中使用 Java 代码，对于需要高效运算的部分，通过 NDK 使用 C/C++本地代码来实现。

使用 NDK 开发，其依赖的环境比较多，接下来，我们一步一步地实现在 Windows 平台中其开发环境的搭建。为了顺利搭建 NDK 开发环境，请先确定你已经进行了基本的 Android 开发环境的搭建，安装了 Eclipse 3.6 以上版本以及 Android SDK。

9.1.1 下载 Android NDK

安装 Android NDK 非常简单，仅仅需要从 Android 官网下载对应操作系统的 NDK 压缩包，并解压缩至任意目录即可。在 NDK 官方下载页面 http://developer.android.com/sdk/ndk/index.html 下载最新版本的 NDK 安装包，对于 Windows 平台，选择对应的 Windows 平台包，如图 9.1 所示。

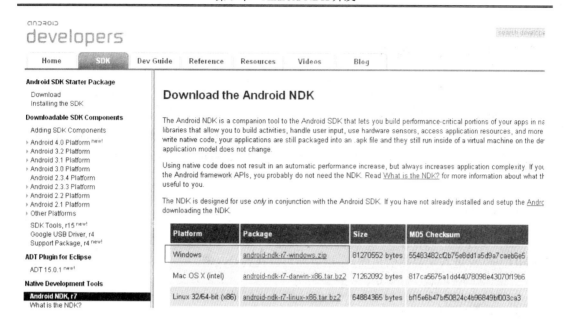

图 9.1 NDK 下载

下载后解压缩到你的工作目录，如 E:\Android\tools\android-ndk-r7，如图 9.2 所示。

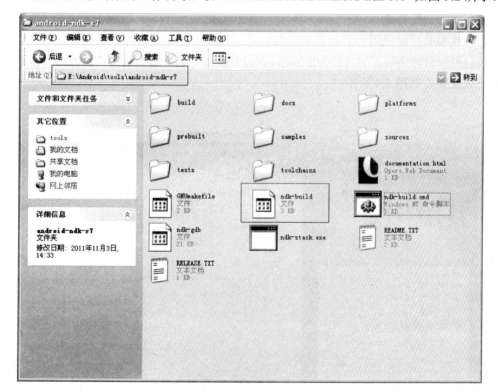

图 9.2 NDK 目录

在 Android NDK 目录中包含 build、docs、samples、sources、GNUmakefile、ndk-build、ndk-gdb 及 readme 等目录。其中，samples 目录下面包含了几个实例开发演示项目，第一次接触 NDK 开发，建议先从示例开始。

9.1.2 下载安装 Cygwin

由于 NDK 开发大都涉及到 C/C++在 GCC 环境下编译、运行。生成的 so 文件是一种标准的 Linux 执行文件 ELF，所以在 Windows 环境下，需要模拟 Linux 的编译环境。

Cygwin 便是一个在 Windows 平台上模拟 Linux 运行环境的工具，是 cygnus solutions 公司开发的自由软件，也是我们在 Windows 平台中开发 NDK 应用必不可少的工具。Cygwin 的安装步骤如下：

1. 下载Cygwin

进入 Cygwin 的官方主页 http://www.cygwin.com，在网站首页左方的导航栏里单击 Install Cygwin 进入安装指引页面。在该页面可以找到 Cygwin 的安装程序 setup.exe 的下载，链接，单击进行下载，如图 9.3 所示。

2. 安装Cygwin

下载 Cygwin 安装程序后，双击安装程序，进入正式的安装过程。根据安装向导，我们需要注意以下几点。

（1）选择安装方式：

第一次安装可以采用 Direct Connection 进行在线下载安装，如果已经下载好了现成的离线包，可以选择离线安装（Install from Local Directory）。由于是第一次安装，我们选择在线下载安装，如图 9.4 所示。

图 9.3　下载 Cygwin

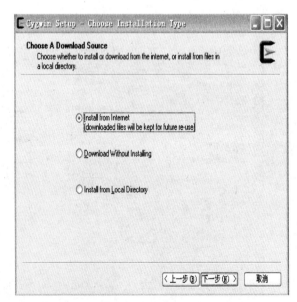

图 9.4　安装方式

（2）选择安装目录

单击"下一步"按钮后，进入安装目录的选择，如图 9.5 所示。此目录是指 Cygwin 最终的安装目录，而不是下载的文件暂存目录。例如，我们将 Linux 的模拟环境安装在

Android 目录中，其目录为 E:\Android\cygwin。

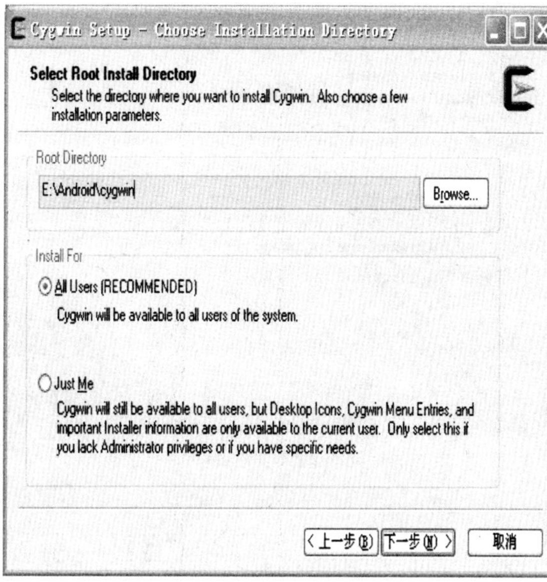

图 9.5 安装目录

（3）设置本地包暂存路径

单击"下一步"按钮后，需要选择下载文件的暂存目录。该目录默认放到 setup.exe 的同级目录下，一般不需要改变，如图 9.6 所示。当下载完成后，下一次安装时，我们就可以在安装方式中指定该目录选择离线安装。

图 9.6 下载文件保存目录

（4）设置网络连接方式

在线安装时，Cygwin 提供了常用的网络连接方式，包括了直接连接、代理连接等，如

图 9.7 所示。在此进行选择。

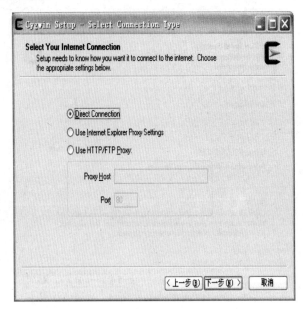

图 9.7　网络连接方式

（5）选择下载站点地址

Cygwin 会给出下载 Linux 文件的镜像地址，对于国内的用户来说，选择网易公司提供的 163 下载地址，其站点稳定并且速度不错，如图 9.8 所示。

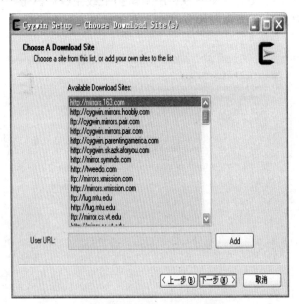

图 9.8　下载站点选择

（6）选择安装项

这一步非常重要，安装时需要特别注意。我们编译 NDK，在默认设置下，只需选择 Devel。单击列表中的 Devel，将后面的 Default 改为 Install，如图 9.9 中框中所示，其他均为默认状态。

以上方法将下载全部的开发工具，如果不想全部下载，则需要找到开发 NDK 用得着的包：autoconf2.1、automake1.10、binutils、gcc-core、gcc-g++、gcc4-core、gcc4-g++、gdb、pcre、pcre-devel、gawk、make 共 12 个包。

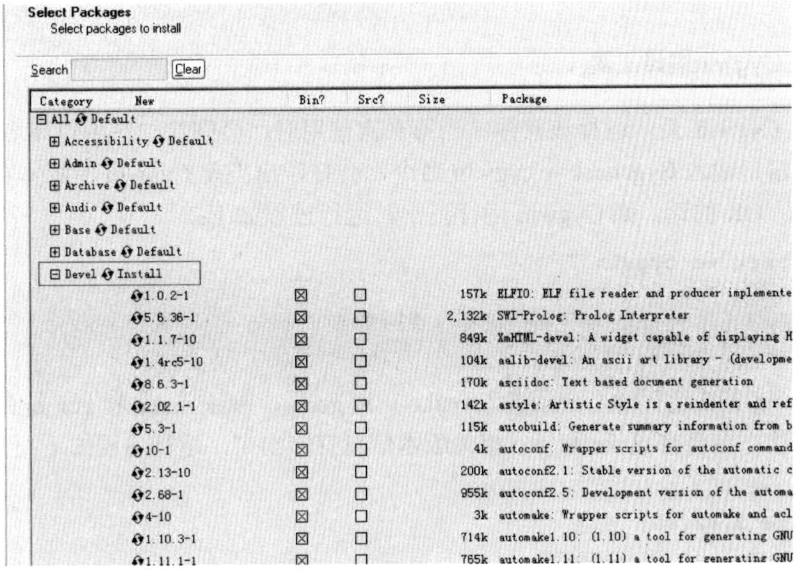

图 9.9 选择安装项

（7）下载完成

下载这些安装包，一般需要 3~4 个小时。如果选择完全下载所有的包，下载的压缩包大小约 830M。当下载完成后会自动安装到设置的安装目录，如图 9.10 所示。当下载完成后，最好把下载的包目录做个备份，下次安装同样的环境可以直接使用离线安装方式。

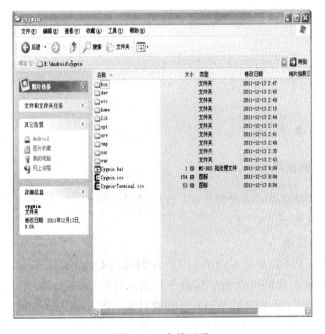

图 9.10 安装目录

从图 9.10 中可以看出其目录结构和 Linux 的目录结构是相同的。

9.1.3 验证 NDK 环境

1. 验证Cygwin编译工具

安装完 Cygwin 后，运行该软件。当第一次使用时，会创建一些用户环境文件。在弹出的命令行窗口输入 Cygcheck -c cygwin 命令，会打印出当前 Cygwin 的版本和运行状态，如果 status 是 OK 的话，则 Cygwin 运行正常。运行过程如下：

```
$ cygcheck -c cygwin
Cygwin Package Information
Package              Version           Status
cygwin               1.7.9-1           OK
```

当 Cygwin 正常运行时，分别输入 make-v 和 gcc-v，验证 make 和 gcc 是否安装正确。如果检测成功，则会有 make 和 gcc 相关版本信息打印出来，运行过程如下：

```
$ make -v
GNU Make 3.82.90
Built for i686-pc-cygwin
Copyright (C) 2010  Free Software Foundation, Inc.
License GPLv3+: GNU GPL version 3 or later <http://gnu.org/licenses/gpl.html>
This is free software: you are free to change and redistribute it.
There is NO WARRANTY, to the extent permitted by law.
Owner@lenovo-e536a9ef ~
$ gcc -v
Using built-in specs.
COLLECT_GCC=gcc
COLLECT_LTO_WRAPPER=/usr/lib/gcc/i686-pc-cygwin/4.5.3/lto-wrapper.exe
Target: i686-pc-cygwin
Configured with: /gnu/gcc/releases/respins/4.5.3-3/gcc4-4.5.3-3/src/gcc-4.5.3/configure --srcdir=/gnu/gcc/releases/respins/4.5.3-3/gcc4-4.5.3-3/src/gcc-4.5.3
.....省略.....
Thread model: posix
gcc version 4.5.3 (GCC)
```

2. 编译NDK示例程序

为了保证 NDK 的编译环境设置正确，我们通过编译 NDK 中自带的示例程序来进行验证。需要进行如下几步：

（1）进入 NDK 目录

由于 NDK 的编译环境是在 Cygwin 中，我们通过 Cygwin 进入 NDK 的保存目录。

安装 Cygwin 后，我们可以通过其命令行进入任何 Windows 平台的任何一级目录。Cygwin 通过/cygdrive 目录来映射 Windws 的根目录。进入/cygdrive 目录，其目录中则对于 Windws 中的 c、d 等卷。然后就可以进入 NDK 的保存目录中，如 E:\Android\tools\android-ndk-r7 目录。该运行过程如下：

第 9 章　Android NDK 开发

```
01  Owner@lenovo-e536a9ef ~
02  $ cd /cygdrive/
03
04  Owner@lenovo-e536a9ef /cygdrive
05  $ ls -a
06  .  ..  c  d  e  f
07
08  Owner@lenovo-e536a9ef /cygdrive
09  $ cd e/Android/tools/android-ndk-r7/
10
11  Owner@lenovo-e536a9ef /cygdrive/e/Android/tools/android-ndk-r7
```

其中，01 行，这样的格式为用户名和当前所在目录；

02～06 行，进入 /cygdrive 目录，该目录下的所有文件便是映射 Windws 系统中的 C、D、E、F 盘；

09～11 行，进入 Windows 系统中保存 NDK 的目录。

（2）选择示例项目 hello-jni

我们选择编译 NDK 自带的例子 hello-jni 来进行编译。在 NDK 目录中，我们可以进入 samples 目录中，可以发现有很多的示例项目。我们需要学习 NDK 编程，这些示例都是非常好的入门学习资料。

输入命令 cd hello-jni，进入到 hello-jni 示例的目录中，运行过程如下：

```
01  Owner@lenovo-e536a9ef /cygdrive/e/Android/tools/android-ndk-r7
02  $ cd samples/
03
04  Owner@lenovo-e536a9ef /cygdrive/e/Android/tools/android-ndk-r7/samples
05  $ ls -a
06  .          hello-gl2    module-exports   native-media   test-libstdc++
07  ..         hello-jni    native-activity  native-plasma  two-libs
08  bitmap-plasma  hello-neon  native-audio    san-angeles
09
10  Owner@lenovo-e536a9ef /cygdrive/e/Android/tools/android-ndk-r7/samples
11  $ cd hello-jni/
12
13  Owner@lenovo-e536a9ef /cygdrive/e/Android/tools/android-ndk-r7/samples/hello-jni
```

其中，02 行，进入 samples 目录；

05～08 行，显示 samples 目录中的所有文件。可以看出一共有 12 个文件目录，这些都是不同的 NDK 官方示例。后面章节，我们将介绍主要示例实现的内容；

11～13 行，进入需要编译的 hello-jni 示例。

（3）编译 hello-jni 项目 so 文件

在 hello-jni 目录中，输入 ../../ndk-build，使用 ndk-build 对项目中的 C 代码进行编译。

第一次编译时，一般会发生错误，提示 Android NDK: Host 'awk' tool is outdated，运行过程如下：

```
$ ../../ndk-build
E:\Android\tools\android-ndk-r7\prebuilt\windows\bin\awk.exe: can't open
file /cygdrive/e/Android/tools/android-ndk-r7/build/awk/check-awk.awk
 source line number 1 source file /cygdrive/e/Android/tools/android-ndk-r7/
```

```
build/awk/check-awk.awk
context is
     >>>  <<<
Android NDK: Host 'awk' tool is outdated. Please define HOST_AWK to point
to Gawk or Nawk !
/cygdrive/e/Android/tools/android-ndk-r7/build/core/init.mk:258:   ***
Android NDK: Aborting.   . Stop.
```

这是由于 NDK 自带的 awk 过期不可用。根据提示找到 NDK 目录下的\prebuilt\windows\bin\awk.exe，删除该 awk。重新输入 ndk-build，成功运行会生成 so 文件并保存到 libs/armeabi/目录中，运行如下：

```
Owner@lenovo-e536a9ef
/cygdrive/e/Android/tools/android-ndk-r7/samples/hello-jni
$ ../../ndk-build
Gdbserver       : [arm-linux-androideabi-4.4.3] libs/armeabi/gdbserver
Gdbsetup        : libs/armeabi/gdb.setup
Install         : libhello-jni.so => libs/armeabi/libhello-jni.so
```

编译执行成功后，它会自动生成一个 libs 目录，把编译生成的 so 文件放在里面。这样，我们就可以编译出 so 文件。接下来，我们验证该 so 文件是否编译正确并可以使用。

（4）使用 so 文件

对于 NDK 中的自带例子是无法直接导入到 Eclipse 开发环境中的，需要新建工程来间接实现 NDK 项目的导入。具体的方法如下：

在 Eclipse 中新建一个工程 HelloJni。需要注意的是，新建的工程需要选择通过 Create project from existing source 方法建立起 hello-jni 项目，项目的位置选择示例工程所在的位置并且在选择 API level 时需要选择 1.5 或更高的版本，如图 9.11 所示。

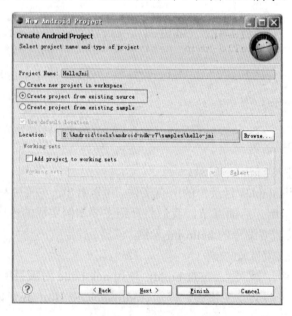

图 9.11　新建项目

通过这样的方式，成功导入项目后，其目录如图 9.12 所示，可以看到在其 jni 目录中有 C 文件和 make 文件；在其 libs 目录中有刚才编译生成的 so 文件。

在模拟器中运行导入的示例项目，我们可以在模拟器中看到 Hello from JNI，如图 9.13 所示。

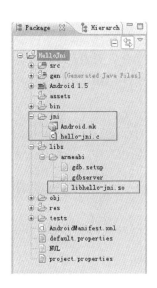

图 9.12　成功导入目录　　　　　图 9.13　示例项目运行成功

通过这样的步骤，我们实现了最基本的 NDK 开发环境的搭建。但是，这样和我们习惯使用的 Eclipse 开发平台不能直接连接使用，不利于高效的开发。接下来，我们实现与 Eclipse 的连接。

9.1.4　安装 Eclipse 下 C/C++开发工具

为了在 Eclipse 中进行 C/C++的直接开发，需要安装其开发插件 CDT。安装步骤如下：

1. 插件地址

首先登录 http://www.eclipse.org/cdt/downloads.php，找到对应你 Eclipse 版本的 CDT 插件的在线安装地址，对于最新版本的 Indigo，如图 9.14 所示。

CDT 8.0.1 for Eclipse Indigo

Eclipse package: Eclipse C/C++ IDE Indigo SR-1.

p2 software repository: http://download.eclipse.org/tools/cdt/releases/indigo

The git repos have been tagged with the CDT_8_0_1 tag. You can download the source from the web interface.

Archived p2 repos:

- cdt-master-8.0.1.zip
- cdt-master-8.0.0.zip

图 9.14　CDT 插件安装

如图 9.14 所示。最上方是一个 Eclipse C/C++ IDE Indigo SR-1 的下载链接，该链接是用于下载自带集成了 CDT 插件的 Eclipse 开发环境，如果当前计算机上没有安装任一版本的 Eclipse，则可以选择下载安装此版本 Eclipse，则无需再另外安装 CDT。

如果已经安装了 Eclipse Indigo，则可以使用第二个连接 p2 software repository 的地址。

2. 在线安装

在 Eclipse 的 Help 菜单下选择 Install New Software 命令。在弹出对话框的 work with 框中，输入上述的链接地址。当显示插件列表后，选择 Select All 选项，然后单击 Next 按钮即可完成安装，如图 9.15 所示。

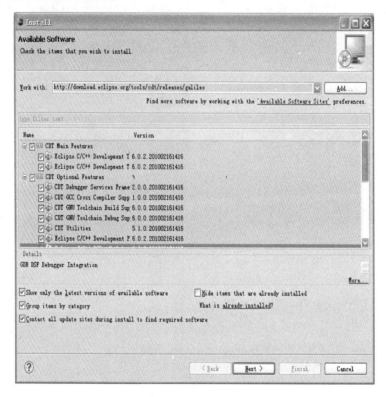

图 9.15　CDT 插件列表

当然，也可以不安装所有的组件，那么则需要勾选 CDT Main Features 分类并勾选 CDT Optional Features 下的 C/C++ Development Platform、C/C++ DSF GDB Debugger Integration、C/C++ GCC Cross Compiler Support、C/C++ GNU Toolchain Build Support、C/C++ GNU Toolchain Debug Support、Eclipse Debugger for C/C++、Miscellaneous C/C++ Utilities 这些组件，其他组件可以在需要用的时候再进行安装。

如果在线安装的方法由于网络原因或者其他原因不能够成功完成，则可以通过下载离线安装包的方式进行安装。首先需要通过如图 9.14 中最下方的链接下载 CDT 安装包，例如目前最新的 8.0.1 版本，下载到本地后，在如图 9.15 所示的对话框中单击地址栏右方的 Add…按钮，然后单击 Archive 按钮定位到刚下载的 cdt-master-8.0.1.zip 压缩包，再进行安装即可。

3. 验证CDT安装成功

在 Eclipse 中新建一个项目，如果出现了 C/C++项目，则表明你的 CDT 插件安装成功，如图 9.16 所示。

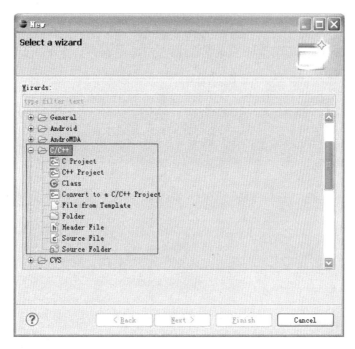

图 9.16　CDT 安装成功

如图 9.16 所示，对于现有的 Java 或 Android 项目可以通过列表下的第四个选项 Convert to a C/C++ Project（Add C/C++ Nature）来为项目添加 C/C++相关支持。

9.1.5　安装 Eclipse 下 Sequoyah 插件

通过安装 CDT 插件，我们便可以在 Eclipse 中进行 C/C++的开发，但是针对 Android 的 NDK 开发不够方便，我们需要安装 Sequoyah 插件来帮助我们生成 mk 文件，利用 cygwin 环境自动编译生成 so 文件等。

1. 在线安装插件

Sequoyah 插件的官方下载地址为 http://www.eclipse.org/sequoyah/downloads/，在该网页上找到 Eclipse 对应版本用于在线安装的 update site 地址以及安装包的下载地址。和在线安装 CDT 插件一样，在 Eclipse 的 Help 菜单下选择 Install New Software 命令，在弹出对话框的 work with 框中，输入该地址。

需要注意的是，在安装界面要确认 Group items by category 复选框处于未选中状态，否则可能出现列表为空（There are no categorized items）的情况。全部勾选列出的安装包并完成安装，如图 9.17 所示。

图 9.17　在线安装 Sequoyah

2. 添加 NDK 路径

当安装成功后，需要设置 NDK 的路径。在 Eclipse 的 Window 菜单中选择 Preferences 命令，在弹出对话框中选择 Android|"本机开发"选项，如图 9.18 所示。在本机开发中，选择 NDK 的保存路径。

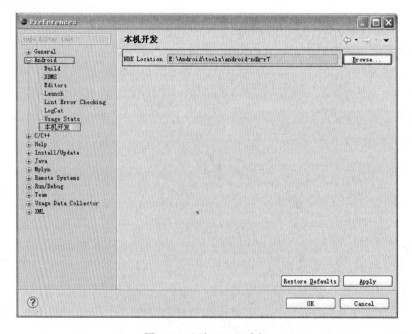

图 9.18　添加 NDK 路径

3. 添加原生开发支持

鼠标右键单击任意的 Android Project，会发现在弹出菜单的 Android Tools 中多出了一个 Add Native Support…选项，如图 9.19 所示。

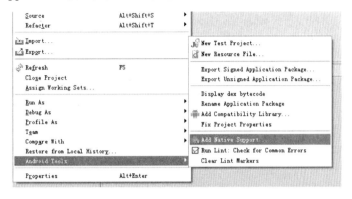

图 9.19　原生开发支持

单击后会弹出一个简单的设置界面，如图 9.20 所示。在"项目"栏里选择需要添加本地支持的项目名称。在"将添加库名称 lib*.so"一栏中，填写需要生成库的名称。例如，对于 helloJni 项目的库名称即为 libhellojni.so，在此处填写 helloJni 即可。

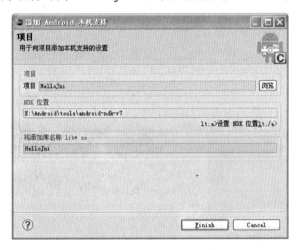

图 9.20　设置本机支持

通过下载 NDK 开发包、安装 Cygwin 软件以及相关编译工具、安装 CDT、安装 Sequoyah 插件这些步骤，我们完成了 Windows 平台下 Eclipse 中开发 Android NDK 的环境搭建。接下来，我们就来实现最简单的 NDK 程序。

9.2　计　算　器

通过上一节的介绍，我们实现了在 Windows 平台下的 NDK 环境的搭建，并且通过 NDK

示例代码验证了平台的成功搭建。接下来，我们通过实现一个简易的计算器来讲解最基本的 NDK 开发流程和需要注意的关键点。

9.2.1 界面开发

虽然 Android 从 1.5 版本之后支持了 NDK 的原生开发，可以使用 C/C++来进行开发。但是，这些 NDK 的开发都是作为应用程序依赖的一个库来进行调用的，所以在与 Android 界面相关的布局、用户交互处理等都是和前面的章节一样，需要通过 Java 来实现。

首先，新建一个 Android 项目。其过程和新建一般的 Android 项目步骤是一样的，只是需要注意的是对 SDK 版本的选择。由于 NDK 是在 Android 1.5 版本之后才进行支持的，因此选择 1.5 版本以上的 SDK。

由于在界面布局中，我们不需要使用到 NDK 的本地支持，只需要在 XML 布局文件中进行描述即可。对于我们需要实现的功能，针对输入的两个数进行加、减、乘、除这 4 种对基本的四则运算。在界面中，我们只需要两个数的输入框、一个进行四则运算的按钮以及一个运算结果输出框即可，如图 9.21 所示。

9.2.2 NDK 本地支持

1. 添加本地支持

我们在功能实现时，将需要进行的加减乘除四则运算使用 C 语言来实现，所以在工程中需要本地支持。使用 Sequoyah 插件提供的支持功能，实现如下：在新建的项目中，鼠标右键单击，在 Android Tools 中选择 Add Native Support…，如图 9.19 所示。在弹出对话框中，一般保持默认情况即可，如图 9.22 所示。其中，弹出对话框中可以选择需要本地支持的项目、显示已经设置好的 NDK 位置以及生成的 so 文件名称。

图 9.21　计算器界面

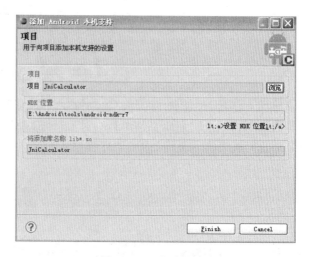

图 9.22　添加本地支持

单击 Finish 按钮完成后,切换到 Android 本地支持视图界面。项目的结构将发生变化,变成如图 9.23 所示。可以看到多了一个名为 jni 的目录,这个目录便是 Sequoyah 自动生成的用于存放 C/C++源代码的目录,该目录下存在两个文件:Android.mk 是用于描述代码的编译规则的;cpp 文件用于编写 C/C++源码。

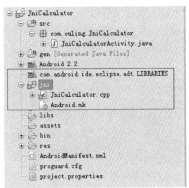

(a)添加前的目录　　　　　　　　　　(b)添加后的目录

图 9.23　项目结构变化

2. Android.mk

Android.mk 是用于描述代码的编译规则的,相当于 makefile。虽然,我们可以使用插件对编译的规则进行自带生成,但是我们需要明白 Android.mk 描述的规则涵义。每个编译模块都是以 include $(CLEAR_VARS)开始,以 include $(BUILD_XXX)结束。在本示例中,描述的内容如下:

```
01  LOCAL_PATH := $(call my-dir)
02  include $(CLEAR_VARS)
03  LOCAL_MODULE    := JniCalculator
04  ### Add all source file names to be included in lib separated by a
    whitespace
05  LOCAL_SRC_FILES := JniCalculator.cpp
06  include $(BUILD_SHARED_LIBRARY)
```

其中,01 行的内容是对 LOCAL_PATH 变量进行赋值。每个 Android.mk 文件都必须以此操作为第一句,该语句的作用是为了能够在项目的目录树中定位源代码文件,NDK 的编译系统根据这个变量来寻找所需的源代码文件。在此处使用到了由 NDK 编译器所提供的一个宏函数 my-dir,它能够返回当前目录,在此处即是包含 C++代码的 jni 目录;

02 行 include $(CLEAR_VARS),其中的 CLEAR_VARS 变量是由 NDK 编译提供的变量,该变量指向了一个特定的 GNU Makefile。这个 Makefile 的作用是重置所有除 LOCAL_PATH 外的其他所有形如 LOCAL_XXX 形式的变量,由于所有控制编译的文件都是在一个唯一的 GNU Make 执行环境中进行解析的,因此必须在开始新的编译前正确地处理所有的全局变量;

03 行 LOCAL_MODULE := JniCalculator,LOCAL_MODULE 变量是用于指定所有需要编译的模板,因此这一行也是必须具备的,这个变量的值必须是唯一的且不包含空格字符。NDK 在生成模块时会自动地为该变量值添加前缀 lib 和后缀 so,因此在本例中将生成名为 libJniCalculator.so 的模块，这个模块将在 Java 代码中用于加载模块的操作，在后文中将会看到；

05 行 LOCAL_SRC_FILES := JniCalculator.cpp，这一行相对简单，LOCAL_SRC_FILES 即用于指定源代码文件的变量。本例中只存在由 Sequoyah 生成一个源文件 JniCalculator.cpp，如果存在多个源文件，则在多个文件名中用空格分开。在列出源文件时不需要把头文件或者 included 的文件列出来，因为编译器会自动加载这些依赖项，仅仅列出源文件即可；

06 行 include $（BUILD_SHARED_LIBRARY），BUILD_SHARED_LIBRARY 也是由编译器提供的指向一个 GNU Makefile 文件的变量，该 Makefile 的作用是搜集所有的从最近一个 include $（CLEAR_VARS)语句之后的所有 LOCAL_XXX 形式的变量信息，从而分析得出应该如何来进行编译并完成相应的编译构建工作。与此相关的还有 BUILD_STATIC_LIBRARY 变量用于构建一个静态的库，两则的区别是，只有 shared library 会被复制到应用程序的安装包，而 static library 也可用于生成 shared library。

3. cpp文件

自动生成的 cpp 文件则是 C++源代码文件，这个默认的文件是空的，只包含了两个 include 语句，如下：

```
#include <string.h>
#include <jni.h>
```

在 jni.h 文件中，定义了本地的数据类型和对象的引用类型。在 cpp 文件中编写 C 代码时，需要注意的是，必须使用这些定义的本地数据类型和对象引用类型。

对于数据类型，一般都是在 Java 对应类型前添加一个 j，具体对应关系如表 9-1 所示。

表 9-1 Java类型与本地类型的对应关系

Java 类型	本地类型	说　　明
boolean	jboolean	无符号，8 位
byte	jbyte	无符号，8 位
char	jchar	无符号，16 位
short	jshort	无符号，16 位
int	jint	无符号，32 位
long	jlong	无符号，64 位
float	jfloat	32 位
double	jdouble	64 位
void	void	N/A

JNI 包含了很多对应于不同 Java 对象的引用类型，这些引用类型的组织层次如图 9.24 所示。

接下来，我们在 cpp 文件中实现两个数的相加功能。需要特别注意 JNI 调用的两点规则。

（1）extern"C"

由于 NDK 主要是配合 C 语言开发，但是 Sequoyah 插件帮我们生成的是 cpp 文件。在默认情况下，会使用 C++的编译方式来进行编译，这样会导致在 Java 调用时无法找到对应的函数接口。因此前面一段添加了 extern "C"关键字，用于告诉编译器其内部包含的函数是使用 C 语言编写的。

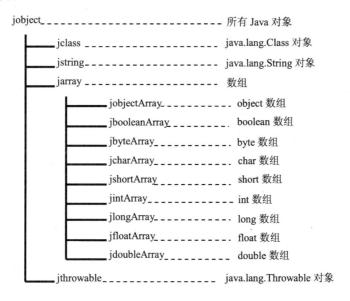

图 9.24　JNI 对 Java 对象的引用类型

（2）函数定义规则

在编写函数时，对于其函数名必须符合规则，不然 JNI 调用时无法找到需要的函数。其函数定义如下：

```
JNIEXPORT <JNI type> JNICALL Java_<package_path>_<class_name>_<method_name>(JNIEnv *env, jobject obj, <parameter_list>)
```

其中，函数名的命名必须是"JAVA_调用该函数的JAVA 类名（完整路径区分大小写）_函数名"。对于完整的包名中的"."以下划线"_"来代替。当 package path 和 class name 中如果出现"_"字符，用"_1"代替；出现";"，用"_2"代替。例如，本例中的加法函数命名为下：

```
Java_com_ouling_JniCalculator_JniCalculatorActivity_add
```

即该方法对应在 Java 代码的 com.ouling.JniCalculator 包内的 JniCalculatorActivity 类中声明的，方法名称为 add。

对于函数的参数定义 JNIEnv *env, jobject obj，两个参数是必需的，之后才是在函数调用时需要传递的参数。在本例中，加法函数需要传递两个进行相加的数，其完整的定义如下：

```
JNIEXPORT jint JNICALL Java_com_ouling_JniCalculator_JniCalculator
Activity_add(
        JNIEnv *env, jobject obj, jint value1, jint value2);
```

即表明导出了一个 JNI 调用的方法。有两个参数，都为 jint 本地类型，返回值为 jint 的本地类型。掌握了这些函数定义关键点，本例中加法函数的具体实现如下：

```
01  extern "C" {
02  JNIEXPORT jint JNICALL Java_com_ouling_JniCalculator_JniCalculator
    Activity_add(
```

```
03          JNIEnv *env, jobject obj, jint value1, jint value2);
04  };
05
06  jint JNICALL Java_com_ouling_JniCalculator_JniCalculatorActivity_add(
07          JNIEnv *env, jobject obj, jint value1, jint value2) {
08      return (value1 + value2);
09  }
```

其中，01 行，用于告诉编译器其内部包含的函数使用 C 语言编写，使用 C 的编译方式；

02～03 行，标准的 JNI 调用函数定义；

06～09 行，实现定义 JNI 调用函数。

4．添加依赖包

进行了代码的添加与保存后，可能会发现 Eclipse 进行了报错，提示找不到与 JNI 相关的一些定义，如图 9.25 所示。

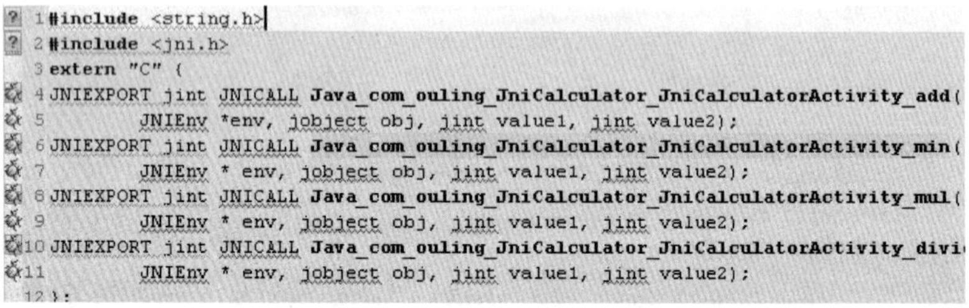

图 9.25 未添加依赖包错误

这时需要修改项目的属性，添加依赖包。在项目的右键菜单中选择 Properties，弹出如图 9.26 所示的界面。单击 C/C++ Gerneral|Paths and Symbols|Includes|GNU C 选项，然后单击 Add…按钮。在弹出对话框中单击 File system 按钮，添加<ndk>\platforms\android-8\arch-arm\usr\include，添加完成后，需要重新 Build 项目，即可解决。

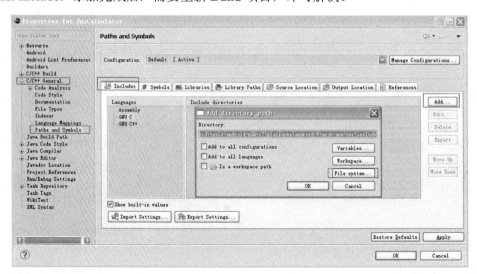

图 9.26 添加 ndk 依赖包

9.2.3 调用实现

1. 调用声明

在 Java 代码中，对 C 语言编写的方法进行调用。需要加载编译好的 so 文件库，并且声明该调用方法为原生的方法。例如：

```
01    static
02    {
03        System.loadLibrary("JniCalculator");           //加载库
04    }
05                                                       //将两个整数相加，返回它们的和
06    public native int add( int x, int y );  //定义原生方法
```

其中，01 行，使用 Java 的 static 关键字，表明其内部的代码需要在类初始化时便执行；03 行，加载 JniCalculator 库。需要注意的是加载的库名即编译生成的库名，去掉前缀 lib 和后缀 so；

06 行，声明原生方法。需要注意的是必须加上关键字 native，表明该方法是原生方法。

在具体 Java 代码调用时，和调用 Java 的其他方法一样，直接调用就可以了。例如在本例中，单击后调用加法方法实现相加，具体实现如下：

```
01  btn_cal.setOnClickListener(new OnClickListener() {
02  @Override
03      public void onClick(View v) {
04          String numString1=edt_num1.getText().toString();//获取输入数据1
05          String numString2=edt_num2.getText().toString();//获取输入数据2
06          int num1=Integer.valueOf(numString1);
07          int num2=Integer.valueOf(numString2);
08          int num= add(num1, num2);                      //调用NDK方法相加
09          StringBuilder sbBuilder=new StringBuilder();
10          sbBuilder.append(numString1+" + "+numString2+" = "+String.
            valueOf(num)+"\n");
11          tv_result.setText(sbBuilder.toString());   //结果显示

13      }
14  });
```

其中，08 行，调用 add 方法。从代码中很明显地看出，与直接使用 Java 的方法一样。

2. 编译设置

在 Eclipse 中我们一直保持自动生成的选项，当我们修改文件时，Eclipse 将自动编译生成一次代码。但是，当我们进行 NDK 编译的时候会使用到交叉编译，耗时比较长。因此，单击 Eclipse 的 Project 选项，取消掉 Build Automatically。

在进行编译之前，我们需要设置好 so 文件的交叉编译环境。在前一小节中验证 NDK 的环境时，我们是在 Cygwin 模拟的 Linux 环境中使用 ndk-build 来进行编译的。在 Windows 平台中，我们需要进行如下配置才能直接使用 Eclipse 来进行编译。

（1）bash 设置

由于以 bash 命令运行 ndk-build 等效于在 Unix 环境下运行 ndk-build，所以我们在

Windows 环境变量里加入 bash 所在目录，即 Cygwin 的 bin 目录。

在 Windows XP 中添加环境变量的方法如下：鼠标右键单击"我的电脑"|"属性"|"高级"|"环境变量"命令。在对话框中选择系统环境变量中的 Path，编辑该值。在其最后添加 Cygwin 的 bin 目录，如 E:\cygwin\bin，如图 9.27 所示。

图 9.27　添加 Windows 环境变量

（2）ndk-build 设置

由于 ndk-build 只能够在 Unix 环境下执行，而当前系统环境是 Windows，Build 的默认设置可能是直接运行 ndk-build 而导致错误。

在项目属性中进行设置。鼠标右键单击项目选择 Properties 命令，弹出界面如图 9.28 所示。选择 C/C++ Build，在 Builder Settings 选项卡中，取消 Use default build command 选项，并在 Build Command 中填入：bash <ndk>\ndk-build，其中的<ndk>需要替换为安装 ndk 的根目录。

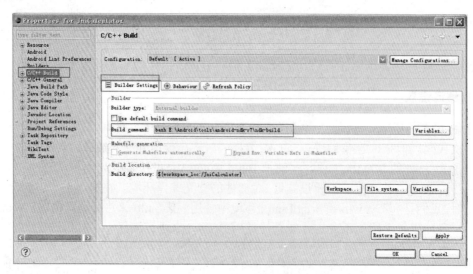

图 9.28　ndk-build 设置

（3）手动构建生成项目

通过以上两步，我们就可以手动构建生成项目了。当我们需要编译生成项目时，用鼠标右键单击项目选择 Build Project 命令对项目进行构建并生成应用程序，如图 9.29 所示。

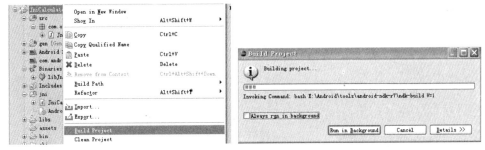

图 9.29 手动构建项目

这一步需要观察 Eclipse Console（如果没有该视图通过单击 Eclipse 编译器菜单栏的 Window|Show View|Console 命令显示）的输出，当成功时其输出如图 9.30 所示。

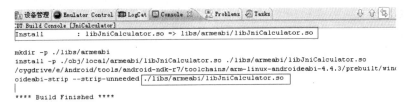

图 9.30 成功生成项目

如果 Build 工具没有配置正确，则可能输出错误信息，如图 9.31 所示。图 9.31（a）表示 bash 设置错误，需要检查 Windows 环境变量是否设置正确；图 9.31（b）表示 ndk-build 设置错误，需要检查 ndk-build 的路径是否正确。

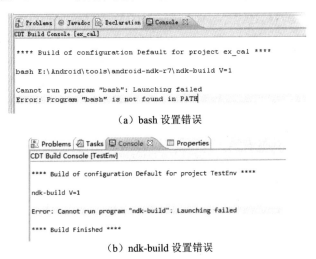

（a）bash 设置错误

（b）ndk-build 设置错误

图 9.31 设置错误信息

3. 运行

当编译生成成功后，可以发现项目中增加了 Binaries，其中包含了生成的库文件

libJniCalculator.so。同时，在 libs 目录中也包含了该库文件，如图 9.32 所示。

通过上面的步骤，我们已经实现了两个数的相加，对于其他的减法、乘法、除法操作都可以通过类似的方法在 C 语言中实现，就不再赘述。当实现了加减乘除四则运算后，在模拟器上运行该项目，即可看到如图 9.21 所示的界面。在界面中，输入我们需要进行计算的数字，单击按钮进行四则运算，结果如图 9.33 所示。

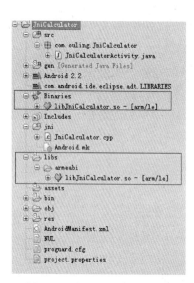 

图 9.32　编译成功后的目录　　　　　　图 9.33　计算结果

9.2.4　总结

在本节中我们通过 NDK 实现了对简易四则运算的计算器功能，更重要的这是实现了第一个 NDK 应用程序。通过示例的开发，我们一步一步地实现了第一个 NDK 应用：在使用 NDK 实现时，需要特别注意 mk 文件的编写、本地原生函数的定义规则以及编译环境的配置；在 Java 调用时，需要注意首先调用系统加载实现的 so 文件库以及原生方法关键字等。同时我们明白了 Android 应用程序的基本框架始终是用 Java 来实现，而对于需要其调用的方法可以使用 C 语言来实现。

9.3　等离子图像效果

在上一小节中已经实现了一个 NDK 入门示例，示例通过调用本地方法实现加减乘除四则运算，功能比较简单，本小节将通过解析 NDK samples 中的 plasma 示例来加深对 NDK 使用方法的理解。Plasma（等离子效果）是 2D 图像处理中一种经典的特效，它使用周期性变幻的色彩模拟出一种类似于液体流动的效果。

9.3.1 NDK 示例

NDK 所包含的 samples 是学习 NDK 的非常好的资料，这些 samples 也随着 NDK 的版本更新而更新，或者增添新的 sample，因此，对这些代码进行分析和理解对熟悉 NDK 有着非常大的帮助。目前 NDK 所带的 sample 主要包括如下几个：

- hello-jni：即在 9.1.3 节中用于验证 NDK 的开发环境，我们就使用了这个示例。这个示例的功能是从共享库中的一个 native 实现方法装载一个字符串，然后在程序的 UI 中显示出来。
- two-libs：顾名思义，这个示例涉及了两个库。其中包含了一个静态库和一个共享库，而 native 方法是在静态库中实现的，共享库通过引入静态库的方式来使用 native 方法。
- san-angeles：使用 GLSurfaceView 对象管理 Activity 的生命周期，并使用 native OpenGL ES API 着色 3D 图形。
- hello-gl2：使用 OpenGL ES 2.0 矢量和 fragment 阴影对一个三角形着色。
- hello-neon：显示如何使用 cpu feature 库来检查实时 CPU 兼容性，使用 NEON intrinsics。
- bitmap-plasma：演示在 native 代码中如何处理 Android Bitmap 对象的像素缓冲（pixel buffers），然后产生经典的 plasma（等离子）效果。
- native-activity：演示如何使用 native-app-glue 静态库来实现 native activity。
- native-plasma：使用 native activity 的 bitmap-plasma 另一个版本。

9.3.2 建立等离子效果项目

由于 NDK 所提供的示例并不是直接可使用的 Eclipse 项目，因此需要通过单击菜单栏的 New|Android Project|Create project from existing source 命令建立项目，项目地址选择 samples 中的 bitmap-plasma，如图 9.34 所示。单击 Finish 按钮，即可得到新建立的 Plasma 项目，项目目录如图 9.35 所示。

图 9.34　建立项目　　　　　　　　图 9.35　创建项目成功目录

同样，之后需要为该项目添加本机支持，才能够同时进行本地库的开发。使用 Sequoyah 插件，在项目右键菜单中选择 Android Tools|Add Native Support…命令。为了确保设置的库名正确，可以在 Plasma.java 代码里查看一下其 loadLibrary()方法的参数：可见，其库名称为 plasma，因此可在添加本机支持时填写库名称为 plasma，如图 9.36 所示。

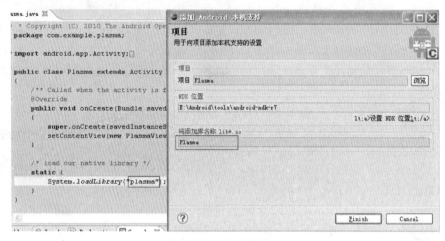

图 9.36　添加本地支持

然后用鼠标右键单击 Plasma 项目，在弹出的菜单中选择 Build Project，Build 成功后会生成相应的库，此时再切换到本地支持视图下，看到项目的目录如图 9.37 所示，已经有了 so 文件的保存目录 libs。如果不能成功生成项目，依照上一小节的方法，检查本地依赖库以及编译设置是否正确。

在模拟器中运行该示例，效果如图 9.38 所示，一种类似于彩色液体流动的效果。

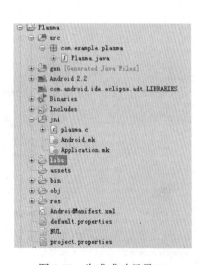

图 9.37　生成成功目录

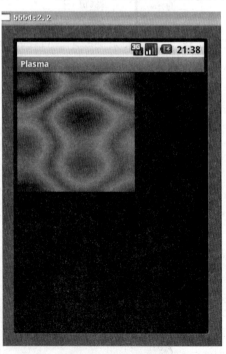

图 9.38　运行效果

9.3.3 Java 实现

从运行效果中看到 Plasma 效果，形成这种效果的原理其实就是 bitmap 图像中的每一个像素点按照一点的规则连续地变化颜色。

在 Java 代码中需要实现 so 文件库的加载，以及基本的图像绘制和调用本地方法来绘制 Plasma 特效。实现的关键代码如下：

```
01      //加载 so 文件库
02      static {
03          System.loadLibrary("plasma");
04      }
05
06   class PlasmaView extends View {
07      //libplasma.so 本地方法定义
08      private static native void renderPlasma(Bitmap bitmap, long time_ms);
09      ......
10      @Override
11      protected void onDraw(Canvas canvas) {
12          renderPlasma(mBitmap, System.currentTimeMillis()-mStartTime);
                                                                //调用 NDK 方法
13          canvas.drawBitmap(mBitmap, 0, 0, null);       //绘制图像
14          invalidate();                                  //UI 更新
15      }
16   }
```

其中，01～04 行，实现本地 Plasma 库的加载；

08 行，定义需要使用到的 libplasma.so 中的本地方法；

11～15 行，绘制图像。实现 Plasma 效果的关键是 12 行的本地方法 renderPlasma。接下来，我们分析 C 代码中该方法的实现。

9.3.4 本地方法实现

在本地方法实现中有 Android.mk 文件和 plasma.c 文件。在上一小节中我们介绍过，Android.mk 文件是对 so 文件编译时的描述，c 文件是具体的方法实现。

1. Android.mk

我们知道在.mk 文件中必须描述项目源代码的文件位置、指定的 GUN 编译、编译的模板、编译的源文件以及编译的类型。在本例中，由于我们需要依赖其他的库文件进行编译，除了上述描述之外，还需要对依赖库的描述，使用到的描述关键字为：

```
LOCAL_LDLIBS
```

其为可执行程序或者库的编译指定额外的库，指定库的格式为"-lxxx"，xxx 为库名。所以整个 mk 文件如下：

```
LOCAL_PATH := $(call my-dir)
include $(CLEAR_VARS)
LOCAL_MODULE    := plasma
```

```
LOCAL_SRC_FILES := plasma.c
LOCAL_LDLIBS    := -lm -llog -ljnigraphics
include $(BUILD_SHARED_LIBRARY)
```

2. plasma.c

从 Java 代码中，我们可以发现仅仅调用了本地方法 renderPlasma(Bitmap bitmap, long time_ms)。所以，我们重点关注该方法实现的流程。只要有图像处理的基础都知道，在等离子 Plasma 特效的实现主要需要经历了如下几个阶段：

（1）初始化调色盘表

init_palette()，这个方法将会得到一个数组 palette[PALETTE_SIZE]，通过查找这个数组的下标来得到对应代表的颜色，由 palette_from_fixed(Fixed x)方法完成查找。可以这样理解，即 bitmap 中的每一个像素都拥有一个数值，每个数值即代表了一种颜色。这种初始化调色盘表的方法在图像处理中经常使用，具体实现如下：

```
static void init_palette(void)
{
   int  nn, mm = 0;
   for (nn = 0; nn < PALETTE_SIZE/4; nn++) {
       int jj = (nn-mm)*4*255/PALETTE_SIZE;
       palette[nn] = make565(255, jj, 255-jj);
   }

   for ( mm = nn; nn < PALETTE_SIZE/2; nn++ ) {
       int jj = (nn-mm)*4*255/PALETTE_SIZE;
       palette[nn] = make565(255-jj, 255, jj);
   }

   for ( mm = nn; nn < PALETTE_SIZE*3/4; nn++ ) {
       int jj = (nn-mm)*4*255/PALETTE_SIZE;
       palette[nn] = make565(0, 255-jj, 255);
   }

   for ( mm = nn; nn < PALETTE_SIZE; nn++ ) {
       int jj = (nn-mm)*4*255/PALETTE_SIZE;
       palette[nn] = make565(jj, 0, 255);
   }
}
```

（2）初始化弧度值表

init_angles()，这个方法也将生成一个数组 angle_sin_tab[ANGLE_2PI+1]，对于一个 Fixed 类型的数值通过查找该数组来得到对应的弧度值：

```
static void init_angles(void)
{
   int nn;
   for (nn = 0; nn < ANGLE_2PI+1; nn++) {
       double radians = nn*M_PI/ANGLE_PI;
       angle_sin_tab[nn] = FIXED_FROM_FLOAT(sin(radians));
   }
}
```

（3）状态相关

初始化状态使用参数 stats。在状态中保存了开始时间、持续时间、帧时间、帧状态等信息。初始化过程如下：

```
static void stats_init( Stats* s )
{
    s->lastTime = now_ms();          //获取当前时间
    s->firstTime = 0.;
    s->firstFrame = 0;
    s->numFrames  = 0;
}
```

这 3 项初始化都是需要在第一次调用该方法时进行的。当初始化实现后，不需要再进行，只需要查询初始化后的调色盘表和弧度表即可。

（4）获取图像信息

获取需要绘制的 bitmap 信息使用方法：

```
AndroidBitmap_getInfo(env, bitmap, &info)
```

该方法是 Android 提供的本地 API，实现了通过传入的 bitmap 得到其相关信息并存储在 info 中。

（5）锁定图像

在对图像进行绘制时，为了保证其唯一性，将对其锁定，使用方法：

```
AndroidBitmap_lockPixels(env, bitmap, &pixels)
```

该方法也是 Android 提供的本地 API。该方法将尝试锁定像素在内存中的地址，确保这段内存在绘制期间不变，直到 unlockPixels()方法被调用。锁定之后，pixels 指向图片的首地址。

（6）状态相关

获取状态相关数据并存入 stats，即记录帧开始的时刻。

（7）绘制 Plasma 效果

锁定了图像后，我们需要对该图像进行重新绘制，实现 Plasma 的效果。实现 Plasma 效果的基本思想是对现有 bitmap 图像，通过一个传入的时间值为基础，配合三角函数，在 X 轴和 Y 轴上按照特定的增量来计算出每一个像素的值，从而绘制出 Plasma 的效果。根据这一基本思想，在具体实现 Plasma 特效时，其方法很多，其中一种具体实现如下：

```
01  static void fill_plasma( AndroidBitmapInfo* info, void* pixels,
    double t )
02  {
03      Fixed ft = FIXED_FROM_FLOAT(t/1000.);        //初始化时间参数
04      Fixed yt1 = FIXED_FROM_FLOAT(t/1230.);       //初始化 Y 轴参数
05      Fixed yt2 = yt1;
06      Fixed xt10 = FIXED_FROM_FLOAT(t/3000.);      //初始化 X 轴参数
07      Fixed xt20 = xt10;
08
09  #define YT1_INCR   FIXED_FROM_FLOAT(1/100.)      //定义 Y 轴增量 1
10  #define YT2_INCR   FIXED_FROM_FLOAT(1/163.)
11
12      int yy;
13      for (yy = 0; yy < info->height; yy++) {      //逐点变化每一个图像点
14          uint16_t* line = (uint16_t*)pixels;
15          Fixed     base = fixed_sin(yt1) + fixed_sin(yt2);   //增加变化
```

```
16          Fixed      xt1 = xt10;                    //定义 X 轴参数 1
17          Fixed      xt2 = xt20;                    //定义 X 轴参数 2
18          yt1 += YT1_INCR;
19          yt2 += YT2_INCR;
20
21  #define  XT1_INCR  FIXED_FROM_FLOAT(1/173.)
22  #define  XT2_INCR  FIXED_FROM_FLOAT(1/242.)
23
24  #if OPTIMIZE_WRITES
25          //优化内存处理,生成的每一个像素对应一个对齐的 32 位存储
26          uint16_t* line_end = line + info->width;
27          if (line < line_end) {                    //变化一行中的所有图像点
28              if (((uint32_t)line & 3) != 0) {      //可以 32 位对齐的点
29                  Fixed ii = base + fixed_sin(xt1) + fixed_sin(xt2);
                                                       //增加变化
30                  xt1 += XT1_INCR;
31                  xt2 += XT2_INCR;
32                  line[0] = palette_from_fixed(ii >> 2);   //获取该点颜色
33                  line++;
34              }
35
36              while (line + 2 <= line_end) {   //
37                  Fixed i1 = base + fixed_sin(xt1) + fixed_sin(xt2);
38                  xt1 += XT1_INCR;
39                  xt2 += XT2_INCR;
40                  Fixed i2 = base + fixed_sin(xt1) + fixed_sin(xt2);
41                  xt1 += XT1_INCR;
42                  xt2 += XT2_INCR;
43                  uint32_t pixel = ((uint32_t)palette_from_fixed(i1 >> 2)
                    << 16) |
44                                  (uint32_t)palette_from_fixed(i2 >> 2);
45                  ((uint32_t*)line)[0] = pixel;
46                  line += 2;
47              }
48
49              if (line < line_end) {
50                  Fixed ii = base + fixed_sin(xt1) + fixed_sin(xt2);
51                  line[0] = palette_from_fixed(ii >> 2);
52                  line++;
53              }
54          }
55          //下一行图像处理
56          pixels = (char*)pixels + info->stride;
57      }
58  }
```

其中,02~11 行,根据传入的时间对 X 轴和 Y 轴增量等参数进行初始化;

13~22 行,对整张图像的所有像素点逐行进行处理,获取该行的位置,初始化基本变化参数;

23~26 行,该方法进行了内存优化。由于一个像素点是 RGB 方式存储,是一个 32 位的值,所以进行了上述的优化;

27~53 行,对每一个像素点进行处理,每一个像素点增量使用数学计算公式:Fixed ii = base + fixed_sin(xt1) + fixed_sin(xt2)计算而得;

55~56 行,下一行像素处理。

当然,这里对存储进行了优化显得处理过程有些复杂,如果不进行内存优化,每一行

中实现这样的像素点增量变化的代码如下：

```
01      int xx;
02      for (xx = 0; xx < info->width; xx++) {    //遍历一行中的所有点
03          Fixed ii = base + fixed_sin(xt1) + fixed_sin(xt2);
                                                  //计算增量值
04          xt1 += XT1_INCR;                      //增量1改变
05          xt2 += XT2_INCR;                      //增量2改变
06          line[xx] = palette_from_fixed(ii / 4);//获取颜色值
07      }
```

（8）解除锁定

完成了 Plasma 效果的 bitmap 绘制后，解除对内存中图像的锁定，使用方法：

`AndroidBitmap_unlockPixels(env, bitmap)`

该方法也是 Android 提供的本地 API，用于释放对内存的锁定。与方法 AndroidBitmap_lockPixels()匹配使用。

（9）状态相关

记录一帧完成时的相关数据，主要用于判断绘制图像的性能，根据这些记录的数据进行 Plasma 特效形成时的性能优化。熟悉了等离子 Plasma 特效的实现主要流程，在 renderPlasma 方法中就是对该过程的实现，其流程图如图 9.39 所示。

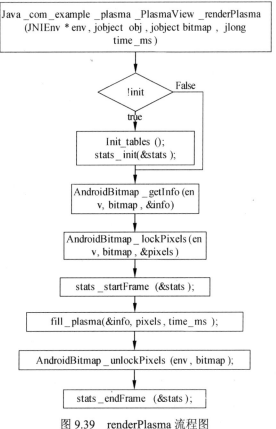

图 9.39 renderPlasma 流程图

renderPlasma 方法的具体代码实现如下：

```
01  JNIEXPORT void JNICALL Java_com_example_plasma_PlasmaView_render
    Plasma(JNIEnv * env,
02  jobject  obj, jobject bitmap,  jlong  time_ms)
03  {
04      AndroidBitmapInfo  info;                //定义图像信息类
05      void*              pixels;              //定义图像点指针
06      int                ret;
07      static Stats       stats;               //定义状态
08      static int         init;
09  //完成调色盘表、弧度表以及状态的初始化
10      if (!init) {
11          init_tables();
12          stats_init(&stats);
13          init = 1;
14      }
15  //获取图像信息
16      if ((ret = AndroidBitmap_getInfo(env, bitmap, &info)) < 0) {
17          LOGE("AndroidBitmap_getInfo() failed ! error=%d", ret);
18          return;
19      }
20      if (info.format != ANDROID_BITMAP_FORMAT_RGB_565){//判断图像编码类型
21          LOGE("Bitmap format is not RGB_565 !");
22          return;
23      }
24  //锁定像素地址
25      if ((ret = AndroidBitmap_lockPixels(env, bitmap, &pixels)) < 0) {
26          LOGE("AndroidBitmap_lockPixels() failed ! error=%d", ret);
27      }
28  //修改开始帧状态
29      stats_startFrame(&stats);
30  //绘制 Plasma 图像帧
31      fill_plasma(&info, pixels, time_ms );
32  //解除像素锁定
33      AndroidBitmap_unlockPixels(env, bitmap);
34  //修改结束帧状态
35      stats_endFrame(&stats);
36  }
```

其中，01~02 行，定义用于 JNI 调用的导出函数。注意其函数定义的规则；

03~08 行，定义需要使用到的参数变量；

09~14 行，当第一次调用该方法时，初始化调色盘表、弧度表以及状态；

15~23 行，获取图像信息，并判断该图像是否为 RGB 方式存储的图像；

24~27 行，锁定图像，并获取图像首地址；

28~29 行，修改开始帧状态，主要获取当前时间；

30~31 行，以传入的时间为基础，使用三角函数产生像素点之间的连续变化，绘制出 Plasma 效果的图像；

32~33 行，绘制图像完成后，解除对图像的锁定；

34~35 行，完成该图像帧的绘制后，记录该帧完成时的相关数据。

9.3.5 运行总结

调试修改并运行代码，效果如图 9.38 所示。在本示例中的等离子 Plasma 效果实现过

程中，我们可以很明显地感觉到在 Java 代码中，需要实现的部分很少，只是调用实现的本地方法而已。而重点在本地方法中，实现 Plasma 效果都是使用 C 语言，不需要对 Android 的框架有任何的依赖，只需要熟悉 C 语言中 Plasma 效果实现即可。这样的设计很好地将依赖 Android 框架的应用开发和高效运行的 C 代码分开，即满足了高效的要求又可以使用已有成熟的图像处理相关 C 代码。

9.4　水波纹效果

在界面效果中，我们经常可以看到水波纹效果。这种雨水滴落水中而产生的涟漪效果，让人有一种下雨的感觉。在实现水波纹效果的时候，必然需要认真考虑在物理课上我们所学的关于水波的知识，水波具有扩散、衰减、折射、反射、衍射等特性。由于这么多的特性，使用 Java 来实现水波纹效果，即使是简化后的水波纹效果，由于 Java 本身效率很低，不容易达到效果。在本节中，我们使用 NDK 来实现水波纹效果。

9.4.1　交互实现

通过前面章节的介绍，我们已经明确了在 NDK 中主要实现的是效率要求较高的方法。所以接下来，我们分为 Java 完成的应用程序主体框架的实现和 NDK 核心算法的实现两部分进行讲解。

在用户交互的界面中，我们只需要在视图 View 中获取用户单击的位置，然后以此位置为源头进行水波扩散，实现效果如图 9.40 所示。

图 9.40　水波纹效果

1. NDK项目创建

首先我们新建一个 NDK 项目。创建项目的过程在 9.2 节中详细介绍过,可以分为 3 步:
(1) 创建一个 Android 项目。
(2) 添加 NDK 本地支持。
(3) 设置 NDK 编译环境和添加 NDK 开发依赖库。
经过以上 3 步,我们可以创建一个 NDK 开发空项目。

2. Activity创建

由于在本示例中,主要是实现水波纹的效果,因此在界面中只是提供了一个可以单击的视图 View,在直接呈现给用户的 Activity 中,只需要显示该 View 即可。在实现 Activity 时,我们使用代码动态实现该布局即可,实现如下:

```
01    public void onCreate(Bundle savedInstanceState) {
02        super.onCreate(savedInstanceState);
03        getWindow().setFlags(
04            WindowManager.LayoutParams.FLAG_FULLSCREEN,
05            WindowManager.LayoutParams.FLAG_FULLSCREEN);
                                                         //设置图片全屏显示
06        m_waterview = new Waterview(this);    //实例化
07        setContentView(m_waterview);
08    }
```

其中,03~05 行,设置了显示为全屏显示;

06 行,实例化显示的 View 对象,在 View 对象中我们将实现对用户单击事件的处理和水波纹图像的绘制过程。

3. View实现

在 View 视图中,我们需要获取用户单击的位置,还需要不断地重绘制显示图像,以便连贯地显示出雨点滴落水中而产生的涟漪效果。为了让用户感觉更流畅,在视图 View 中,我们使用一个新的线程来负责不断重新绘制图像的工作。

(1) 构造函数

在显示 View 视图的构造函数中,我们需要明确显示的图像,并初始化需要使用到的变量参数。我们需要使用这些参数保存图像的高度、宽度、图像数组等,具体的原理将在下一小节中描述。构造函数的实现如下:

```
01    public class Waterview extends View implements Runnable{
02
03        public Waterview(Context context) {      //构造函数
04            super(context);
05            Bitmap image = BitmapFactory.decodeResource(this.getResources(),
                R.drawable.black);
06            m_width = image.getWidth();           //获取图像宽度
07            m_height = image.getHeight();         //获取图像高度
08            //用于保存波动幅度
09            m_buf1 = new short[m_width * (m_height)];
10            m_buf2 = new short[m_width * (m_height)];
11            //用于保存图像
```

```
12            m_bitmap1 = new int[m_width * m_height];
13            m_bitmap2 = new int[m_width * m_height];
14        //获取图像数组
15        image.getPixels(m_bitmap1, 0, m_width, 0, 0, m_width, m_height);
16        //开启线程
17        start();
18    }
19 }
```

其中，01 行，表明实现的 View 视图类，不仅继承了基本的视图 View，还需要实现线程；

05 行，获取显示的背景图片，我们将对该图像进行水波效果处理；

06～13 行，初始化需要使用到的保存数据的变量；

14～15 行，获取图像数组。

（2）获取单击位置

我们知道水波纹就是从一个源点向周围扩散的波动。用户单击的位置便是我们实现水波纹的源点。在 View 中获取用户单击位置的实现如下：

```
01 @Override
02 public boolean onTouchEvent(MotionEvent event) {    //触摸屏幕事件
03     int action = event.getAction();
04     int x = (int)(event.getX());                    //获取触摸点的 X 轴值
05     int y = (int)(event.getY());                    //获取触摸点的 Y 轴值
06
07     switch (action) {
08     case MotionEvent.ACTION_DOWN:                   //屏幕单击事件
09         dropStone(x, y, 8, 50);                     //调用 NDK 的波浪源方法
10         m_preX = x;
11         m_preY = y;
12         Log.i(TAG, "the down xy is "+x+","+y);
13         break;
14
15     }
16     return super.onTouchEvent(event);
17 }
```

其中，02～05 行，重写单击 onTouchEvent()事件，获取单击的位置；

08 行，判断事件动作是否为单击，如果是单击则进行波源处理；

09 行，用于进行波源处理的函数，将在 NDK 中实现。

（3）重绘图像

在图像处理时，我们将不断地对图像进行水波纹效果处理，每完成一次处理就需要及时地在显示图像中进行绘制。整个重绘图像的逻辑过程实现如下：

```
01 public void start() {
02     m_isRunning = true;
03     m_thread = new Thread(this);
04     m_thread.start();                               //启动绘图线程
05 }
06
07 @Override
08 public void run() {
09     while (m_isRunning) {
10         jmakeRipple();                              //调用 NDK 波浪处理方法
```

```
11              postInvalidate();                       //提交UI更新
12          }
13      }
14
15      @Override
16      protected void onDraw(Canvas canvas) {
17          canvas.drawBitmap(m_bitmap2, 0, m_width, 0, 0, m_width, m_height,
            false, null);                               //绘制图像
18          Log.i(TAG, "ondraw");
19      }
```

其中，01～05行，该函数在实现的Waterview类的构造函数中调用，用于实现并开启一个新的线程；

07～13行，线程的运行函数。其中，10行就是使用NDK实现的图像波动处理方法；11行是提交图像UI更新；

15～19行，图像更新时，绘制图像。图像根据数组m_bitmap2进行绘制，而进行了水波纹处理的图像元素便保存在该数组中。

通过以上步骤，我们实现了整个应用程序的逻辑框架。当然，在使用so库之前，我们还需要定义库名以及需要使用的本地方法，实现如下：

```
static{
    System.loadLibrary("Jniwaterwave");          //加载库
}
private native void jmakeRipple();                   //定义NDK波浪图像生成方法
private native void jdropStone(int x,int y,int stoneSize,int stoneWeight);
                                                     //定义NDK波浪源方法
```

9.4.2 NDK实现

在NDK中，我们需要实现最核心的图像水波变化处理算法。在实现水波纹效果处理之前，我们需要简单回顾一下水波原理。

1. 基本原理

水波纹效果就是当雨点滴落到水面时，产生的一圈圈水波纹涟漪效果。从物理学知识中，我们知道水波具有几个基本特性，即扩散性、衰减性、折射性、反射性、衍射性等。其中，在图像处理过程中必须考虑的几个特性如下：

- 扩散性：当雨点滴落到水面时，产生以雨点为圆心所形成的一圈圈的水波，并非水波上的每一点都是以雨点为中心向外扩散的。而实际上，水波上的任何一点在任何时候都是以自己为圆心向四周扩散的，之所以会形成一个环状的水波，是由于水波的内部由于扩散的对称而相互抵消了。
- 衰减性：因为水是有阻尼的，当产生波动时是会发生能量的衰减的。
- 折射性：因为在水波上不同地点的倾斜角度不同，所以我们从观察点垂直往下看到的水中的图像并不是在观察点的正下方，而有一定的偏移。如果不考虑水面上部的光线反射，这就是我们能感觉到水波形状的原因。

2. 波幅计算

在实现水波纹效果时，我们需要根据扩散性和衰减性来对震动的波幅进行计算。如果安装严格的波幅计算将使用到非常复杂的数学公式。对于手机设备来说，这样严格的计算将牺牲实现图像的流畅性，而实现效果的逼真性并不能带来很大的提高。在本示例中，使用了一种水波纹的快速算法。它的计算既没有用到 sin、cos 函数也没有用到 sin、cos 函数的查表算法，它只是根据波的传播原理，通过少量的加减、位移运算来完成。

该算法认为可以在任意时刻某一个点的波幅，由该点周围前、后、左、右 4 个点以及该点自身的振幅来推算出下一时刻该点的振幅。

当不考虑水阻尼衰减情况下，得出的近似公式为：

$$X0'=(X1+X2+X3+X4)/2-X0$$

即已知某一时刻水面上任意一点的波幅，那么在下一时刻，该点的波幅就等于与该点紧邻的前、后、左、右 4 点的波幅的和除以 2、再减去该点的波幅。

当考虑水阻尼衰减时，衰减率经过测试使用 1/32 是比较合适。所以，波幅的近似计算公式为：

$$X0'=((X1+X2+X3+X4)/2-X0)/32$$

3. NDK波幅计算实现

在界面视图 View 的构造函数中，我们使用了 m_width、m_height 来保存背景图像的宽度和高度；使用 m_buf1、m_buf2 数组分别保存图像各点的上一时刻和下一时刻的波动幅度；使用 m_bitmap1、m_bitmap2 数组分别保存图像发生波动前、后的渲染图像。所以，在进行波幅计算之前，我们需要从 Java 类中获得这些数据。

（1）获取 Java 类数据

在 Jni 本地方法中可以调用 Java 类中声明为 public 的变量和方法。首先，需要获取 Java 对象，使用方法：

```
jclass GetObjectClass(JNIEnv *env, jobject obj);
```

其中，返回为 Java 类对象。参数分别为本地方法定义时必须的两个参数。获取了 Java 对象后，便可以获取 Java 类中的公开变量和方法的 ID，分别使用方法：

```
jfieldID topicFieldId = env->GetFieldID(objectClass,"name", "Ljava/lang/String;");
jmethodID getcName=env->GetMethodID(objectClass,"getcatName","()Ljava/lang/String;");
```

其中，第一个方法是获取 Java 类中的公开变量。第一参数 objectClass 是 Java 类对象，第二个参数 name 是变量名称，第三个参数是该参数的签名；第二个方法是获取 Java 类中的公开方法。

对于上述方法中第三个参数签名，常用的类型对应的签名如表 9-2 所示。

表 9-2　类型签名表

Java 类型	本地类型	签名
boolean	jboolean	Z
byte	jbyte	B
char	jchar	C
short	jshort	S
int	jint	I
long	jlong	J
float	jfloat	F
double	jdouble	D
void	void	V
nonprimitive	jobject	L

当然，如果你不能正确推算出各个变量或者方法的对应签名，可以使用 Java 自带的命令：

```
Javap -s 类名
```

首先，对 Java 类进行编译，通过编译进入保存 class 文件的目录，输入该命令即可。对于本示例中的 Waterview，获取签名过程如下：

```
D:\Documents and Settings\Owner>E:
E:\>cd E:\Android\works\Jniwaterwave\bin\classes\com\ouling\Jniwaterwave
E:\Android\works\Jniwaterwave\bin\classes\com\ouling\Jniwaterwave>javap
-s Waterview
Compiled from "Waterview.java"
public class com.ouling.Jniwaterwave.Waterview extends android.view.View impleme
nts java.lang.Runnable{
static java.lang.String TAG;
  Signature: Ljava/lang/String;
boolean m_isRunning;
  Signature: Z
boolean m_isRain;
  Signature: Z
int m_width;
  Signature: I
int m_height;
  Signature: I
short[] m_buf1;
  Signature: [S
...省略...
}
```

从输入中可以很明显地看出，变量 m_width 的签名是 "I"，而 m_buf1 的签名是 "[S"。

获取了 Java 类中的公开变量和方法的 ID 后，便可以根据字段 ID 获取字段的值。具体的方法根据数据类型的不同而不同，一般性的表示方法如下：

```
NativeType Get<Type>Field(JNIEnv *env, jobject obj, jfieldID fieldID);
```

其中，返回值为本地数据类型。方法名根据返回类型的不同而不同。例如，对于本示例中的宽度值获取使用的方法为 GetIntField()。

通过这样的方法，我们就可以直接使用 Java 类中的公开变量和方法。在本示例中，计算波幅需要获得 m_width、m_height、m_buf1 数组以及 m_buf2 数组。获取这些变量的具体实现如下：

```
01  //获取 Java 对象
02  jclass jclassThiz = (*env)->GetObjectClass(env, thiz);
03  //宽度
04  jfieldID fid_Width = (*env)->GetFieldID(env, jclassThiz, "m_width", "I");
05  jint sWidth = (*env)->GetIntField(env, thiz, fid_Width);
06  //高度
07  jfieldID fid_height = (*env)->GetFieldID(env, jclassThiz, "m_height", "I");
08  jint sHeight = (*env)->GetIntField(env, thiz, fid_height);
09  //数据缓存 buf1
10  jfieldID fid_buf1 = (*env)->GetFieldID(env, jclassThiz, "m_buf1", "[S]");
11  jshortArray buf1_arr = (jshortArray) (*env)->GetObjectField(env, thiz, fid_buf1);
12  jshort *buf1 = (*env)->GetShortArrayElements(env, buf1_arr, 0);
13  jsize buf_len = (*env)->GetArrayLength(env, buf1_arr);
14  //数据缓存 buf2
15  jfieldID fid_buf2 = (*env)->GetFieldID(env, jclassThiz, "m_buf2", "[S]");
16  jshortArray buf2_arr = (jshortArray) (*env)->GetObjectField(env, thiz, fid_buf2);
17  jshort *buf2 = (*env)->GetShortArrayElements(env, buf2_arr, 0);
18  jsize buf2_len = (*env)->GetArrayLength(env, buf2_arr);
```

其中，02 行，获取 Java 类对象，用于获取该对象中的公开变量中的 ID 号；

04 行，获取 m_width 变量的 ID 号。其中，参数 m_width 为变量名；参数 I 为签名；

05 行，获取宽度 m_width 变量的值；

06～18 行，通过类似的方法获取得到图像的高度、buf1 数组、buf2 数组的值。

（2）波幅计算

从 Java 类中获取了需要使用的变量之后，对于波幅的计算按照波幅计算的近似公式进行计算即可，具体实现如下：

```
01  k = sWidth;
02  jint pixels = sWidth * (sHeight - 1);   //获取所有图像点
03  jint i = sWidth;
04
05  while (i < pixels) {                    //计算每一个点的波幅值
06      buf2[i] = (jshort) (((buf1[i - 1] + buf1[i + 1] + buf1[i - sWidth]
          + buf1[i + sWidth]) >> 1) - buf2[i]);
07      buf2[i] -= buf2[i] >> 5;            //计算阻尼下的波幅
08      i++;
09  }
10
11  jshortArray temp = buf1;
12  buf1 = buf2;
13  buf2 = temp;
```

其中，01～03 行，获取图像数组的大小。由于图像点是一个二维的点，但是这些点保存在一维数组中，需要进行转换；

06 行，计算无水阻尼衰减情况下下一时刻的波幅大小。需要注意两点：一是图像点在一维数组的位置。该点的前、后一点，在数组中加减 1；该点的上、下一点，数组中加减图像的宽度值；二是在计算机中除以 2 等同于数右移一位，类似地除以 32 等同于右移 5 位，而且移位计算效率更高；

07 行，计算真实情况下，考虑水阻尼衰减下的波幅。

4. 图像折射偏移实现

在前面分析水波特性时，我们知道因为水的折射，图像在显示时是存在一定的偏移的。该偏移的程度与水波的斜率、水的折射率以及水的深度都有关系。对于如此复杂的情况，如果进行精确的计算是不现实的。同样，我们使用一种线性的近似处理算法来实现。该算法近似地认为，当水面越倾斜，所看到的水下景物偏移量就越大，所以，我们可以近似地用水面上某点的前后、左右两点的波幅之差来代表所看到水底景物的偏移量。该偏移量为：

```
offset = width * yoffset + xoffset
```

对此在程序中，用一个页面装载原始的图像，用另外一个页面来进行这样的偏移处理。用根据偏移量将原始图像上的每一个像素复制到渲染页面上。进行页面渲染的代码如下：

```
01  jclass jclassThiz = (*env)->GetObjectClass(env, thiz);
02  //bitmap1
03  jfieldID fid_bitmap1 = (*env)->GetFieldID(env, jclassThiz, "m_bitmap1
    ","[I");
04  jintArray bitmap1_arr = (jintArray)(*env)->GetObjectField(env, thiz,
    fid_bitmap1);
05  jint *bitmap1 = (*env)->GetIntArrayElements(env, bitmap1_arr, 0);
06  //bitmap2
07  jfieldID fid_bitmap2 = (*env)->GetFieldID(env, jclassThiz, "m_bitmap2
    ","[I");
08  jintArray bitmap2_arr = (jintArray)(*env)->GetObjectField(env, thiz,
    fid_bitmap2);
09  jint *bitmap2 = (*env)->GetIntArrayElements(env, bitmap2_arr, 0);
10
11  jint offset;
12  i = sWidth;
13  jint length = sWidth * sHeight;
14  jint y = 1;
15  for (y = 1; y < sHeight - 1; ++y) {                //遍历图像点所有列
16      jint x = 0;
17      for (x = 0; x < sWidth; ++x, ++i) {            //遍历图像点一行
18          offset = (sWidth * (buf1[i - sWidth] - buf1[i + sWidth])) + (buf1[i
            - 1] - buf1[i + 1]);                       //计算偏移
19          if (i + offset > 0 && i + offset < length) {//判断是否在边界以内
20              bitmap2[i] = bitmap1[i + offset];      //改变该点图像值
21          } else {
22              bitmap2[i] = bitmap1[i];               //不改变该点图像值
23          }
24      }
25  }
```

其中，01～09 行，获取 Java 对象中分别用于保存图像发生波动前后的渲染图像的 m_bitmap1、m_bitmap2 数组；

15～25 行，根据偏移量进行图像的偏移处理。

5. 波源实现

前面进行的处理都是当水面已经产生了波纹之后的波纹扩散和能量衰减处理。接下来，实现雨点滴落到水面时的波源产生。我们知道波源是具有一定的大小和能量的。对于能量，通过修改波能数据缓冲区 buf，让它在波源范围有一个初始值，即 buf[x,y] = n 即可。而对于波源半径中的所有点，都类似地认为获得的能量是相同的。

因此，在用户单击的点(x,y)的波源半径 stoneSize 中，所有的点都初始能量为 stoneWeight，则该波源的具体实现如下：

```
01  void Java_com_ouling_Jniwaterwave_Waterview_jdropStone(JNIEnv* env,
    jobject thiz, jint x, jint y,
02  jint    stoneSize, jint stoneWeight) {
03      jclass jclassThiz = (*env)->GetObjectClass(env, thiz);
04                                                //buf1
05      jfieldID fid_buf1 = (*env)->GetFieldID(env, jclassThiz, "m_buf1",
    "[S");
06      jshortArray buf1_arr = (jshortArray) (*env)->GetObjectField(env,
    thiz, fid_buf1);
07      jshort *buf1 = (*env)->GetShortArrayElements(env, buf1_arr, 0);
08                                                //图像宽度
09      jfieldID fid_Width = (*env)->GetFieldID(env, jclassThiz, "m_width",
    "I");
10      jint sWidth = (*env)->GetIntField(env, thiz, fid_Width);
11                                                //能量初始值
12      jint value = stoneSize * stoneSize;
13      jshort weight = (jshort)-stoneWeight;
14      jint posx;
15      for ( posx = x - stoneSize; posx < x + stoneSize; ++posx){
                                                  //遍历半径内 X 轴点
16          jint posy;
17          for ( posy = y - stoneSize; posy < y + stoneSize; ++posy)
    {                                             //半径内 Y 轴点
18              if ((posx - x) * (posx - x) + (posy - y) * (posy - y) <
    value) {                                      //判断是否为圆内的点
19                  buf1[sWidth * posy + posx] = weight;
                                                  //增加所有圆内点的波幅
20              }
21          }
22      }
23  }
```

其中，01～02 行，对波源本地方法函数的定义；

03～10 行，获取 Java 类对象中保存其波幅和宽度的变量；

12～23 行，改变在以点(x,y)为圆心、stoneSize 为半径的圆中的所有点的波幅为 weight。

9.4.3 运行分析

通过以上步骤，我们分别根据物理原理分析了水波纹实现过程中需要考虑的真实的波源、波幅、能量衰减以及反射显示等情况，对于这些图像渲染的处理，我们都使用了成熟的算法来进行处理。实现了以用户单击点为波源的水波纹效果，如图 9.40 所示。

通过本节水波纹的实现，我们掌握了如何在 Jni 本地方法中获取 Java 类中公开变量、公开方法，并实现了成熟的水波纹处理算法。在这些算法的实现过程中，我们可以看出都进行了一次循环甚至嵌套循环处理，这些都需要进行大量的计算，我们将这些计算都剥离到 NDK 本地方法中进行实现。

9.5 本章总结

本章介绍了 Android 中 NDK 相关的开发。通过 Windows 平台中 NDK 开发环境的搭建、开发基本的 NDK 项目、分析 NDK 示例以及实现水波纹效果，详细介绍了 Android 系统中 NDK 的适用情况以及使用 NDK 的基本方法，这些都是本章的重点。

NDK 主要用于实现效率要求较高的图形图像渲染、高清视频播放以及防止反编译等情况，适合 C/C++代码的移植。这些都不再是基本的 Android 开发所需要具备的技能，而是 Android 开发扩展和进阶的必经道路。

9.6 习　　题

【习题 1】掌握搭建 NDK 开发环境的过程。

【习题 2】分析学习 NDK 开发包中的示例代码，重点是 two-libs 和 native-activity。

第 10 章 文件管理器

我们下面来学习一个相对简单的例子：文件管理器，主要功能包括浏览 Android 中的文件夹和文件，将其可视化地显示出来并对文件进行简单的操作。我们先来思考一下如何完成一个文件管理器，首先我们需要针对不同的文件类型进行显示，这其中包括文本类文件、图片类文件、压缩类文件、多媒体类文件以及文件夹。

10.1 界面资源布局

首先，我们需要考虑如何布局界面，一般情况下，大家都会想到使用一个 Listview 来显示一个文件夹中包含了哪些文件，每一个 Listview Item 中包括图标、文件名，分别要用 ImageView 控件和 TextView 控件。在 ListView 底部或者顶端，需要包含对文件进行操作的按钮，复杂的例如：增加、删除、重命名、复制、粘贴等，还需要包含导航键，比如返回上一级目录、后退和前进。

在本例中，我们将学习一种新的布局方法，不在 Layout 文件夹的 xml 文件中布局，而在 Java 文件中通过代码来布局。

首先，我们先来寻找一些用于显示不同文件类型的图标，大小是 32×32。图标如果是 128×128 的话会比较大，经测试应用程序不太稳定，比较容易崩溃，图标如图 10.1 所示：

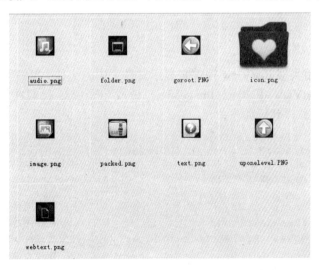

图 10.1 各种文件类型的图标

上图中的 icon 是应用程序显示在设备上的图标，所以较大，尺寸是 128×128。

我们新建一个名为 Myfilemanager 的工程，将以上图标复制到 drawable-hdpi 文件夹中，同时删除 drawable-mdpi 和 drawable-ldpi 文件夹，以及删除 layout 文件中的 main.xml 文件。这时在 MyfilemanagerActivity 中会报错，原因是代码 setContentView(R.layout.main)报错，这行代码的意思是程序运行后，先生成 main.xml 中的布局，现在 main.xml 被我们删除了，自然要报错，同样先删除这行代码。此时工程如图 10.2 所示。

图 10.2　Myfilemanager 工程目录

10.2　视　图　类

对在 UI 显示界面中需要使用到的图片资源进行收集准备后，我们需要在界面中使用到这些资源。对于界面中的所有显示视图类，分别实现如下。

10.2.1　项视图

既然我们想使用类似 ListView 控件来显示文件夹中的文件，我们可以不仿先把每一个 Item 中的类似 TextView 和类似 ImageView 做成一个类，我们在 src 文件夹中添加 Myimagetext.java 文件，代码如下：

```
package com.L.filemanagertest;
import android.graphics.drawable.Drawable;

public class Myimagetext implements Comparable<Myimagetext>{

    private String mText = "";              //保存文件名
    private Drawable mIcon;                 //保存图片
    private boolean mSelectable = true;     //选择标识
                                            //构造方法
    public Myimagetext(String text, Drawable bullet) {
        mIcon = bullet;
        mText = text;
    }
                                            //判断是否选择
    public boolean isSelectable() {
```

```java
        return mSelectable;
    }                                                              //修改选择状态
    public void setSelectable(boolean selectable) {
        mSelectable = selectable;
    }                                                              //获取文件名
    public String getText() {
        return mText;
    }                                                              //设置文件名
    public void setText(String text) {
        mText = text;
    }                                                              //设置图片
    public void setIcon(Drawable icon) {
        mIcon = icon;
    }                                                              //获取图片
    public Drawable getIcon() {
        return mIcon;
    }

    @Override
    public int compareTo(Myimagetext other) {                      //实现匹配方法
        if(this.mText != null)
            return this.mText.compareTo(other.getText());          //匹配文件名
        else
            throw new IllegalArgumentException();                  //抛出异常
    }
}
```

以上代码中，我们声明了一个名为 Myimagetext 的类，它实现了将一项中的文件类型图片和文件名称对应起来，并且能够响应本项是否被选中。我们注意到 Myimagetext 实现了 Comparable 接口，在 Java 中实现 Comparable 接口，就要求实现 Comparable 接口的 compareTo 接口，Myimagetext 比较的就是另一个 Myimagetext 对象，在 compareTo 函数中，我们发现传入的就是另一个 Myimagetext 对象。

```java
    @Override
    public int compareTo(Myimagetext other) {
        if(this.mText != null)
            return this.mText.compareTo(other.getText());
        else
            throw new IllegalArgumentException();
    }
```

这段代码的含义是只要本对象中的 mText 字段不为空，那么就和另外一个 Myimagetext 对象比较它们的 mText 字段，否则就抛出非法参数异常。其他代码 public Myimagetext(String text, Drawable bullet)是构造函数，剩下的函数都是用来设置或获取 Drawable mIcon 域和 String mText 域。

10.2.2　文件配置

之后我们在 values 文件夹中新加一个 filepostfix.xml 的文件，主要用来列举常见的文件类型有哪些，代码如下：

```xml
<?xml version="1.0" encoding="utf-8"?>
<resources>
<array name="fileEndingImage">
        <item>.png</item>
        <item>.gif</item>
        <item>.jpg</item>
        <item>.jpeg</item>
        <item>.bmp</item>
    </array>
<array name="fileEndingAudio">
        <item>.mp3</item>
        <item>.wav</item>
        <item>.ogg</item>
        <item>.midi</item>
    </array>
<array name="fileEndingPackage">
        <item>.jar</item>
        <item>.zip</item>
        <item>.rar</item>
        <item>.gz</item>
    </array>
<array name="fileEndingWebText">
        <item>.htm</item>
        <item>.html</item>
        <item>.php</item>
    </array>
</resources>
```

以上代码定义了一些不同的数组，其中图片文件可能会是 png、jpg、gif、bmp 等类型，音频文件可能有 mp3、wav、ogg、midi 等类型，而压缩类文件则包括 jar、zip、rar 或者 gz 等类型，最后网络类型文本则可能是 htm、html 或 php 格式。

我们再将默认生成的 string.xml 文件修改如下：

```xml
<?xml version="1.0" encoding="utf-8"?>
<resources>
    <string name="app_name">文件管理器</string>
    <string name="up_one_level">..</string>
    <string name="current_dir">.</string>
</resources>
```

上面代码定义了本程序的名称，并且定义了父目录显示为"..", 而本级目录显示为"."，这里借鉴了 Unix 中表示目录的方法。此时 values 文件夹应如图 10.3 所示。

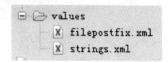

图 10.3 values 文件夹

10.2.3 适配器

然后我们在 src 文件夹中再添加一个名为 MyListAdapter.java 的文件，作用如前面几章所述，是用来实现我们自己的适配器来显示每一项，代码如下：

```
01   public class MyListAdapter extends BaseAdapter {
02       private Context mContext;
03       private List<Myimagetext> mItems = new ArrayList<Myimagetext>();
```

```
04     //构造函数
05     public MyListAdapter(Context context) {
06         mContext = context;
07     }
08
09     //一系列的设置和获取函数
10     public void addItem(Myimagetext it) { mItems.add(it); }//添加方法
11     public void setListItems(List<Myimagetext> lit) { mItems = lit; }
                                                               //设置方法
12     public int getCount() { return mItems.size(); }    //获取总数
13     public Object getItem(int position) { return mItems.get(position); }
                                                               //获取指定行
14     public boolean areAllItemsSelectable() { return false; }
                                                               //是否选择全部
15     public boolean isSelectable(int position) {
16         return mItems.get(position).isSelectable();    //指定行是否选择
17     }
18     public long getItemId(int position) {
19         return position;                               //获取位置
20     }
22     //重点代码，显示图像
24     public View getView(int position,View convertView, ViewGroup parent){
25         MyView btv;
26         if (convertView == null) {
27             btv = new MyView(mContext, mItems.get(position));
                                                               //实现显示视图
28         } else {
29             btv = (MyView) convertView;
30             btv.setText(mItems.get(position).getText());//设置显示文件名
31             btv.setIcon(mItems.get(position).getIcon());//设置显示图像
32         }
33         return btv;
34     }
35 }
```

以上代码中，类 MyListAdapter 中私有变量就是之前我们写好的一组 Myimagetext 对象。MyListAdapter 函数是构造函数，getView 函数是我们自己实现 BaseAdapter 中的接口，首先声明了一个 MyView 的变量，MyView 是我们接下来要实现的一个 View 类，采用代码布局，用来分行显示文件名和文件类型。btv.setText(mItems.get(position).getText())和 btv.setIcon(mItems.get(position).getIcon())方法是分别显示文件名和该文件类型对应的图片。

10.2.4 显示视图

我们再新建一个名为 MyView.java 的文件来完成我们自己的 MyView，代码如下：

```
01 public class MyView extends LinearLayout {            //基础线性布局
02     private TextView mText;                           //定义显示文件名视图
03     private ImageView mIcon;                          //定义显示图像视图
04
05     public MyView(Context context, Myimagetext aIconifiedText) {
                                                               //构造函数
06         super(context);
07         this.setOrientation(HORIZONTAL);              //设置布局方向
08         mIcon = new ImageView(context);               //实例化图像视图
```

```
09          mIcon.setImageDrawable(aIconifiedText.getIcon());
            //设置显示图像
10          //距离右边 5px
11          mIcon.setPadding(0, 2, 5, 0);
12          //采用线性布局
13          addView(mIcon, new LinearLayout.LayoutParams(
14              LayoutParams.WRAP_CONTENT, LayoutParams.WRAP_CONTENT));
15          mText = new TextView(context);
16          mText.setText(aIconifiedText.getText());    //设置显示内容
17          addView(mText, new LinearLayout.LayoutParams(
18              LayoutParams.WRAP_CONTENT, LayoutParams.WRAP_CONTENT));
                                                        //添加视图控件
19      }
20
21      public void setText(String words) {             //设置显示内容
22          mText.setText(words);
23      }
24
25      public void setIcon(Drawable bullet) {          //设置图像
26          mIcon.setImageDrawable(bullet);
27      }
28  }
```

我们来看一下以上代码中的重点，MyView 这个类是继承自 LinearLayout 的，也就是线性布局。自己的私有变量为 TextView mText 和 ImageView mIcon，这也进一步验证了我们之前的假设，每一项的确是需要 TextView 来显示文件名称、用 ImageView 来显示文件类型。

在 MyView(Context context, Myimagetext aIconifiedText)构造函数中，首先在单个 Myimagetext 对象中取出一张图片，然后设置图片距离边缘的距离，通过代码 mIcon.setPadding(0, 2, 5, 0)来设置距离右边 5px、距离顶端 2px。代码 addView(mIcon, new LinearLayout.LayoutParams(LayoutParams.WRAP_CONTENT, LayoutParams.WRAP_CONTENT))是显示第一张图片，并采用线性布局，并且每一项的显示都是高度和宽度都是恰好包住了需要显示的内容，这样每项的高度由于字体和图片的大小一样而保持一样，宽度由于文件名长度的不同而不同。之后的代码重复了获取图片和显示剩余项的操作，这样写的目的在于，每打开一个文件夹的时候，顶端第一项总是显示当前目录，也就是"."。setText 和 setIcon 是设置文字和图片的函数。

10.3 文件管理

最后我们来完成 MyfilemanagerActivity.java 这个类，主要是添加遍历方法和一系列的导航方法（例如返回和前进等），以及识别文件后缀的方法。在这里，我们讲解重点的代码。

10.3.1 遍历根目录

在视图创建时，其构造函数实现如下：

```
01    public void onCreate(Bundle savedInstanceState)
02    {
03        super.onCreate(savedInstanceState);
04        setTheme(android.R.style.Theme_Black);    //设置风格
05        browseToRoot();                           //调用遍历根目录的方法
06        this.setSelection(0);
07    }
08    //遍历根目录的方法
09    private void browseToRoot() {
10        browseTo(new File("/"));                  //调用添加上一级目录的方法
11    }
```

其中，先设置了背景颜色，然后调用 browseToRoot()开始遍历根目录，我们都知道 linux 系统中根目录是"/"。

```
private void upOneLevel(){
    if(this.currentDirectory.getParent() != null)
        this.browseTo(this.currentDirectory.getParentFile());
}
```

10.3.2 上层目录

函数 browseTo ()是用来返回一级目录，如果父级目录不为空，则遍历父级目录。

```
private void browseTo(final File aDirectory){
                                                    //在标题中显示全路径
    if(this.displayMode == DISPLAYMODE.RELATIVE)    //设置显示模式
        this.setTitle(aDirectory.getAbsolutePath() + " :: " +
            getString(R.string.app_name));          //设置标题
    if (aDirectory.isDirectory()){                  //判断父级目录是否为文件夹
        this.currentDirectory = aDirectory;//保存其父级目录为当前目录
        fill(aDirectory.listFiles());               //调用列出当前目录中文件方法
    }else{
                                                    //创建警告提示框
        new AlertDialog.Builder(this).setTitle("提示")
        .setMessage("不支持文件打开操作！")
        .create().show();                           //父级目录为空，给出提示
    }
}
```

这个函数是用来遍历一个指定的目录，将指定目录中所有的文件遍历出来。在这个例子中我们限于篇幅的原因，并不支持打开文件操作，其实可以使用 Intent 调用系统的程序来打开特定的文件类型，或者有心的读者可以自己完善打开操作。

10.3.3 当前目录

使用方法 fill(aDirectory.listFiles())来列举当前目录中的所有文件，当然需要先通过代码 if (aDirectory.isDirectory())来判断是不是文件夹。具体实现如下：

```
01    private void fill(File[] files) {
02        this.directoryEntries.clear();
03
```

```
04      //添加当前目录
05      this.directoryEntries.add(new Myimagetext(getString(R.string.
        current_dir),
06              getResources().getDrawable(R.drawable.folder)));
07
08      //添加父类目录
09      if(this.currentDirectory.getParent() != null)
10         this.directoryEntries.add(new Myimagetext(getString(R.string.
           up_one_level),
11              getResources().getDrawable(R.drawable.uponelevel)));
12
13      Drawable currentIcon = null;
14      for (File currentFile : files){           //遍历目录中的所有文件
15         if (currentFile.isDirectory()) {       //为文件夹时
16            currentIcon = getResources().getDrawable(R.drawable.
              folder);                            //显示文件夹图标
17         }else{
18            String fileName = currentFile.getName();   //获取文件名
19            //通过定义好的xml文件来判断文件图标
20            if(checkEndsWithInStringArray(fileName, getResources().
21                 getStringArray(R.array.fileEndingImage))){
                                                   //图像文件
22               currentIcon = getResources().getDrawable(R.drawable.image);
23            }else if(checkEndsWithInStringArray(fileName, getResources().
24                 getStringArray(R.array.fileEndingWebText))){
                                                   //web文件
25               currentIcon = getResources().getDrawable(R.drawable.
                 webtext);
26            }else if(checkEndsWithInStringArray(fileName, getResources().
27                 getStringArray(R.array.fileEndingPackage))){
                                                   //压缩包文件
28               currentIcon = getResources().getDrawable(R.drawable.
                 packed);
29            }else if(checkEndsWithInStringArray(fileName, getResources().
30                 getStringArray(R.array.fileEndingAudio))){
                                                   //音视频文件
31               currentIcon = getResources().getDrawable(R.drawable.
                 audio);
32            }else{
33               currentIcon = getResources().getDrawable(R.drawable.text);
                                                   //文本文件
34            }
35         }
36         switch (this.displayMode) {             //显示类型
37            case ABSOLUTE:                       //绝对路径
38               this.directoryEntries.add(new Myimagetext(currentFile.
                 getPath(), currentIcon));
39               break;
40            case RELATIVE:                       //相对路径
41               int currentPathStringLenght = this.currentDirectory.
                 getAbsolutePath().length();
42               this.directoryEntries.add(new Myimagetext(currentFile.
                 getAbsolutePath().
43                    substring(currentPathStringLenght), currentIcon));
44               break;
45            }
46         }
47         Collections.sort(this.directoryEntries);   //调用排序方法
```

```
48
49      MyListAdapter itla = new MyListAdapter(this);         //设置数据适配器
50      itla.setListItems(this.directoryEntries);
51      this.setListAdapter(itla);
52  }
```

其中，04～11 行，在列举当前目录前先添加当前目录"."、父级目录".."和它们对应的图片，都是 folder 类型；

14～35 行，通过 for 循环开始遍历文件，如果是文件夹则添加 folder 图片，然后开始判断当前目录中文件类型是哪些，之前我们通过 filepostfix.xml 这个文件来列举了文件类型；若是属于这个 xml 中的类型，将会被加上对应图片显示出来；

36～46 行，判断是相对路径还是绝对路径模式，再分别显示出来；

47～51 行，对文件夹内的文件按照字母顺序进行排队，通过代码 Collections.sort(this.directoryEntries)来实现，并设置好适配器 Adapter。

对当前文件的后缀名判断的代码如下：

```
01  private boolean checkEndsWithInStringArray(String checkItsEnd, String [] fileEndings){
02  for(String aEnd : fileEndings){            //遍历后缀名列表
03      if(checkItsEnd.endsWith(aEnd))
04          return true;                       //有匹配，则返回 true
05      }
06      return false;
07  }
```

10.3.4 单击选择

完成了基本的功能后，下面为显示的每一个文件添加单击事件，具体实现如下：

```
01  protected void onListItemClick(ListView l, View v, int position, long id) {
02      super.onListItemClick(l, v, position, id);
03      int selectionRowID = (int) this.getSelectedItemId();//获取选择项
04      String selectedFileString = this.directoryEntries.get(selectionRowID).getText();                                //获取选择文件
05      if (selectedFileString.equals(getString(R.string.current_dir))) {
06          this.browseTo(this.currentDirectory);
                                                //如果选择当前目录，则刷新当前目录
07      } else if(selectedFileString.equals(getString(R.string.up_one_level))){
08          this.upOneLevel();                  //选择上一级目录，则返回上一级目录
09      } else {
10          File clickedFile = null;
11          switch(this.displayMode){          //判断显示类型
12              case RELATIVE:                 //相对路径
13                  clickedFile = new File(this.currentDirectory.getAbsolutePath()
14                      + this.directoryEntries.get(selectionRowID).getText());   //获取全路径
15                  break;
16              case ABSOLUTE:                 //绝对路径
17                  clickedFile = new File(this.directoryEntries.get(selectionRowID).getText());   //获取路径
```

```
18                    break;
19              }
20          if(clickedFile != null)
21              this.browseTo(clickedFile);      //显示该路径下的所有文件
22      }
23  }
```

其中，02～09 行，通过判断单击的项来进行操作，如果是当前目录，则刷新显示当前文件夹中的内容；如果是返回，则返回上一级目录；

10～19 行，如果单击的是文件夹，则根据相对路径和绝对路径来显示文件夹内容。

此处我们限于篇幅原因，不实现对文件的操作，例如删除和复制等，读者可以自行思考。完成以上代码后，我们可以运行一下程序，结果如图 10.4 所示。

图 10.4　程序运行

10.4　本章总结

在本章中我们综合使用前面已经介绍过的界面设计、本地数据存储、本地资源访问、图片文件等知识完成了文件管理器的综合案例。在讲解基本开发技能的基础上，还讲解了一个综合应用的框架设计和实现思路。

第 11 章 微博客户端

在如今的互联网市场，社交网络可以说是如日中天，新浪网也凭借着新浪微博成为国内的领头羊。我们可以随时随地将看到的、听到的、想到的事情写成一句话或发一张图片，分享给朋友并一起进行讨论。我们还可以关注朋友，即时看到朋友们发布的信息并评论。

对于发布微博的方式是多种多样的，我们可以通过网页、WAP 网页、手机客户端等来完成。新浪微博也推出了其开放平台，提供接口给开发者使用。在章中，我们将利用新浪微博的开放平台来实现一个我们自己的 Android 客户端。

11.1 开放平台的使用

要使用新浪微博的开放平台必须先在其开放平台中注册，获取开发应用的密钥。

11.1.1 应用注册

新浪微博的开放平台地址为 http://open.weibo.com/，在该平台中，针对网站和应用分别提供了接口。我们使用应用接口来实现我们自己的新浪微博客户端，如图 11.1 所示。

图 11.1 开放平台

选择"我要开发应用"后。选择"创建应用"，在弹出窗口中，选择我们开发的应用类型。我们开发 Android 客户端，选择"客户端"开发。在创建新应用中，我们需要填写应用的相关信息，进行应用程序的创建。

当应用创建成功后，在应用的基本信息中，我们可以看到新浪微博开放平台提供给我们使用的 App Key 和 App Secret。在使用开放平台时，开放平台通过这两个值来进行验证，标识接口调用的来源以及是否允许调用该平台的接口，在代码中我们需要使用到这两个值，如图 11.2 所示。

图 11.2　应用信息

11.1.2　SDK 使用

1. 下载 SDK

在新浪微博开放平台中，提供了 SDK 开发包以及相关文档。对于不同的语言，提供了对应的 SDK 包。并且针对 Android 平台，开放平台提供了对应的开发包，不过，建议同时下载针对 Java 的 SDK 包，在其中有最新的接口使用。针对 Android 的 SDK 包下载地址为：http://code.google.com/p/sina-weibo4android/，如图 11.3 所示。它不仅提供了访问接口，还提供了最简单的用户认证、微博信息的获取测试实例。

图 11.3　SDK 包下载

2. 使用 SDK

对于 SDK 包，不仅提供了可以直接使用的 jar 包，同时也提供了源码。我们可以下载使用学习其源码。把 SDK 的源码工程导入到 Eclipse 中，可以看到在工程目录中包括了开放平台 OAuth 认证、网络传输、XML 文件解析以及新浪微博相关的信息获取，如图 11.4 所示。

第 11 章 微博客户端

图 11.4 SDK 工程目录

其中，源码中的 weibo4android 包括了使用新浪微博的基本底层框架，包括版本、配置、状态记录、监听以及异常处理等：

- 在 weibo4android.androidexamples 中，可以直接使用的演示示例。在示例中，主要完成了 OAuth 认证和微博信息。
- 在 weibo4android.examples 中，包括了新浪微博的相关微博信息浏览、发布微博、个人资料、评论私信等获取接口示例，其中大部分和 Java 的示例是相同的。
- 在 weibo4android.http 中，包括了进行网络传输的接口封装，重点是使用了传输加密。
- 在 weibo4android.org.json 中，包括了对网络传输的返回数据 XML 和 JSON 格式的封装和解析。
- 在 weibo4android.util 中，只包括了浏览器的使用。

我们将该项目在模拟器中运行，体验 SDK 给我们提供的示例效果。在 SDK 中提供了较为简单的 UI 界面，例如其登录授权界面如图 11.5 所示。单击 GoGo 按钮后，使用浏览器跳转到新浪微博的授权网页，如图 11.6 所示。

图 11.5 SDK 登录授权

图 11.6 授权网页

在新浪微博的授权网页界面中，我们只需要输入已经注册的新浪微博的账户和密码即可完成授权。当授权成功后，我们可以获取来自开放平台的访问标识（Access token）和访问密钥（Access token secret），如图 11.7 所示。记录这两个标记，用于之后的登录使用。

授权成功后，就可以获取当前关注的好友发布的微博，如图 11.8 所示。

图 11.7　授权完成

图 11.8　获取微博

通过新浪微博的 SDK 示例演示，我们可以看出最基本的微博授权、查看功能，但是它缺少 Android 应用程序中必要的 UI 图像界面，也没有对获取的微博信息进行区分处理。

在这里，我们使用该 SDK 来实现一个我们自己的新浪微博 Android 客户端。我们只要使用过网页版的新浪微博就知道，在微博中我们主要可以查看、编辑自己的资料信息、自己的关注和粉丝等用户资料；查看提到我们自己的微博、我们发表的评论、交流的私信等用户信息；查看全部微博信息列表、单条微博信息及微博的评论信息等；更重要的是发表微博、发表评论、转发等互动交流功能。

了解了这些，我们就大体明白了在 Android 客户端中，我们需要完成的功能。对于这些功能可以分为 3 大类别，分别是用户资料、用户信息以及微博相关的主界面，对于这样的 3 大功能我们可以使用切换卡（TabWidget）来进行整体的布局设计，然后再具体设计各大功能的界面。

另一方面，使用开放平台就必须先要授权，所以还要有授权用户管理的功能。由于在开放平台中，一旦授权后，就不再需要用户输入用户名、密码，直接选择已经授权的用户登录即可。所以，在我们的 Android 客户端中最开始呈现的就应该是授权管理。

这样，我们对于客户端在整体的框架上就有了一个基本的设计。接下来，我们就一步一步来实现这些功能。

对于整个应用我们需要使用到网络以及写铃声数据等，在 AndroidManifest.xml 文件中，申请权限如下：

```
<uses-permission android:name="android.permission.ACCESS_NETWORK_
STATE" />
<uses-permission android:name="android.permission.INTERNET" />
<uses-permission android:name="android.permission.VIBRATE" />
<uses-permission android:name="android.permission.WRITE_EXTERNAL_
STORAGE" />
```

11.2 用户管理

在用户授权和管理中，我们需要完成添加用户以及对已授权用户的删除，所以我们需要显示已授权用户列表和添加、删除用户的功能选择，界面设计如图 11.9 所示。

11.2.1 用户授权请求

在用户管理中，最重要的就是实现用户的授权。用户授权是通过 OAuth 认证方式来完成的，该认证授权主要分为 3 个步骤：

（1）获取未授权的 Request Token。
（2）获取用户授权的 Request Token。
（3）用授权的 Request Token 换取 Access Token。

在进行认证时，需要获得认证的地址以及认证数据的返回。开放平台为了能够获取认证请求的来源，会通过 Weibo 类中的 CONSUMER_KEY 和 CONSUMER_SECRET 来进行验证，这两个值便是我们在开放平台申请的应用 Key 和 Secret。具体实现如下：

图 11.9 用户管理

```
01  btn_addUser.setOnClickListener(new OnClickListener() {
02      @Override
03      public void onClick(View v) {
04          if (status) {
05              OAuthConstant.initData();            //初始化 OAuthConstant 类
06                                                   //新浪微博认证页面
07              Weibo weibo = OAuthConst    ant.getInstance().getWeibo();
                                                     //获取 Weibo 类
08              try {
09                  RequestToken requestToken = weibo
10                      .getOAuthRequestToken("ouling://UserList");
                                                     //获取 OAuth 请求
11                  Uri uri = Uri.parse(requestToken.getAuthenticationURL()
12                      + "&from=xweibo");           //构造认证访问地址
13                  OAuthConstant.getInstance().setRequestToken(
14                      requestToken);               //设置请求
15                  Intent intent = new Intent(OAuthUserList.this,
16                      WebViewActivity.class);//认证地址 Web 跳转意图
17                  intent.putExtra("url", uri.toString());//设置访问地址
```

```
18                OAuthUserList.this.startActivity(intent);    //跳转
19            } catch (WeiboException e) {
20                e.printStackTrace();
21            }
22        }
```

其中，05 行，OAuthConstant 类主要负责 OAuth 认证数据的保存和获取，主要管理了 RequestToken 类和 AccessToken 类。其中 RequestToken 类，主要用于管理未授权的用户请求，如未授权的服务地址；AccessToken 类，主要管理已授权的用户，如获取授权用户的信息等；

07 行，Weibo 类是开放平台提供的访问 API 接口类，主要负责与微博相关的操作。在这里，我们仅仅获取了该类对象。该类中的其他方法，我们将在后续开发使用中进行详细讲解；

09～14 行，设置 OAuth 认证的访问地址以及返回数据地址；

15～18 行，启动 Webview 界面，用于用户的认证。

11.2.2 认证网页

对于认证的网页，可以通过直接调用浏览器来访问完成用户认证；我们使用 WebView 来实现认证网页的跳转显示。对于 WebView，在网络通信章节中已进行了详细的介绍。在使用时，特别需要注意使用 WebSetting 进行网页设置和使用 WebChromeClient 进行网页动作更新。在 WebView 中只需要跳转到认证网页即可，实现效果如图 11.10 所示。

图 11.10 用户授权

具体实现代码如下：

```
01  @Override
02  protected void onCreate(Bundle savedInstanceState) {
03      super.onCreate(savedInstanceState);
04      requestWindowFeature(Window.FEATURE_PROGRESS);//设置窗口特色
05      setContentView(R.layout.web);                 //设置布局
06      setTitle("授权认证");                          //设置标题
07
08      webInstance = this;
09      webView = (WebView) findViewById(R.id.web);   //获取 WebView 控件
10      WebSettings webSettings = webView.getSettings();//获取 WebView 设置类
11      webSettings.setJavaScriptEnabled(true);    //设置支持 JavaScript
12      webSettings.setSaveFormData(true);                //保存表单数据
13      webSettings.setSavePassword(true);                //保存密码
14      webSettings.setSupportZoom(true);                 //支持缩放
15      webSettings.setBuiltInZoomControls(true);         //显示缩放控件
16      webSettings.setCacheMode(WebSettings.LOAD_NO_CACHE);//设置缓存
17
18      webView.setOnTouchListener(new OnTouchListener() {//单击处理监听
19          @Override
```

```
20          public boolean onTouch(View v, MotionEvent event) {
21              webView.requestFocus();
22              return false;
23          }
24      });
25
26      Bundle bundle = getIntent().getExtras();               //获取传递的数据
27      if (bundle != null && bundle.containsKey("url")) {
28          webView.loadUrl(bundle.getString("url"));          //加载地址
29          webView.setWebChromeClient(new WebChromeClient() { //设置控制
30              public void onProgressChanged(WebView view, int progress)
                {                                              //进度条改变处理方法
31                  setTitle("加载中..." + progress + "%"); //设置标题
32                  setProgress(progress * 100);               //设置进度
33                  if (progress == 100)                       //加载完成
34                      setTitle(R.string.app_name);           //设置标题
35              }
36          });
37      }
38  }
```

11.2.3 认证返回数据存储

在 WebView 中输入已经注册的微博的登录名和密码，进行开放平台授权。完成授权后，将关闭该 Web 页面，同时我们再次启动已验证用户列表并且将 WebView 中携带的数据传递给用户界面。由于有 Activity 的意图启动和数据，在 AndroidManifest.xml 文件中对用户列表的 Activity 声明如下：

```
<activity
    android:name=".OAuth.OAuthUserList"
    android:label="@string/app_name"
    android:launchMode="singleTask"
    android:screenOrientation="portrait" >
    <intent-filter>
        <action android:name="android.intent.action.MAIN" />
        <category android:name="android.intent.category.LAUNCHER" />
    </intent-filter>
    <intent-filter>
        <action android:name="android.intent.action.VIEW" />
        <category android:name="android.intent.category.DEFAULT" />
        <category android:name="android.intent.category.BROWSABLE" />
        <data
            android:host="UserList"
            android:scheme="ouling" />
    </intent-filter>
</activity>
```

当认证完成后，开放平台会返回网络地址，该地址用于使用授权的 Request Token 获取访问 Access Token，从而完成认证。当再次使用用户列表界面时，会调用 onNewIntent() 方法，重写该方法，在其中实现认证的完成、标记数据的存储以及界面的更新。具体实现如下：

```
01  public void onNewIntent(Intent intent) {              //界面再次调用时
02      super.onNewIntent(intent);
```

```
03              Uri uri = intent.getData();                //获取传递的数据
04              try {
05                  //保存用户认证后的返回信息
06                  RequestToken requestToken = OAuthConstant.getInstance().
                    getRequestToken();
07                  AccessToken accessToken = requestToken.getAccessToken(uri
08                          .getQueryParameter("oauth_verifier"));//获取请求令牌
09                  OAuthConstant.getInstance().setAccessToken(accessToken);
                                                             //获取 OAuth 类
10
11                  Weibo weibo = OAuthConstant.getInstance().getWeibo();
                                                             //获取 Weibo 类
12                  weibo.setToken(OAuthConstant.getInstance().getToken(),
13                          OAuthConstant.getInstance().getTokenSecret());
                                                             //设置授权微博用户
14
15                  User user = weibo.showUser(accessToken.getUserId() + "");
                                                             //获取用户信息类
16                  accessToken.setScreenName(user.getScreenName());
                                                             //获取用户名
17
18                  DBAdapter.getInstance(this).saveUserToken(accessToken);
                                                             //保存用户授权数据
19                  users = DBAdapter.getInstance(this).getAllUsersAccess
                    Token();                                 //获取所有授权用户
20                  userAdapter.notifyDataSetChanged();//通知数据改变,界面更新
21              } catch (Exception e) {
22                  e.printStackTrace();
23                  Toast.makeText(this, "添加失败", Toast.LENGTH_LONG).show();
24              }
25          }
```

其中,05~09 行,通过认证获取 accessToken 类,主要是 OAuth_token(请求令牌)和 OAuth_token_secret(令牌密钥);

11~13 行,使用开放平台 SDK,设置 Weibo 类,通过令牌和密钥可以访问授权的用户;

15 行,获取授权用户的信息,保存到 User 类中;

18 行,保存授权用户的信息到本地数据库中,在下次使用客户端时可直接登录;

19~20 行,获取当前本地数据库中保存的所有用户数据,并更新显示界面。实现效果如图 11.11 所示。

图 11.11 成功添加用户

11.2.4 认证信息的存储

对于认证信息,我们需要保存必需的令牌以及令牌密钥,为了方便使用我们还需要保存用户 ID 以及用户名。对于用户认证信息,我们需要对其实现添加、更新以及删除等操作。

对于数据库的操作,我们使用数据库辅助类来完成。在数据库中其具体实现如下:

```
01      public static final String DATABASE_NAME = "weibo.db";
02      public static final int DATABASE_VERSION = 1;
```

```
03      public static final String TABLE_NAME = "User_Token";
04      public static final String[] TABLE_CREATE_SQL = "CREATE TABLE
        User_Token
05          (userID long primary key," + "token text,"+ "tokenSecret text,"
        + "screenName text);",
06                                                          //创建表SQL语句
07      private class MyDBHelper extends SQLiteOpenHelper {
                                                    //继承实现数据库辅助类
08          public MyDBHelper(Context context, String name, CursorFactory
            factory, int version) {
09              super(context, name, factory, version);
10          }
11
12          @Override
13          public void onCreate(SQLiteDatabase db) {
15              db.execSQL(TABLE_CREATE_SQL[i]);    //创建用户认证信息表
16          }
17
18          @Override
19          public void onUpgrade(SQLiteDatabase db, int oldVersion, int
            newVersion) {
20              db.execSQL("DROP TABLE IF EXISTS " + TABLE_NAME);
                                                    //更新时，删除表
21          }
22              this.onCreate(db);
23          }
24  }
```

使用数据库辅助类，我们实现了数据库以及表的创建，对于表中认证用户信息需要进行保存、修改、删除等操作，由于这些操作实现方法类似，对于保存认证信息实现如下：

```
public class DBAdapter {
    public void saveUserToken(AccessToken accessToken) {    //数据库保存方法
        db = dbHelper.getWritableDatabase();
        try {
            db.execSQL("insert into User_Token values(?, ?, ?, ?);",
                    new String[] { accessToken.getUserId() + "",
                            accessToken.getToken(),
                            accessToken.getTokenSecret(),
                            accessToken.getScreenName() });//SQL添加数据语句
        } catch (Exception e) {
            this.updateUserToken(accessToken);
        }
        db.close();
    }
```

通过以上步骤，我们实现了添加用户授权的功能，通过用户授权之后，我们就可以方便地访问用户数据，实现客户端的功能。

11.2.5 删除用户

对于用户的管理，除了添加用户之外，自然少不了用户的删除。对于删除用户的功能，同样需要一个显示用户的列表和"确定"或"取消"的按钮选择。该界面和前面显示的界面类似，只需要将其按钮的功能进行改变即可，实现如图11.12所示。

为了便于功能的确定，我们以两种方式来区分显示和删除。在单击"删除"按钮时进行切换，具体实现如下：

图 11.12　删除用户

```
btn_deleteUser.setOnClickListener(new OnClickListener() {
    @Override
    public void onClick(View v) {
        if (mode) {
            handler.sendEmptyMessage(DIS_MODE);         //切换到显示界面
        } else {
            handler.sendEmptyMessage(DELETE _MODE);     //切换到删除界面
        }
    }
});
```

对于 UI 界面的显示更新，我们在 Handler 中实现。当处于用户管理方式时，按钮用于添加和删除用户；当处于用户删除方式时，按钮用于确定和取消。同时，两种方式中的列表视图（ListView）也是不同的，需要更新其显示。在 Handler()中具体实现如下：

```
01  private Handler handler = new Handler() {
02      @Override
03      public void handleMessage(Message msg) {
04          super.handleMessage(msg);
05          switch (msg.what) {
06          case DIS_MODE:                                  //显示界面
07              btn_deleteUser.setText("删除用户");          //设置按钮提示显示
08              btn_addUser.setText("添加用户");             //设置按钮提示显示
09              mode = true;//保存模式
10              break;
11          case DELETE_MODE:
12              btn_deleteUser.setText("取消");
13              btn_addUser.setText("确定");
14              mode = false;
15              isCheck = new boolean[users.size()];//用户是否删除的状态列表
16              Arrays.fill(isCheck, false);                //默认未选择用户
```

```
17                break;
18            }
19            users = DBAdapter.getInstance(OAuthUserList.this).getAllUsers
              AccessToken();                              //获取数据
20            userAdapter.notifyDataSetChanged();         //更新显示数据
21        }
22    };
```

其中，06～10 行，切换为管理方式；

11～18 行，切换为删除方式；

19～20 行，从数据库中重新获取显示的认证用户数据，并提示数据变化更新 ListView 显示。

对于自定义 ListView 的适配显示，我们在前面章节已经多次使用，这里就不再赘述。

11.3 微博主界面

实现了用户管理的认证和删除之后，我们就可以使用该认证的用户来从开放平台中获取数据，实现客户端的功能。

11.3.1 认证用户登录

当用户认证之后，其登录不再使用其用户名和密码，而是使用从开放平台中获取该认证的用户信息。由于在数据库中保存了多个认证用户的信息，当我们选择某个认证用户登录时，需要记住选择的认证用户。在这里，我们使用 SharedPreferences 来进行保存。在用户管理界面中，单击选择用户后就保存该认证用户并跳转到微博界面，具体实现如下：

```
01  listView.setOnItemClickListener(new OnItemClickListener() {
02      @Override
03      public void onItemClick(AdapterView<?> parent, View view, int
            position, long id) {
04          if (mode) {
05              // 选择认证用户登录
06              OAuthConstant.getInstance().setAccessToken(users.get
                (position));                              //获取认证用户信息
07              try {
08                  ByteArrayOutputStream byaos = new ByteArrayOutput
                    Stream();
09                  SharedPreferences sp = OAuthUserList.this
10                          .getSharedPreferences("ouling",Context.MODE_
                    PRIVATE);
11                  Editor editor = sp.edit();
12                  ObjectOutputStream oos = new ObjectOutputStream
                    (byaos);
13                  oos.writeObject(users.get(position));//获取登录用户数据
14                  String s = new String(Base64.encodeBase64(byaos.toByte
                    Array()));                            //加密数据
15                  editor.putString("accessToken", s);
                                                          //保存到 SharedPreferences
16                  editor.commit();                      //修改提交
17              } catch (IOException e) {
```

```
18                      e.printStackTrace();
19                      Toast.makeText(OAuthUserList.this, "保存 token 失败",
                        1000).show();
20                  }
21
22                  //跳转到微博用户界面
23                  startActivity(new Intent(OAuthUserList.this, MainActivity.
                    class));
25              }
26      }
27 }
```

11.3.2 主界面设计

我们已经分析过,在微博中可以分为 3 大类功能,这 3 大功能彼此之间没有较强的关联性,可以独立地使用切换卡布局来实现。每一个选项卡对应一类功能。其中,在首页界面中主要针对与微博相关的功能,作为默认的界面;在信息界面中主要处理用户的评论、私信等信息;在资料界面中处理用户的关注、粉丝等资料信息。整体效果如图 11.13 所示。

图 11.13 功能布局

对于切换卡布局(TabHost),只需要一个布局框架(FrameLayout)和一个选项卡(TabWidget)即可,在 XML 布局文件中实现如下:

```
<TabHost xmlns:android="http://schemas.android.com/apk/res/android"
    android:id="@android:id/tabhost"
    android:layout_width="fill_parent"
    android:layout_height="fill_parent"
    android:orientation="vertical" >
```

```xml
<RelativeLayout
    android:layout_width="fill_parent"
    android:layout_height="fill_parent">
    <FrameLayout android:id="@android:id/tabcontent"
       android:layout_width="fill_parent"
       android:layout_height="fill_parent"
       android:layout_above="@android:id/tabs" />
    <TabWidget
        android:id="@android:id/tabs"
        android:layout_width="fill_parent"
        android:layout_height="wrap_content"
        android:layout_alignParentBottom="true"/>
</RelativeLayout>
</TabHost>
```

实现了布局文件之后，在代码中具体实现每一个选项卡的添加。为了区别当前选中的选项卡，我们针对选项卡的不同状态进行不同的背景设置。具体实现如下：

```
01  public class MainActivity extends TabActivity implements TabContentFactory{
02                                                        //初始化切换布局
03      private void initTab() {
04          setContentView(R.layout.tabactivity);   //设置布局
05          tabHost = this.getTabHost();            //获取整体布局框架
06          tabHost.setBackgroundResource(R.drawable.bg);
07
08          TabSpec ts1 = tabHost.newTabSpec("HOME").setIndicator("首页");
                                                    //设置首页选项卡
09          ts1.setContent(this);
10          tabHost.addTab(ts1);                    //添加到整体布局
11
12          TabSpec ts2 = tabHost.newTabSpec("MSG").setIndicator("消息")
13                  .setContent(new Intent(this, InfoActivity.class));
                                                    //设置消息选项卡
14          tabHost.addTab(ts2);                    //添加到整体布局
15
16          TabSpec ts3 = tabHost.newTabSpec("INFO").setIndicator("资料")
17                  .setContent(new Intent(this, UserInfo.class));
                                                    //设置用户资料选项卡
18          tabHost.addTab(ts3);                    //添加到整体布局
19
20                                                  //切换改变时
21          TabWidget widget = tabHost.getTabWidget();
22          for (int i = 0; i < 3; i++) {
23              View view = widget.getChildAt(i);   //遍历获取选项卡视图
24              view.setBackgroundResource(R.drawable.widget_btn);
25              final int index = i;
26              view.setOnClickListener(new OnClickListener() {
27                  @Override
28                  public void onClick(View v) {
29                      preIndex = tabHost.getCurrentTab();
                                                    //获取选择的选项卡
30                      if (tabHost.getCurrentTab() == index) {
                                                    //如果选择已选中项，则更新
31                          autoGetMoreListView.setSelection(1);
32                      } else {
33                          tabHost.setCurrentTab(index);
                                                    //跳转到选择项
```

```
34                              preIndex = tabHost.getCurrentTab();
35                                                          //保存选中项
36                  }
37              });
38          }
39      }
```

其中,04 行,设置该 TabActivity 的布局为我们实现的 XML 布局;

08～10 行,添加一个选项卡界面,其标题为"首页",其显示界面在该界面中完成;

12～18 行,类似地添加了两个选项卡,标题分别为"信息"和"资料"。这两个选项卡的显示分别跳转到信息和资料界面中实现;

21～24 行,添加每一个选项卡的背景动作。该背景动作针对选项卡是否被选中使用了不同的颜色进行区别;

26～37 行,添加每一个选项卡的单击处理事件,用于单击后置于顶部。

这样,我们就实现了界面的整体布局。有了这样一个整体布局之后,我们就来对 3 个功能类进行实现。

11.4 用户资料

对于用户的资料,不必多说就是用户的昵称、头像、所在地、博客和介绍等基本信息,以及在使用微博过程中所关注微博、粉丝以及自己发表的微博。在用户资料界面需要显示的就是对这些信息的描述。对于其中的关注、粉丝以及微博等信息还可以查看其详情,界面设计如图 11.14 所示。

图 11.14 用户资料

11.4.1 用户信息获取

在开放平台中,我们可以通过用户的 id 号来获取用户的资料信息。对于用户的 id 号,在认证的 AccessToken 类中可以获取,然后使用 Weibo 类来对 id 号进行获取用户信息,具体实现如下:

```
cid = OAuthConstant.getInstance().getAccessToken().getUserId() + "";
Weibo weibo = OAuthConstant.getInstance().getWeibo();
user = weibo.showUser(cid);
```

在 SDK 中的用户类 User 中,记录了用户的详细信息,主要包括了:

```
private Weibo weibo;                    //Weibo 类
private long id;                        //用户 id 号
private String screenName;              //用户昵称
private String location;                //用户地区
private String description;             //用户介绍
private String profileImageUrl;         //用户头像地址
private String url;                     //用户博客地址
private int followersCount;             //粉丝数
private int friendsCount;               //关注数
private int statusesCount;              //发表微博条数
```

在用户类中获得了这些信息后,只需要显示在对应的界面布局上即可。对于这种网络查询和界面 UI 的更新,我们在 Handler 中实现,具体实现如下:

```
01  private Handler handler = new Handler() {
02      @Override
03      public void handleMessage(Message msg) {
04          super.handleMessage(msg);
05          switch (msg.what) {
06          case InfoHelper.LOADING_DATA_FAILED:      //用户信息获取失败
07              Toast.makeText(UserInfo.this, "获取信息失败", Toast.
                    LENGTH_LONG).show();
08              tv_failed.setVisibility(View.VISIBLE);
09              tv_failed.setText("获取用户资料失败");
10              userinfo_waitingView.setVisibility(View.GONE);
11              UserInfo.this.finish();
12              break;
13          case InfoHelper.LOADING_DATA_COMPLETED:   //信息获取成功
14              tv_name.setText(user.getScreenName());
15              tv_decsription.setText("介绍: "
16                      + (TextUtils.isEmpty(user.getDescription()) ?
                        "无" : user.getDescription()));
17              tv_url.setText("博客: "
18                      + (user.getURL() != null ? user.getURL().toSt
                        ring() : "无"));
19              tv_location.setText(user.getLocation());
20              userinfo_pic.setUrl(user.getProfileImageURL().
                    toString());
21              btn_follows.setText("粉丝数 " + user.getFollowers
                    Count());
22              btn_friends.setText("关注数 " + user.getFriends
                    Count());
```

```
23                  btn_weibo.setText("微博数 " + user.getStatuses
                    Count());
24                  Toast.makeText(UserInfo.this, "获取用户资料完成", Toast.
                    LENGTH_LONG).show();
25                  break;
26              }
27          }
28      };
```

其中，06～12 行，当用户资料获取失败时，提示失败返回主界面中上一选项卡；

13～24 行，当用户资料获取成功时，在界面中显示该用户资料信息。大部分信息都是在 User 类中直接提供的，除了用户头像提供了网络地址。

11.4.2 用户头像获取

1．网络图像获取

在用户信息中，其头像保存为网络地址，要显示该图像需要从网络地址中获取。我们使用一个异步的网络图像获取方法，实现如下：

```
01  class AsyncViewTask extends AsyncTask<String, Integer, byte[]> {
02      @Override
03      protected byte[] doInBackground(String... strings) {
                                                        //后台任务，下载头像图片
04          byte[] data;
05          try {
06              HttpClient client = new DefaultHttpClient();
                                                        //获取 HttpClient
07              HttpGet get = new HttpGet(strings[0]);  //获取访问地址
08              HttpResponse response = client.execute(get);//网络访问
09              HttpEntity entity = response.getEntity();   //获取返回数据
10
11              long length = entity.getContentLength();//获取返回数据长度
12              if (length <= 0)                        //返回数据为空
13                  return null;
14
15              InputStream is = entity.getContent();   //获取返回数据流
16              ByteArrayOutputStream baos = new ByteArrayOutputStream();
                                                        //创建输出数据流
17              byte[] buf = new byte[1024];            //数据缓存区
18              int ch = -1;
19              int count = 0;
20              publishProgress(0); //设置进度条
21              boolean isFirst = true;
22              while ((ch = is.read(buf)) != -1) {     //获取返回数据流
23                  baos.write(buf, 0, ch);             //写入缓存
24                  count += ch;
25                  publishProgress((int) ((count / (float) length) * (bitm
                    aps.length - 1)));                  //更新进度条
26                  if (isFirst && gifNeeded && ch > 8) {
                                                        //判断是否为 GIF 格式图片
27                      if (ImageItem.isGIF(buf)) {
28                          handler.sendEmptyMessage(DOWNLOAD_GIF);
29                          isGif = true;
30                          return null;
```

```
31                  }
32              }
33              isFirst = false;
34          }
35          is.close();
36          data = baos.toByteArray();          //获取完整的下载数据
37          return data;
38      } catch (Exception e) {
39          e.printStackTrace();
40          return null;
41      }
42
43  }
44
45  @Override
46  protected void onProgressUpdate(Integer... progress) {
47      AsyncImageView.this.setImageBitmap(bitmaps[progress[0]]);
                                                            //更新进度条
48  }
49
50  @Override
51  protected void onPostExecute(byte[] result) {
52      if (result != null) {                   //判断下载数据是否存在
53          if (AsyncImageView.this.setImageBitmap(result))
                                                            //设置显示图片
54          imageCache.put("url", new SoftReference<byte[]>(result));
                                                            //保存该下载图片
55      } else {
56          if (!isGif && handler != null) {
57              handler.sendEmptyMessage(DOWNLOAD_FAILED);  //下载失败
58          }
59      }
60  }
61 }
```

一个异步任务主要由重写 4 个方法来实现，其中，onPreExecute()用于执行后台操作前界面 UI 的处理，doInBackground(Params...)用于具体的后台实现，onProgressUpdate(Progress...)用于后台调用 publishProgress()方法时的进度更新，onPostExecute(Result)用于在后台执行完成后的处理。

在本图像异步下载中，03～43 行，执行图像的网络下载；51～60 行，执行图像数据下载完成后的操作。当输入不为空时，在视图中显示该图像，并保存该图像。保存该图像的目的在于当再次使用该图像时不用再从网络端下载而直接使用本地已经保存的图像。

2．头像获取

由于我们网络端获取图像后，进行了本地的缓存处理，所以对于用户头像提供的网络地址，我们可以先进行一次本地匹配，如果本地已缓存则直接使用本地图像，否则进行网络下载。该过程具体实现如下：

```
01  public boolean setUrl(String url) {
02      try {
03          if (URLUtil.isHttpUrl(url)) {//  如果为网络地址，则连接URL下载图片
04              if (imageCache.containsKey(url)) {  //判断是否有本地缓存
05                  SoftReference<byte[]> cache = imageCache.get(url);
                                                    //从本地缓存中获取图片
```

```
06                byte[] data = cache.get();
07                if (data != null) {
08                    return this.setImageBitmap(data);    //返回图像数据
09                }
10            }
11                                                          //网络下载
12            new AsyncViewTask().execute(url);
13        } else {                                          //如果为本地数据,则直接解析
14            byte[] data = getBytes(new FileInputStream(new File(url)));
                                                            //从本地 URI 资源获取图片
15            return this.setImageBitmap(data);
16        }
17    } catch (Exception e) {
18        e.printStackTrace();
19        if (handler != null) {
20            handler.sendEmptyMessage(DOWNLOAD_FAILED);
21        }
22        return false;
23    }
24    return true;
25 }
```

其中,04~10 行,如果本地缓存中有该图像,则直接使用本地缓存图像;

11~12 行,如果本地缓存没有该图像,则进行异步网络下载;

这样,我们就完成了用户基本资料的显示,显示了用户的基本资料以及关注数、粉丝数和微博数,效果如图 11.14 所示。

11.4.3 关注详情

对于关注详情即用列表的方式显示用户关注的所有博主的资料,这些资料同样是有用户的昵称、头像、所在地、博客和介绍等基本信息,以及关注数、粉丝数目以及用户和博主之间的关系,如图 11.15 所示。除了显示这些资料外,我们还可以取消这种关注关系,并且可以查看知道博主的详细信息,如图 11.16 所示。

图 11.15 关注详情

图 11.16 关注的博主详情

1. 关注详情获取

在 Weibo 类中，可以通过用户 id 来获取其所有关注的博主的用户对象 User 类，在 User 类中就包括了需要显示的具体用户资料，获取方法如下：

```
private List<User> list = new ArrayList<User>();
curUserWapper = weibo.getFriendsStatuses(cid, -1);
list = curUserWapper.getUsers();
```

2. 详情显示

对于每一个关注的显示可以分为一个头像视图、一个关注按钮和一个该博主的资料信息，对单个关注的视图定义如下：

```
static class ViewHolder {
    AsyncImageView asyncImageView;
    TextView info;
    Button btn;
}
```

对于自定义列表视图（ListView），需要实现其适配器。在前面章节中，我们进行了多次介绍，这里就不再赘述。

3. 相互关注情况

在 Weibo 类中，可以通过两个用户的 id 号来判断这两个用户是否进行了关注，方法是：

```
public JSONObject showFriendships(String source_id, String target_id)
```

使用该方式来获取用户和其关注的博主之间的相互关注情况，实现如下：

```
01    private List<JSONObject> list_relations = new ArrayList<JSONObject>();
                                                      //初始化关注关系列表
02    private List<User> list = new ArrayList<User>();//关注用户信息列表
03
04    protected void getRelation() {                  //获取相互关注情况
05        list_relations.clear();                     //清空关系列表
06        Weibo weibo = OAuthConstant.getInstance().getWeibo();
                                                      //获取 Weibo 类
07        for (int index = 0; index < list.size(); index++) {
                                                      //遍历用户列表
08            User user = list.get(index);            //获取用户类型
09            try {
10                list_relations.add(weibo.showFriendships(OAuth
                      Constant.getInstance().
11                    getAccessToken().getUserId()+"", user.get
                      Id() + ""));                    //添加关注情况
12            } catch (WeiboException e) {
13                e.printStackTrace();
14            }
15        }
16    }
```

使用 Weibo 类来获取相互之间的关注关系后，返回到一个 JSONObject 类中，我们需要通过访问这个类来判断两者之间的关注关系，判断的方法如下：

```
JSONObject object = list_relations.get(position);
JSONObject source = object.getJSONObject("source");
JSONObject target = object.getJSONObject("target");
following = Boolean.valueOf(target.getString("followed_by"));
                            //用户是否关注博主
followed = Boolean.valueOf(source.getString("followed_by"));
                            //博主是否关注用户
```

4. 添加、取消关注

对于添加关注，在 Weibo 类中可以使用需要关注的用户 id 或者昵称直接进行添加，使用方法：

```
User createFriendshipByUserid(String userid)
```

其中，参数 userid 是需要关注的用户的 id 号或者昵称。如果关注成功，则返回关注用户的信息类 User，否则抛出异常。

对于取消关注可以使用方法：

```
User destroyFriendship(String id)
```

其中，参数 id 是取消关注的用户的 id 号或者昵称。对用户的添加和取消关注的具体实现如下：

```
01    if (following)                                      //判断是否关注
02        holder.btn.setText("取消关注");                  //已关注，按钮显示"取消关注"
03    else
04        holder.btn.setText("关注" + sex);                //未关注，按钮显示"关注"
05
06    holder.btn.setOnClickListener(new OnClickListener() {
07        @Override
08        public void onClick(View v) {
09            Weibo weibo = OAuthConstant.getInstance().getWeibo();
                                                            //获取 Weibo 类
10            if (holder.btn.getText().equals("关注" + sex)) {
                                                            //如果未关注
11                try {
12                    weibo.createFriendshipByUserid(user.getId() + "");
                                                            //关注
13                    holder.btn.setText("取消关注");       //更改按钮提示
14                    Toast.makeText(FriendsOrFollowsList.this, "关注成
                          功!",1000).show();
15                } catch (WeiboException e) {
16                    e.printStackTrace();
17                    Toast.makeText(FriendsOrFollowsList.this, "关注失
                          败!", 1000).show();
18                }
19            } else {                                     //已关注
20                try {
21                    weibo.destroyFriendship(user.getId() + "");
                                                            //取消关注
22                    holder.btn.setText("关注" + sex);     //更改按钮提示
23                    Toast.makeText(FriendsOrFollowsList.this, "取消关
                          注成功!", 1000).show();
24                } catch (WeiboException e) {
```

```
25                    e.printStackTrace();
26                    Toast.makeText(FriendsOrFollowsList.this, "取消关
                      注失败!", 1000).show();
27                }
28            }
29        }
30    });
```

其中，01～04 行，根据是否关注，设置按钮显示内容；

10～18 行，设置按钮处理事件，如果当前是未关注状态，单击按钮则添加关注；

19～28 行，如果当前是关注状态，单击按钮则取消关注。实现的效果如图 11.17 所示。

图 11.17　取消关注

5. 关注博主详情

在以列表方式显示了所有关注博主的基本信息后，我们可以通过单击列表项查看该博主的详细资料。查看的博主资料界面与用户自身资料相同，只需要将博主的 ID 号传递给资料显示界面。界面跳转实现如下：

```
Intent intent = new Intent(FriendsOrFollowsList.this,UserInfo.class);
    if (position <= list.size())
        intent.putExtra("cid", list.get(position - 1).getId() + "");
    startActivity(intent);
```

11.4.4　粉丝详情

对于粉丝详情的实现和关注详情的实现思路是相同的。首先获取所有粉丝的详情，然后进行列表显示。单击列表项后显示该粉丝的资料信息。对于所有粉丝详情的获取具体实现如下：

```
private List<User> list = new ArrayList<User>();
curUserWapper = weibo.getFollowersStatuses(cid, -1);
list = curUserWapper.getUsers();
```

显示粉丝的详情和显示关注的详情是相同的，就不再赘述。具体实现效果如图 11.18 和图 11.19 所示。

图 11.18　粉丝列表　　　　　图 11.19　粉丝详情

对于发布的微博详情，我们在后面的微博相关功能中进行详细介绍。这样，我们就完成了用户资料相关的功能。

11.5　用户消息

用户的消息包括收到的评论、发出的评论以及@用户。这样的 3 类消息，我们采用和主框架类似的选项卡界面设计。为了不与主框架界面的选项重叠而被遮挡，将用户消息的选项卡布局在上方。界面设计如图 11.20 所示。

图 11.20　消息界面

对于选项卡的设计与实现和整体框架是相同的,就不再赘述。本节主要对于收到、发出的评论以及@用户信息的获取和显示进行讲解。

11.5.1 获取信息

在 Weibo 类中,提供了获取评论信息的多种方法,对于收到的评论常用的方法是:

```
List<Comment> getCommentsToMe()
```

对于发出的评论常用的方法是:

```
List<Comment> getCommentsByMe()
```

这两者返回的都是评论的信息类 Comment。我们可以直接显示该评论消息。对于提到用户的信息,常用的获取方法是:

```
List<Status> getMentions()
```

返回的是微博消息类 Status。掌握了基本的方法,对于获取收到的所有评论,具体实现如下:

```
01  private List<WeiboResponse> commentToMe = new ArrayList<WeiboResponse>();
02  Weibo weibo = OAuthConstant.getInstance().getWeibo();
03  commentToMe.clear();
04  commentToMe.addAll(weibo.getCommentsToMe());
```

11.5.2 显示评论

在评论列表中,我们针对每一个评论都显示其评论者的昵称、头像、评论的时间以及评论的内容。单个评论视图可定义为:

```
static class ViewHolder {
    AsyncImageView wbicon;
    TextView wbtime;
    TextView wbuser;
    HighLightTextView wbtext;
}
```

其中,视图 wbicon 显示评论者的头像,视图 wbtime 显示评论时间,视图 wbuser 显示评论者昵称,视图 wbtext 显示评论内容。对于评论内容,我们针对评论内容中出现的人名、话题、网址等进行正则匹配并高亮显示。

在 Comment 类中保存了完整的评论信息,常使用的信息包括:

```
private Date createdAt;                          //评论时间
private String text;                             //评论内容
private User user;                               //评论者资料
private Comment reply_comment;                   //评论来源
private Status status;                           //评论的微博
private RetweetDetails retweetDetails;           //转载的微博
```

对于一条评论信息,我们可以根据其是否是回复的评论、回复的微博以及该微博是否有转载来构造整个显示信息。对于微博中的已有评论，其构造实现如下：

```
01    String commentText = comment.getText();       //获取评论内容
02    if (comment.getReply_comment() != null) {//如果该评判是回复的已有评论
03        commentText = commentText+ "\n\n 回复@"
04            + comment.getReply_comment().getUser().getScreenName()
              + " 的评论: "
05                        + comment.getReply_comment().getText();
                                                //显示已有评论
06
07    if (comment.getStatus() != null)        //如果有原微博
08        commentText = commentText + "\n\n 原微博是: @"
09            + comment.getStatus().getUser().getScreenName()
10                + ": " + comment.getStatus().getText();
                                                //显示原微博
11
12        if (comment.getStatus().getRetweeted_status() != null)
                                                //如果是转发
13            commentText = commentText+ "\n 转自: @"
14                + comment.getStatus().getRetweeted_status().
                  getUser().getScreenName()
15                    + ": " + comment.getStatus().getRetwee
                      ted_status().getText();
16                                              //获取转发内容
17        }
```

其中，01 行，获取评论信息；

02～05 行，如果评论的是微博中的已有评论，则获取该已有评论的信息；

07～10 行，如果有原微博，则获取原微博信息；

12～15 行，如果原微博是一条转发微博，则获取转发微博的信息。

11.5.3　匹配高亮显示

对于显示内容中的人名、话题等需要进行正则匹配，如果显示的是这些，则对人名、话题等高亮显示，对于这两种的正则表达如下：

```
//匹配@+人名
    public static final Pattern NAME_Pattern = Pattern.compile(
        "@([\\u4e00-\\u9fa5\\w\\-\\-]{2,30})", Pattern.CASE_INSE
        NSITIVE);
//匹配话题#...#
public static final Pattern TOPIC_PATTERN = Pattern.compile("#([^\\#|^\\@|.
]+)#");
```

有了正确的正则表达后，使用正则匹配，如果匹配成功则显示为蓝色。对于话题，具体实现如下：

```
SpannableStringBuilder style = new SpannableStringBuilder(text);
                                                //设置风格
    Matcher topicMatcher = TOPIC_PATTERN.matcher(text);
                                                //设置话题正则匹配表达式
        while (topicMatcher.find()) {           //如果匹配为话题
            style.setSpan(new ForegroundColorSpan(Color.BLUE),
                topicMatcher.start(), topicMatcher.end(),
```

```
                    Spannable.SPAN_EXCLUSIVE_EXCLUSIVE);      //设置蓝色显示
    }
```

类似地，我们可以用同样的方法来实现昵称的匹配。

11.5.4 评论处理

在查看了评论信息后，我们可以对评论信息进行处理，包括评论该消息、查看原微博、查看评论者资料。使用弹出窗口再提示选择对应的功能，实现效果如图 11.21 所示。

在对评论信息的 3 项处理中，查看个人资料功能可以直接调用用户资料中已经实现的功能；查看原微博功能，我们在微博相关中进行了详细介绍，在这里我们重点实现评论的功能。

进行评论时，我们需要输入评论的内容以及是否转发该评论，界面设计如图 11.22 所示。在微博中进行评论，使用 Weibo 类中的方法是：

图 11.21 处理评论

```
Comment updateComment(String comment, String id, String cid)
```

其中，参数 comment 是评论的内容，内容不能为空且不超过 140 个汉字；参数 id 是评论的微博消息的 id 号；参数 cid 是回复的评论 id 号。

图 11.22 评论微博

转发微博时，使用 Weibo 类中的方法：

```
Status updateStatus(String status, long inReplyToStatusId)
```

其中，参数 status 是发布的微博文本内容，参数 inReplyToStatusId 是转发的微博 id 号。

掌握了这两个方法就能实现评论以及转发微博的功能,具体实现如下:

```java
01 new AlertDialog.Builder(context).setView(layout)
02     .setPositiveButton("确定", new DialogInterface.OnClickListener() {
03                                                                      //提示框
04     @Override
05     public void onClick(DialogInterface dialog, int which) {
06         try {
07             Weibo weibo = OAuthConstant.getInstance().getWeibo();
                                                                      //获取 Weibo 类
08             String text = editText.getText().toString();//获取评论的输入内容
09             String msg = "";
10             if (TextUtils.isEmpty(text)) {                //输入内容为空
11                 Toast.makeText(context, "说点什么吧",Toast.LENGTH_LONG).
                   show();                                  //提示输入评论
12                 return;
13             }
14             if (text.length() > 140) {                   //输入超过限制
15                 Toast.makeText(context, "要评论的内容太长了",Toast.LENGTH_
                   LONG).show();                           //提示
16                 return;
17             }
18             weibo.updateComment(text, weiboID + "", cid);  //发表评论
19             msg = "评论成功";
20             if (checkBox.isChecked()) {                 //是否选择评论和转发
21                 weibo.updateStatus(text, weiboID);      //转发
22                 msg = "评论且转发成功";
23             }
24             Toast.makeText(context, msg, Toast.LENGTH_LONG).show();
25         } catch (WeiboException e) {
26             e.printStackTrace();
27             Toast.makeText(context, "评论或转发失败",Toast.LENGTH_LONG).show();
28         }
29     }
30 }).setNegativeButton("取消", new DialogInterface.OnClickListener() {
31     @Override
32     public void onClick(DialogInterface dialog, int which) {}
33 }).setTitle(isComment ? "评论微博" : "转发微博").show();
```

其中,07~17 行,判断输入的评论内容是否为空或超出限制;

18~19 行,发表评论并设置提示信息;

20~23 行,如果勾选转发微博选项,则转发微博并更改提示消息;

25~28 行,如果评论或转发失败,则提示失败。

通过以上步骤,我们完成了评论信息的处理。主要针对用户收到的评论信息进行了详细讲解,类似地可以实现用户发布的评论信息以及@用户的信息的处理,就由读者自己完成。

11.6 微博首页

在前面的章节中,我们介绍了开放平台中的用户资料、用户消息等用户使用情况的获

取和显示。在本节中,我们将介绍最重要的微博首页。

在微博首页中,我们将显示用户关注的所有微博。在显示列表中,需要显示微博的发布者、发布时间、发布者头像以及微博内容,实现效果如图 11.23 所示。当用户有未读消息时,在提示栏给出提示,效果如图 11.24 所示。

图 11.23 微博首页

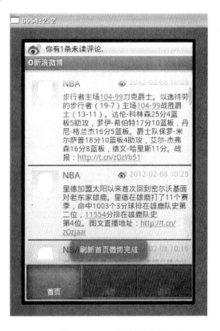

图 11.24 未读消息提示

11.6.1 未读消息

在登录到首页时,我们需要获取用户的未读消息,包括未读评论、未读@用户的微博、新的粉丝、未读私信等消息。我们可以使用 Weibo 类中的方法来获取未读消息,使用的方法如下:

```
Count getUnread()
```

当获取成功则返回 Count 类,否则返回异常。在 Count 类中主要包括未读消息的条数,主要有:

```
private long comments;      //评论
private long dm;            //私信
private long mentions;      //@用户
private long followers;     //关注者
```

对于这些数据使用 Count 类中对应的 get 方法来获取。对于评论信息,具体实现如下:

```
01  public static void unReadNotify(Context context) {
02      Weibo weibo = OAuthConstant.getInstance().getWeibo();
03      Count unread_count;                              //定义未读消息
04      try {
05          unread_count = weibo.getUnread();   //获取所有未读消息
06          NotificationManager notificationManager = (NotificationManager)
```

```
                context
07                      .getSystemService(NOTIFICATION_SERVICE);//通知栏管理器
08              if (unread_count.getComments() != 0) {         //是否有未读评论
09                  Notification notification = new Notification(R.drawable.
                    image,
10                      "你有" + unread_count.getComments() + "条未读评论.",
11                      System.currentTimeMillis());           //构造通知栏消息类
12                  Intent intent = new Intent(context, InfoActivity.class);
                                                               //单击消息的跳转
13                  intent.putExtra("type", 0);                //设置未读消息类型
14                  PendingIntent contentIntent = PendingIntent.getActivity(
15                      context, 0, intent, PendingIntent.FLAG_UPDATE_
                        CURRENT);
16                  notification.setLatestEventInfo(context,
17                      "你有" + unread_count.getComments() + "条未读评论.",
                        "",contentIntent);
18                  notification.defaults = Notification.DEFAULT_ALL;
19                  notificationManager.notify(UNREAD_COMMENT, notification);
                                                               //提交通知栏
20              }
21          } catch (WeiboException e) {
22              e.printStackTrace();
23          }
24      }
```

其中，01～08 行，获取未读信息类 Count，判断其中是否有评论信息；

09～11 行，如果有未读评论信息，则构造通知栏消息，显示未读评论的条数，效果如图 11.24 所示；

对于获取未读@用户的微博、新的粉丝、未读私信的提示和实现获取未读评论的提示类似，读者可以在此基础上修改实现，不再赘述。

11.6.2 微博获取显示

对于用户关注的博主最近发布的微博，在 Weibo 类中提供了多种方法，常用的是：

```
List<Status> getFriendsTimeline()
```

其中，当获取成功时，则返回最近的微博消息 Status 类列表；获取失败则返回异常。掌握了获取最近微博的方法后，其具体实现如下：

```
01  private List<WeiboResponse> friendsTimeline = new ArrayList<Weibo
    Response>();                                    //初始化微博信息
02  Weibo weibo = OAuthConstant.getInstance().getWeibo(); //获取 Weibo 类
03  try {
04      friendsTimeline.addAll(weibo.getFriendsTimeline());
                                                    //添加最近的微博消息
05      handler.sendEmptyMessage(InfoHelper.LOADING_DATA_COMPLETED);
                                                    //界面更新
06  } catch (WeiboException e) {
07      e.printStackTrace();
08      handler.sendEmptyMessage(InfoHelper.LOADING_DATA_FAILED);
09  }
```

获取了需要显示的微博内容后，对于列表中的一栏，其中包括了微博发布者头像、发

布者昵称、发布时间、发布文字内容以及图片等。视图设计如下：

```
static class ViewHolder {
    AsyncImageView wbicon;          //头像
    HighLightTextView wbtext;       //微博内容
    TextView wbtime;                //微博发布时间
    TextView wbuser;                //发布者昵称
    ImageView wbimage;              //微博图片
}
```

该视图设计与显示用户的消息的视图类似，视图 wbicon 显示评论者的头像，视图 wbtime 显示评论时间，视图 wbuser 显示评论者昵称，视图 wbtext 显示微博内容，视图 wbimage 显示微博的图片。使用 ListView 显示适配器来显示每一条微博的内容，其显示实现如下：

```
01  Status status = (Status) curList.get(position);    //获取微博信息类
02  userID = status.getUser().getId() + "";            //获取发布者 id 号
03  holder.wbicon.setUrl(status.getUser().getProfileImageURL().toString
    ());                                               //设置发布者头像
04  String text = status.getText();                    //获取微博内容
05  if (status.getRetweeted_status() != null)          //如果是转载
06      text = text+ "\n\n 转自：@"+ status.getRetweeted_status().getUser()
07          .getScreenName() + " :" + status.getRetweeted_status().
            getText();                                 //获取原微博内容
08  holder.wbtext.setText(text);                       //设置显示内容
09  holder.wbtime.setText(sdf.format(status.getCreatedAt()));
                                                       //设置发布时间
10  screenName = status.getUser().getScreenName();     //设置发布者昵称
11
12  if (status.getRetweeted_status() != null) {        //微博为转发
13      if (!TextUtils.isEmpty(status.getRetweeted_status().
        getThumbnail_pic()))
14              holder.wbimage.setVisibility(View.VISIBLE);
                                                       //原微博中有图片，则显示图片
15  } else if (!TextUtils.isEmpty(status.getThumbnail_pic()))
                                                       //微博中是否有图片
16      holder.wbimage.setVisibility(View.VISIBLE);    //显示图片
```

其中，01 行获取微博信息类 status；

02～10 行，分别从微博信息中获取微博发布者头像、微博内容、发布时间以及发布者昵称；

11～16 行，判断微博及其转发的微博中是否包含图片，如果有图片，则显示图片。

11.6.3 微博详情

实现了显示最近微博列表，还需要查看每一条微博进行的详情处理，例如查看该微博的评论以及对该微博的评论与转发等。单击列表中的微博后，针对该微博进行详情处理，在界面上需要显示发布者的昵称、头像、微博文字和图片内容、已有评论信息以及提供的转发、评论功能，设计如图 11.25 所示。

图 11.25 查看微博详情

对于微博的发布者昵称、头像、微博文字和图片等内容，我们可以直接从 Weibo 类中获取，其获取方法与在微博显示列表中获取的方法是相同的，读者可参照列表中的方法实现。本小节重点讲解已有评论的获取和显示。

（1）评论的获取和显示

获取微博中的最近评论，使用 Weibo 类中的方法：

```
List<Comment> getComments(String id)
```

其中，参数 id 是微博的 id 号，返回值为评论信息类 Comment。在本例中，获取评论的具体实现如下：

```
private List<Comment> comments = new ArrayList<Comment>();
Weibo weibo = OAuthConstant.getInstance().getWeibo();
comments = weibo.getComments(weiboID + "");
```

在评论信息的列表中，我们需要显示评论者的头像、昵称以及评论内容。在界面设计中，视图定义为：

```
static class ViewHolder {
    AsyncImageView asyncImageView;     //评论者头像
    TextView tv_name;                   //评论者昵称
    HighLightTextView tv_text;          //评论内容
}
```

获取评论信息类 Comment 中具体的方法，我们已经在用户信息相关章节中进行了详细介绍，使用这些方法实现评论信息的显示的代码如下：

```
01  holder.asyncImageView.setUrl(comments.get(position).getUser()
02          .getProfileImageURL().toExternalForm());//获取评论者头像
03  holder.asyncImageView.setProgressBitmaps(ImageRel.getBitmaps_
    avatar(ViewActivity.this));
04  holder.asyncImageView.setPadding(10, 10, 10, 10);  //设置头像图片大小
05
06  holder.tv_name.setTextColor(Color.BLUE);    //设置评论者昵称显示的颜色
07  holder.tv_name.setText(comments.get(position).getUser().getScreen
    Name());                                    //获取评论者昵称
08  holder.tv_name.setPadding(5, 10, 0, 0);     //设置昵称的文字大小
09
10  holder.tv_text.setPadding(10, 10, 10, 10);//设置评论的文字大小
11  holder.tv_text.setGravity(Gravity.CENTER_VERTICAL);    //设置评论排版
12  holder.tv_text.setText(comments.get(position).getText());//设置评论内容
13  holder.tv_text.setTextColor(Color.BLACK);   //设置评论的文字颜色
```

其中，01～04 行，获取并显示评论者的头像；

05～08 行，显示评论者的昵称，为了更明确，文字以蓝色显示；

09～13 行，显示评论的内容。

（2）转发与评论

查看了微博以及其评论后，我们可以针对该微博或已有评论进行转发或评论。对于评

论与转发的处理，我们在用户消息一节中进行了讲解，这里直接调用评论弹出框即可，效果如图 11.26 所示。

11.6.4 发布微博

在微博客户端除了查看微博之外，还有另一个重要的功能就是发布微博。

在微博首页，我们添加一个菜单按钮用于发布微博，实现效果如图 11.27 所示。在发布微博的主界面中，需要输入微博的文字以及图片等内容，界面实现如图 11.28 所示。

图 11.26 评论微博

图 11.27 菜单按钮　　　　图 11.28 发布微博界面

在界面中，最重要的部分就是发布微博的文字内容，占据了最大一部分。在界面底部，左边是用于发图片的选择按钮，右边是发布按钮以及提示当前文字数。

1. 图片选择

在图片选择功能中，我们可以选择来自手机相册中已有的图片，也可以进行拍照而获得图片。查看相册和拍照都可以通过调用系统程序来完成。当然，如果对选择的图片不满意也可以进行删除。具体实现如下：

```
01  CharSequence[] items = { "手机相册", "手机拍照", "清除照片" };
                                                            //图片来源提示
02  new AlertDialog.Builder(ShareActivity.this).setTitle("增加图片")
03          .setItems(items, new DialogInterface.OnClickListener() {
                                                            //图片选择提示框
04      public void onClick(DialogInterface dialog, int item) {
05                                                          //手机相册
06          if (item == 0) {
07              Intent intent = new Intent(Intent.ACTION_GET_CONTENT);
                                                            //跳转到获取 SD 卡内容
```

```
08              intent.setType("image/*");            //获取内容为图片类型
09              startActivityForResult(intent, REQUEST_CODE_GETIMAGE_
                BYSDCARD);                            //实现跳转
10          }
11                                                    //拍照
12          else if (item == 1) {
13              Intent intent = new Intent("android.media.action.IMAGE_
                CAPTURE");                            //跳转到获取拍照图片
14              String fileName = InfoHelper.getWeiboPath()+ InfoHelper.
                getFileName() + ".jpg";
15              intent.putExtra(MediaStore.EXTRA_OUTPUT, Uri.fromFile(new
                File(fileName)));
16              startActivityForResult(intent, REQUEST_CODE_GETIMAGE_
                BYCAMERA);
17          } else if (item == 2) {                   //删除图片
18              uploadImage = null;                   //设置上传图片为空
19              imageView.setBackgroundDrawable(null);//设置选择图片为空
20          }
21      }
22  }).show();
23}
```

其中，06～10 行，实现单击"手机相册"选项跳转到相册；

11～16 行，实现单击"手机拍照"选项跳转到系统的拍照程序；

17～20 行，实现删除选择的图片，实现效果如图 11.29 和图 11.30 所示。

图 11.29　增加图片　　　　　　　　图 11.30　图片选中

2．图片地址获取

当从相册获取图片或者拍照完成后，会从相册或者拍照界面返回图片地址。对于获取从相册中选择的图片地址，实现代码如下：

```
01  protected void onActivityResult(int requestCode, int resultCode, Intent
    data) {                                           //跳转返回
02      if (requestCode == REQUEST_CODE_GETIMAGE_BYSDCARD) {
```

```
03        if (resultCode != RESULT_OK) {      //获取失败
04            return;
05        }
06        if (data == null)   //返回内容
07            return;
08
09        Uri thisUri = data.getData();        //获取图片 URI 地址
10        String thePath = InfoHelper.getAbsolutePathFromNoStandard
          Uri(thisUri);                        //转化 URI 地址
11        // 如果是标准 URI
12        if (TextUtils.isEmpty(thePath)) {
13            uploadImage = getAbsoluteImagePath(thisUri);//获取该 URI 地址
14        } else {
15            uploadImage = thePath;           //获取标准 URI 地址
16        }
17    }
18 }
```

其中，01 行，重写界面返回方法 onActivityResult()，获取从相册中选择图片的地址；02～07 行，判断返回的数据是否为空，为空则返回退出；

08～16 行，如果返回数据不为空，则获得该地址。

3. 发布微博

当完成了微博的文字内容和图片的选择之后，就需要向开放平台提交并发布微博。在 Weibo 类中，提供了多种发布微博的方法，其中常用的有：

```
Status updateStatus(String status)
Status uploadStatus(String status, File file)
```

其中，参数 status 是文本信息。参数 file 是附带文件，通常是图片文件。当发布失败时，则返回异常。在掌握了发布微薄的方法后，具体的实现如下：

```
01 try {
02     Weibo weibo = OAuthConstant.getInstance().getWeibo();
                                                //获取 Weibo 类
03     if (weibo == null) {                     //获取失败
04         SharedPreferences sp = getSharedPreferences("ouling",Context.
           MODE_PRIVATE);
05         String s = sp.getString("accessToken", null);
                                                //从保存用户数据中读取
06         if (s != null) {
07             byte[] bytes = Base64.decodeBase64(s.getBytes());
                                                //解密保存数据
08             ByteArrayInputStream bais = new ByteArrayInputStream
               (bytes);
09             ObjectInputStream ois = new ObjectInputStream(bais);
10             AccessToken accessToken = (AccessToken) ois.readObject();
                                                //获取访问密钥
11             if (accessToken != null)
12                 OAuthConstant.getInstance().setAccessToken(access
                   Token);                      //重新获取授权用户
13         }
14     }
15     String msg = contentEditText.getText().toString();//获取输入内容
```

```
16      if (msg.getBytes().length != msg.length()) {//判断编码是否为UTF-8
17          msg = URLEncoder.encode(msg, "UTF-8");  //转化编码方式
18      }
19
20      if (TextUtils.isEmpty(uploadImage)) {    //判断是否有图片
21          weibo.updateStatus(msg);             //没有图片，则调用发布文字方法
22      } else {                                 //有图片
23          File file = new File(uploadImage);
24          weibo.uploadStatus(msg, file);       //调用发布文件方法
25      }
26      handler.sendEmptyMessage(UPDATE_SUCCESS);   //通知发布成功
27  } catch (Exception e) {
28      e.printStackTrace();
29      handler.sendEmptyMessage(UPDATE_FAILED);
30  }
```

其中，02～14 行，获取 Weibo 类，如果获取该类失败，则从保存的 AccessToken 中重写获取 Weibo 类；

15～18 行，判断输入的文字是否为 UTF-8 编码，进行编码转换；

20～25 行，判断是否发布图片文件，采用不同的发布微博的方法进行发布，如图 11.31 所示。

当完成发布后，我们可以在已发微博中看到我们刚发布的微博，如图 11.32 所示。

图 11.31　发布微博　　　　　　图 11.32　查看发布微博

11.7　本 章 总 结

在本章中，我们使用新浪微博的开发平台，实现了基本的微博 Android 客户端，实现了微博中基本的查看和发布微博、评论，查看用户的详细资料等功能，达到了一个基本客户端的需求。在实现该客户端的过程中，我们使用了界面 UI 设计、数据存储、网络传输、拍照、图像显示等多种技能。希望读者能在实现了以上基本功能的基础上，还可以完善其细节以及添加分享 GPS 地址、分享天气等更多的功能来实现自己的客户端。